Practical Manual of Distributed Photovoltaic Project Development

分布式光伏电站项目开发实用手册

姚杰 等 编

中国电力出版社
CHINA ELECTRIC POWER PRESS

内容提要

在我国提出力争于2030年前实现碳达峰、2060年前实现碳中和两个宏伟目标的指引下，外加分布式光伏电站具有绿色清洁、安装灵活、价格低廉、即发即用、方便就近消纳等优点，其市场前景广阔，逐渐引起全社会重视，分布式光伏年新增装机容量保持持续快速增长势头，新进入这个领域的投资者、建设者及从业者众多。

本书以实用为宗旨，对分布式光伏电站项目开发过程中涉及的勘察、设计、备案、并网、施工、安装、调试、验收、运行管理和维护、设备供应选择等进行总结梳理和详细分析，指出各阶段重点工作内容与重点要求，帮助新进入分布式光伏电站项目的开发者、投资者和从业者快速掌握。

图书在版编目（CIP）数据

分布式光伏电站项目开发实用手册 / 姚杰等编 . —北京：中国电力出版社，2022.11（2025.1 重印）
ISBN 978-7-5198-7233-5

Ⅰ . ①分…　Ⅱ . ①姚…　Ⅲ . ①光伏电站—项目开发—手册　Ⅳ . ① TM615-62

中国版本图书馆 CIP 数据核字（2022）第 215225 号

出版发行：中国电力出版社
地　　址：北京市东城区北京站西街 19 号（邮政编码 100005）
网　　址：http：//www.cepp.sgcc.com.cn
责任编辑：安小丹（010-63412367）　董艳荣
责任校对：黄　蓓　李　楠
装帧设计：赵姗姗
责任印制：吴　迪

印　　刷：北京世纪东方数印科技有限公司
版　　次：2022 年 11 月第一版
印　　次：2025 年 1 月北京第三次印刷
开　　本：787 毫米 ×1092 毫米　16 开本
印　　张：27
字　　数：569 千字
印　　数：2001–2500 册
定　　价：108.00 元

本书编委会

主　　编　姚　杰

副 主 编　付晓敏　严　磊　顾　然

编写人员　陈　宁　王　竞　李德龙　康博纬
李　平　何加传　付　斌　单　鑫
何元珲　王家万　李　立　周永鹏
毛　攀　王朋朋　丁同光　许默晗
白会平　雷　栋　赵　伟　杨远航

前　言

在我国提出力争于2030年前实现碳达峰、2060年前实现碳中和两个宏伟目标的指引下，由于分布式光伏电站具有绿色清洁、取之不尽、用之不竭、安装灵活、价格低廉、即发即用、方便就近消纳等优点，分布式光伏市场前景广阔，根据央视财经频道的相关报道，随着光伏行业技术更新迭代，我国分布式光伏技术可开发潜力巨大，到2025年为12.9亿kW，到2030年为15亿kW，截止到2021年底我国分布式光伏累计装机容量达到1.075亿kW，这意味着“十四五”期间及未来分布式光伏新增装机容量仍将保持快速增长，我国从传统的发电企业，甚至传统的石化企业中国石油、中国石化，甚至三大电信运营商（中国电信、中国移动、中国联通）等也纷纷加入到分布式光伏电站项目开发领域。

分布式光伏电站项目开发过程中主要涉及项目前期开发、项目报批、项目融资、项目建设、项目验收、项目运维等，在这些开发步骤中，新进入分布式光伏项目开发领域的入行者和投资者需要精准把握每个关键步骤的开发节点及核心要点，才能保证项目的成功落地，达到预期的投资收益水平。

本书的主要内容包含分布式光伏电站项目开发全过程的主要内容及步骤，包括但不限于分布式光伏电站项目的政策介绍、前景展望、规划选址、开发前期工作、技术与经济性评估、融资模式、开发方案、分布式光伏电站组成、政府备案、电网接入审查、设计施工以及后期运行维护等，同时将分布式光伏电站项目的勘察、设计、施工、安装、调试、验收、运行管理和维护、设备选型及供应等需开展的重点工作及注意事项总结成

模板、表格等，希望能够对从事分布式光伏电站投资与开发的读者与立志投身于分布式光伏开发的从业者起到参考作用。

在本书写作及出版过程中，拥有丰富分布式光伏电站项目开发经验的公司和专业网站给予本书大量宝贵的意见和建议。北极星太阳能光伏网、陕西建工第七建设集团有限公司、博阳能源科技有限公司、法国美迪中国子公司、坎德拉（北京）科技有限公司等单位给予了本书写作以极大的支持，在此深表谢意。

由于本人水平有限，书中难免有疏漏和不妥之处，恳请读者给予批评指正。

编者

2022 年 10 月

目 录

第一章

分布式光伏电站项目开发市场前景

第一节 碳达峰及碳中和目标

一、全球碳中和愿景提出的背景和进展介绍

（一）碳达峰及碳中和目标的产生背景

反复无常的气候变化，极端天气和自然灾害频发等问题已引起全人类的共同重视，2015年12月12日在法国巴黎召开的第21届联合国气候变化大会上，由全世界178个缔约方共同签署的气候变化协定（又称“巴黎协定”）中规定：“将本世纪全球平均气温上升幅度控制在2℃以内，并将全球气温上升控制在前工业化时期水平之上1.5℃以内”。

当前人类的各种生活、生产活动需要消耗大量化石能源，导致引起“温室效应”的主要气体二氧化碳排放极速飙升，对整个自然生命系统形成威胁。在这一大背景下，世界各国以全球协约的方式减排温室气体，并纷纷提出各自的碳达峰及碳中和目标。全球各国碳中和国家的具体情况见表1–1。

表1–1　　全球各国碳中和国家的具体情况

承诺性质	国家	目标日期
已实现	苏里南、不丹	—
法律规定	德国、瑞典	2045年前
	欧盟、日本、英国、法国、加拿大、西班牙、丹麦、新西兰、匈牙利	2050年前（其中德国和瑞典为政府承诺）
法律草案	韩国、爱尔兰、智利、斐济	2050年前

续表

承诺性质	国家	目标日期
政策宣示	芬兰	2035年前
	奥地利、冰岛	2040年前
	美国、南非、意大利、巴西、瑞士、阿根廷、挪威、葡萄牙、斯洛伐克、哥斯达黎加、乌拉圭、马绍尔群岛	2050年前

2020年9月22日，国家主席习近平在第七十五届联合国大会一般性辩论上发表重要讲话，郑重宣布“中国将提高国家自主贡献力度，采取更加有力的政策和措施，二氧化碳排放力争于2030年前达到峰值，努力争取2060年前实现碳中和。”这一重要讲话即刻引起国际社会的极大关注，我国是当今世界年碳排放量最大的国家（历史上累计碳排放量最大的国家是美国），约占世界能源年碳排放总量比重的28.8%，习近平主席这一宣言不仅是为了应对全球气候变化、构建人类命运共同体作出的庄严承诺，也是为了解决中国面临的资源环境约束等突出问题、实现中华民族永续发展作出的战略选择。

（二）碳达峰及碳中和的定义

碳达峰是指二氧化碳排放量达到历史最高值，然后经历平台期进入持续下降的过程，是二氧化碳排放量由增转降的历史拐点，标志着碳排放与经济发展实现脱钩，碳达峰目标包括碳达峰年份和峰值。

碳中和是指某个地区在一定时间内（一般指一年）人为活动直接和间接排放的二氧化碳，与其通过植树造林等吸收的二氧化碳相互抵消，实现二氧化碳“净零排放”。碳达峰与碳中和紧密相连，碳达峰是碳中和的基础和前提，达峰时间的早晚和峰值的高低直接影响碳中和实现的时长和实现的难度。

（三）实现碳达峰及碳中和的方法

实现碳达峰、碳中和战略，实践中主要有两种方法：一种是碳补偿，二氧化碳减排机构通过植树或者其他环保项目抵消自己的二氧化碳排放量，属于间接减排；另一种是使用可再生清洁新能源，替代化石能源，以此减少碳排放，属于源头减排；为了经济发展不得不使用能源，同时为了实现碳达峰及碳中和目标，能源活动中用零碳能源替代化石能源是最根本的手段。

全球能源转型进程明显加快，以风电、光伏发电为代表的新能源呈现性能快速提高、经济性持续提升、应用规模加速扩张态势，已经形成了加快替代传统化石能源的世界潮流。过去五年，全球新增发电装机中可再生能源约占70%，全球新增发电量中可再生能源约占

60%。全世界各主要国家和地区纷纷提高应对气候变化自主贡献力度，进一步催生可再生能源大规模阶跃式发展的新动能，推动可再生能源成为全球能源低碳转型的主导方向，相关机构预计 2050 年全球 80% 左右的电力消费来自可再生能源。

目前，我国能源消费过度依赖于化石燃料，既不清洁、低碳，也不安全、高效，能源活动是 CO_2 的主要排放源，其排放量约占全社会 CO_2 总排放量的 87%、全部温室气体排放量的 73%；其中电力部门是重要的碳排放部门（约占能源碳排放的 40%），相应排放量约为 4×10^9t。未来，通过电能替代煤炭、石油、天然气等化石能源的直接使用，提高风电和光伏等可再生清洁新能源在电能中的装机比例，提高终端能源消费的电气化水平，可显著减少终端用能部门的直接碳排放。电力是能源转型的中心环节，碳减排的关键领域，必须进行彻底的转型，以实现其长期目标，应加快构建以新能源为主体的新型电力系统，推动能源电力低碳转型发展，为实现我国碳达峰、碳中和目标作出重要贡献。

二、新型电力系统概述

加快实现能源的清洁替代和电能替代，是我国未来十年实现“2030 年前实现碳达峰”目标的重点任务，在能源排放活动中，发电和供热行业排放占比最高，因此电力系统的低碳转型是实现碳中和的重要切入点。

（一）新型电力系统产生的背景

我国承诺二氧化碳排放力争于 2030 年前达到峰值、努力争取 2060 年前实现碳中和，明确 2030 年风电和太阳能发电总装机容量达到 12 亿 kW 以上，对可再生能源发展提出了新任务、新要求，作为碳减排的重要举措，我国可再生能源将加快步入跃升发展新阶段，实现对化石能源的加速替代，成为积极应对气候变化、构建人类命运共同体的主导力量。

我国风电和光伏等可再生能源发电技术持续进步、全产业链竞争力不断提升，正处于平价上网的历史性拐点，将全面进入无补贴平价甚至低于传统火电成本的市场化发展新时期。同时，我国可再生能源发展面临既要大规模开发、又要高水平消纳、更要保障电力系统安全可靠供应等多重挑战，必须加大力度解决新能源高比例消纳、远距离传输等关键技术创新和稳定性、可靠性等关键问题，可再生能源高质量发展的任务艰巨而繁重。

对于火电、水电、核电等传统发电过程而言，虽然电能难以大规模储存，但其一次能源是可以储存的，因而电能的输出是可控的。而以风电、光伏发电为代表的新能源发电与传统发电的本质差异，在于其一次能源即风能、太阳能是不可储存的，其发电功率输出只能是在一次能源自扰条件（风速和光照强度）约束下的可控。而一次能源风能、太阳能的随机波动性决定了风电、太阳能发电的随机波动性，当大规模新能源电力接入电网以后，电力系统需要在随机波动的负荷需求与随机波动的电源之间实现能量的供需平衡，这样将使电力系统结构、运行控制方式发生根本性变革，形成新一代电力系统，即新型能源电力系统。

（二）新型电力系统与碳达峰及碳中和目标之间的关系

能源电力低碳转型对于实现碳达峰、碳中和目标至关重要，2021 年 3 月 15 日，习近平主席在中央财经委员会第九次会议指出，“实现碳达峰、碳中和是一场广泛而深刻的经济社会系统性变革，如期实现 2030 年前碳达峰、2060 年前碳中和的目标，‘十四五’是碳达峰的关键期、窗口期，要构建清洁低碳安全高效的能源体系，控制化石能源总量，着力提高利用效能，实施可再生能源替代行动，深化电力体制改革，构建以新能源为主体的新型电力系统”。

新型电力系统是以新能源为供给主体、以确保能源电力安全为基本前提、以满足经济社会发展电力需求为首要目标，以坚强智能电网为枢纽平台，以“源－网－荷－储”互动与多能互补为支撑，具有清洁低碳、安全可控、灵活高效、智能友好、开放互动基本特征的电力系统。新型电力系统构建是一项系统性工程，应遵循电力系统的技术演进规律与特征，充分利用成熟技术、存量系统并深入挖掘潜力，同步着力研发新兴技术，积极稳妥并循序渐进实施重大转型。

新型电力系统作为一个有机整体，覆盖“源－网－荷－储”四大环节。从电源侧看，为了解决新能源装机带来的随机性、波动性问题，必须加快推动储能项目建设；从电网侧看，保障供电可靠、运行安全，需要大幅提升电力系统调峰、调频和调压等能力，需要配置相关技术设备；随着新型电力系统的构建，将进一步提升我国风电和光伏等新能源的装机规模及消纳比例。

（三）新型电力系统与可再生清洁能源的消纳

2022 年 7 月 28 日中共中央政治局召开会议，分析研究当前经济形势，部署下半年经济工作，审议《关于十九届中央第九轮巡视情况的综合报告》。中共中央总书记习近平主持会议。会议指出，要全方位守住安全底线。要强化粮食安全保障，提升能源资源供应保障能力，加大力度规划建设新能源供给消化体系。通过加大新型电力系统建设的支持力度，可以显著增强新能源的消纳。

2022 年 8 月 1 日出版的第 15 期《求是》杂志刊发了国家电网有限公司党组书记、董事长，中国电力企业联合会理事长辛保安署名文章《为美好生活充电 为美丽中国赋能》，文中指出：加快推动能源清洁低碳转型是保障国家能源安全，确保如期实现碳达峰碳中和的内在要求，也是推动能源高质量发展、加快建设能源强国的必由之路，将给能源体系带来系统性、根本性变革，电网是构建新型电力系统的关键环节。“十四五”期间，国家电网有限公司计划投资 2.4 万亿元，大力推进新能源供给消纳体系建设，加快建设现代智慧配电网，促进微电网和分布式能源发展，满足各类电力设施“便捷接入、即插即用”，新型电力系统的建设将更加有力地促进集中式与分布式光伏的建设。

新一代信息技术、新材料技术为可再生能源高效发展提供有力支撑，储能技术、精准天气预测技术、柔性输电技术、可中断工业负荷技术等持续进步，可再生能源与信息、交通、建筑等领域交叉融合，为可再生能源发展开辟了更加广阔的前景。能源系统形态加速迭代演进，分散化、扁平化、去中心化的趋势特征日益明显，传统能源生产和消费之间的界限逐步打破，为可再生能源营造了更加开放多元的发展环境。

三、光伏发电在实现碳达峰和碳中和目标中的作用

2020 年 12 月 12 日，习近平主席在气候雄心峰会上进一步提高国家自主贡献力度的新目标，到 2030 年，中国单位国内生产总值二氧化碳排放将比 2005 年下降 65% 以上，非化石能源占一次能源消费比重将达到 25% 左右，森林蓄积量将比 2005 年增加 60 亿 m^3，风电、太阳能发电总装机容量将达到 12 亿 kW 以上。这将带动全球减排提前达峰，并发动空前未有的全球性绿色能源革命，为最终实现碳中和目标发挥全球引领作用。

地球表面每年接收的太阳能辐射能够超过全球全年能源需求的 1 万倍。地表每平方米平均每年接收到的辐射大约在 1000 ～ 2000kWh 之间。国际能源署数据显示，在全球 4% 的沙漠上安装光伏发电系统，就足以满足全球能源需求。因此光伏发电具有广阔的发展空间、潜力十分巨大，随着光伏发电的技术进步和规模化应用，其发电成本还将进一步降低，成为更加具有竞争力的能源供应方式，逐步从补充能源到替代能源，并极有希望成为未来的主导能源。

光伏发电因“取之不尽、用之不竭、清洁安全”的能源属性成为碳中和目标的候选人，被寄予厚望，光伏发电优势显著，是促进电力绿色转型的最佳选择，实现碳中和目标的希望之光，过去十年光伏发电已成为我国发展最快的可再生能源产业，在持续降本增效的同时，已成为我国当下最便宜的可再生清洁能源。

我国光伏发电量稳步增长，2021 年我国光伏发电占全国发电量比例约 4%（如图 1–1 所示）。截至 2021 年底，我国光伏发电量为 3259 亿 kWh，从 2013—2021 年，复合增速达 68.64%（对比同样作为可再生能源代表的风力发电，同期复合增速为 24.81%）。我国风力发电量、光伏发电量变化情况，如图 1–2 所示。

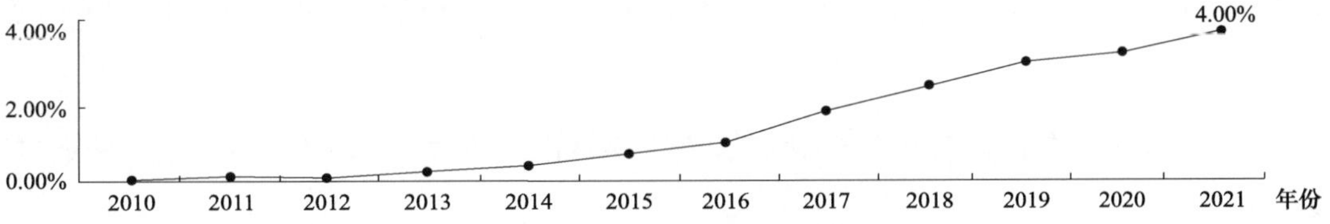

图 1–1　我国光伏发电量渗透情况

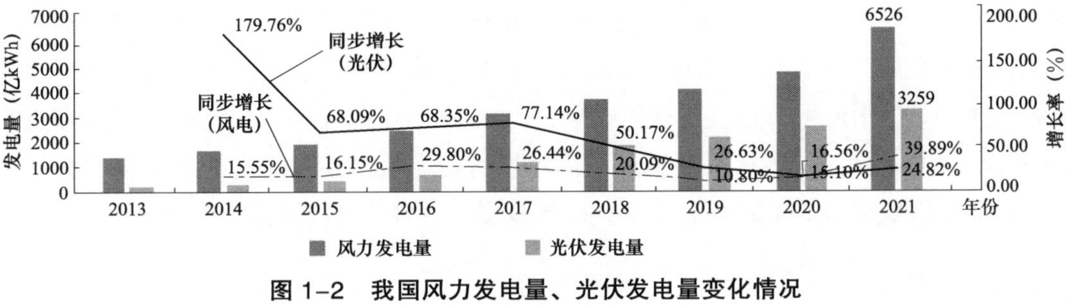

图 1–2　我国风力发电量、光伏发电量变化情况

发展可再生能源是绿色低碳转型的主要方向，已经成为全球各国政府以及能源企业的一致行动，可再生能源已经成为各国竞相角逐、争相投入的一个重要领域，成为新一轮能源革命和科技产业革命的主战场，"十三五"以来，我国以风电和光伏为代表的可再生能源发展在政策的有力支持和全行业的共同努力之下，实现了由小到大、由大到强，由并跑到领跑、由先行军成长为生力军，进而成长为主力军，实现了跨越式发展（如图 1–3 所示），目前我国水电、风电、太阳能光伏和生物质发电的装机规模均居世界第一。

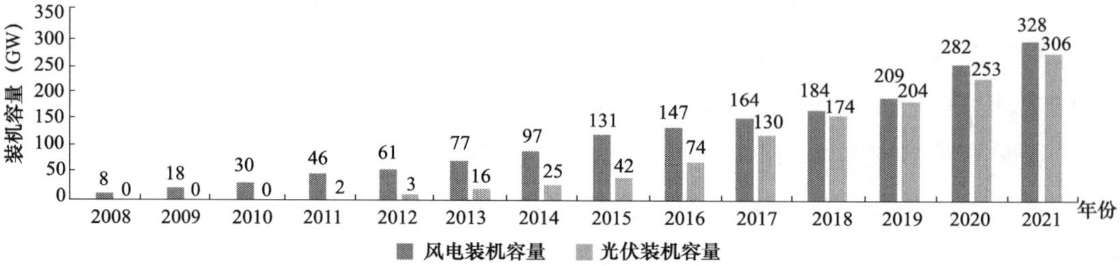

图 1–3　我国风电、光伏装机容量变化对比

碳排放是气候变化的主因，尤其化石能源是碳排放的主体，所以应对气候变化就必须减少化石能源的消费，推动能源的绿色低碳转型。我国以可再生能源法为基础，以战略规划、产业政策、标准体系和监管规则体系完备的一套可再生能源的政策体系，并逐渐形成了"1 + *N*"政策体系以最终实现 2030 碳达峰、2060 碳中和为目标，进一步加快推动产业结构优化升级、能源结构低碳转型、经济社会绿色转型。

碳达峰、碳中和"1 + *N*"政策体系，其中的"1"是指中共中央、国务院印发的《关于完整准确全面贯彻新发展理念做好碳达峰碳中和工作的意见》；"*N*"则包括国务院印发的《2030 年前碳达峰行动方案》以及其他重点领域和行业政策措施和行动，后续将继续完善包括能源、工业、交通运输、城乡建设等分领域分行业碳达峰实施方案，以及财政金融价格政策、标准计量体系、督查考核等保障方案，共同确保碳达峰、碳中和工作的顺利进行。

（一）《关于完整准确全面贯彻新发展理念做好碳达峰碳中和工作的意见》中的光伏目标及应用模式

2021 年 9 月 22 日，中共中央国务院发布《关于完整准确全面贯彻新发展理念做好碳达峰碳中和工作的意见》（详见附录 1–1），意见中明确："到 2030 年，经济社会发展全面绿色转型取得显著成效，重点耗能行业能源利用效率达到国际先进水平。单位国内生产总值能耗大幅下降；单位国内生产总值二氧化碳排放比 2005 年下降 65% 以上；非化石能源消费比重达到 25% 左右，风电、太阳能发电总装机容量达到 12 亿 kW 以上；森林覆盖率达到 25% 左右，森林蓄积量达到 190 亿 m^3，二氧化碳排放量达到峰值并实现稳中有降。

“积极发展非化石能源。实施可再生能源替代行动，大力发展风能、太阳能、生物质能、海洋能、地热能等，不断提高非化石能源消费比重。坚持集中式与分布式并举，优先推动风能、太阳能就地就近开发利用；因地制宜开发水能；积极安全有序发展核电；合理利用生物质能；加快推进抽水蓄能和新型储能规模化应用；统筹推进氢能‘制储输用’全链条发展；构建以新能源为主体的新型电力系统，提高电网对高比例可再生能源的消纳和调控能力。

“深化可再生能源建筑应用，加快推动建筑用能电气化和低碳化。开展建筑屋顶光伏行动，大幅提高建筑采暖、生活热水、炊事等电气化普及率”。

（二）《2030 年前碳达峰行动方案》中的光伏目标及应用模式

2021 年 10 月 24 日，国务院印发《2030 年前碳达峰行动方案》（国发〔2021〕23 号）（详见附录 1–2）要求各省、自治区、直辖市人民政府，国务院各部委、各直属机构认真贯彻执行。关于光伏发展要求的主要内容包括：

“大力发展新能源。全面推进风电、太阳能发电大规模开发和高质量发展，坚持集中式与分布式并举，加快建设风电和光伏发电基地。加快智能光伏产业创新升级和特色应用，创新‘光伏＋’模式，推进光伏发电多元布局。

“推广光伏发电与建筑一体化应用。积极推动严寒、寒冷地区清洁取暖，推进热电联产集中供暖，加快工业余热供暖规模化应用，积极稳妥开展核能供热示范，因地制宜推行热泵、生物质能、地热能、太阳能等清洁低碳供暖。引导夏热冬冷地区科学取暖，因地制宜采用清洁高效取暖方式。提高建筑终端电气化水平，建设集光伏发电、储能、直流配电、柔性用电于一体的‘光储直柔’建筑。到 2025 年，城镇建筑可再生能源替代率达到 8%，新建公共机构建筑、新建厂房屋顶光伏覆盖率力争达到 50%”。

（三）光伏在其他细分领域和行业碳达峰实施方案中的作用

以色列的历史学者尤瓦尔·赫拉利在《人类简史》中写道，“工业革命的核心，其实是能源转换的革命”，我国目前以煤炭和石油为主的能源结构尚未发生根本改变，其中石油的对外依存度超过 70%，这些化石能源在使用过程中会排放大量温室气体二氧化碳，而维持经济高速发展就必须消耗大量能源，因此实现碳中和目标和保持经济高速增长之间看似存在不可调和的矛盾，而大量使用光伏、风电等清洁能源替代传统化石能源，既满足了经济高速发展所需能源，又减少了二氧化碳排放，因此大力发展光伏等可再生能源显得尤为迫切且具有重要的现实意义，我国在碳中和目标提出前就已经出台了很多政策支持光伏和风电发展为全球第一，取得了世人瞩目的成绩，在提出碳达峰、碳中和目标后，前期出台的支持政策不仅没有减少，反而越发加大了政策投入来支持光伏的发展。国家各部委落实碳达峰目标的政策配套及光伏发挥的作用见表 1–2。

表 1-2　　国家各部委落实碳达峰目标的政策配套及光伏发挥的作用

发布日期	文件名和编号	发布部门	主要内容
2021 年 11 月 16 日	《深入开展公共机构绿色低碳引领行动促进碳达峰实施方案》	国家机关事务管理局、国家发展改革委、财政部、生态环境部联合印发	大力推广太阳能光伏光热项目。充分利用建筑屋顶、立面、车棚顶面等适宜场地空间，安装光电转换效率高的光伏发电设施。鼓励有条件的公共机构建设连接光伏发电、储能设备和充放电设施的微电网系统，实现高效消纳利用。推广光伏发电与建筑一体化应用。到 2025 年公共机构新建建筑可安装光伏屋顶面积力争实现光伏覆盖率达到 50%。推动太阳能供应生活热水项目建设，开展太阳能供暖试点
2021 年 11 月 27 日	《关于推进中央企业高质量发展做好碳达峰碳中和工作的指导意见》	国资委	全面推进风电、太阳能发电大规模、高质量发展，因地制宜发展生物质能，探索深化海洋能、地热能等开发利用。坚持集中式与分布式并举，优先推动风能、太阳能就地就近开发利用，加快智能光伏产业创新升级和特色应用，深入开展高效光伏等关键技术攻关
2022 年 5 月 7 日	《加强碳达峰碳中和高等教育人才培养体系建设工作方案》（教高函〔2022〕3 号）	教育部	加快储能和氢能相关学科专业建设，进一步加强风电、光伏、水电和核电等人才培养，加大碳达峰碳中和领域课程、教材等教学资源建设力度等
2022 年 5 月 31 日	《财政支持做好碳达峰碳中和工作的意见》	财政部	优化清洁能源支持政策，大力支持可再生能源高比例应用，推动构建新能源占比逐渐提高的新型电力系统。支持光伏、风电、生物质能等可再生能源，以及出力平稳的新能源替代化石能源
2022 年 6 月 1 日	《中国银保监会关于印发银行业保险业绿色金融指引的通知》（银保监发〔2022〕15 号）	中国银保监会	银行保险机构应当以助力污染防治攻坚为导向，有序推进碳达峰、碳中和工作。坚持稳中求进，调整完善信贷政策和投资政策，积极支持清洁低碳能源体系建设，支持重点行业和领域节能、减污、降碳、增绿、防灾，实施清洁生产，促进绿色低碳技术推广应用，落实碳排放、碳强度政策要求，先立后破、通盘谋划，有保有压、分类施策，防止“一刀切”和运动式减碳

续表

发布日期	文件名和编号	发布部门	主要内容
2022 年 6 月 24 日	《交通运输部 国家铁路局 中国民用航空局 国家邮政局贯彻落实〈中共中央 国务院关于完整准确全面贯彻新发展理念做好碳达峰碳中和工作的意见〉的实施意见》（交规划发〔2022〕56 号）	交通运输部国家铁路局、中国民用航空局、国家邮政局	积极发展新能源和清洁能源运输工具，推动交通运输领域应用新能源、清洁能源、可再生合成燃料等低碳前沿技术攻关
2022 年 6 月 30 日	《城乡建设领域碳达峰实施方案》（建标〔2022〕53 号）	住房和城乡建设部、国家发展改革委	推进建筑太阳能光伏一体化建设，到 2025 年新建公共机构建筑、新建厂房屋顶光伏覆盖率力争达到 50%。推动既有公共建筑屋顶加装太阳能光伏系统。加快智能光伏应用推广；大力推动农房屋顶、院落空地、农业设施加装太阳能光伏系统
2022 年 6 月 30 日	《农业农村减排固碳实施方案》	农业农村部、国家发展改革委联合印发	推广太阳能热水器、太阳能灯、太阳房，利用农业设施棚顶、鱼塘等发展光伏农业。因地制宜推广应用太阳能等绿色用能模式
2022 年 8 月 1 日	《关于工业领域碳达峰实施方案的通知》	工业和信息化部、国家发展改革委、生态环境部	鼓励企业、园区就近利用清洁能源，支持具备条件的企业开展“光伏＋储能”等自备电厂、自备电源建设，引导企业、园区加快分布式光伏等一体化系统开发运行，研究退役光伏组件等资源化利用的技术路线和实施路径。推动光伏、新型储能、重点终端应用、关键信息技术产品协同创新。实施智能光伏产业发展行动计划并开展试点示范，推进先进太阳能电池及部件智能制造，提高光伏产品全生命周期信息化管理水平。支持低成本、高效率光伏技术研发及产业化应用，优化实施光伏等行业规范条件、综合标准体系。扩大分布式光伏等清洁能源设备在建筑领域应用

续表

发布日期	文件名和编号	发布部门	主要内容
2022年8月18日	《科技支撑碳达峰碳中和实施方案（2022—2030年）》	科技部、国家发展改革委、工业和信息化部、生态环境部、住房城乡建设部、交通运输部、中科院工程院、国家能源局	研发高效硅基光伏电池、高效稳定钙钛矿电池、漂浮式光伏发电系统等技术；光储直柔供配电。研究光储直柔供配电关键设备与柔性化技术、建筑光伏一体化技术体系、新型高效光伏电池技术。研究可突破单结光伏电池理论效率极限的光电转换新原理，研究高效薄膜电池、叠层电池等基于新材料和新结构的光伏电池新技术。建设大规模高效光伏示范工程；在可再生能源分布集中区域建设“风光互补”等示范工程；综合开展光伏农业、光储直柔建筑、农林废物清洁能源转化利用、分布式能源等技术集成示范
2022年10月9日	《能源碳达峰碳中和标准化提升行动计划》	国家能源局	建立完善以光伏、风电为主的可再生能源标准体系，研究建立支撑新型电力系统建设的标准体系，加快完善新型储能标准体系，有力支撑大型风电光伏基地、分布式能源等开发建设、并网运行和消纳利用

除国家各大部委从国家层面出台了实现碳达峰、碳中和目标所配套的“1 + N”政策体系外，全国各省、市根据自身情况，纷纷制定出台了各自的碳达峰、碳中和工作实施意见或实施方案，可在当地政府公布的文件或官方相关网站查询。

（四）分布式光伏的发展正悄然“如火如荼”

2022年6月1日，国家发展改革委、国家能源局等九部门近日联合印发的《“十四五”可再生能源发展规划》明确提出：“全面推进分布式光伏开发，重点推进工业园区、经济开发区、公共建筑等屋顶光伏开发利用行动，在新建厂房和公共建筑积极推进光伏建筑一体化开发，实施‘千家万户沐光行动’，规范有序推进整县（区）屋顶分布式光伏开发，建设光伏新村。积极推进‘光伏+’综合利用行动，鼓励农（牧）光互补、渔光互补等复合开发模式，推动光伏发电与5G基站、大数据中心等信息产业融合发展，推动光伏在新能源汽车充电桩、铁沿线设施、高速公路服务区及沿线等交通领域应用，因地制宜开展光伏廊道示范。推进光伏电站开发建设，优先利用采煤沉陷区、矿山排土场等工矿废弃土地及油气矿区建设光伏电站，积极推动老旧光伏电站技改升级行动，提升发电效益。

“构建适应大规模分布式可再生能源并网和多元负荷需要的智能配电网，扩大分布式可再生能源终端直接应用规模，在可再生能源资源富集、体制机制创新先行先试地区等，扩大分布式能源接入和应用规模，以县域为单位统筹可再生能源开发利用，创新可再生能源全产业链开发利用合作模式，因地制宜创建绿色能源示范县（园）。

“利用建筑屋顶、院落空地、田间地头、设施农业、集体闲置土地等推进风电和光伏发电分布式发展，提升乡村就地绿色供电能力。继续实施北方地区清洁取暖工程，因地制宜推动太阳能、电能供暖，完善产业基础，构建县域内城乡融合的多能互补清洁供暖体系。

“全面提升乡村电气化水平，建设满足大规模分布式可再生能源接入、电动汽车下乡等发展需要的县域内城乡互联配电网，筑牢乡村振兴电气化基础。推动分布式可再生能源高效灵活接入与生产消费一体化，建设冷热水电气一体供应的区域综合能源系统。发展与大规模分布式可再生能源相适应的专业化、网格化运行维护服务体系，通过移动用户终端等方式实现分布式能源设备运行状态监测、故障检修的快速响应，培养一批高专业化水平的新能源‘店小二’。

“加大简政放权力度。落实政府权责清单制度，持续优化可再生能源市场化法治化营商环境。实施市场准入负面清单制度，破除清单之外隐性准入壁垒，进一步放宽准入限制。完善投资管理机制，对不涉及国家安全、全国重大生产力布局和战略性资源开发的可再生能源项目，推动核准改备案，鼓励实施企业投资项目承诺制。优化可再生能源项目核准和备案流程，规范风电和光伏发电增容更新、延寿运行等管理，进一步简化分布式可再生能源投资管理程序。

“推动源网荷共担消纳责任，构建由电网保障消纳、市场化自主消纳、分布式发电交易消纳共同组成的多元并网消纳机制。建立完善有利于分布式发电发展、可再生能源消纳利用的输配电价机制。完善分布式发电市场化交易机制，规范交易流程，扩大交易规模。

“完善绿色金融标准体系，实施金融支持绿色低碳发展专项政策，把可再生能源领域融资按规定纳入地方政府贴息等激励计划，建立支持终端分布式可再生能源的资金扶持机制”。

分布式能源是零碳能源中唯一从消费侧实现清洁能源转型的手段，通过自发自用、余电上网的形式，分布式光伏电站项目既满足了用电主体自身清洁能源转型的需求，同时增加了行政区域和当地电网的绿色电力占比，分布式光伏是完全基于用电主体需求和特征定制化的零碳能源，既可解决传统能源供给网络无法覆盖的细分场景，同时伴随着储能、智能微电网等技术的应用辅助，也将实现真正意义上的区块链能源形态，分布式光伏是能源转型战役中的“麻雀战”。单个分布式项目个体看似微小，在实现规模化布局后，却可能呈现传统能源和集中式清洁能源都无法企及的聚变效应，分布式光伏是我国实现碳达峰、碳中和目标中不可或缺的组成部分，从增量趋势看，预计“十四五”期间分布式光伏新增装机将占我国光伏新增装机容量的一半以上。

2022 年 1 月 28 日，国家能源局召开一季度网上新闻发布会，发布 2021 年可再生能源并网运行情况，2021 年，我国可再生能源新增装机 1.34 亿 kW，占全国新增发电装机的 76.1%。其中，水电新增 2349 万 kW、风电新增 4757 万 kW、光伏发电新增 5488 万 kW、生物质发电新增 808 万 kW，分别占全国新增装机的 13.3%、27%、31.1% 和 4.6%。截至 2021 年底，我国可再生能源发电装机达到 10.63 亿 kW，占总发电装机容量的 44.8%。其中，水电装机 3.91 亿 kW

（其中抽水蓄能 0.36 亿 kW）、风电装机 3.28 亿 kW、光伏发电装机 3.06 亿 kW、生物质发电装机 3798 万 kW，分别占全国总发电装机容量的 16.5%、13.8%、12.9% 和 1.6%。

从以上数据不难发现，光伏新增装机容量远大于其他新能源装机容量，2021 年风电和光伏累计总装机容量为 6.34 亿 kW，与到 2030 年风电、太阳能发电总装机容量达到 12 亿 kW 以上的目标，仍有约一倍的差距，意味着到 2030 年前风电和光伏的年新增装机容量仍将持续保持高速增长。

同为可再生清洁新能源，与风电发展需要一定的风速、合适的地形、适宜的基础地质条件等相比，光伏项目建设所要求的外部边界条件相对较低，只要全年光照强度达到一定条件的地方，都可以建设光伏发电项目，可利用的土地资源较多且密集可以建设集中式光伏电站，可利用的土地资源较少可以建设分布式光伏电站，基于收益率理想、开发流程简便、节约土地资源与开发成本，以及紧邻负荷中心发电、用电并存，对电网冲击不大等优势，分布式光伏电站项目增长空间巨大，市场前景广阔。

同时，2021 年全国光伏新增装机容量亦为历年以来年投产最多，在太阳能光伏新增装机总容量占比中，集中式光伏电站为 2560.07 万 kW，分布式光伏为 2927.9 万 kW，从新增装机布局看，装机占比较高的区域为华北、华东和华中地区，分别占全国新增装机的 39%、19% 和 15%。从以上数据不难看出，我国东部经济发达地区光伏新增装机容量增长迅猛，远大于其他地区光伏新增装机容量，主要原因为东部地区分布式光伏新增容量较大。

“十四五”及今后一段时期是世界能源转型的关键期，全球能源将加速向低碳、零碳方向演进，以光伏为代表的可再生清洁能源将逐步成长为支撑经济社会发展的主力能源，同时我国也将坚决落实碳达峰、碳中和目标任务，大力推进能源革命向纵深发展，因此我国以风电和光伏为代表的可再生清洁能源发展仍将处于大有可为的战略机遇期。

四、分布式光伏的未来发展前景分析

国际上多数国家均提出了高比例的可再生清洁能源发展战略，大力发展光伏等清洁新能源已经成为全社会的共识，同时也是我国政府保障能源安全、履行减排承诺、推进生态文明建设的必然选择。我国可再生能源资源丰富，经过近年来的大力发展，目前水电开发接近饱和、核电开发短期内进度放缓、生物质发电技术成熟度低、风电开发环境制约大，而光伏发电尤其是分布式光伏，由于其资源可及性高、开发门槛低、开发方式灵活、环境更加友好，必将成为发展高比例可再生能源的首选能源形式，发展前景广阔。

我国分布式光伏发电系统的规模化应用起始于 2009 年的“金太阳示范工程”和“光电建筑应用”，由于分布式光伏灵活多变的利用形式，就近发电、就近并网、就近转换、就近使用、充分靠近用户侧、安全可靠性高等优点，逐步受到国家重视。

早在 2013 年 7 月 4 日，国务院就发布《关于促进光伏产业健康发展的若干意见》（国发〔2013〕24 号），意见中明确：

“鼓励各类电力用户按照‘自发自用，余量上网，电网调节’的方式建设分布式光伏发电系统。优先支持在用电价格较高的工商业企业、工业园区建设规模化的分布式光伏发电系统。支持在学校、医院、党政机关、事业单位、居民社区建筑和构筑物等推广小型分布式光伏发电系统。在城镇化发展过程中充分利用太阳能，结合建筑节能加强光伏发电应用，推进光伏建筑一体化建设，在新农村建设中支持光伏发电应用。依托新能源示范城市、绿色能源示范县、可再生能源建筑应用示范市（县），扩大分布式光伏发电应用，建设100个分布式光伏发电规模化应用示范区、1000个光伏发电应用示范小镇及示范村。

“开展适合分布式光伏发电运行特点和规模化应用的新能源智能微电网试点、示范项目建设，探索相应的电力管理体制和运行机制，形成适应分布式光伏发电发展的建设、运行和消费新体系。支持偏远地区及海岛利用光伏发电解决无电和缺电问题。鼓励在城市路灯照明、城市景观以及通信基站、交通信号灯等领域推广分布式光伏电源。

“简化分布式光伏发电的电网接入方式和管理程序，公布分布式光伏发电并网服务流程，建立简捷高效的并网服务体系。对分布式光伏电站项目免收系统备用容量费和相关服务费用”。

同时，当下可再生能源发电增长较快，但在能源消费增量中的比重还低于国际平均水平；可再生能源规模化发展和高效消纳利用的矛盾仍然突出，新型电力系统亟待加快构建；制造成本下降较快，但非技术成本仍相对较高；可再生能源非电利用发展相对滞后；保障可再生能源高质量发展的体制机制有待进一步健全完善。

（一）分布式光伏发电的利用形式灵活多样

太阳能光伏发电主要有地面集中式光伏发电和分布式光伏发电两种形式。地面集中式光伏发电是在大型地面安装光伏方阵组件发电，目前国内大中型光伏发电站主要采取大型地面光伏发电方式；分布式光伏发电是利用建筑物屋顶、工商业建筑、农林牧渔等少许空地和废地建设的小型光伏发电项目，主要包括现有城市和农村建筑物屋顶光伏、光伏建筑一体化（Building Integrated Photovoltaic，BIPV）、工商业园区屋顶和地面光伏、农光互补、林光互补、牧光互补、渔光互补等形式新建的分布式光伏发电系统。

目前应用最广泛的是在建筑物屋顶安装分布式光伏发电系统，此外光伏建筑一体化（BIPV）发展速度迅猛，几种常见分布式光伏发电利用形式见表1–3。

表1–3　常见分布式光伏发电利用形式

序号	名称	内容
1	城镇屋顶光伏行动	重点推动可利用屋顶面积充裕、电网接入和消纳条件好的政府大楼、交通枢纽、学校医院、工业园区等建筑屋顶，发展“自发自用、余电上网”的分布式光伏发电，提高建筑屋顶分布式光伏覆盖率。“十四五”期间，新建工业园区、新增大型公共建筑分布式光伏安装率达到50%以上

续表

序号	名称	内容
2	“光伏＋”综合利用行动	推动农光互补、渔光互补等光伏发电复合开发，在新能源汽车充电桩、高速铁路沿线设施、高速公路服务区等交通领域和5G基站、数据中心等信息产业领域推动“光伏＋”综合利用
3	千家万户沐光行动	结合乡村振兴战略，统筹农村具备条件的屋顶或统筹安排村集体集中场地开展分布式光伏建设，建成1000个左右光伏示范村
4	光伏廊道示范	重点利用铁路边坡、高速公路、主干渠道、园区道路和农村道路两侧用地范围外的空闲土地资源，推进分布式光伏或小型集中式光伏开发建设，拓展光伏应用场景，推进光伏发电与生态环保、文化旅游相结合
5	BIPV（光伏建筑一体化）	光伏建筑一体化（BIPV）是一种将太阳能光伏发电产品集成到建筑上的技术。光伏建筑一体化可分为两大类：一类是光伏方阵与建筑的结合（Building Attached Photovoltaic，BAPV）；另一类是光伏方阵与建筑的集成（BIPV）

（二）分布式光伏发电装机新增装机增长迅猛

推进集中式光伏电站和分布式光伏电站的大规模建设，不仅有利于我国实现碳达峰、碳中和目标，而且能够满足全社会不断增长的用能需求，满足人民对美好生活的向往，但集中式光伏电站受到日益收紧的土地政策、光伏弃光问题和配置储能引起的总成本上涨问题影响，其发展速度开始逐渐放缓，而分布式作为光伏主要的利用形式之一，发展潜力与日俱增，有潜力成为未来光伏新增市场的发展主流。据国家能源局相关数据显示，2021年在我国新增的光伏电站装机容量中，大型集中式光伏电站占比为46.65%，分布式光伏电站占比为53.35%，2021年分布式光伏同比增速87%，分布式光伏电站新增装机容量首次超越集中式光伏电站。随着分布式光伏在建筑、工农业、交通等领域的融合发展，叠加户用分布式光伏的新增应用规模，预计未来分布式光伏也将成为实现碳达峰和碳中和目标的主力军之一。近6年集中式光伏项目与分布式光伏电站项目新增装机容量占比对比见图1–4。

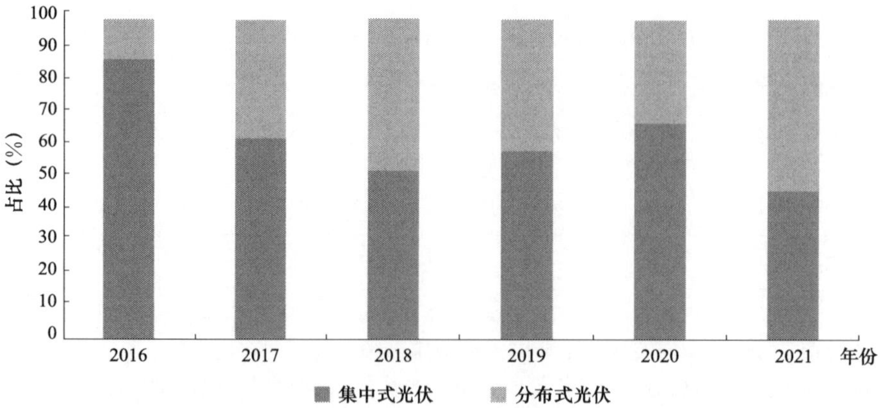

图1–4　近6年集中式光伏项目与分布式光伏电站项目新增装机容量占比对比

2022 年 7 月 29 日，国家能源局发布《2022 年上半年光伏发电建设运行情况》，2022 年上半年光伏新增总装机 30.88GW，其中集中式光伏新增 11.22GW，分布式光伏中工商业分布式光伏新增 10.73GW 和户用光伏新增 8.91GW，共计 19.64GW，分布式光伏新增装机容量再次超过集中式光伏新增装机容量。

（三）分布式光伏发电政策扶持力度大

我国经济长期向好，能源需求仍将持续增长，发展以光伏为代表的可再生能源是增强国家能源安全保障能力、逐步实现能源独立的必然选择。按照 2030 年如期实现碳达峰和 2035 年生态环境根本好转、美丽中国建设目标基本实现的远景目标，发展可再生能源是我国生态文明建设、可持续发展的客观要求。

除此之外，分布式光伏电站项目因装机容量小、投资规模小、并网等级低、安装运用灵活等特点，不仅具有较大的应用空间，而且与集中式光伏发电项目手续办理过程相比，其申报审批手续办理也相对简单。根据国家能源局发布的相关文件，对分布式光伏电站项目做了更细致的区分，免除发电业务许可、规划选址、土地预审、水土保持、环境影响评价、节能评估及社会风险评估等支持性文件，以 35kV 及以下电压等级接入电网的分布式光伏电站项目，由地级市或县级电网企业按照简化程序办理相关并网手续，并提供并网咨询、电能表安装、并网调试及验收等服务。

同时规定对屋顶分布式光伏电站项目及全部自发自用的地面分布式光伏电站项目不限制建设规模，各市、县发改部门随时受理项目备案，电网企业及时办理并网手续，在部分地区分布式光伏电站项目建成后还可享受政府补贴，因此分布式光伏电站项目近年来发展飞速，装机容量不断增大。

第二节　分布式光伏电站的定义、分类及特点

一、分布式光伏电站项目的定义

（一）国家能源局对分布式光伏电站项目的定义

2013 年 11 月 18 日，国家能源局印发《关于印发分布式光伏发电项目管理暂行办法的通知》（国能新能〔2013〕433 号）中定义：分布式光伏发电是指在用户所在场地或附近建设运行，以用户侧自发自用为主、多余电量上网且在配电网系统平衡调节为特征的光伏发电设施。

2014 年 9 月 2 日，国家能源局《关于进一步落实分布式光伏发电有关政策的通知》（国能新能〔2014〕406 号）中将分布式光伏定义进一步扩展为利用建筑屋顶及附属场地建设的

分布式光伏发电项目，在项目备案时可选择“自发自用、余电上网”或“全额上网”中的一种模式，在地面或利用农业大棚等无电力消费设施建设以 35kV 及以下电压等级接入电网（东北地区 66kV 及以下）、单个项目容量不超过 2 万 kW 且所发电量主要在并网点变电台区消纳的光伏电站项目。

2021 年 6 月 2 日，国家能源局在其网站公布《关于分布式光伏项目装机容量限额等相关问题》的答复，提到：“根据《国家能源局关于 2019 年风电、光伏发电项目建设有关事项的通知》（国能发新能〔2019〕49 号），工商业分布式光伏项目是就地开发、就近利用且单点并网装机容量小于 6MW 的户用光伏以外的各类分布式光伏发电项目”。

2021 年 6 月 30 日，国家能源局在其网站公布《关于分布式光伏项目装机容量限额的问题》的答复，提到：“根据《分布式发电管理暂行办法》（发改能源〔2013〕1381 号），分布式发电是指在用户所在场地或附近建设安装、运行方式以用户端自发自用为主、多余电量上网，且在配电网系统平衡调节为特征的发电设施或有电力输出的能量综合梯级利用多联供设施。包括以各个电压等级接入配电网的风能、太阳能、生物质能、海洋能、地热能等新能源发电，并没有明确的装机容量限制”。这一答复又明确表示分布式光伏并无明确的装机容量限制，但强调需要满足单点并网装机容量小于 6MW 且为非户用的要求，支持在符合电网运行安全技术要求的前提下，可以通过内部多点接入配电系统。

总结上文，可以发现工商业分布式光伏电站项目并无装机容量限制，前提为每个并网点的并网装机容量应小于 6MW，如果分布式光伏电站项目仅有一个并网接入点，则项目装机容量不可超过 6MW。

（二）国家电网有限公司对分布式光伏电站项目的定义

2013 年 2 月 27 日，国家电网公司公开发布《关于做好分布式电源并网服务工作的意见》明确：“分布式电源，是指位于用户附近，所发电能就地利用，以 10kV 及以下电压等级接入电网，且单个并网点总装机容量不超过 6MW 的发电项目。包括太阳能、天然气、生物质能、风能、地热能、海洋能、资源综合利用发电等类型。以 10kV 以上电压等级接入或以 10kV 电压等级接入但需升压送出的发电项目，执行国家电网公司常规电源相关管理规定”。

2014 年 1 月 28 日，国家电网有限公司公开发布《关于印发分布式电源并网服务管理规则的通知》（国家电网营销〔2014〕174 号）中将分布式光伏系统定义进一步明确为：

第一类：10kV 以下电压等级接入，且单个并网点总装机容量不超过 6MW 的分布式电源；

第二类：35kV 电压等级接入，年自发自用大于 50% 的分布式电源；或 10kV 电压等级接入且单个并网点总装机容量超过 6MW，年自发自用电量大于 50% 的分布式电源；

第三类：接入点为公共连接点，发电量全部上网的发电项目，小水电，除第一、二类以外的分布式电源，本着简便高效的原则做好并网服务，执行国家电网公司常规电源相关管理规定。

2017 年 6 月 15 日，国家电网有限公司公开发布《关于促进分布式电源并网管理工作的意见（修订版）》，其中进一步明确为：分布式电源，是指在用户所在场地或附近建设安装、运行方式以用户侧自发自用为主、多余电量上网，且在配电网系统平衡调节为特征的发电设施或有电力输出的能量综合梯级利用多联供设施。包括太阳能、天然气、生物质能、风能、地热能、海洋能、资源综合利用发电（含煤矿瓦斯发电）等，可理解为分布式光伏电站项目并无容量限制。

第一类：10kV 及以下电压等级接入，且单个并网点总装机容量不超过 6MW 的分布式电源。

第二类：35kV 电压等级接入，年自发自用电量大于 50% 的分布式电源；或 10kV 电压等级接入且单个并网点总装机容量超过 6MW，年自发自用电量大于 50% 的分布式电源。

接入点为公共连接点（如图 1–5 所示）、发电量全部上网的发电项目，小水电，除第一、二类以外的分布式电源项目，本着简便高效原则做好并网服务，执行公司常规电源相关管理规定，电网公司对项目开发建设的合规性则有着较高的要求，将增加电站开发成本，而且项目公司就项目商业运营可能会被要求申领电力业务许可证，也会一定程度上延长项目的建设周期。

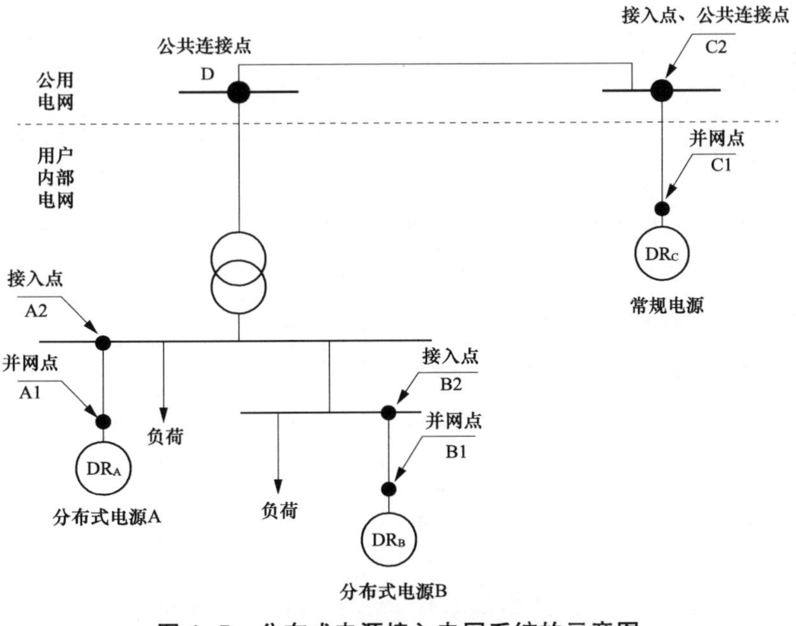

图 1–5　分布式电源接入电网系统的示意图

综合国家能源局官方答复与国有电网有限公司内部管理规定，分布式光伏电站项目装机容量限定问题，可以归纳总结如下：

（1）接入电压等级为10kV及以下，如项目仅有一个并网点，则项目总装机容量应限制在6MW；

（2）接入电压等级为10kV及以下，如项目有数个并网点，且任一并网点装机容量均小于6MW，则项目总装机容量不受6MW限制；

（3）接入电价等级为10kV或者35kV、年自发自用电量大于50%的分布式电源，无装机容量限制；

（4）接入点为公共连接点、发电量全部上网的分布式光伏电站项目，小水电，以及除前述第（1）（2）（3）类以外的分布式电源项目，按照常规电源进行管理，理论上也无装机容量限制。

（三）南方电网公司对分布式光伏电站项目的定义

南方电网公司《分布式光伏发电服务指南》（2014版）中定义：分布式光伏发电项目是指位于用户所在地附近，所生产的电力以用户自用和就近利用为主，多余电力送入当地配电网的光伏发电项目。

“接入20kV及以下电网的分布式光伏发电项目，对于在地面或利用农业大桶等无电力消费设施建设、以35kV及以下电压等级接入电网、单个项目容量不超过2万kW且所发电量主要在并网点变电台区消纳的光伏电站项目，公司参照分布式光伏项目业务流程提供相应并网服务。

“对于以10（20）kV电压等级接入电网或同时以10（20）kV、380（220）V两种电压等级接入电网的项目，由地市供电局提供并网服务；以380（220）V电压等级接入电网的项目，由县区供电局提供并网服务（未设立县区供电局的，由地市供电局提供并网服务）”。

2022年8月3日，国家能源局南方监管局发布关于公开征求《广东、广西、海南省（区）分布式光伏发电项目并网指引（征求意见稿）》的通知，其中明确：“分布式光伏发电是指在用户所在场地或附近建设运行，以用户侧自发自用为主、多余电量上网且在配电网系统平衡调节为特征的光伏发电设施，包括户用光伏项目和工商业分布式光伏发电项目。户用光伏项目是指业主自建的户用自然人分布式光伏电站项目，工商业分布式光伏发电项目是指就地开发、就近利用且单点并网容量小于6MW的户用光伏以外的各类分布式光伏发电项目，主要适用于分布式光伏发电项目接入南方电网公司在广东、广西、海南省（区）配电网。

“户用光伏项目一般接入电压等级为低压220（380）V，工商业分布式光伏电站项目一般接入电压等级为低压220（380）V或中压10（20）kV。若出现其他接入电压等级，按国家有关规定执行”。

二、分布式光伏电站项目的分类

按与电网的关系，分布式光伏系统可分为并网型和离网型。并网型分布式光伏系统多应用于用户附近，一般与中、低压配电网并网运行；离网型分布式光伏系统多应用于边远地区和海岛地区，不与电网连接。按电源组合方式，分布式光伏系统可分为独立型和多能互补型。独立型是指仅利用太阳能发电的光伏系统；多能互补型是指利用风能、太阳能、水能、煤炭、天然气等多种资源组合进行发电。

（一）非户用分布式光伏电站项目

1. 工商业屋顶和公共建筑屋顶分布式光伏电站项目

在用电量比较大、电费较高的工商业园区、经济技术开发区和大数据中心等，是最适宜建设分布式光伏电站的区域，也是目前分布式光伏电站项目应用最多、最广的领域，在这些区域的空地和屋顶建设分布式光伏电站，将显著提升相关业主的节能效益，主要应用场景通常包含工厂、商场、大型仓储物流基地等。

通常工业园区的厂房屋顶面积很大，屋顶开阔平整，特别适合安装光伏阵列，而且由于用电负荷较大，分布式光伏并网系统可以就地消纳，抵消一部分购网电量成本，从而节省用户的电费支出，另外商业建筑多为水泥屋顶，也有利于安装光伏阵列，而且根据商厦、写字楼、酒店、会议中心、度假村等服务业的用电负荷特性通常表现为白天较高、夜间较低，能够较好地匹配光伏发电特性，一般由园区业主投资建设，或以合同能源管理的形式由第三方投资方进行建设。

此外，政府机关、学校、医院、高速公路服务区楼宇、飞机场航站楼、大型体育场馆、公共汽车站和火车站（含高铁站）候车大厅、图书馆、美术馆、博物馆等公共建筑物屋顶建设分布式光伏电站项目，用户用电负荷稳定且用电负荷特性与光伏发电特性相匹配，既可以减少企业的能源消耗，又充分利用了闲置的屋顶资源，起到了节能减排的作用，可为相关单位带来巨大的经济效益和环境效益。

2.“光伏＋”综合利用项目

近年来，分布式光伏在农业、渔业、牧业、林业、污水处理厂、通信等领域的应用逐步扩展，形成了“农业大棚＋分布式光伏”“鱼塘＋分布式光伏”“养殖基地＋分布式光伏”“苗圃种植基地＋分布式光伏”“污水处理厂＋分布式光伏”“通信基站＋分布式光伏”“数据中心＋分布式光伏”“水泥厂＋分布式光伏”等各种利用形式，未来“光伏＋”将拓展更大的应用空间。

3. 光伏廊道示范

重点利用铁路边坡、高速公路、主干渠道、园区道路和农村道路两侧用地范围外的空闲土地资源，推进分布式光伏或小型集中式光伏开发建设，拓展光伏应用场景，推进光伏发电与生态环保、文化旅游相结合。目前已有“港口＋分布式光伏”“汽车工厂＋分布式光伏”“高速公路＋光伏”“地铁站＋分布式光伏”“光伏＋声屏障”“车棚＋分布式光伏”“加油站＋分布式光伏”“充电站＋分布式光伏”等利用形式。

4. BIPV（光伏建筑一体化）

BIPV是指采用特殊设计的专用光伏组件，安装时替代原有的建筑材料或建筑构件，与建筑融为一体的光伏系统。拆除光伏组件则建筑不能正常使用。光伏组件不仅要满足光伏发电的功能要求，同时首先必须满足建筑的基本功能要求，如坚固耐用、保温隔热、防水防潮、适当强度和刚度等性能，常见的有光伏瓦、光伏幕墙、光伏天棚、光伏窗和光伏遮阳棚或遮阳板等。BIPV（光伏建筑一体化）通常与建筑物同时设计、同时施工和安装，并与建筑物形成完美结合的太阳能光伏发电系统，它作为建筑物外部结构的一部分，既具有建筑构件和建筑材料的功能，又具有发电功能。

BIPV是通过将光伏组件（主要是指薄膜光伏组件）与建筑材料结合，让传统建筑变成可以发电的节能建筑，从而推动建筑从耗能向节能、产能转变，与此同时，其结构和材料上须进行特别的设计与考虑，满足安全性和可靠性两个方面要求。

由于BIPV光伏组件首先是作为建筑材料来使用的，因此其必须要先满足建筑材料的要求，既满足建筑材料和光伏组件封装质量要求，又能满足建筑材料的使用功能和耐久性要求，在此前提下再考虑光伏组件的发电性能，即光伏组件自身的气密性和水密性等设计消除光伏组件发电特性带来的安全隐患。

BIPV（光伏建筑一体化）系统包括将光伏模块集成到建筑围护结构中，例如屋顶、采光顶、立面、阳台、护栏、幕墙玻璃等，也可与建筑材料结合形成光伏遮阳构件、光伏雨篷构件，从而达到遮阳挡雨的作用，通过同时用作建筑围护结构材料和发电机，BIPV系统可以节省材料和电力成本，减少传统化石燃料的使用和CO_2的排放，同时由于BIPV光伏组件可以制作成各种绚烂的颜色，与建筑完美融合，具有一定的美观性，因此BIPV是分布式光伏重要的构成部分，同时，又是少数“双碳＋新基建”融合发展的领域，未来市场发展空间无限。

（二）户用分布式光伏电站项目

利用乡镇、农村居民屋顶、门前、房后空地或闲散院落、荒山荒坡等地方建设分布式光伏电站，一般由居民按照“自发自用、余电上网”的模式自行投资建设，优点是光照利用充分，除满足用户自身用电需求外，还可以将多发的电量卖给电网公司；缺点是在户用分布式光伏国家补贴结束后，投资回收期延长，但随着组件和逆变器价格的下降，以及部分地方仍存在一定的分布式光伏补贴政策，因此户用分布式光伏后续仍将持续快速发展。

户用分布式光伏是我国如期实现“碳达峰、碳中和”目标和落实乡村振兴战略的重要力量，又是进入千家万户、事关百姓切身安全和利益的能源形式。建立良好的行业秩序，推动行业健康发展，是户用分布式光伏行业从业企业和人员迫切需要的。为更好推动户用光伏行业健康有序发展，向广大用户普及户用光伏行业知识，切实保障用户合法权益，国家能源局组织中国光伏行业协会等有关单位编写了《户用光伏建设运行百问百答（2022年版）》和《户用光伏建设运行指南（2022年版）》，并于2022年8月31日在国家能源局官网（链接网址：http://www.nea.gov.cn/2022—08/31/c_1310657941.htm）给予公布，供户用光伏在前期开发、建设、安装、运行和维护等工作中参考，其中《户用光伏建设运行指南（2022年版）》中涵盖了九大篇章，从户用光伏系统的原理及意义、资源与应用、并网申请和流程、项目管理、设计安装、运行维护、质量控制、成本效益与商业模式等维度以问答的形式进行了详尽讲解。

同时，中国光伏行业协会在充分征求各方面意见基础上，编制发布了《户用光伏产品销售安装合同（范本）》和《户用光伏电站合作开发合同（范本）》，并在国家能源局官网（http://www.nea.gov.cn/2022—08/30/c_1310657419.htm）和中国光伏行业协会网站（http://www.chinapv.org.cn/association_news/1035.html）进行公布，供居民用户和光伏开发企业、户用光伏经销商等各方参考。

三、分布式光伏电站系统的优点

（一）取之不尽、用之不竭、绿色环保、发电过程友好

太阳能在地球上分布广泛，只要有光照的地方就可以使用光伏发电系统，不受地域、海拔、燃料、降水、风力等因素的限制，光伏发电过程简单，无中间过程（如热能或水能转换为机械能、机械能转换为电磁能等）和机械运动（电动可调支架除外），几乎不存在机械磨损，除生产过程要消耗一定形式的其他能源外，光伏发电过程不消耗燃料，不排放包括温室气体在内的任何物质，无噪声、无污染，属于当下最具可持续发展理想特征的可再生能源发电技术之一。

（二）方便灵活、性能稳定、使用周期长、灵活适用于各种场景

光伏发电系统可以大、中、小并举，大到几万到百万千瓦的巨型光伏发电站系统，中到几个兆瓦的分布式光伏发电系统，小到只供一户的几千瓦的户用太阳能光伏发电系统，在严格按照标准规范设计、施工和运维的光伏电站，整个光伏发电系统工作性能稳定可靠，设计使用寿命长（25年以上），建设周期短，而且可根据用电负荷容量可大可小，方便灵活，极易组合、扩容。除此之外，分布式光伏发电基本不占用土地资源或占用无用、废弃土地（非农田或林地），可就近发电、供电，不用或少用输电线路，大大降低了输电成本，另外，BIPV光伏组件还可以直接代替传统的墙面和屋顶材料。

（三）经济节能、削峰填谷、缓解用电紧张问题

分布式光伏发电系统在接入配电网中是发电、用电并存，且在电网供电处于高峰期发电

（09:00—16:00），在满足高峰用电的同时，削减城市昂贵的高峰供电负荷，可以有效地起到平峰的作用，能够在一定程度上缓解局部地区的用电紧张状况，且自发自用电价成本远低于波峰电价，在帮助用户节省应付高额波峰电价、电费的同时，间接实现了盈利。

（四）投资收益率高、投资回收期短

相对于集中式分布式光伏电站项目，一般单个分布式光伏电站项目总装机容量较小，光伏发电系统容量的大小对发电效率的影响很小，因此对其经济性的影响也很小，也就是说，分布式光伏发电系统的投资收益率并不比大型光伏电站低，而且分布式光伏电站项目一般不需要配置储能设施和建设独立升压变电站，大幅降低了电站的开发成本。以目前的组件价格计算，分布式光伏电站的静态投资回收期通常为 5 ～ 7 年，随着组件价格的持续下降，静态投资回收期有望进一步缩短。

第三节　分布式光伏发电系统的基本组成及类型

一、分布式太阳能光伏发电系统概述

（一）太阳能光伏发电系统原理

在阳光照射下，具有特殊电性能的半导体内可以产生自由电荷，这些自由电荷定向移动并积累，从而在其两端形成电动势，当用导体将其两端闭合时便产生电流，这种现象被称为光生伏打效应，简称光伏效应，如图 1–6 所示。

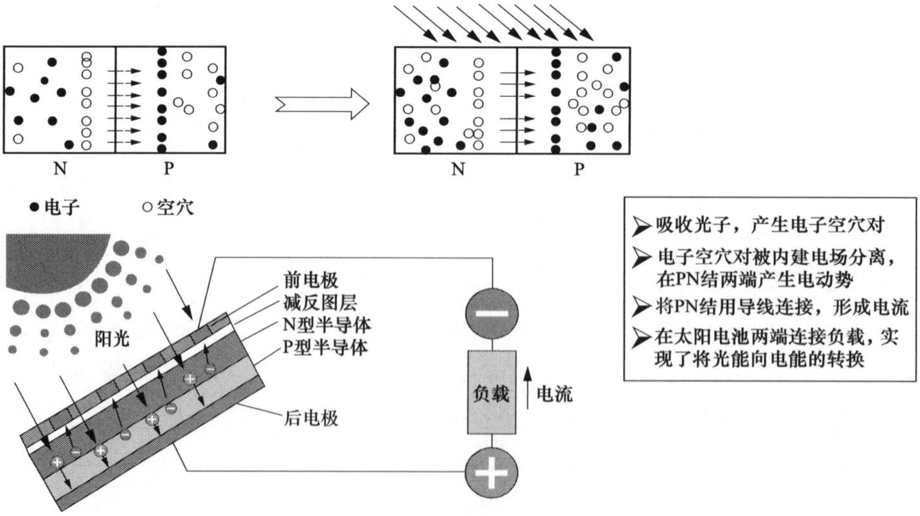

图 1–6　光生伏打效应原理示意图

（二）分布式光伏发电系统组成概述

分布式光伏发电系统主要由光伏组件、支架、逆变器、汇流箱（可选）、配电柜、箱式变压器（可选）、升压变压器（可选）、各类电缆以及一些监控、防护、计量等附属设施构成，离网太阳能分布式光伏发电系统还有光伏控制器、储能蓄电池等，本书主要以并网分布式光伏发电系统为主要研究对象进行介绍。

1. 光伏组件

太阳能光伏组件是光伏发电系统中的核心部分，其作用是把太阳能直接转化为直流电能供直流负载使用或把直流电输送入逆变器，由其转换为交流电，晶体硅光伏组件主要由电池片（一般为60片或72片）、互联条、汇流条、钢化玻璃、EVA胶膜、光伏背板、铝合金边框、接线盒等组成，根据电池片材料的不同，一般划分为晶硅电池（单晶硅电池和多晶硅电池）组件、薄膜电池（硅基薄膜电池、碲化镉薄膜电池、铜铟镓硒薄膜电池、砷化镓电池等）组件和其他组件（有机化合物电池组件、燃料敏化电池组件和钙钛矿电池组件等），其中晶硅光伏组件的生产工艺技术成熟、转换效率高、成本低，应用最为广泛。

2. 支架

光伏发电系统中使用的光伏支架主要有固定倾角支架、倾角可调支架和自动跟踪支架三类。自动跟踪支架又分为单轴跟踪支架和双轴跟踪支架。其中单轴跟踪支架又可以细分为平单轴跟踪、斜单轴跟踪和方位角单轴跟踪支架三种。目前，在分布式光伏发电系统中，以固定倾角支架和倾角可调支架的应用最为广泛。

3. 逆变器

将直流电能转换为交流电能的过程称为逆变，由于光伏组件发出的电为直流电，须经光伏逆变器将光伏组件所发出的直流电转变成正弦波交流电流，接入负载或者并入到大电网中，因此逆变器是分布式光伏发电系统中除组件外的另一个核心设备，逆变器按照功率大小分为集中式逆变器、组串式逆变器和微型逆变器。

4. 汇流箱（可选）

汇流箱按用途分为直流汇流箱和交流汇流箱两大类。

直流汇流箱顾名思义就是汇集直流电流的设备，把光伏组件方阵（多个组串并联构成）的多路直流输出电缆分组连接到直流汇流箱中，并通过直流汇流箱中的光伏专用熔断器、直流断路器、浪涌保护器及智能监控装置等的保护和检测后，汇流后集中输出到光伏逆变器，在光伏发电系统中，直流汇流箱一般和直流配电柜及集中式逆变器搭配使用。

交流汇流箱通常应用在采用组串式逆变器的光伏发电系统中，主要作用是把多个组串逆变器输出的交流电经过二次集中汇流后送入交流配电柜中或直接接入变压器。在分布式光伏发电系统中，交流汇流箱通常和交流配电柜及组串式逆变器配合使用。

5. 配电柜

汇流箱按用途分为直流配电柜和交流配电柜两大类。

直流配电柜主要功能是将各个直流汇流箱输出的直流电缆接入后再次进行汇流，然后输出再与并网逆变器连接，有利于光伏发电系统的安装、操作和维护，直流配电柜通常用在大型地面集中式光伏发电系统中。

交流配电柜的主要作用是在光伏发电系统中连接在逆变器与交流负载或升压变压器之间的电力设备，它的主要功能是对电能进行接收、调度、分配和计量，保证供电安全，显示各种电能参数和监测故障。交流配电柜一般和交流汇流箱搭配使用，适用于各类型光伏发电系统。

6. 升压变压器和箱式变压器（可选）

升压变压器在光伏发电系统中主要用于将逆变器输出的低压交流电升压到与并网点电压等级相同的电网中，当并网点接入电压等级为 0.4kV 的低压电网时，以自发自用为主，不向上中、高压电网馈电，无须配置升压变压器；但通过并网点（10kV、35kV、66kV 和 110kV）中、高压并网实现电能的利用和传输时，须保证升压变压器的剩余容量满足分布式光伏电站的接入要求，光伏发电系统用的升压变压器主要为单相或三相变压器，按照冷却方式又分为干式和油浸式两种。

箱式变压器主要由高压配电室、升压变压器和操作室（低压配电柜）三部分组成，是一种把高压开关设备、配电变压器、低压开关设备、电能计量设备和无功补偿装置等按一定的连线方案组合在一个或几个箱体内的紧凑型成套配电装置，主要实现低压配电、变压器升压、高压输出的功能，主要用于集中式光伏发电系统中。

7. 电缆

光伏电站中有大量的直流电缆需户外敷设，环境条件恶劣，其电缆材料应有绝佳的耐风雨、耐紫外线、耐臭氧侵蚀性、防暴晒和抗化学侵蚀等性能，而且能承受大范围的温度变化，因此在分布式光伏电站建设中应使用光伏专用电缆和符合当地条件的交、直流电缆。直流电缆和交流电缆可能的使用位置见表 1–4。

表 1–4　直流电缆和交流电缆可能的使用位置

电缆类型	使用位置
直流电缆	组件与组件之间（光伏专用电缆）
	组串之间及其组串至直流配电装置（汇流箱）之间的并联电缆
	直流配电装置（汇流箱）至逆变器之间

续表

电缆类型	使用位置
交流电缆	逆变器至交流汇流箱之间的连接电缆
	逆变器至升压变压器的连接电缆
	交流配电装置至升压变压器的连接电缆或交流配电装置至电网或用户的连接电缆

8. 监控系统

监控系统全面监控光伏发电系统的运行状况，主要监控点包括光伏方阵的电压、电流等数据，逆变器的工作状态、输出电压、输出电流、输出功率和运行温度、电网电压频率等，并可以通过有线或无线网络的远程连接进行监控，通过计算机、手机等终端设备实时获得光伏发电系统的运行数据。220V、380V 电压等级接入的分布式光伏发电系统宜采用远程监控的方式设计，10kV 及以上电压等级接入的分布式并网光伏发电系统应采用计算机本地监控系统设计。

9. 防雷接地系统

光伏发电系统的防雷措施主要有接地系统、均压和等电位联结、线缆屏蔽及防雷器（浪涌保护器）的安装及选型等内容，应根据分布式光伏电站项目现场情况，优化防雷接地系统的设计，采用综合防雷措施，实现多重防雷保护，最大程度地避免雷电对分布式光伏发电系统的损坏。

10. 其他附属设施

（1）双向计量电表箱。并网计量装置设计应根据并网接入的容量和接入方式确定，在项目发电装置出口装设计量装置，满足项目发电量计量要求。电源发电侧应尽量集中，各个集中点设置一个计量点。在产权分界点设置计量关口点，满足上、下网电量双向分开结算要求。计量装置的安装位置应具备通信信号良好，满足日常维护管理的要求。

（2）光伏控制器（可选）。离网光伏发电系统是分布式光伏发电系统的一种应用方式，其中光伏控制器是离网分布式光伏发电系统的主要部件，其作用是控制整个系统的工作状态，保护蓄电池。防止蓄电池过充电、过放电、系统短路、系统极性反接和夜间防反充等。在温差较大的地方，控制器还具有温度补偿的功能。另外，光伏控制器还有光控开关、时控开关等工作模式，以及充电状态、用电状态及蓄电池电量等各种工作状态的显示功能。

（3）储能系统（可选）。储能系统主要用于离网光伏发电系统和带储能装置的并网光伏发电系统中，其作用主要是存储光伏电池发出的电能，并可随时向负载供电，储能系统对蓄电池的基本要求是自放电率低、使用寿命长、充电效率高、深放电能力强、工作温度范围宽、少维护或免维护以及价格低廉。目前为光伏发电系统配套使用的主要是免维护铅酸电池和磷酸铁锂电池等。

二、分布式光伏发电系统的分类

一般按照并网装机容量和是否建设大型并网升压变电站，将光伏电站划分为集中式光伏电站和分布式光伏电站，分布式光伏电站一般就近接入电网已有变配电设施或独立于大电网独自运行。

（一）按照系统规模划分

我国产业支持政策在推动光伏发展方面以国家主导为主，这种自上而下的政策和运行方式，更容易迅速推动集中式光伏系统的建设，直接导致现有光伏装机总容量中，集中式光伏发电系统占比较高，随着土地资源的日益紧张，外加新建大型集中式光伏电站往往要求配置一定的储能设施，使得集中式光伏电站的建设成本并没有随着组件价格的下降而显著降低，相较于分布式光伏电站而言，其新增步伐已有所放缓。按照系统规模划分光伏电站系统的分类图如图 1–7 所示。

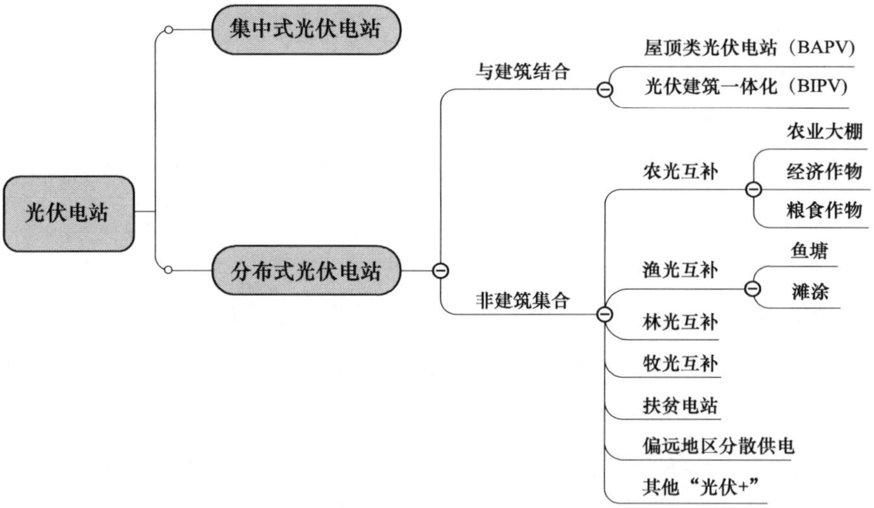

图 1–7　按照系统规模划分光伏电站系统的分类图

（二）按并网模式划分

光伏发电系统按照是否需要通过大电网送出，通常可以分为并网光伏发电系统、离网（独立）光伏发电系统两大类，随着储能技术的加入，进一步拓展了光伏发电系统的应用形式及范围，又出现了光伏并网储能发电系统、光伏离网储能发电系统和微电网发电系统等。

分布式光伏发电包括并网型、离网型及微电网等应用形式，并网型分布式发电多应用于用户附近、一般与中、低压配电网并网运行，自发自用，当分布式光伏发电系统不能发电或电力不足时从电网上购，另外，分布式光伏发电系统的多发电量也可出售给电网公司，当电网断电时，分布式光伏发电系统就会启动孤岛保护功能，逆变器停止运行，组件不能发电，负载也不能工作，分布式光伏发电系统主要采用“自发自用、余电上网”的应用形式。

离网型和微电网中的分布式光伏发电多应用于偏远地区、海岛地区、边防哨所、通信基站、路灯等无市政供电的地区，它不与大电网连接，利用自身的发电系统和储能系统直接向负载供电。分布式光伏系统还可以与其他发电方式（如水电、风电）组成多能互补微电网系统，既可以作为微电网独立运行，也可以并入大电网联网运行。

三、光伏发电产业链简介

我国光伏技术总体处于世界先进水平，我国光伏制造业、光伏发电装机量、光伏发电量均位于世界首位并为全球提供超 70% 光伏组件，目前光伏组件按太阳能电池片材料差异分为晶硅电池和薄膜电池两大类，晶硅电池占据主要市场份额，薄膜电池受益于 BIPV（光伏建筑一体化）发展渗透率有望提升，由于晶硅电池相对于薄膜电池起步更早、效率更高，采用晶体硅的太阳能组件占据着我国 90% 以上的市场份额，本节以晶体硅作为光伏产业链的分析对象，通常将光伏组件产业链主要划分为三个环节，分别是产业链上游（晶体硅的提纯和硅、硅棒、硅片的加工制造）、产业链中游（光伏电池和光伏组件）、产业链下游光伏发电系统的集成和运营（集中式电站和分布式光伏），此外，还涉及光伏玻璃、胶膜、支架等辅材环节。

我国太阳能光伏产业已经形成比较完整的产业链结构，我国光伏产业占据全球主导地位，其中多晶硅、硅片、电池片和组件分别占全球产量的 76%、96%、83% 和 76%。全产业链集成制造优势有力推动我国可再生能源装备制造成本持续下降、国际竞争力持续增强。光伏技术快速迭代，多次刷新电池转换效率世界纪录，量产单晶硅、多晶硅电池平均转换效率分别达到 22.8% 和 20.8%。截止到 2021 年，我国光伏新增装机规模连续 9 年排名世界第一。

逆变器是光伏发电核心部件之一，其作用是将太阳电池发出的直流电转化为符合电网电能质量要求的交流电，光伏逆变器产业链上游主要为电子元器件、结构件和其他辅助材料等；中游为各种类型的光伏逆变器制造商；下游主体为光伏系统集成企业、光伏系统安装企业、EPC 承包企业和光伏项目投资企业等。2021 年，光伏逆变器市场以集中式逆变器和组串式逆变器为主，集散式逆变器占比较小。其中，组串式逆变器占比为 69.6%，集中式逆变器占比为 27.7%，集散式逆变器的市场占有率约为 2.7%，受应用场景变化、技术进步等多种因素影响，集中式和组串式市场格局相对稳定，2021 年全球 TOP10 光伏逆变器的供应企业占据了约 82% 的市场份额，较上年同比提高了约 2%，其中以华为、阳光电源和古瑞瓦特位列前三名，2021 年华为的市场份额占比约为 23%，阳光电源由 2020 年的 19% 增长至

2021年的21%，其次是古瑞瓦特约占比7%。

受益于光伏全产业链优势，过去十年我国光伏发电成本已下降了超过90%，随着以沙漠、戈壁、荒漠地区为重点的大型风电、光伏基地政策和整县推进分布式光伏电站项目开发落地，光伏行业即将再次进入十年黄金发展期。

第四节　国内分布式光伏政策演变、分析与未来展望

光伏的发展与政策息息相关，政策力度大产业发展就快，随着光伏技术进步带来的成本降低逐渐助力光伏实现平价化上网，在部分地区光伏的发电成本甚至低于煤电，因此，对国内分布式光伏现有政策进行梳理，有利于掌握本行业蓬勃发展的背后原因。

一、光伏将继续获得国家大力支持与发展

全球已有多个国家提出了“零碳”或“碳中和”的气候目标，发展以光伏为代表的可再生能源已成为全球共识，再加上光伏发电在越来越多的国家成为最有竞争力的电源形式，预计全球光伏市场将持续高速增长。未来，在光伏发电成本持续下降和全球绿色复苏等有利因素的推动下，全球光伏新增装机仍将快速增长。在多国“碳中和”目标、清洁能源转型及绿色复苏的推动下，预计“十四五”期间，全球光伏年均新增装机将超过220GW。

在我国除前文提到的光伏支持政策外，实际上在碳达峰、碳中和目标提出前、后，国家就已经推出了很多支持光伏发展壮大的政策（详见附录1–3），正是在这些政策的扶持和带动下，我国光伏产业才能逐渐从小开始变大、变强，并已经开始逐渐领先世界。

特别指出的是2022年5月14日，国家发展改革委、国家能源局发布《关于促进新时代新能源高质量发展的实施方案》中明确：“加快推进以沙漠、戈壁、荒漠地区为重点的大型风电光伏基地建设。促进新能源开发利用与乡村振兴融合发展。鼓励地方政府加大力度支持农民利用自有建筑屋顶建设户用光伏，鼓励村集体依法利用存量集体土地通过作价入股、收益共享等机制，参与新能源项目开发。

“在具备条件的工业企业、工业园区，加快发展分布式光伏等新能源项目，支持工业绿色微电网和源－网－荷－储一体化项目建设，推进多能互补高效利用，开展新能源电力直供电试点，提高终端用能的新能源电力比重。推动太阳能与建筑深度融合发展。完善光伏建筑一体化应用技术体系，壮大光伏电力生产型消费者群体。到2025年，公共机构新建建筑屋顶光伏覆盖率力争达到50%；鼓励公共机构既有建筑等安装光伏或太阳能热利用设施。

“编制实施智能光伏产业发展行动计划，提升产品全周期智能化、信息化水平。推进高效太阳能电池等关键技术突破，加快推动关键基础材料、设备、零部件等技术升级。推动退役光伏组件回收处理技术和相关新产业链发展，实现全生命周期闭环式绿色发展。

“指导地方政府做好新能源产业规划，落实光伏产业规范条件。积极参与光伏等领域国际标准、合格评定程序的制定和修订，鼓励‘风光渔’融合发展，切实提高风电、光伏发电项目海域资源利用效率，研究出台光伏治沙等生态修复类新能源项目设计、施工、运维等标准规范，支持在石漠化、荒漠化土地以及采煤沉陷区等矿区开展具有生态环境保护和修复效益的新能源项目”。

二、集中式与分布式并举发展，分布式光伏应用拓展

（一）集中式与分布式并举发展，逐渐担当主力

集中式光伏电站由于占地面积大，项目建设受土地、林地政策制约大，且我国光伏资源与电力负荷需求呈方向分布，建成后需通过跨区互联电网来进行电力配置，电力输送成本高且短期内还存在消纳问题，但分布式光伏具有建设灵活、就近消纳、就近利用的优势，相比于大型集中式电站，分布式解决了大型电站的长距离传送问题和并网压力，符合国家鼓励可再生能源就地消纳的总体思路，集中式电站项目开发在生态和环境约束持续趋紧的情况下，能源主管部门鼓励分布式光伏发展的力度显著加大，同时，正在研究出台相关政策，鼓励光伏分布式电源参与市场交易，实现“隔墙售电”，以期进一步提高分布式电源的经济性。

在整县推进分布式光伏及其他工商业分布式和户用光伏建设将继续支撑分布式光伏发电市场，新增装机总量仍将呈现上升态势。“十四五”时期将形成集中式与分布式并举的发展格局。随着光伏发电全面进入平价时代，叠加“碳中和”目标的推动以及大基地的开发模式，集中式光伏电站有可能迎来新一轮发展热潮。另外，随着光伏在建筑、交通、综合能源等领域的融合发展，叠加整县推进政策的推动，分布式项目仍将保持一定的市场份额。

国家能源局相关数据显示，2021 年分布式光伏新增装机约 2927.9 万 kW，约占全部新增光伏发电装机的 53.4%，历史上首次突破 50%，光伏发电集中式与分布式并举的发展趋势显现。2022 年上半年，分布式光伏新增装机约 1965.3 万 kW，集中式光伏新增装机约 1122.5 万 kW，分布式光伏新增容量仍然超过集中式光伏新增容量，新增占比超过 63%。

（二）分布式光伏配储能开始发力

2021 年 5 月 11 日，国家能源局在《关于 2021 年风电、光伏发电开发建设有关事项的通知》中提出“在确保安全前提下，鼓励有条件的户用光伏项目配备储能。户用光伏发电项目由电网企业保障并网消纳”。户用光伏项目作为分布式光伏的一个重要组成部分，这是首次在国家层面提出鼓励分布式光伏电站项目配置储能的相关政策，实际上在“双碳”目标以及构建新型电力系统的背景之下，光伏行业进入了高速发展时期，装机规模迅猛增长，而国家能源局综合司正式下发《关于公布整县（市、区）屋顶分布式光伏开发试点名单》

后，分布式光伏在行业整体高发展预期之上，又进入了“超高速”发展期。

在分布式光伏市场迎来爆发期的同时，其对电网稳定性的冲击以及自身消纳引发的问题逐渐引起人们重视。2022 年 7 月 23 日，全国新能源消纳监测预警中心发布《2022 年二季度全国新能源电力消纳评估分析》中提到：“部分省、市分布式光伏开发消纳承压，分布式光伏快速发展，规模扩大导致在项目备案、并网消纳、投资收益等方面逐渐暴露出一些问题，需要进一步政策引导”。

随着储能成本的逐年降低，分布式光伏市场形势变化对于储能需求逐步进入快车道，分布式装机容量较大的地方政府也相继出台多个鼓励或要求分布式光伏电站项目配置储能的相关政策文件。实现碳中和目标部分光伏支持政策的梳理见表 1–5。

表 1–5　实现碳中和目标部分光伏支持政策的梳理

时间	省（市、区）	政策文件	储能配置比例	备注
2021 年 6 月 29 日	宁夏	关于报送整县（市、区）屋顶分布式光伏开发试点方案的通知	10%	明确要求各县（市、区）分布式光伏开发储能配置比例不低于 10%
2021 年 11 月 26 日	山东枣庄市	枣庄市分布式光伏建设规范（试行）	15%～30%	综合考虑开发规模、负荷特性、光伏利用率等因素，按照装机容量 15%～30%、时长 2～4h 配置储能设施，或者租赁同等容量的共享储能设施
2021 年 12 月 16 日	浙江柯桥区	柯桥区整区屋顶分布式光伏开发试点实施方案	10%	建议非户用分布式光伏电站全生命周期内，按照发电装机容量的 10% 建设储能设施，储能设施存储时长需在 2h 及以上
2022 年 3 月 4 日	安徽芜湖市	芜湖关于加快光伏发电推广应用的实施意见	—	对新建光伏发电项目配套建设储能系统，储能电池采用符合相关行业规范条件的产品，自项目投运次月起对储能系统按实际放电量给予储能电站运营主体 0.3 元 /kWh 补贴，同一项目年度最高补贴 100 万元
2022 年 3 月 16 日	河北	河北省能源局发布《屋顶分布式光伏建设指导规范（试行）》	—	配套储能，可选择自建、共建或租赁等方式灵活开展配套储能建设
2022 年 5 月 5 日	重庆市	重庆市经济和信息化委员会征求对《以实现碳达峰碳中和目标引领深入推进制造业高质量绿色发展行动计划（2022—2025 年）（征求意见稿）》	—	鼓励市内新建风电、分布式光伏电站配套建设储能设施

续表

时间	省（市、区）	政策文件	储能配置比例	备注
2022 年 5 月 7 日	江苏苏州市	苏州《关于加快推进全市光伏发电开发利用的工作意见（试行）》	2MW 以上光伏配储 8%	鼓励装机容量 2MW 以上的光伏项目，按照不低于装机容量 8% 的比例配建储能系统
2022 年 5 月 11 日	浙江永康市	永康市整市屋顶分布式光伏开发试点实施方案	10%	鼓励非户用分布式光伏电站按照发电装机容量 10% 建设储能设施
2022 年 5 月 24 日	浙江嘉善县	嘉善县人民政府关于新一轮支持分布式光伏发展的若干意见	—	对实施的光伏发电项目配建储能系统并接受电网统筹调度的（经审批备案且年利用小时数不低于 600h），额外实行储能容量补贴
2022 年 6 月 10 日	浙江诸暨市	诸暨市整市推进分布式光伏规模化开发工作方案	不低于光伏装机 10%	按不低于光伏装机容量 10% 的要求总体配套建设光伏储能设施容量
2022 年 7 月 15 日	江苏昆山市	《关于加快推进分布式光伏发电项目开发建设的工作意见的通知》	不低于装机容量 8% 的比例配建储能系统	鼓励装机容量 2MW 及以上的分布式光伏发电项目，按照不低于装机容量 8% 的比例配建储能系统，储能系统作为分布式光伏发电项目组成部分一并办理备案
2022 年 8 月 8 日	江苏	江苏省“十四五”新型储能发展实施方案	—	鼓励分布式光伏发电项目配建储能电站或购买调峰服务
2022 年 8 月 10 日	四川	攀枝花关于进一步规范农房分布式光伏安装的通知	—	在确保安全前提下鼓励有条件的户用光伏项目配备储能设施
2022 年 8 月 10 日	山东平阴县	山东省济南市平阴县发改局印发《关于进一步加强分布式光伏项目备案、建设及并网管理的意见》	不低于 15%	整县分布式开发按照“光伏＋储能”方式推进，根据具体消纳情况配建或租赁不低于 15%、2h 的储能设施。电网消纳能力不足时，应提高储能配置比例及充放电时长，确保分布式光伏就地就近消纳、满足 95% 利用率要求
2022 年 8 月 29 日	山东胶州市	山东胶州整市分布式光伏开发工作指导意见	≥ 15%	按照不低于装机容量 15%、时长不低于 2h 配置或租赁储能设施

三、分布式光伏在乡村与城镇同推进、共进步

（一）农村分布式光伏电站扶持政策

农村地区能源绿色转型发展，是满足人民美好生活需求的内在要求，是构建现代能源体系的重要组成部分，对巩固拓展脱贫攻坚成果、促进乡村振兴，实现碳达峰、碳中和目标和农业农村现代化具有重要意义。

因此，国家鼓励利用农村的建筑屋顶、院落空地、田间地头、设施农业、集体闲置土地等推进风电和光伏发电分布式发展，农户通过土地租赁、参与电站运维、农场劳务等增加收益，提升乡村就地绿色供电能力，继续实施北方地区清洁取暖工程和光伏扶贫工程，因地制宜推动太阳能等清洁能源供暖工程等。实现碳中和目标农村光伏扶持政策梳理见表 1–6。

表 1–6　　实现碳中和目标农村光伏扶持政策梳理

时间	文件名和编号	发布部门	主要内容
2018 年 9 月 26 日	《乡村振兴战略规划（2018—2022 年）》	中共中央国务院	大力发展太阳能，推进农村能源消费升级，大幅提高电能在农村能源消费中的比重，加快实施北方农村地区冬季清洁取暖，探索建设农村能源革命示范区
2021 年 1 月 5 日	《加快农村能源转型发展助力乡村振兴的实施意见》（国能发规划〔2021〕66 号）的通知	国家能源局、农业农村部和国家乡村振兴局	利用农户闲置土地和农房屋顶，建设分布式光伏发电，配置一定比例储能，农户获取稳定的租金或电费收益。支持村集体以公共建筑屋顶、闲置集体土地等入股，参与光伏项目开发，增加村集体收入，推广“新能源＋生态修复、矿山治理”等模式。在林区、牧区合理布局林光互补、牧光互补等项目，建设新能源＋农村景观示范，推动新能源与路灯、座椅等公共设施一体化发展
2021 年 1 月 21 日	《促进绿色消费实施方案》	国家发改委、工信部、住房和城乡建设部、商务部、市场监管总局、国管局、中直管理局联合印发	持续推动智能光伏创新发展，大力推广建筑光伏应用，加快提升居民绿色电力消费占比。持续推进农村地区清洁取暖，提升农村用能电气化水平，加快生物质能、太阳能等可再生能源在农村生活中的应用

续表

时间	文件名和编号	发布部门	主要内容
2022 年 1 月 30 日	关于完善能源绿色低碳转型体制机制和政策措施的意见（发改能源〔2022〕206 号）	国家发展改革委、国家能源局	在农村地区优先支持屋顶分布式光伏发电接入电网，电网企业等应当优先收购其发电量。鼓励利用农村地区适宜分散开发风电、光伏发电的土地，探索统一规划、分散布局、农企合作、利益共享的可再生能源项目投资经营模式
2022 年 2 月 11 日	关于印发"十四五"推进农业农村现代化规划的通知（国发〔2021〕25 号）	国务院	提高电能在农村能源消费中的比重。因地制宜推动农村地区光伏、风电发展，加快构建以可再生能源为基础的农村清洁能源利用体系
2022 年 2 月 22 日	《关于做好 2022 年全面推进乡村振兴重点工作的意见》（中央一号文件）	中共中央、国务院	巩固光伏扶贫工程成效，在有条件的脱贫地区发展光伏产业；推进农村光伏、生物质能等清洁能源建设
2022 年 5 月 23 日	《乡村建设行动实施方案》（国务院公报 2022 年第 16 号）	中共中央办公厅 国务院办公厅	发展太阳能、风能、水能、地热能、生物质能等清洁能源，在条件适宜地区探索建设多能互补的分布式低碳综合能源网络。按照先立后破、农民可承受、发展可持续的要求，稳妥有序推进北方农村地区清洁取暖，加强煤炭清洁化利用，推进散煤替代，逐步提高清洁能源在农村取暖用能中的比重
2022 年 10 月 8 日	"十四五"《关于实施农村电网巩固提升工程的指导意见（征求意见稿）》	国家发展改革委、国家能源局综合司	加强网源规划建设衔接，支撑农村可再生能源开发，加强农村电网发展规划与农村分布式可再生能源发展衔接。各级电网企业和供电企业要积极做好农村分布式可再生能源发电并网服务，依法简化并网手续，优化服务流程，推广线上服务应用，确保农村分布式可再生能源发电"应并尽并"

2022 年 10 月 9 日，国家能源局在关于政协第十三届全国委员会第五次会议第 00454 号（农业水利类 039 号）提案答复函中提到，国家发展改革委、国家能源局高度关注并积极支持农业光伏发展，积极推动光伏产业和现代农业、乡村振兴融合发展取得综合效益，推动农业生产与清洁发电的有机结合，提高土地综合利用效率，促进农村地区经济创收，下一步，将会同有关部门深入研究光伏设备对农作物品质和产量的影响机理和规律，以及"农光互补"项目的适用范围，会同自然资源、林草等有关部门出台农业光伏、林业光伏等各类复合项目的建设标准规范，不断完善相关用地政策，确保在严格保护耕地的前提下，提高低产耕地农业利用价值，促进土地高效复合利用，推动农业光伏健康有序发展，助力实

现碳达峰、碳中和目标。

（二）城镇分布式光伏电站光伏扶持政策

截止到2022年底，我国大陆地区共有977个市辖区、394个县级市、1301个县、117个自治县，如果将这些县（市、区）的可利用闲置屋顶加以充分利用，有利于整合资源实现集约开发，消减电力尖峰负荷，节约优化配电网投资，减低建筑能耗。随着我国城镇化进程的推进，农村人口逐渐向县（市、区）域集中，县（市、区）域区域土地供应越发紧张，因此在县域范围内建设分布式光伏电站主要安排在党政机关、学校、医院、交通枢纽等公共建筑屋顶或设施和大型工、商企业的建筑屋顶。

2021年6月20日，国家能源局综合司正式下发《关于报送整县（市、区）屋顶分布式光伏开发试点方案的通知》，拟在全国组织开展县（市、区）推进屋顶分布式光伏开发试点工作。2021年9月8日，国家能源局综合司正式下发《关于公布整县（市、区）屋顶分布式光伏开发试点名单的通知》（详见表1–7），各个省份上报了一批开展整县推进屋顶分布式光伏电站的名单。

表1–7　　整县（市、区）屋顶分布式光伏开发试点名单

省（市、区）及新疆生产建设兵团	试点地区
北京（6个）	大兴区（黄村镇、榆垡镇、大兴国际机场临空经济区、大兴区新媒体产业基地、亦庄镇、采育镇、大兴生物医药产业基地、大兴区京南物流中心）、北京经济技术开发区、房山区（霞云岭乡、拱辰街道）、通州区（运河商务区、张家湾设计小镇）、顺义区（马坡镇、天竺综合保税区）、门头沟区（中关村门头沟园）
天津（4个）	东丽区、滨海新区、津南区、西青区
河北（37个）	元氏县、栾城区、正定县、鹿泉区、赞皇县、兴隆县、平泉市、桥西区、万全区、怀来县、海港区、山海关区、丰南区、玉田县、曹妃甸区、迁西县、乐亭县、香河县、望都县、徐水区、高阳县、博野县、安国市、东光县、渤海新区、孟村县、肃宁县、南皮县、安平县、饶阳县、信都区、隆尧县、巨鹿县、磁县、魏县、馆陶县、定州市
山西（26个）	杏花岭区、清徐县、云冈区、灵丘县、怀仁市、右玉县、忻府区、五台县、原平市、介休市、寿阳县、灵石县、盂县、阳泉郊区、文水县、方山县、潞城区、长子县、高平市、陵川县、霍州市、乡宁县、河津市、永济市、芮城县、山西转型综合改革示范区
内蒙古（11个）	赛罕区、青山区、准格尔旗、丰镇市、海勃湾区、临河区、阿拉善左旗、阿荣旗、扎赉特旗、科尔沁区、宁城县

续表

省（市、区）及新疆生产建设兵团	试点地区
辽宁（15 个）	法库县、庄河市、台安县、新抚区、本溪满族自治县、东港市、北镇市、鲅鱼圈区、阜蒙县、宏伟区、昌图县、盘山县、朝阳县、连山区、沈抚改革创新示范区
吉林（1 个）	汪清县
黑龙江（11 个）	哈尔滨新区、尚志市、宾县、兰西县、望奎县、红岗区、铁力市、克山县、林口县、松岭区、北安市
上海（8 个）	中国（上海）自由贸易试验区临港新片区、崇明区（新河镇、堡镇、建设镇、中兴镇）、黄浦区（打浦桥街道、半淞园街道）、闵行区（莘庄镇、马桥镇）、金山区（金山工业区）、嘉定区（嘉定工业区）、松江区（车墩镇、泖港镇、永丰街道、中山街道）、奉贤区（金汇镇、杨王工业区）
江苏（59 个）	溧水区、六合区 、鼓楼区、浦口区、锡山区、江阴市、宜兴市、惠山区、沛县、邳州市、睢宁县、铜山区、新沂市、丰县、徐州淮海国际港务区、鼓楼区、金坛区、常州经济开发区、钟楼区、天宁区、吴江区、常熟市、吴中区、相城区、通州区、海安市、如皋市、如东县、启东市、海门区、灌南县、赣榆县、盱眙县、淮阴区、洪泽区、涟水县、淮安区、建湖县、盐都区、射阳县、阜宁县、滨海县、盐城经济技术开发区、大丰区、扬州经济技术开发区、高邮市、仪征市、江都区、丹阳市、润州区、扬中市、丹徒区、镇江高新技术产业开发区、海陵区、泰兴市、姜堰区、泰州医药高新技术产业开发区、靖江市、宿城区
浙江（30 个）	淳安县、永嘉县、平阳县、文成县、苍南县、泰顺县、海盐县、长兴县、武义县、磐安县、柯城区、衢江区、龙游县、江山市、常山县、开化县、嵊泗县、玉环市、天台县、仙居县、三门县、莲都区、龙泉市、青田县、云和县、庆元县、缙云县、遂昌县、松阳县、景宁畲族自治县
安徽（17 个）	庐江县、长丰县、濉溪县、涡阳县、泗县、固镇县、太和县、大通区、滁州经济技术开发区、金寨县、和县、繁昌区、宣州区、义安区、贵池区、怀宁县、广德市
福建（24 个）	闽侯县、海沧区、同安区、翔安区、龙海区、漳浦县、南靖县、平和县、诏安县、云霄县、漳州古雷港经济开发区、漳州高新技术产业开发区、沙县区、宁化县、涵江区、仙游县、建阳区、延平区、浦城县、顺昌县、建瓯市、上杭县、蕉城区、福安市
江西（8 个）	信丰县、浮梁县、贵溪市、万安县、广昌县、高安市、横峰县、德安县

续表

省（市、区）及新疆生产建设兵团	试点地区
山东（70个）	莱芜区、历城区、章丘区、钢城区、商河县、平阴县、济南高新技术产业开发区、莱西市、胶州市、黄岛区、临淄区、博山区、桓台县、滕州市、薛城区、山亭区、峄城区、台儿庄区、枣庄市中区、河口区、莱州市、福山区、海阳市、诸城市、青州市、高密市、坊子区、寒亭区、临朐县、寿光市、潍坊高新技术产业开发区、潍坊峡山生态经济开发区、嘉祥县、鱼台县、梁山县、邹城市、曲阜市、肥城市、新泰市、东平县、莒县、岚山区、惠民县、沾化区、邹平市、滨城区、滨州北海经济开发区、平原县、齐河县、临邑县、禹城市、宁津县、茌平区、临清市、冠县、阳谷县、莘县、东昌府区、聊城经济技术开发区、沂水县、河东区、临沂高新技术产业开发区、郯城县、兰陵县、平邑县、东明县、郓城县、鄄城县、定陶区、菏泽经济技术开发区
河南（66个）	登封市、金水区、郑州航空港经济综合实验区、郑州高新技术产业开发区、新密市、伊川县、孟津区、洛龙区、汝阳县、卫东区、郏县、叶县、鲁山县、内黄县、林州市、北关区、文峰区、安阳县、淇县、辉县市、原阳县、新乡高新技术产业开发区、获嘉县、新乡县、封丘县、修武县、博爱县、台前县、濮阳县、华龙区、襄城县、鄢陵县、长葛市、魏都区、建安区、许昌经济技术开发区、召陵区、漯河经济技术开发区、源汇区、郾城区、临颍县、灵宝市、卢氏县、湖滨区、三门峡市城乡一体化示范区、渑池县、睢县、柘城县、宁陵县、民权县、夏邑县、镇平县、光山县、罗山县、淮滨县、浉河区、信阳市上天梯非金属矿管理区、信阳高新技术产业开发区、商城县、济源产城融合示范区、兰考县、邓州市、滑县、长垣市、新蔡县、固始县
湖北（19个）	掇刀区、京山市、猇亭区、秭归县、黄石新港（物流）工业园区、下陆区、宣恩县、应城市、云梦县、谷城县、襄城区、黄冈龙感湖管理区、黄州区、赤壁市、嘉鱼县、通城县、荆州区、洪湖市、房县
湖南（12个）	醴陵市、岳塘区、湘阴县、武陵区、涟源市、祁阳市、汨罗市、双峰县、南县、隆回县、冷水滩区、邵阳县
广东（32个）	潮安区、东莞市（大朗镇、桥头镇、谢岗镇、洪梅镇）、从化区、广州市（黄埔、开发区）、龙川县、东源县、惠阳区、惠州仲恺高新技术产业开发区、新会区、揭东区、高州市、化州市、平远县、梅江区、蕉岭县、清新区、清城区、濠江区、武江区、始兴县、南雄市、龙岗区、罗定市、雷州市、遂溪县、怀集县、高要区、肇庆高新技术产业开发区、封开县、广宁县、中山市（三角镇、南头镇、古镇镇、火炬开发区）、斗门区
广西（22个）	横州市、兴宁区、鹿寨县、柳城县、永福县、藤县、铁山港区、钦南区、灵山县、平南县、港北区、港南区、北流市、福绵区、平果市、田东县、右江区、东兰县、武宣县、江州区、扶绥县、天等县
海南（10个）	崖州区、天涯区、万宁市、东方市、澄迈县、定安县、屯昌县、临高县、琼中黎族苗族自治县、乐东黎族自治县

续表

省（市、区）及新疆生产建设兵团	试点地区
重庆（16个）	黔江区、涪陵区、长寿区、江津区、永川区、潼南区、城口县、丰都县、巫溪县、巫山县、奉节县、垫江县、酉阳县、彭水县、秀山县、万盛经济技术开发区
四川（6个）	金堂县、攀枝花市西区、旺苍县、嘉陵区、茂县、德昌县
贵州（13个）	开阳县、播州区、关岭县、镇宁县、盘州市、钟山区、镇远县、长顺县、兴义市、望谟县、威宁县、黔西市、松桃县
云南（28个）	宜良县、富民县、石林县、曲靖经济技术开发区、沾益区、麒麟区、楚雄市、禄丰市、双柏县、鹤庆县、祥云县、弥渡县、文山市、砚山县、丘北县、建水县、蒙自市、河口县、隆阳区、施甸县、泸水市、红塔区、昭阳区、华坪县、镇沅县、耿马县、芒市、景洪市
西藏（9个）	革吉县、萨嘎县、吉隆县、昌都经济技术开发区、琼结县、堆龙德庆区、尼木县、工布江达县、聂荣县
陕西（26个）	西安高新技术产业开发区、灞桥区、西安经济技术开发区、金台区、岐山县、三原县、武功县、耀州区、大荔县、澄城县、白水县、潼关县、渭南经济技术开发区、宝塔区、延川县、安塞区、定边县、吴堡县、榆阳区、城固县、汉台区、镇巴县、安康高新技术产业开发区、商州区、洛南县、韩城市
甘肃（46个）	景泰县、平川区、会宁县、靖远县、通渭县、渭源县、安定区、陇西县、临洮县、漳县、迭部县、合作市、玛曲县、夏河县、临潭县、嘉峪关市、永昌县、金川区、敦煌市、瓜州县、金塔县、肃州区、玉门市、阿克塞县、永登县、兰州新区、和政县、积石山县、临夏市、东乡县、康县、崇信县、灵台县、华亭市、庄浪县、合水县、镇原县、清水县、民勤县、古浪县、高台县、甘州区、民乐县、临泽县、山丹县、肃南县
青海（32个）	玛多县、班玛县、达日县、甘德县、久治县、化隆县、民和县、循化县、共和县、贵德县、贵南县、湟中区、湟源县、城东区、城北区、城中区、刚察县、门源县、海晏县、祁连县、尖扎县、同仁市、泽库县、杂多县、称多县、天峻县、茫崖市、乌兰县、都兰县、德令哈市、大柴旦行委、格尔木市
宁夏（7个）	兴庆区、贺兰县、惠农区、盐池县、红寺堡区、原州区、中宁县
新疆（2个）	奎屯市、头屯河区
新疆生产建设兵团（3个）	第三师图木舒克市、第五师双河市、第十师北屯市

除整县（市、区）屋顶分布式光伏开发试点名单外，国家还出台了一系列政策推动城镇实现对能源清洁低碳安全高效利用，引导非化石能源消费和分布式能源发展，在有条件的地区推进屋顶分布式光伏发电。实现碳中和目标城镇分布式光伏扶持政策梳理见表1–8。

表 1-8　　实现碳中和目标城镇分布式光伏扶持政策梳理

时间	文件名和编号	发布部门	主要内容
2021 年 5 月 25 日	《关于加强县城绿色低碳建设的意见》	住房和城乡建设部、能源局等 15 部门	通过提升新建厂房、公共建筑等屋顶光伏比例和实施光伏建筑一体化开发等方式，降低传统化石能源在建筑用能中的比例
2021 年 6 月 1 日	“十四五”公共机构节约能源资源工作规划的通知（国管节能〔2021〕195 号）	国家机关事务管理局、国家发展和改革委员会	2020 年，全国公共机构约 158.6 万家，已利用公共机构屋顶，累计完成分布式太阳能光伏项目装机容量达约 5.8GW，后续将继续鼓励开展太阳能光伏建设，大力推动公共机构建筑既有建筑通过节能改造达到绿色建筑标准
2022 年 1 月 19 日	关于印发“十四五”建筑业发展规划的通知（建市〔2022〕11 号）	住房和城乡建设部	开展高效智能光伏建筑一体化利用、“光储直柔”新型建筑电力系统建设、建筑—城市—电网能源交互技术研究与应用，发展城市风电、地热、低品位余热等清洁能源建筑高效利用技术
2021 年 1 月 20 日	《2022 年能源监管工作要点》	国家能源局	加强对整县屋顶分布式光伏开发试点、可再生能源消纳责任权重等重点领域监管，确保政策执行不跑偏、不走样
2022 年 2 月 9 日	《关于加快推进城镇环境基础设施建设的指导意见》	国家发改委、生态环境部、住房城乡建设部、国家卫生健康委联合下发	健全区域性再生资源回收利用体系，推进退役光伏组件和风电机组叶片等废弃物分类利用和集中处置
2022 年 5 月 6 日	《关于推进以县城为重要载体的城镇化建设的意见》	中共中央、国务院	推动能源清洁低碳安全高效利用，引导非化石能源消费和分布式能源发展，在有条件的地区推进屋顶分布式光伏发电
2022 年 7 月 12 日	“十四五”新型城镇化实施方案的通知（发改规划〔2022〕960 号）	国家发展改革委	锚定碳达峰碳中和目标，推动能源清洁低碳安全高效利用，发展屋顶光伏等分布式能源

四、BIPV（光伏建筑一体化）市场潜力待挖掘

我国建筑业总产值约占 GDP 的 20%，建筑业全过程碳排放量占全国碳排放总量的

40%～50%，根据清华大学建筑节能研究中心对我国建筑领域用能及排放的核算结果，2018年我国建筑建造和运行用能占全社会总能耗的37%；建筑建造和运行相关二氧化碳排放占我国全社会总二氧化碳排放量的比例为42%，根据相关统计，2019年全国建筑全过程碳排放总量为49.97亿t标准煤当量，占全国碳排放的比重为50.6%。从建筑全生命周期碳排放来看，生产和运行阶段是消耗能源和产生碳排放的主要阶段，因此建筑业减排大有可为，是我国实现“双碳”目标的主战场。

光伏建筑一体化（BIPV）是应用太阳能发电的一种方式，根据结合形式不同有BAPV（附着在建筑物上的太阳能光伏发电系统）与BIPV两种方式。其中BIPV模式强调的是系统集成，与建筑结合度高，是“构建型”和“建材型”光伏建筑，作为建筑物外部结构的一部分，既具有建筑构件和建筑材料的功能，又具有发电功能，与建筑物形成统一体。按照应用场景，BIPV通常用于光伏屋顶、光伏幕墙、光伏采光顶、预制光伏墙和光伏遮阳板等，可用于住宅房屋、厂房及建筑物、商业及服务用房和其他房屋等。

2022年3月11日，住建部发布《“十四五”建筑节能与绿色建筑发展规划》，提出到2025年，完成既有建筑节能改造面积3.5亿m^2以上，建设超低能耗、近零能耗建筑0.5亿m^2以上，装配式建筑占当年城镇新建建筑的比例达到30%，全国新增建筑太阳能光伏装机容量在0.5亿kW以上，地热能建筑应用面积在1亿m^2以上，城镇建筑可再生能源替代率达到8%，建筑能耗中电力消费比例超过55%。

积极推广太阳能光伏在城乡建筑及市政公用设施中分布式、一体化应用，鼓励太阳能光伏系统与建筑同步设计、施工；鼓励光伏制造企业、投资运营企业、发电企业、建筑产权人加强合作，探索屋顶租赁、分布式发电市场化交易等光伏应用商业模式。“十四五”期间，累计新增建筑太阳能光伏装机容量0.5亿kW，逐步完善太阳能光伏建筑应用政策体系、标准体系、技术体系。

（一）政策支持力度加大

BIPV（光伏建筑一体化）是建筑行业实现“双碳”目标的重要路径。建筑自产能源是实现建筑部门碳排放和能耗2030年碳达峰目标的必要条件，提高建筑自产能源规模是必然趋势，这就需要增加可再生能源的利用。光伏产业近十年来技术不断进步，成本持续下降，建筑光伏一体化提供了建筑产能的最佳路线，成为建筑实现碳达峰、碳中和的重要途径。

“十四五”期间，BIPV（光伏建筑一体化）有望加速布局，虽然国家层面对工商业分布式光伏的度电补贴已经取消，政府部门高度重视光伏建筑一体化的推进，围绕BIPV出台一系列含有具体目标的文件，鼓励行业发展，国有建筑带头提高BIPV市占率，各级地方政府也积极响应，补贴政策纷纷落地。实现碳中和目标BIPV光伏扶持政策梳理见表1-9。

表 1-9　　实现碳中和目标 BIPV 光伏扶持政策梳理

时间	文件名和编号	发布部门	主要内容
2016 年 2 月 6 日	《关于进一步加强城市规划建设管理工作的若干意见》	中共中央、国务院	提高建筑节能标准，支持和鼓励各地结合自然气候特点，推广应用太阳能发电新能源技术，发展被动式房屋等绿色节能建筑，完善绿色节能建筑和建材评价体系，制定分布式能源建筑应用标准
2021 年 10 月 21 日	《关于推动城乡建设绿色发展的意见》	中共中央办公厅、国务院办公厅	实施建筑领域碳达峰、碳中和行动。规范绿色建筑设计、施工、运行、管理，推动高质量绿色建筑规模化发展，大力推动可再生能源应用，鼓励智能光伏与绿色建筑融合创新发展
2022 年 1 月 24 日	《关于印发“十四五”节能减排综合工作方案的通知》（国发〔2021〕33 号）	国务院	全面提高建筑节能标准，加快发展超低能耗建筑，积极推进既有建筑节能改造、建筑光伏一体化建设
2022 年 1 月 30 日	《关于完善能源绿色低碳转型体制机制和政策措施的意见》（发改能源〔2022〕206 号）	国家发展改革委、国家能源局	完善建筑可再生能源应用标准，鼓励光伏建筑一体化应用，支持利用太阳能、地热能和生物质能等建设可再生能源建筑供能系统
2022 年 3 月 11 日	《“十四五”建筑节能与绿色建筑发展规划》	住建部	推进新建建筑太阳能光伏一体化设计、施工、安装，鼓励政府投资公益性建筑加强太阳能光伏应用，开展以智能光伏系统为核心，以储能、建筑电力需求响应等新技术为载体的区域级光伏分布式应用示范，在农村地区积极推广被动式太阳能房等适宜技术
2022 年 7 月 13 日	《城乡建设领域碳达峰实施方案》	住建部、国家发展改革委	推进建筑太阳能光伏一体化建设，到 2025 年新建公共机构建筑、新建厂房屋顶光伏覆盖率力争达到 50%。推动既有公共建筑屋顶加装太阳能光伏系统，加快智能光伏应用推广

2022 年 4 月 1 日《建筑节能与可再生能源利用通用规范》（GB 55015—2021）开始强制执行，从光伏、减排、节能三方面对建筑与光伏结合做了系统规范，且全部为强制性条款，指出新建建筑应安装太阳能系统，其中集热器设计使用寿命应高于 15 年，光伏组件设计使用寿命应高于 25 年，太阳能建筑一体化应用系统的设计应与建筑设计同步完成。

（二）标准逐渐完善，扫除应用障碍

国内与 BIPV 相关的标准主要包括国际、国家、行业和地方标准。根据标准的适用范围不同，主要分为工程标准和产品标准两类。从标准的发布进程来看，2018 年以前只有部分地区有地方标准可以参考，近两年国家标准与行业标准逐渐丰富，体系逐渐完善，为大规模应用打下坚实基础。BIPV 项目参考国家标准和行业标准一览表见表 1-10。

表 1-10　　BIPV 项目参考国家标准和行业标准一览表

序号	标准名称	标准号	类别	发布部门	实施时间
1	《建筑材料及制品燃烧性能分级》	GB 8624—2012	国家标准	国家质量监督检验检疫总局 国家标准化管理委员会	2013 年 10 月 1 日
2	《建筑结构荷载规范》	GB 50009—2012	国家标准	住房和城乡建设部	2012 年 10 月 1 日
3	《光伏建筑一体化系统运行与维护规范》	JGJ/T 264—2012	行业标准	住房和城乡建设部	2012 年 5 月 1 日
4	《坡屋面工程技术规范》	GB 50693—2011	国家标准	住房和城乡建设部	2012 年 5 月 1 日
5	《屋面工程技术规范》	GB 50345—2012	国家标准	住房和城乡建设部 国家质量监督检验检疫总局	2012 年 10 月 1 日
6	《建筑用太阳能光伏夹层玻璃》	GB/T 29551—2013	国家标准	国家质量监督检验检疫总局 国家标准化管理委员会	2014 年 5 月 1 日
7	《建筑用太阳能光伏中空玻璃》	GB/T 29759—2013	国家标准	国家质量监督检验检疫总局 国家标准化管理委员会	2014 年 6 月 1 日
8	《压型金属板工程应用技术规范》	GB 50896—2013	国家标准	住房和城乡建设部	2014 年 7 月 1 日
9	《建筑光伏组件用聚乙烯醇缩丁醛（PVB）胶膜》	JG/T 449—2014	行业标准	住房和城乡建设部	2015 年 4 月 1 日
10	《建筑设计防火规范（2018 年版）》	GB 50016—2014	国家标准	住房和城乡建设部	2015 年 5 月 1 日

续表

序号	标准名称	标准号	类别	发布部门	实施时间
11	《建筑光伏夹层玻璃用封边保护剂》	JG/T 465—2014	行业标准	住房和城乡建设部	2015 年 5 月 1 日
12	《太阳能光伏玻璃幕墙电气设计规范》	JGJ/T 365—2015	行业标准	住房和城乡建设部	2015 年 11 月 1 日
13	《建筑用光伏遮阳构件通用技术条件》	JG/T 482—2015	行业标准	住房和城乡建设部	2016 年 4 月 1 日
14	《建筑用光伏构件通用技术要求》	JG/T 492—2016	行业标准	住房和城乡建设部	2016 年 12 月 1 日
15	《建筑用柔性薄膜光伏组件》	JG/T 535—2017	行业标准	住房和城乡建设部	2018 年 8 月 1 日
16	《光伏建筑一体化（BIPV）组件电池额定工作温度测试方法》	GB/T 37052—2018	行业标准	国家市场监督管理总局 国家标准化管理委员会	2019 年 3 月 1 日
17	《光伏建筑一体化系统防雷技术规范》	GB/T 36963—2018	行业标准	国家市场监督管理总局 国家标准化管理委员会	2019 年 7 月 1 日
18	《建筑采光顶气密、水密、抗风压性能检测方法》	GB/T 34555—2017	国家标准	国家质量监督检验检疫总局 国家标准化管理委员会	2018 年 9 月 1 日
19	《建筑用光伏遮阳板》	GB/T 37268—2018	国家标准	国家市场监督管理总局 国家标准化管理委员会	2019 年 11 月 1 日
20	《建筑光伏系统应用技术标准》	GB/T 51368—2019	国家标准	住房和城乡建设部	2019 年 12 月 1 日
21	《光伏与建筑一体化发电系统验收规范》	GB/T 37655—2019	国家标准	国家市场监督管理总局 国家标准化管理委员会	2020 年 1 月 1 日
22	《建筑幕墙气密、水密、抗风压性能检测方法》	GB/T 15227—2019	国家标准	国家市场监督管理总局 国家标准化管理委员会	2020 年 11 月 1 日

续表

序号	标准名称	标准号	类别	发布部门	实施时间
23	《建筑光伏幕墙采光顶检测方法》	GB/T 38388—2019	国家标准	国家市场监督管理总局 国家标准化管理委员会	2020 年 11 月 1 日
24	《建筑用太阳能光伏夹层玻璃的重测导则》	GB/T 38344—2019	国家标准	国家市场监督管理总局 国家标准化管理委员会	2020 年 11 月 1 日
25	《建筑节能与可再生能源利用通用规范》	GB 55015—2021	国家标准	住房和城乡建设部	2022 年 4 月 1 日

（三）各级地方政府绿色建筑补贴政策陆续出炉

在国家推动 BIPV（光伏建筑一体化）发展的趋势下，各级政府也出台了相关规划及补贴政策（如表 1–11 所示）。出台的 BIPV 相关措施主要涉及绿色建筑光伏装机容量、新建 BIPV 建筑占比和应用面积等。出台的补贴政策中，北京市对全部实现光伏建筑一体化应用（光伏组件作为建筑构件）的项目补贴标准为 0.4 元 /kWh（含税），补贴期限为 5 年，补贴力度最大，随着各地绿色建筑相关补贴政策的密集出台，BIPV 经济效益显著提高，有望迎来快速增长。现有各省市光伏建筑一体化（BIPV）补贴政策见表 1–11。

表 1–11　　现有各省市光伏建筑一体化（BIPV）补贴政策

省（市、区）	补贴力度	文件	补贴政策
北京市	BIPV 最高补贴 0.4 元 /kWh 补贴时间：2021—2025 年	《关于进一步支持光伏发电系统推广应用的通知》	光伏建筑一体化应用（光伏组件作为建筑构件）的项目，补贴标准为 0.4 元 /kWh（含税）。属于三星级绿色建筑运行标识项目，每个项目的补贴期限为 3 年，标准为 80 元 /m^2。属于二星级绿色建筑运行标识项目，每个项目的补贴期限为 3 年，标准为 50 元 /m^2
安徽省宣城市	BIPV：30 元 /kW 补贴时间：2022—2023 年	《宣城市光伏建筑应用示范项目建设管理办法》（征求意见稿）、《宣城市光伏建筑应用城市试点专项资金使用办法》（征求意见稿）	建筑一体化项目按 30 元 /kW 标准给予建设补贴

续表

省（市、区）	补贴力度	文件	补贴政策
广东省	最高补贴 0.3 元 /kWh 补贴时间：2021—2025 年	《广州市黄埔区、广州开发区、广州高新区促进绿色低碳发展办法》	对分布式光伏发电的投资方按照发电量，以 0.15 元 /kWh［应用方（屋顶方）为非公共机构的］、0.3 元 /kWh［应用方（屋顶方）为公共机构的］给予补贴，单个项目最高享受补贴时间为 5 年。对采用合同能源管理模式建设分布式光伏发电项目应用方（屋顶方）给予最高 200 万元的补贴
深圳市	BIPV 最高补贴 0.36 元 /kWh 补贴时间：2022—2026 年	《关于大力推进分布式光伏发电的若干措施（征求意见稿）》《深圳市分布式光伏发电项目管理操作指引（征求意见稿）》	市级财政对纳入补贴范围的发电量予以补贴，其中：基准常规光伏项目：2022 年、2023 年并网发电的项目补贴标准为 0.3 元 /kWh，2024 年、2025 年并网发电的项目补贴标准为 0.2 元 /kWh，2026 年并网发电的项目补贴标准为 0.1 元 /kWh；光伏建筑一体化（BIPV）项目：补贴标准为基准常规光伏项目的 1.2 倍
浙江省 杭州市	最高补贴 0.2 元 /W 补贴时间：2021—2025 年	《关于进一步加快我市光伏发电项目建设的实施意见（征求意见稿）》	推动各类国有企业建设光伏设施。适合安装光伏的（具备安装条件及安装价值，下同）自来水厂、污水处理厂等公共基础设施的大型构筑物（建筑物），必须全部安装；同时在新建项目的构（建）筑物规划和设计时必须考虑光伏配套建设设计。 对杭州市范围内 2021—2025 年期间建成并网的，且年光伏利用小时数超过 900 小时（由国网供电公司在并网满一年后出具相关证明文件）的光伏项目进行奖补
浙江省 平湖市	公共建筑建屋顶光伏 0.15 元 /kWh 补贴时间：2021—2023 年	《平湖市新一轮鼓励光伏发电项目建设的若干意见（征求意见稿）》	对学校、医院、党政机关和村（社区）等公共建筑屋顶光伏发电项目，实行三年发电量补助，每年按实际发电量给予 0.15 元 /kWh 电价补助
浙江省 宁波市	建筑屋顶光伏 0.3 元 /kWh 补贴时间：2021—2025 年	《关于大力推进建筑屋顶分布式光伏发电系统应用工作的若干意见》（征求意见稿）	2021 年至 2025 年期间并网的建筑屋顶光伏项目按 0.3 元 /kWh 标准给予补贴

续表

省（市、区）	补贴力度	文件	补贴政策
陕西省	最高奖励 80 元 /m^2	《关于加快推进陕西省绿色建筑工作的通知》	按照绿色建筑标准进行建设的项目，达到二、三星级绿色建筑标准的，除享受国家奖励资金补助外，省财政给予配套奖励。对达到一星级绿色建筑标准的，经省财政厅、省住房城乡建设厅委托的能效测评机构对项目实施量、工程量、实际性能效果进行评价，符合标准的，省财政给予一定的资金奖励。2012 年中央财政奖励标准为：二星级绿色建筑 45 元 /m^2（建筑面积，下同），三星级绿色建筑 80 元 /m^2。省财政对一、二、三星级绿色建筑的奖励标准，分别为 10 元 /m^2、15 元 /m^2、20 元 /m^2
陕西省西安市	最高 0.3 元 /W，不超 100 万元 补贴时间：2021—2023 年	《西安市光伏建筑一体化应用示范项目补助资金申报指南》	对新建建筑同步设计、施工、验收使用的光伏建筑一体化项目，完成并网并验收通过后，按装机容量给予建设单位 0.3 元 /W 的工程补助，单个项目（非单体建筑）最高不超过 100 万元；对使用建筑光伏构件替代建筑装饰材料的既有建筑改造项目，完成并网并验收通过后，按装机容量给予建设单位 0.2 元 /W 的工程补助，单个项目（非单体建筑）最高不超过 50 万元；同一项目不重复补助。本次补助额度为每年 1000 万元，根据申报顺序予以补助，当年补完为止
吉林省	最高 600 元 /m^2，不超 300 万元补贴时间：2021—2023 年	《吉林省建筑节能奖补资金管理办法》	装配式建筑项目按建筑面积每平方米奖补 40 元，单个项目补助限额最多 200 万元，奖补资金不得超过工程建设总投资的 50%；超低能耗建筑项目按建筑面积每平方米奖补 600 元，单个项目补助限额最多不超过 300 万元，奖补资金不得超过工程建设总投资的 50%
江苏省苏州市	0.1 元 /kWh 补贴时间：2021—2023 年	苏州工业园区管理委员会印发《苏州工业园区进一步推进分布式光伏发展的若干措施》	对光伏建筑一体化应用项目（光伏组件作为建筑构件）投资方按项目发电量补贴 0.1 元 /kWh，补贴 3 年
江苏省南京市	最高 500 元 /kW 补贴时间：2021 年起	《南京市绿色建筑示范项目管理办法》	在资金补助方面，太阳能光伏项目按照不超过 500 元 /kW 予以补助，原则上单个可再生能源建筑应用示范项目补助金额最高不超过 200 万元。其他不同项目对应不同补助标准，主要为根据建筑面积分星级进行补助，最高不超过 300 万元

续表

省（市、区）	补贴力度	文件	补贴政策
江苏省 张家港市	最高 20～30 元 /m^2 补贴时间： 2021 年起	《张家港市修订建筑节能和绿色建筑专项引导资金管理暂行办法》	张家港市财政设立建筑节能和绿色建筑专项引导资金，专项资金年度额度为 500 万元。专项资金采取补助、以奖代补、贴息的方式对获得批准的项目进行支持。绿色建筑示范项目具体补助标准为：一星级绿色建筑项目 5 ～ 10 元 /m^2，单个项目补助总额不超过 50 万元；二星级绿色建筑项目 10 ～ 20 元 /m^2，单个项目补助总额不超过 80 万元；三星级绿色建筑项目 20 ～ 30 元 /m^2，单个项目补助总额不超过 100 万元
上海市	300 元 /m^2 补贴时间： 2016 年起	《上海市建筑节能和绿色建筑示范项目专项扶持办法》	将超低能耗建筑示范项目作为新增补贴项目类型，建筑面积要求 0.2 万 m^2 以上，补贴标准为每平方米 300 元。同时，对评价等级达 AA 的，补贴每平方米 60 元，达 AAA 的每平方米补贴 100 元，并且建筑规模放宽为 1 万 m^2 以上
上海市 黄浦区	按上海市级 1:1 匹配补贴 补贴时间： 2021 年起	《黄浦区建筑节能和绿色建筑示范项目专项扶持办法》	对获得上海市有关部门补贴的绿色建筑、装配整体式建筑、超低能耗建筑、既有建筑节能改造、可再生能源与建筑一体化等示范项目的，按上海市级补贴金额，对项目给予 1:1 匹配补贴，总金额不超过 100 万元
上海市 徐汇区	单个项目最高 300 万元 补贴时间： 2022—2025 年 2 月 28 日	《徐汇区节能减排降碳专项资金管理办法》	鼓励建筑节能减排降碳。企业在本区范围内实施建筑节能项目，且被列入上海市绿色建筑、整体装配式住宅建筑、既有建筑节能改造、超低能耗建筑、可再生能源与建筑一体化示范项目等建筑节能和绿色建筑示范项目的，根据项目对本区节能减排降碳的贡献，最高按 1:0.5 比例给予区级资金匹配。单个示范项目最高不超过 300 万元
山西省	最高 200 元 /m^2 补贴时间：2019 年起	《关于印发山西转型综改示范区绿色建筑扶持办法（试行）的通知》	绿色工业建筑项目，获得国标二星级运行标识的，按照建筑面积给予 100 元 /m^2 奖励，单个项目最高不超过 200 万元；获得国标三星级运行标识的，按照建筑面积给予 150 元 /m^2 奖励，单个项目最高不超过 300 万元。绿色民用建筑项目，获得省标三星级运行标识的，按照建筑面积给予 100 元 /m^2 奖励，单个项目最高不超过 200 万元。 获评为近零能耗的建筑，按其地上建筑面积给予 200 元 /m^2 奖励，单个项目最高不超过 300 万元

续表

省（市、区）	补贴力度	文件	补贴政策
山东省	最高 50 元 /m² 补贴时间：2016 年起	《山东省省级建筑节能与绿色建筑发展专项资金管理办法》	一星级 15 元 /m²、二星级 30 元 /m²、三星级 50 元 /m²，单一项目最高不超过 500 万元。获得二星、三星级设计标识的，先拨付 50%，获得运行标识再拨付 50%；已获得运行标识、此前未获得过奖励资金的，一次性拨付奖励资金
河北省	设计类 10 元 /m²，运行类 15 元 /m² 补贴时间：2013 年起	《河北省建筑节能专项资金使用管理暂行办法》	二星级每平方米不超过 15 元、三星级每平方米不超过 35 元，单个项目补助不超过 80 万元。对取得一星级绿色建筑标识的政府投资的具有示范作用的大型公建、保障性住房予以适当补助，标准为每平方米不超过 5 元，单个项目不超过 80 万元
河北省石家庄市	最高 80 万元 补贴时间：2021—2025 年	《石家庄市建筑节能补助专项资金管理办法》	高星级绿色建筑：通过预评价二星绿色建筑每平方米补助 5 元，单个项目不超过 10 万；通过三星绿色建筑每平方米补助 20 元，单个项目不超过 30 万；获得二星级运行标识或评价标识的绿色建筑项目，每平方米补助 10 元，单个项目不超过 30 万元；获得三星级运行标识或评价标识的绿色建筑项目，每平方米补助 20 元，单个项目不超过 80 万元。被动式超低能耗建筑：2021 年 1 月 1 日以后开工建设的，每平方米补助 50 元，单个项目不超过 100 万元
宁夏回族自治区	最高 50 元 /m² 补贴时间：2017 年起	《宁夏回族自治区绿色建筑示范项目资金管理暂行办法》	一星级 15 元 /m²，其中，一星级设计标识奖励 3 元 /m²、运行标识 12 元 /m²；二星级 30 元 /m²，其中，二星级设计标识奖励 5 元 /m²、运行标识 25 元 /m²；三星级 50 元 /m²，其中，三星级设计标识奖励 10 元 /m²、运行标识 40 元 /m²，单一项目奖补资金最高不超过 100 万元。 通过自治区验收评估的装配式建筑示范项目按照 100 元 /m² 标准给予一次性奖补，单一项目奖补资金最高不超过 200 万元。对国家和自治区认定的装配式建筑产业化示范基地一次性奖补 100 万元

续表

省（市、区）	补贴力度	文件	补贴政策
重庆市	最高 40 元 /m^2 补贴时间： 2017 年起	《关于完善重庆市绿色建筑项目资金补助有关事项的通知》	金级绿色建筑标识的项目仍按项目建筑面积 25 元 /m^2 的标准予以补助，总额不超过 400 万元。其中，对仅获得我市金级绿色建筑竣工标识的项目仍按项目建筑面积 10 元 /m^2 的标准予以补助，但该阶段补助资金总额不超过 160 万元。上述各阶段补助资金限额为不含项目室内车库的部分。 重庆市城乡建委、市财政局对获得金级、铂金级绿色建筑标识的项目按项目建筑面积分别给予 25 元 /m^2 和 40 元 /m^2 的补助资金，并根据技术进步、成本变化等情况适时调整。其中，对仅获得重庆市金级、铂金级绿色建筑竣工标识的项目分别给予 10 元 /m^2 和 15 元 /m^2 的补助资金

附录 1-1　关于完整准确全面贯彻新发展理念做好碳达峰碳中和工作的意见

2021 年 9 月 22 日

实现碳达峰、碳中和，是以习近平同志为核心的党中央统筹国内国际两个大局作出的重大战略决策，是着力解决资源环境约束突出问题、实现中华民族永续发展的必然选择，是构建人类命运共同体的庄严承诺。为完整、准确、全面贯彻新发展理念，做好碳达峰、碳中和工作，现提出如下意见。

一、总体要求

（1）指导思想。以习近平新时代中国特色社会主义思想为指导，全面贯彻党的十九大和十九届二中、三中、四中、五中全会精神，深入贯彻习近平生态文明思想，立足新发展阶段，贯彻新发展理念，构建新发展格局，坚持系统观念，处理好发展和减排、整体和局部、短期和中长期的关系，把碳达峰、碳中和纳入经济社会发展全局，以经济社会发展全面绿色转型为引领，以能源绿色低碳发展为关键，加快形成节约资源和保护环境的产业结构、生产方式、生活方式、空间格局，坚定不移走生态优先、绿色低碳的高质量发展道路，确保如期实现碳达峰、碳中和。

（2）工作原则。实现碳达峰、碳中和目标，要坚持“全国统筹、节约优先、双轮驱动、内外畅通、防范风险”原则。

全国统筹。全国一盘棋，强化顶层设计，发挥制度优势，实行党政同责，压实各方责任。根据各地实际分类施策，鼓励主动作为、率先达峰。

节约优先。把节约能源资源放在首位，实行全面节约战略，持续降低单位产出能源资源消耗和碳排放，提高投入产出效率，倡导简约适度、绿色低碳生活方式，从源头和入口形成有效的碳排放控制阀门。

双轮驱动。政府和市场两手发力，构建新型举国体制，强化科技和制度创新，加快绿色低碳科技革命。深化能源和相关领域改革，发挥市场机制作用，形成有效激励约束机制。

内外畅通。立足国情实际，统筹国内国际能源资源，推广先进绿色低碳技术和经验。统筹做好应对气候变化对外斗争与合作，不断增强国际影响力和话语权，坚决维护我国发展权益。

防范风险。处理好减污降碳和能源安全、产业链供应链安全、粮食安全、群众正常生活的关系，有效应对绿色低碳转型可能伴随的经济、金融、社会风险，防止过度反应，确保安全降碳。

二、主要目标

到 2025 年，绿色低碳循环发展的经济体系初步形成，重点行业能源利用效率大幅提升。单位国内生产总值能耗比 2020 年下降 13.5%；单位国内生产总值二氧化碳排放比 2020 年下降 18%；非化石能源消费比重达到 20% 左右；森林覆盖率达到 24.1%，森林蓄积量达到 180 亿 m^3，为实现碳达峰、碳中和奠定坚实基础。

到 2030 年，经济社会发展全面绿色转型取得显著成效，重点耗能行业能源利用效率达到国际先进水平。单位国内生产总值能耗大幅下降；单位国内生产总值二氧化碳排放比 2005 年下降 65% 以上；非化石能源消费比重达到 25% 左右，风电、太阳能发电总装机容量达到 12 亿 kW 以上；森林覆盖率达到 25% 左右，森林蓄积量达到 190 亿 m^3，二氧化碳排放量达到峰值并实现稳中有降。

到 2060 年，绿色低碳循环发展的经济体系和清洁低碳安全高效的能源体系全面建立，能源利用效率达到国际先进水平，非化石能源消费比重达到 80% 以上，碳中和目标顺利实现，生态文明建设取得丰硕成果，开创人与自然和谐共生新境界。

三、推进经济社会发展全面绿色转型

（3）强化绿色低碳发展规划引领。将碳达峰、碳中和目标要求全面融入经济社会发展中长期规划，强化国家发展规划、国土空间规划、专项规划、区域规划和地方各级规划的支撑保障。加强各级各类规划间衔接协调，确保各地区各领域落实碳达峰、碳中和的主要目标、发展方向、重大政策、重大工程等协调一致。

（4）优化绿色低碳发展区域布局。持续优化重大基础设施、重大生产力和公共资源布局，构建有利于碳达峰、碳中和的国土空间开发保护新格局。在京津冀协同发展、长江经济带发展、粤港澳大湾区建设、长三角一体化发展、黄河流域生态保护和高质量发展等区域重大战略实施中，强化绿色低碳发展导向和任务要求。

（5）加快形成绿色生产生活方式。大力推动节能减排，全面推进清洁生产，加快发展循环经济，加强资源综合利用，不断提升绿色低碳发展水平。扩大绿色低碳产品供给和消费，倡导绿色低碳生活方式。把绿色低碳发展纳入国民教育体系。开展绿色低碳社会行动示范创建。凝聚全社会共识，加快形成全民参与的良好格局。

四、深度调整产业结构

（6）推动产业结构优化升级。加快推进农业绿色发展，促进农业固碳增效。制定能源、钢铁、有色金属、石化化工、建材、交通、建筑等行业和领域碳达峰实施方案。以节能降碳为导向，修订产业结构调整指导目录。开展钢铁、煤炭去产能“回头看”，巩固去产能成果。加快推进工业领域低碳工艺革新和数字化转型。开展碳达峰试点园区建设。加快商贸流通、信息服务等绿色转型，提升服务业低碳发展水平。

（7）坚决遏制高耗能高排放项目盲目发展。新建、扩建钢铁、水泥、平板玻璃、电解铝等高耗能高排放项目严格落实产能等量或减量置换，出台煤电、石化、煤化工等产能控制政策。未纳入国家有关领域产业规划的，一律不得新建改扩建炼油和新建乙烯、对二甲苯、煤制烯烃项目。合理控制煤制油气产能规模。提升高耗能高排放项目能耗准入标准。加强产能过剩分析预警和窗口指导。

（8）大力发展绿色低碳产业。加快发展新一代信息技术、生物技术、新能源、新材料、高端装备、新能源汽车、绿色环保以及航空航天、海洋装备等战略性新兴产业。建设绿色制造体系。推动互联网、大数据、人工智能、第五代移动通信（5G）等新兴技术与绿色低碳产业深度融合。

五、加快构建清洁低碳安全高效能源体系

（9）强化能源消费强度和总量双控。坚持节能优先的能源发展战略，严格控制能耗和二氧化碳排放强度，合理控制能源消费总量，统筹建立二氧化碳排放总量控制制度。做好产业布局、结构调整、节能审查与能耗双控的衔接，对能耗强度下降目标完成形势严峻的地区实行项目缓批限批、能耗等量或减量替代。强化节能监察和执法，加强能耗及二氧化碳排放控制目标分析预警，严格责任落实和评价考核。加强甲烷等非二氧化碳温室气体管控。

（10）大幅提升能源利用效率。把节能贯穿于经济社会发展全过程和各领域，持续深化

工业、建筑、交通运输、公共机构等重点领域节能，提升数据中心、新型通信等信息化基础设施能效水平。健全能源管理体系，强化重点用能单位节能管理和目标责任。瞄准国际先进水平，加快实施节能降碳改造升级，打造能效“领跑者”。

（11）严格控制化石能源消费。加快煤炭减量步伐，“十四五”时期严控煤炭消费增长，“十五五”时期逐步减少。石油消费“十五五”时期进入峰值平台期。统筹煤电发展和保供调峰，严控煤电装机规模，加快现役煤电机组节能升级和灵活性改造。逐步减少直至禁止煤炭散烧。加快推进页岩气、煤层气、致密油气等非常规油气资源规模化开发。强化风险管控，确保能源安全稳定供应和平稳过渡。

（12）积极发展非化石能源。实施可再生能源替代行动，大力发展风能、太阳能、生物质能、海洋能、地热能等，不断提高非化石能源消费比重。坚持集中式与分布式并举，优先推动风能、太阳能就地就近开发利用。因地制宜开发水能。积极安全有序发展核电。合理利用生物质能。加快推进抽水蓄能和新型储能规模化应用。统筹推进氢能“制储输用”全链条发展。构建以新能源为主体的新型电力系统，提高电网对高比例可再生能源的消纳和调控能力。

（13）深化能源体制机制改革。全面推进电力市场化改革，加快培育发展配售电环节独立市场主体，完善中长期市场、现货市场和辅助服务市场衔接机制，扩大市场化交易规模。推进电网体制改革，明确以消纳可再生能源为主的增量配电网、微电网和分布式电源的市场主体地位。加快形成以储能和调峰能力为基础支撑的新增电力装机发展机制。完善电力等能源品种价格市场化形成机制。从有利于节能的角度深化电价改革，理顺输配电价结构，全面放开竞争性环节电价。推进煤炭、油气等市场化改革，加快完善能源统一市场。

六、加快推进低碳交通运输体系建设

（14）优化交通运输结构。加快建设综合立体交通网，大力发展多式联运，提高铁路、水路在综合运输中的承运比重，持续降低运输能耗和二氧化碳排放强度。优化客运组织，引导客运企业规模化、集约化经营。加快发展绿色物流，整合运输资源，提高利用效率。

（15）推广节能低碳型交通工具。加快发展新能源和清洁能源车船，推广智能交通，推进铁路电气化改造，推动加氢站建设，促进船舶靠港使用岸电常态化。加快构建便利高效、适度超前的充换电网络体系。提高燃油车船能效标准，健全交通运输装备能效标识制度，加快淘汰高耗能高排放老旧车船。

（16）积极引导低碳出行。加快城市轨道交通、公交专用道、快速公交系统等大容量公共交通基础设施建设，加强自行车专用道和行人步道等城市慢行系统建设。综合运用法律、经济、技术、行政等多种手段，加大城市交通拥堵治理力度。

七、提升城乡建设绿色低碳发展质量

（17）推进城乡建设和管理模式低碳转型。在城乡规划建设管理各环节全面落实绿色低碳要求。推动城市组团式发展，建设城市生态和通风廊道，提升城市绿化水平。合理规划城镇建筑面积发展目标，严格管控高能耗公共建筑建设。实施工程建设全过程绿色建造，健全建筑拆除管理制度，杜绝大拆大建。加快推进绿色社区建设。结合实施乡村建设行动，推进县城和农村绿色低碳发展。

（18）大力发展节能低碳建筑。持续提高新建建筑节能标准，加快推进超低能耗、近零能耗、低碳建筑规模化发展。大力推进城镇既有建筑和市政基础设施节能改造，提升建筑节能低碳水平。逐步开展建筑能耗限额管理，推行建筑能效测评标识，开展建筑领域低碳发展绩效评估。全面推广绿色低碳建材，推动建筑材料循环利用。发展绿色农房。

（19）加快优化建筑用能结构。深化可再生能源建筑应用，加快推动建筑用能电气化和低碳化。开展建筑屋顶光伏行动，大幅提高建筑采暖、生活热水、炊事等电气化普及率。在北方城镇加快推进热电联产集中供暖，加快工业余热供暖规模化发展，积极稳妥推进核电余热供暖，因地制宜推进热泵、燃气、生物质能、地热能等清洁低碳供暖。

八、加强绿色低碳重大科技攻关和推广应用

（20）强化基础研究和前沿技术布局。制定科技支撑碳达峰、碳中和行动方案，编制碳中和技术发展路线图。采用“揭榜挂帅”机制，开展低碳零碳负碳和储能新材料、新技术、新装备攻关。加强气候变化成因及影响、生态系统碳汇等基础理论和方法研究。推进高效率太阳能电池、可再生能源制氢、可控核聚变、零碳工业流程再造等低碳前沿技术攻关。培育一批节能降碳和新能源技术产品研发国家重点实验室、国家技术创新中心、重大科技创新平台。建设碳达峰、碳中和人才体系，鼓励高等学校增设碳达峰、碳中和相关学科专业。

（21）加快先进适用技术研发和推广。深入研究支撑风电、太阳能发电大规模友好并网的智能电网技术。加强电化学、压缩空气等新型储能技术攻关、示范和产业化应用。加强氢能生产、储存、应用关键技术研发、示范和规模化应用。推广园区能源梯级利用等节能低碳技术。推动气凝胶等新型材料研发应用。推进规模化碳捕集利用与封存技术研发、示范和产业化应用。建立完善绿色低碳技术评估、交易体系和科技创新服务平台。

九、持续巩固提升碳汇能力

（22）巩固生态系统碳汇能力。强化国土空间规划和用途管控，严守生态保护红线，严控生态空间占用，稳定现有森林、草原、湿地、海洋、土壤、冻土、岩溶等固碳作用。严格控制新增建设用地规模，推动城乡存量建设用地盘活利用。严格执行土地使用标准，加强节约集约用地评价，推广节地技术和节地模式。

（23）提升生态系统碳汇增量。实施生态保护修复重大工程，开展山水林田湖草沙一体化保护和修复。深入推进大规模国土绿化行动，巩固退耕还林还草成果，实施森林质量精准提升工程，持续增加森林面积和蓄积量。加强草原生态保护修复。强化湿地保护。整体推进海洋生态系统保护和修复，提升红树林、海草床、盐沼等固碳能力。开展耕地质量提升行动，实施国家黑土地保护工程，提升生态农业碳汇。积极推动岩溶碳汇开发利用。

十、提高对外开放绿色低碳发展水平

（24）加快建立绿色贸易体系。持续优化贸易结构，大力发展高质量、高技术、高附加值绿色产品贸易。完善出口政策，严格管理高耗能高排放产品出口。积极扩大绿色低碳产品、节能环保服务、环境服务等进口。

（25）推进绿色“一带一路”建设。加快“一带一路”投资合作绿色转型。支持共建“一带一路”国家开展清洁能源开发利用。大力推动南南合作，帮助发展中国家提高应对气候变化能力。深化与各国在绿色技术、绿色装备、绿色服务、绿色基础设施建设等方面的交流与合作，积极推动我国新能源等绿色低碳技术和产品走出去，让绿色成为共建“一带一路”的底色。

（26）加强国际交流与合作。积极参与应对气候变化国际谈判，坚持我国发展中国家定位，坚持共同但有区别的责任原则、公平原则和各自能力原则，维护我国发展权益。履行《联合国气候变化框架公约》及其《巴黎协定》，发布我国长期温室气体低排放发展战略，积极参与国际规则和标准制定，推动建立公平合理、合作共赢的全球气候治理体系。加强应对气候变化国际交流合作，统筹国内外工作，主动参与全球气候和环境治理。

十一、健全法律法规标准和统计监测体系

（27）健全法律法规。全面清理现行法律法规中与碳达峰、碳中和工作不相适应的内容，加强法律法规间的衔接协调。研究制定碳中和专项法律，抓紧修订节约能源法、电力法、煤炭法、可再生能源法、循环经济促进法等，增强相关法律法规的针对性和有效性。

（28）完善标准计量体系。建立健全碳达峰、碳中和标准计量体系。加快节能标准更新升级，抓紧修订一批能耗限额、产品设备能效强制性国家标准和工程建设标准，提升重点产品能耗限额要求，扩大能耗限额标准覆盖范围，完善能源核算、检测认证、评估、审计等配套标准。加快完善地区、行业、企业、产品等碳排放核查核算报告标准，建立统一规范的碳核算体系。制定重点行业和产品温室气体排放标准，完善低碳产品标准标识制度。积极参与相关国际标准制定，加强标准国际衔接。

（29）提升统计监测能力。健全电力、钢铁、建筑等行业领域能耗统计监测和计量体系，加强重点用能单位能耗在线监测系统建设。加强二氧化碳排放统计核算能力建设，提升信息化实测水平。依托和拓展自然资源调查监测体系，建立生态系统碳汇监测核算体系，

开展森林、草原、湿地、海洋、土壤、冻土、岩溶等碳汇本底调查和碳储量评估，实施生态保护修复碳汇成效监测评估。

十二、完善政策机制

（30）完善投资政策。充分发挥政府投资引导作用，构建与碳达峰、碳中和相适应的投融资体系，严控煤电、钢铁、电解铝、水泥、石化等高碳项目投资，加大对节能环保、新能源、低碳交通运输装备和组织方式、碳捕集利用与封存等项目的支持力度。完善支持社会资本参与政策，激发市场主体绿色低碳投资活力。国有企业要加大绿色低碳投资，积极开展低碳零碳负碳技术研发应用。

（31）积极发展绿色金融。有序推进绿色低碳金融产品和服务开发，设立碳减排货币政策工具，将绿色信贷纳入宏观审慎评估框架，引导银行等金融机构为绿色低碳项目提供长期限、低成本资金。鼓励开发性政策性金融机构按照市场化法治化原则为实现碳达峰、碳中和提供长期稳定融资支持。支持符合条件的企业上市融资和再融资用于绿色低碳项目建设运营，扩大绿色债券规模。研究设立国家低碳转型基金。鼓励社会资本设立绿色低碳产业投资基金。建立健全绿色金融标准体系。

（32）完善财税价格政策。各级财政要加大对绿色低碳产业发展、技术研发等的支持力度。完善政府绿色采购标准，加大绿色低碳产品采购力度。落实环境保护、节能节水、新能源和清洁能源车船税收优惠。研究碳减排相关税收政策。建立健全促进可再生能源规模化发展的价格机制。完善差别化电价、分时电价和居民阶梯电价政策。严禁对高耗能、高排放、资源型行业实施电价优惠。加快推进供热计量改革和按供热量收费。加快形成具有合理约束力的碳价机制。

（33）推进市场化机制建设。依托公共资源交易平台，加快建设完善全国碳排放权交易市场，逐步扩大市场覆盖范围，丰富交易品种和交易方式，完善配额分配管理。将碳汇交易纳入全国碳排放权交易市场，建立健全能够体现碳汇价值的生态保护补偿机制。健全企业、金融机构等碳排放报告和信息披露制度。完善用能权有偿使用和交易制度，加快建设全国用能权交易市场。加强电力交易、用能权交易和碳排放权交易的统筹衔接。发展市场化节能方式，推行合同能源管理，推广节能综合服务。

十三、切实加强组织实施

（34）加强组织领导。加强党中央对碳达峰、碳中和工作的集中统一领导，碳达峰碳中和工作领导小组指导和统筹做好碳达峰、碳中和工作。支持有条件的地方和重点行业、重点企业率先实现碳达峰，组织开展碳达峰、碳中和先行示范，探索有效模式和有益经验。将碳达峰、碳中和作为干部教育培训体系重要内容，增强各级领导干部推动绿色低碳发展的本领。

（35）强化统筹协调。国家发展改革委要加强统筹，组织落实2030年前碳达峰行动方案，加强碳中和工作谋划，定期调度各地区各有关部门落实碳达峰、碳中和目标任务进展情况，加强跟踪评估和督促检查，协调解决实施中遇到的重大问题。各有关部门要加强协调配合，形成工作合力，确保政策取向一致、步骤力度衔接。

（36）压实地方责任。落实领导干部生态文明建设责任制，地方各级党委和政府要坚决扛起碳达峰、碳中和责任，明确目标任务，制定落实举措，自觉为实现碳达峰、碳中和作出贡献。

（37）严格监督考核。各地区要将碳达峰、碳中和相关指标纳入经济社会发展综合评价体系，增加考核权重，加强指标约束。强化碳达峰、碳中和目标任务落实情况考核，对工作突出的地区、单位和个人按规定给予表彰奖励，对未完成目标任务的地区、部门依规依法实行通报批评和约谈问责，有关落实情况纳入中央生态环境保护督察。各地区各有关部门贯彻落实情况每年向党中央、国务院报告。

附录1-2　国务院关于印发2030年前碳达峰行动方案的通知

国发〔2021〕23号

各省、自治区、直辖市人民政府，国务院各部委、各直属机构：

现将《2030年前碳达峰行动方案》印发给你们，请认真贯彻执行。

国务院

2021年10月24日

为深入贯彻落实党中央、国务院关于碳达峰、碳中和的重大战略决策，扎实推进碳达峰行动，制定本方案。

一、总体要求

（一）指导思想。

以习近平新时代中国特色社会主义思想为指导，全面贯彻党的十九大和十九届二中、三中、四中、五中全会精神，深入贯彻习近平生态文明思想，立足新发展阶段，完整、准确、全面贯彻新发展理念，构建新发展格局，坚持系统观念，处理好发展和减排、整体和局部、短期和中长期的关系，统筹稳增长和调结构，把碳达峰、碳中和纳入经济社会发展全局，坚持“全国统筹、节约优先、双轮驱动、内外畅通、防范风险”的总方针，有力有序有效做好碳达峰工作，明确各地区、各领域、各行业目标任务，加快实现生产生活方式绿色变革，推动经济社会发展建立在资源高效利用和绿色低碳发展的基础之上，确保如期实现2030年前碳达峰目标。

（二）工作原则。

——总体部署、分类施策。坚持全国一盘棋，强化顶层设计和各方统筹。各地区、各领域、各行业因地制宜、分类施策，明确既符合自身实际又满足总体要求的目标任务。

——系统推进、重点突破。全面准确认识碳达峰行动对经济社会发展的深远影响，加强政策的系统性、协同性。抓住主要矛盾和矛盾的主要方面，推动重点领域、重点行业和有条件的地方率先达峰。

——双轮驱动、两手发力。更好发挥政府作用，构建新型举国体制，充分发挥市场机制作用，大力推进绿色低碳科技创新，深化能源和相关领域改革，形成有效激励约束机制。

——稳妥有序、安全降碳。立足我国富煤贫油少气的能源资源禀赋，坚持先立后破，稳住存量，拓展增量，以保障国家能源安全和经济发展为底线，争取时间实现新能源的逐渐替代，推动能源低碳转型平稳过渡，切实保障国家能源安全、产业链供应链安全、粮食安全和群众正常生产生活，着力化解各类风险隐患，防止过度反应，稳妥有序、循序渐进推进碳达峰行动，确保安全降碳。

二、主要目标

“十四五”期间，产业结构和能源结构调整优化取得明显进展，重点行业能源利用效率大幅提升，煤炭消费增长得到严格控制，新型电力系统加快构建，绿色低碳技术研发和推广应用取得新进展，绿色生产生活方式得到普遍推行，有利于绿色低碳循环发展的政策体系进一步完善。到2025年，非化石能源消费比重达到20%左右，单位国内生产总值能源消耗比2020年下降13.5%，单位国内生产总值二氧化碳排放比2020年下降18%，为实现碳达峰奠定坚实基础。

“十五五”期间，产业结构调整取得重大进展，清洁低碳安全高效的能源体系初步建立，重点领域低碳发展模式基本形成，重点耗能行业能源利用效率达到国际先进水平，非化石能源消费比重进一步提高，煤炭消费逐步减少，绿色低碳技术取得关键突破，绿色生活方式成为公众自觉选择，绿色低碳循环发展政策体系基本健全。到2030年，非化石能源消费比重达到25%左右，单位国内生产总值二氧化碳排放比2005年下降65%以上，顺利实现2030年前碳达峰目标。

三、重点任务

将碳达峰贯穿于经济社会发展全过程和各方面，重点实施能源绿色低碳转型行动、节能降碳增效行动、工业领域碳达峰行动、城乡建设碳达峰行动、交通运输绿色低碳行动、循环经济助力降碳行动、绿色低碳科技创新行动、碳汇能力巩固提升行动、绿色低碳全民行动、各地区梯次有序碳达峰行动等“碳达峰十大行动”。

（一）能源绿色低碳转型行动。

能源是经济社会发展的重要物质基础，也是碳排放的最主要来源。要坚持安全降碳，在保障能源安全的前提下，大力实施可再生能源替代，加快构建清洁低碳安全高效的能源体系。

1. 推进煤炭消费替代和转型升级。加快煤炭减量步伐，“十四五”时期严格合理控制煤炭消费增长，“十五五”时期逐步减少。严格控制新增煤电项目，新建机组煤耗标准达到国际先进水平，有序淘汰煤电落后产能，加快现役机组节能升级和灵活性改造，积极推进供热改造，推动煤电向基础保障性和系统调节性电源并重转型。严控跨区外送可再生能源电力配套煤电规模，新建通道可再生能源电量比例原则上不低于50%。推动重点用煤行业减煤限煤。大力推动煤炭清洁利用，合理划定禁止散烧区域，多措并举、积极有序推进散煤替代，逐步减少直至禁止煤炭散烧。

2. 大力发展新能源。全面推进风电、太阳能发电大规模开发和高质量发展，坚持集中式与分布式并举，加快建设风电和光伏发电基地。加快智能光伏产业创新升级和特色应用，创新“光伏＋”模式，推进光伏发电多元布局。坚持陆海并重，推动风电协调快速发展，完善海上风电产业链，鼓励建设海上风电基地。积极发展太阳能光热发电，推动建立光热发电与光伏发电、风电互补调节的风光热综合可再生能源发电基地。因地制宜发展生物质发电、生物质能清洁供暖和生物天然气。探索深化地热能以及波浪能、潮流能、温差能等海洋新能源开发利用。进一步完善可再生能源电力消纳保障机制。到2030年，风电、太阳能发电总装机容量达到12亿kW以上。

3. 因地制宜开发水电。积极推进水电基地建设，推动金沙江上游、澜沧江上游、雅砻江中游、黄河上游等已纳入规划、符合生态保护要求的水电项目开工建设，推进雅鲁藏布江下游水电开发，推动小水电绿色发展。推动西南地区水电与风电、太阳能发电协同互补。统筹水电开发和生态保护，探索建立水能资源开发生态保护补偿机制。“十四五”“十五五”期间分别新增水电装机容量4000万kW左右，西南地区以水电为主的可再生能源体系基本建立。

4. 积极安全有序发展核电。合理确定核电站布局和开发时序，在确保安全的前提下有序发展核电，保持平稳建设节奏。积极推动高温气冷堆、快堆、模块化小型堆、海上浮动堆等先进堆型示范工程，开展核能综合利用示范。加大核电标准化、自主化力度，加快关键技术装备攻关，培育高端核电装备制造产业集群。实行最严格的安全标准和最严格的监管，持续提升核安全监管能力。

5. 合理调控油气消费。保持石油消费处于合理区间，逐步调整汽油消费规模，大力推进先进生物液体燃料、可持续航空燃料等替代传统燃油，提升终端燃油产品能效。加快推进页岩气、煤层气、致密油（气）等非常规油气资源规模化开发。有序引导天然气消费，优化利用结构，优先保障民生用气，大力推动天然气与多种能源融合发展，因地制宜建设天然气调峰电站，合理引导工业用气和化工原料用气。支持车船使用液化天然气作为燃料。

6. 加快建设新型电力系统。构建新能源占比逐渐提高的新型电力系统，推动清洁电力资源大范围优化配置。大力提升电力系统综合调节能力，加快灵活调节电源建设，引导自备电厂、传统高载能工业负荷、工商业可中断负荷、电动汽车充电网络、虚拟电厂等参与系统调节，建设坚强智能电网，提升电网安全保障水平。积极发展“新能源+储能”、源网荷储一体化和多能互补，支持分布式新能源合理配置储能系统。制定新一轮抽水蓄能电站中长期发展规划，完善促进抽水蓄能发展的政策机制。加快新型储能示范推广应用。深化电力体制改革，加快构建全国统一电力市场体系。到 2025 年，新型储能装机容量达到 3000 万 kW 以上。到 2030 年，抽水蓄能电站装机容量达到 1.2 亿 kW 左右，省级电网基本具备 5% 以上的尖峰负荷响应能力。

（二）节能降碳增效行动。

落实节约优先方针，完善能源消费强度和总量双控制度，严格控制能耗强度，合理控制能源消费总量，推动能源消费革命，建设能源节约型社会。

1. 全面提升节能管理能力。推行用能预算管理，强化固定资产投资项目节能审查，对项目用能和碳排放情况进行综合评价，从源头推进节能降碳。提高节能管理信息化水平，完善重点用能单位能耗在线监测系统，建立全国性、行业性节能技术推广服务平台，推动高耗能企业建立能源管理中心。完善能源计量体系，鼓励采用认证手段提升节能管理水平。加强节能监察能力建设，健全省、市、县三级节能监察体系，建立跨部门联动机制，综合运用行政处罚、信用监管、绿色电价等手段，增强节能监察约束力。

2. 实施节能降碳重点工程。实施城市节能降碳工程，开展建筑、交通、照明、供热等基础设施节能升级改造，推进先进绿色建筑技术示范应用，推动城市综合能效提升。实施园区节能降碳工程，以高耗能高排放项目（以下称“两高”项目）集聚度高的园区为重点，推动能源系统优化和梯级利用，打造一批达到国际先进水平的节能低碳园区。实施重点行业节能降碳工程，推动电力、钢铁、有色金属、建材、石化化工等行业开展节能降碳改造，提升能源资源利用效率。实施重大节能降碳技术示范工程，支持已取得突破的绿色低碳关键技术开展产业化示范应用。

3. 推进重点用能设备节能增效。以电机、风机、泵、压缩机、变压器、换热器、工业锅炉等设备为重点，全面提升能效标准。建立以能效为导向的激励约束机制，推广先进高效产品设备，加快淘汰落后低效设备。加强重点用能设备节能审查和日常监管，强化生产、经营、销售、使用、报废全链条管理，严厉打击违法违规行为，确保能效标准和节能要求全面落实。

4. 加强新型基础设施节能降碳。优化新型基础设施空间布局，统筹谋划、科学配置数据中心等新型基础设施，避免低水平重复建设。优化新型基础设施用能结构，采用直流供电、分布式储能、“光伏＋储能”等模式，探索多样化能源供应，提高非化石能源消费比重。对标国际先进水平，加快完善通信、运算、存储、传输等设备能效标准，提升准入门槛，淘汰落后设备和技术。加强新型基础设施用能管理，将年综合能耗超过 1 万 t 标准煤的数据中心全部纳入重点用能单位能耗在线监测系统，开展能源计量审查。推动既有设施绿色升级改造，积极推广使用高效制冷、先进通风、余热利用、智能化用能控制等技术，提高设施能效水平。

（三）工业领域碳达峰行动。

工业是产生碳排放的主要领域之一，对全国整体实现碳达峰具有重要影响。工业领域要加快绿色低碳转型和高质量发展，力争率先实现碳达峰。

1. 推动工业领域绿色低碳发展。优化产业结构，加快退出落后产能，大力发展战略性新兴产业，加快传统产业绿色低碳改造。促进工业能源消费低碳化，推动化石能源清洁高效利用，提高可再生能源应用比重，加强电力需求侧管理，提升工业电气化水平。深入实施绿色制造工程，大力推行绿色设计，完善绿色制造体系，建设绿色工厂和绿色工业园区。推进工业领域数字化智能化绿色化融合发展，加强重点行业和领域技术改造。

2. 推动钢铁行业碳达峰。深化钢铁行业供给侧结构性改革，严格执行产能置换，严禁新增产能，推进存量优化，淘汰落后产能。推进钢铁企业跨地区、跨所有制兼并重组，提高行业集中度。优化生产力布局，以京津冀及周边地区为重点，继续压减钢铁产能。促进钢铁行业结构优化和清洁能源替代，大力推进非高炉炼铁技术示范，提升废钢资源回收利用水平，推行全废钢电炉工艺。推广先进适用技术，深挖节能降碳潜力，鼓励钢化联产，探索开展氢冶金、二氧化碳捕集利用一体化等试点示范，推动低品位余热供暖发展。

3. 推动有色金属行业碳达峰。巩固化解电解铝过剩产能成果，严格执行产能置换，严控新增产能。推进清洁能源替代，提高水电、风电、太阳能发电等应用比重。加快再生有色金属产业发展，完善废弃有色金属资源回收、分选和加工网络，提高再生有色金属产量。加快推广应用先进适用绿色低碳技术，提升有色金属生产过程余热回收水平，推动单位产品能耗持续下降。

4. 推动建材行业碳达峰。加强产能置换监管，加快低效产能退出，严禁新增水泥熟料、平板玻璃产能，引导建材行业向轻型化、集约化、制品化转型。推动水泥错峰生产常态化，合理缩短水泥熟料装置运转时间。因地制宜利用风能、太阳能等可再生能源，逐步提高电力、天然气应用比重。鼓励建材企业使用粉煤灰、工业废渣、尾矿渣等作为原料或水泥混合材。加快推进绿色建材产品认证和应用推广，加强新型胶凝材料、低碳混凝土、木竹建材等低碳建材产品研发应用。推广节能技术设备，开展能源管理体系建设，实现节能增效。

5. 推动石化化工行业碳达峰。优化产能规模和布局，加大落后产能淘汰力度，有效化解结构性过剩矛盾。严格项目准入，合理安排建设时序，严控新增炼油和传统煤化工生产能力，稳妥有序发展现代煤化工。引导企业转变用能方式，鼓励以电力、天然气等替代煤炭。调整原料结构，控制新增原料用煤，拓展富氢原料进口来源，推动石化化工原料轻质化。优化产品结构，促进石化化工与煤炭开采、冶金、建材、化纤等产业协同发展，加强炼厂干气、液化气等副产气体高效利用。鼓励企业节能升级改造，推动能量梯级利用、物料循环利用。到 2025 年，国内原油一次加工能力控制在 10 亿 t 以内，主要产品产能利用率提升至 80% 以上。

6. 坚决遏制“两高”项目盲目发展。采取强有力措施，对“两高”项目实行清单管理、分类处置、动态监控。全面排查在建项目，对能效水平低于本行业能耗限额准入值的，按有关规定停工整改，推动能效水平应提尽提，力争全面达到国内乃至国际先进水平。科学评估拟建项目，对产能已饱和的行业，按照“减量替代”原则压减产能；对产能尚未饱和的行业，按照国家布局和审批备案等要求，对标国际先进水平提高准入门槛；对能耗量较大的新兴产业，支持引导企业应用绿色低碳技术，提高能效水平。深入挖潜存量项目，加快淘汰落后产能，通过改造升级挖掘节能减排潜力。强化常态化监管，坚决拿下不符合要求的“两高”项目。

（四）城乡建设碳达峰行动。

加快推进城乡建设绿色低碳发展，城市更新和乡村振兴都要落实绿色低碳要求。

1. 推进城乡建设绿色低碳转型。推动城市组团式发展，科学确定建设规模，控制新增建设用地过快增长。倡导绿色低碳规划设计理念，增强城乡气候韧性，建设海绵城市。推广绿色低碳建材和绿色建造方式，加快推进新型建筑工业化，大力发展装配式建筑，推广钢结构住宅，推动建材循环利用，强化绿色设计和绿色施工管理。加强县城绿色低碳建设。推动建立以绿色低碳为导向的城乡规划建设管理机制，制定建筑拆除管理办法，杜绝大拆大建。建设绿色城镇、绿色社区。

2. 加快提升建筑能效水平。加快更新建筑节能、市政基础设施等标准，提高节能降碳要求。加强适用于不同气候区、不同建筑类型的节能低碳技术研发和推广，推动超低能耗建筑、低碳建筑规模化发展。加快推进居住建筑和公共建筑节能改造，持续推动老旧供热管网等市政基础设施节能降碳改造。提升城镇建筑和基础设施运行管理智能化水平，加快推广供热计量收费和合同能源管理，逐步开展公共建筑能耗限额管理。到 2025 年，城镇新建建筑全面执行绿色建筑标准。

3. 加快优化建筑用能结构。深化可再生能源建筑应用，推广光伏发电与建筑一体化应用。积极推动严寒、寒冷地区清洁取暖，推进热电联产集中供暖，加快工业余热供暖规模化应用，积极稳妥开展核能供热示范，因地制宜推行热泵、生物质能、地热能、太阳能等清洁低碳供暖。引导夏热冬冷地区科学取暖，因地制宜采用清洁高效取暖方式。提高建筑终端电气化水平，建设集光伏发电、储能、直流配电、柔性用电于一体的“光储直柔”建筑。到 2025 年，城镇建筑可再生能源替代率达到 8%，新建公共机构建筑、新建厂房屋顶光伏覆盖率力争达到 50%。

4. 推进农村建设和用能低碳转型。推进绿色农房建设，加快农房节能改造。持续推进农村地区清洁取暖，因地制宜选择适宜取暖方式。发展节能低碳农业大棚。推广节能环保灶具、电动农用车辆、节能环保农机和渔船。加快生物质能、太阳能等可再生能源在农业生产和农村生活中的应用。加强农村电网建设，提升农村用能电气化水平。

（五）交通运输绿色低碳行动。

加快形成绿色低碳运输方式，确保交通运输领域碳排放增长保持在合理区间。

1. 推动运输工具装备低碳转型。积极扩大电力、氢能、天然气、先进生物液体燃料等新能源、清洁能源在交通运输领域应用。大力推广新能源汽车，逐步降低传统燃油汽车在新车产销和汽车保有量中的占比，推动城市公共服务车辆电动化替代，推广电力、氢燃料、液化天然气动力重型货运车辆。提升铁路系统电气化水平。加快老旧船舶更新改造，发展电动、液化天然气动力船舶，深入推进船舶靠港使用岸电，因地制宜开展沿海、内河绿色智能船舶示范应用。提升机场运行电动化智能化水平，发展新能源航空器。到 2030 年，当年新增新能源、清洁能源动力的交通工具比例达到 40% 左右，营运交通工具单位换算周转量碳排放强度比 2020 年下降 9.5% 左右，国家铁路单位换算周转量综合能耗比 2020 年下降 10%。陆路交通运输石油消费力争 2030 年前达到峰值。

2. 构建绿色高效交通运输体系。发展智能交通，推动不同运输方式合理分工、有效衔接，降低空载率和不合理客货运周转量。大力发展以铁路、水路为骨干的多式联运，推进工矿企业、港口、物流园区等铁路专用线建设，加快内河高等级航道网建设，加快大宗货物和中长距离货物运输“公转铁”“公转水”。加快先进适用技术应用，提升民航运行管理效率，引导航空企业加强智慧运行，实现系统化节能降碳。加快城乡物流配送体系建设，创新绿色低碳、集约高效的配送模式。打造高效衔接、快捷舒适的公共交通服务体系，积极引导公众选择绿色低碳交通方式。“十四五”期间，集装箱铁水联运量年均增长 15% 以上。到 2030 年，城区常住人口 100 万以上的城市绿色出行比例不低于 70%。

3. 加快绿色交通基础设施建设。将绿色低碳理念贯穿于交通基础设施规划、建设、运营和维护全过程，降低全生命周期能耗和碳排放。开展交通基础设施绿色化提升改造，统筹利用综合运输通道线位、土地、空域等资源，加大岸线、锚地等资源整合力度，提高利用效率。有序推进充电桩、配套电网、加注（气）站、加氢站等基础设施建设，提升城市公共交通基础设施水平。到 2030 年，民用运输机场场内车辆装备等力争全面实现电动化。

（六）循环经济助力降碳行动。

抓住资源利用这个源头，大力发展循环经济，全面提高资源利用效率，充分发挥减少资源消耗和降碳的协同作用。

1. 推进产业园区循环化发展。以提升资源产出率和循环利用率为目标，优化园区空间布局，开展园区循环化改造。推动园区企业循环式生产、产业循环式组合，组织企业实施清洁生产改造，促进废物综合利用、能量梯级利用、水资源循环利用，推进工业余压余热、废气废液废渣资源化利用，积极推广集中供气供热。搭建基础设施和公共服务共享平台，加强园区物质流管理。到 2030 年，省级以上重点产业园区全部实施循环化改造。

2. 加强大宗固废综合利用。提高矿产资源综合开发利用水平和综合利用率，以煤矸石、粉煤灰、尾矿、共伴生矿、冶炼渣、工业副产石膏、建筑垃圾、农作物秸秆等大宗固废为重点，支持大掺量、规模化、高值化利用，鼓励应用于替代原生非金属矿、砂石等资源。在确保安全环保前提下，探索将磷石膏应用于土壤改良、井下充填、路基修筑等。推动建筑垃圾资源化利用，推广废弃路面材料原地再生利用。加快推进秸秆高值化利用，完善收储运体系，严格禁烧管控。加快大宗固废综合利用示范建设。到 2025 年，大宗固废年利用量达到 40 亿 t 左右；到 2030 年，年利用量达到 45 亿 t 左右。

3. 全资源循环利用体系。完善废旧物资回收网络，推行“互联网+”回收模式，实现再生资源应收尽收。加强再生资源综合利用行业规范管理，促进产业集聚发展。高水平建设现代化“城市矿产”基地，推动再生资源规范化、规模化、清洁化利用。推进退役动力电池、光伏组件、风电机组叶片等新兴产业废物循环利用。促进汽车零部件、工程机械、文办设备等再制造产业高质量发展。加强资源再生产品和再制造产品推广应用。到 2025 年，废钢铁、废铜、废铝、废铅、废锌、废纸、废塑料、废橡胶、废玻璃等 9 种主要再生资源循环利用量达到 4.5 亿 t，到 2030 年达到 5.1 亿 t。

4. 大力推进生活垃圾减量化资源化。扎实推进生活垃圾分类，加快建立覆盖全社会的生活垃圾收运处置体系，全面实现分类投放、分类收集、分类运输、分类处理。加强塑料污染全链条治理，整治过度包装，推动生活垃圾源头减量。推进生活垃圾焚烧处理，降低填埋比例，探索适合我国厨余垃圾特性的资源化利用技术。推进污水资源化利用。到 2025 年，城市生活垃圾分类体系基本健全，生活垃圾资源化利用比例提升至 60% 左右。到 2030 年，城市生活垃圾分类实现全覆盖，生活垃圾资源化利用比例提升至 65%。

（七）绿色低碳科技创新行动。

发挥科技创新的支撑引领作用，完善科技创新体制机制，强化创新能力，加快绿色低碳科技革命。

1. 完善创新体制机制。制定科技支撑碳达峰碳中和行动方案，在国家重点研发计划中设立碳达峰碳中和关键技术研究与示范等重点专项，采取“揭榜挂帅”机制，开展低碳零碳负碳关键核心技术攻关。将绿色低碳技术创新成果纳入高等学校、科研单位、国有企业有关绩效考核。强化企业创新主体地位，支持企业承担国家绿色低碳重大科技项目，鼓励设施、数据等资源开放共享。推进国家绿色技术交易中心建设，加快创新成果转化。加强绿色低碳技术和产品知识产权保护。完善绿色低碳技术和产品检测、评估、认证体系。

2. 加强创新能力建设和人才培养。组建碳达峰碳中和相关国家实验室、国家重点实验室和国家技术创新中心，适度超前布局国家重大科技基础设施，引导企业、高等学校、科研单位共建一批国家绿色低碳产业创新中心。创新人才培养模式，鼓励高等学校加快新能源、储能、氢能、碳减排、碳汇、碳排放权交易等学科建设和人才培养，建设一批绿色低碳领域未来技术学院、现代产业学院和示范性能源学院。深化产教融合，鼓励校企联合开展产学合作协同育人项目，组建碳达峰碳中和产教融合发展联盟，建设一批国家储能技术产教融合创新平台。

3. 强化应用基础研究。实施一批具有前瞻性、战略性的国家重大前沿科技项目，推动低碳零碳负碳技术装备研发取得突破性进展。聚焦化石能源绿色智能开发和清洁低碳利用、可再生能源大规模利用、新型电力系统、节能、氢能、储能、动力电池、二氧化碳捕集利用与封存等重点，深化应用基础研究。积极研发先进核电技术，加强可控核聚变等前沿颠覆性技术研究。

4. 加快先进适用技术研发和推广应用。集中力量开展复杂大电网安全稳定运行和控制、大容量风电、高效光伏、大功率液化天然气发动机、大容量储能、低成本可再生能源制氢、低成本二氧化碳捕集利用与封存等技术创新，加快碳纤维、气凝胶、特种钢材等基础材料研发，补齐关键零部件、元器件、软件等短板。推广先进成熟绿色低碳技术，开展示范应用。建设全流程、集成化、规模化二氧化碳捕集利用与封存示范项目。推进熔盐储能供热和发电示范应用。加快氢能技术研发和示范应用，探索在工业、交通运输、建筑等领域规模化应用。

（八）碳汇能力巩固提升行动。

坚持系统观念，推进山水林田湖草沙一体化保护和修复，提高生态系统质量和稳定性，提升生态系统碳汇增量。

1. 巩固生态系统固碳作用。结合国土空间规划编制和实施，构建有利于碳达峰、碳中和的国土空间开发保护格局。严守生态保护红线，严控生态空间占用，建立以国家公园为主体的自然保护地体系，稳定现有森林、草原、湿地、海洋、土壤、冻土、岩溶等固碳作用。严格执行土地使用标准，加强节约集约用地评价，推广节地技术和节地模式。

2. 提升生态系统碳汇能力。实施生态保护修复重大工程。深入推进大规模国土绿化行动，巩固退耕还林还草成果，扩大林草资源总量。强化森林资源保护，实施森林质量精准提升工程，提高森林质量和稳定性。加强草原生态保护修复，提高草原综合植被盖度。加强河湖、湿地保护修复。整体推进海洋生态系统保护和修复，提升红树林、海草床、盐沼等固碳能力。加强退化土地修复治理，开展荒漠化、石漠化、水土流失综合治理，实施历史遗留矿山生态修复工程。到2030年，全国森林覆盖率达到25%左右，森林蓄积量达到190亿m^3。

3. 加强生态系统碳汇基础支撑。依托和拓展自然资源调查监测体系，利用好国家林草生态综合监测评价成果，建立生态系统碳汇监测核算体系，开展森林、草原、湿地、海洋、土壤、冻土、岩溶等碳汇本底调查、碳储量评估、潜力分析，实施生态保护修复碳汇成效监测评估。加强陆地和海洋生态系统碳汇基础理论、基础方法、前沿颠覆性技术研究。建立健全能够体现碳汇价值的生态保护补偿机制，研究制定碳汇项目参与全国碳排放权交易相关规则。

4. 推进农业农村减排固碳。大力发展绿色低碳循环农业，推进农光互补、“光伏＋设施农业”“海上风电＋海洋牧场”等低碳农业模式。研发应用增汇型农业技术。开展耕地质量提升行动，实施国家黑土地保护工程，提升土壤有机碳储量。合理控制化肥、农药、地膜使用量，实施化肥农药减量替代计划，加强农作物秸秆综合利用和畜禽粪污资源化利用。

（九）绿色低碳全民行动。

增强全民节约意识、环保意识、生态意识，倡导简约适度、绿色低碳、文明健康的生活方式，把绿色理念转化为全体人民的自觉行动。

1. 加强生态文明宣传教育。将生态文明教育纳入国民教育体系，开展多种形式的资源环境国情教育，普及碳达峰、碳中和基础知识。加强对公众的生态文明科普教育，将绿色低碳理念有机融入文艺作品，制作文创产品和公益广告，持续开展世界地球日、世界环境日、全国节能宣传周、全国低碳日等主题宣传活动，增强社会公众绿色低碳意识，推动生态文明理念更加深入人心。

2. 推广绿色低碳生活方式。坚决遏制奢侈浪费和不合理消费，着力破除奢靡铺张的歪风陋习，坚决制止餐饮浪费行为。在全社会倡导节约用能，开展绿色低碳社会行动示范创建，深入推进绿色生活创建行动，评选宣传一批优秀示范典型，营造绿色低碳生活新风尚。大力发展绿色消费，推广绿色低碳产品，完善绿色产品认证与标识制度。提升绿色产品在政府采购中的比例。

3. 导企业履行社会责任。引导企业主动适应绿色低碳发展要求，强化环境责任意识，加强能源资源节约，提升绿色创新水平。重点领域国有企业特别是中央企业要制定实施企业碳达峰行动方案，发挥示范引领作用。重点用能单位要梳理核算自身碳排放情况，深入研究碳减排路径，“一企一策”制定专项工作方案，推进节能降碳。相关上市公司和发债企业要按照环境信息依法披露要求，定期公布企业碳排放信息。充分发挥行业协会等社会团体作用，督促企业自觉履行社会责任。

4. 强化领导干部培训。将学习贯彻习近平生态文明思想作为干部教育培训的重要内容，各级党校（行政学院）要把碳达峰、碳中和相关内容列入教学计划，分阶段、多层次对各级领导干部开展培训，普及科学知识，宣讲政策要点，强化法治意识，深化各级领导干部对碳达峰、碳中和工作重要性、紧迫性、科学性、系统性的认识。从事绿色低碳发展相关工作的领导干部要尽快提升专业素养和业务能力，切实增强推动绿色低碳发展的本领。

（十）各地区梯次有序碳达峰行动。

各地区要准确把握自身发展定位，结合本地区经济社会发展实际和资源环境禀赋，坚持分类施策、因地制宜、上下联动，梯次有序推进碳达峰。

1. 科学合理确定有序达峰目标。碳排放已经基本稳定的地区要巩固减排成果，在率先实现碳达峰的基础上进一步降低碳排放。产业结构较轻、能源结构较优的地区要坚持绿色低碳发展，坚决不走依靠“两高”项目拉动经济增长的老路，力争率先实现碳达峰。产业结构偏重、能源结构偏煤的地区和资源型地区要把节能降碳摆在突出位置，大力优化调整产业结构和能源结构，逐步实现碳排放增长与经济增长脱钩，力争与全国同步实现碳达峰。

2. 因地制宜推进绿色低碳发展。各地区要结合区域重大战略、区域协调发展战略和主体功能区战略，从实际出发推进本地区绿色低碳发展。京津冀、长三角、粤港澳大湾区等区域要发挥高质量发展动力源和增长极作用，率先推动经济社会发展全面绿色转型。长江经济带、黄河流域和国家生态文明试验区要严格落实生态优先、绿色发展战略导向，在绿色低碳发展方面走在全国前列。中西部和东北地区要着力优化能源结构，按照产业政策和能耗双控要求，有序推动高耗能行业向清洁能源优势地区集中，积极培育绿色发展动能。

3. 上下联动制定地方达峰方案。各省、自治区、直辖市人民政府要按照国家总体部署，结合本地区资源环境禀赋、产业布局、发展阶段等，坚持全国一盘棋，不抢跑，科学制定本地区碳达峰行动方案，提出符合实际、切实可行的碳达峰时间表、路线图、施工图，避免“一刀切”限电限产或运动式“减碳”。各地区碳达峰行动方案经碳达峰碳中和工作领导小组综合平衡、审核通过后，由地方自行印发实施。

4. 组织开展碳达峰试点建设。加大中央对地方推进碳达峰的支持力度，选择 100 个具有典型代表性的城市和园区开展碳达峰试点建设，在政策、资金、技术等方面对试点城市和园区给予支持，加快实现绿色低碳转型，为全国提供可操作、可复制、可推广的经验做法。

四、国际合作

（一）深度参与全球气候治理。大力宣传习近平生态文明思想，分享中国生态文明、绿色发展理念与实践经验，为建设清洁美丽世界贡献中国智慧、中国方案、中国力量，共同构建人与自然生命共同体。主动参与全球绿色治理体系建设，坚持共同但有区别的责任原则、公平原则和各自能力原则，坚持多边主义，维护以联合国为核心的国际体系，推动各方全面履行《联合国气候变化框架公约》及其《巴黎协定》。积极参与国际航运、航空减排谈判。

（二）开展绿色经贸、技术与金融合作。优化贸易结构，大力发展高质量、高技术、高附加值绿色产品贸易。加强绿色标准国际合作，推动落实合格评定合作和互认机制，做好绿色贸易规则与进出口政策的衔接。加强节能环保产品和服务进出口。加大绿色技术合作力度，推动开展可再生能源、储能、氢能、二氧化碳捕集利用与封存等领域科研合作和技术交流，积极参与国际热核聚变实验堆计划等国际大科学工程。深化绿色金融国际合作，积极参与碳定价机制和绿色金融标准体系国际宏观协调，与有关各方共同推动绿色低碳转型。

（三）推进绿色“一带一路”建设。秉持共商共建共享原则，弘扬开放、绿色、廉洁理念，加强与共建“一带一路”国家的绿色基建、绿色能源、绿色金融等领域合作，提高境外项目环境可持续性，打造绿色、包容的“一带一路”能源合作伙伴关系，扩大新能源技术和产品出口。发挥“一带一路”绿色发展国际联盟等合作平台作用，推动实施《“一带一路”绿色投资原则》，推进“一带一路”应对气候变化南南合作计划和“一带一路”科技创新行动计划。

五、政策保障

（一）建立统一规范的碳排放统计核算体系。加强碳排放统计核算能力建设，深化核算方法研究，加快建立统一规范的碳排放统计核算体系。支持行业、企业依据自身特点开展碳排放核算方法学研究，建立健全碳排放计量体系。推进碳排放实测技术发展，加快遥感测量、大数据、云计算等新兴技术在碳排放实测技术领域的应用，提高统计核算水平。积极参与国际碳排放核算方法研究，推动建立更为公平合理的碳排放核算方法体系。

（二）健全法律法规标准。构建有利于绿色低碳发展的法律体系，推动能源法、节约能源法、电力法、煤炭法、可再生能源法、循环经济促进法、清洁生产促进法等制定修订。加快节能标准更新，修订一批能耗限额、产品设备能效强制性国家标准和工程建设标准，提高节能降碳要求。健全可再生能源标准体系，加快相关领域标准制定修订。建立健全氢制、储、输、用标准。完善工业绿色低碳标准体系。建立重点企业碳排放核算、报告、核查等标准，探索建立重点产品全生命周期碳足迹标准。积极参与国际能效、低碳等标准制定修订，加强国际标准协调。

（三）完善经济政策。各级人民政府要加大对碳达峰、碳中和工作的支持力度。建立健全有利于绿色低碳发展的税收政策体系，落实和完善节能节水、资源综合利用等税收优惠政策，更好发挥税收对市场主体绿色低碳发展的促进作用。完善绿色电价政策，健全居民阶梯电价制度和分时电价政策，探索建立分时电价动态调整机制。完善绿色金融评价机制，建立健全绿色金融标准体系。大力发展绿色贷款、绿色股权、绿色债券、绿色保险、绿色基金等金融工具，设立碳减排支持工具，引导金融机构为绿色低碳项目提供长期限、低成本资金，鼓励开发性政策性金融机构按照市场化法治化原则为碳达峰行动提供长期稳定融资支持。拓展绿色债券市场的深度和广度，支持符合条件的绿色企业上市融资、挂牌融资和再融资。研究设立国家低碳转型基金，支持传统产业和资源富集地区绿色转型。鼓励社会资本以市场化方式设立绿色低碳产业投资基金。

（四）建立健全市场化机制。发挥全国碳排放权交易市场作用，进一步完善配套制度，逐步扩大交易行业范围。建设全国用能权交易市场，完善用能权有偿使用和交易制度，做好与能耗双控制度的衔接。统筹推进碳排放权、用能权、电力交易等市场建设，加强市场机制间的衔接与协调，将碳排放权、用能权交易纳入公共资源交易平台。积极推行合同能源管理，推广节能咨询、诊断、设计、融资、改造、托管等“一站式”综合服务模式。

六、组织实施

（一）加强统筹协调。加强党中央对碳达峰、碳中和工作的集中统一领导，碳达峰碳中和工作领导小组对碳达峰相关工作进行整体部署和系统推进，统筹研究重要事项，制定重大政策。碳达峰碳中和工作领导小组成员单位要按照党中央、国务院决策部署和领导小组工作要求，扎实推进相关工作。碳达峰碳中和工作领导小组办公室要加强统筹协调，定期对各地区和重点领域、重点行业工作进展情况进行调度，科学提出碳达峰分步骤的时间表、路线图，督促将各项目标任务落实落细。

（二）强化责任落实。各地区各有关部门要深刻认识碳达峰、碳中和工作的重要性、紧迫性、复杂性，切实扛起责任，按照《中共中央　国务院关于完整准确全面贯彻新发展理念做好碳达峰碳中和工作的意见》和本方案确定的主要目标和重点任务，着力抓好各项任务落实，确保政策到位、措施到位、成效到位，落实情况纳入中央和省级生态环境保护督察。各相关单位、人民团体、社会组织要按照国家有关部署，积极发挥自身作用，推进绿色低碳发展。

（三）严格监督考核。实施以碳强度控制为主、碳排放总量控制为辅的制度，对能源消费和碳排放指标实行协同管理、协同分解、协同考核，逐步建立系统完善的碳达峰碳中和综合评价考核制度。加强监督考核结果应用，对碳达峰工作成效突出的地区、单位和个人按规定给予表彰奖励，对未完成目标任务的地区、部门依规依法实行通报批评和约谈问责。各省、自治区、直辖市人民政府要组织开展碳达峰目标任务年度评估，有关工作进展和重大问题要及时向碳达峰碳中和工作领导小组报告。

附录 1–3　近年来国家出台的各类政策和措施中对光伏的支持梳理

附录表 1–1　　近年来国家出台的各类政策和措施中对光伏的支持梳理

发布日期	文件名和编号	发布部门	主要内容
2020 年 3 月 17 日	《关于加快建立绿色生产和消费法规政策体系的意见》（发改环资〔2020〕379 号）	国家发展改革委与司法部联合印发	建立完善与可再生能源规模化发展相适应的法规、政策，按照简化、普惠、稳定、渐变的原则，在规划统筹、并网消纳、价格机制等方面作出相应规定和政策调整，建立健全可再生能源电力消纳保障机制。加大对分布式能源、智能电网、储能技术、多能互补的政策支持力度
2020 年 8 月 6 日	《关于推动交通运输领域新型基础设施建设的指导意见》	交通运输部	鼓励在服务区、边坡等公路沿线合理布局光伏发电设施
2020 年 9 月 25 日	《关于扩大战略性新兴产业投资 培育壮大新增长点增长极的指导意见》（发改高技〔2020〕1409 号）	国家发展改革委	将光伏、风电、智能电网、微电网、分布式能源、新型储能等列入鼓励发展，将扩大投资的新兴战略产业行列
2020 年 12 月 10 日	《2021 年能源行业标准计划立项指南》	国家能源局	“新能源和可再生能源”被列为重点立项方向，包含光伏发电系统设计和性能提升，户用系统设计与应用技术
2020 年 12 月 21 日	《新时代的中国能源发展》白皮书	国务院新闻办公室	统筹光伏发电的布局与市场消纳，集中式与分布式并举开展光伏发电建设，采用市场竞争方式配置项目，加快推动光伏发电技术进步和成本降低；完善光伏发电分布式应用的电网接入等服务机制，推动光伏与农业、养殖、治沙等综合发展，形成多元化光伏发电发展模式
2021 年 1 月 8 日	《绿色技术推广目录（2020 年）》发改办环资〔2020〕990 号	国家发展改革委	多项光伏、储能技术列入了绿色推广技术目录
2021 年 1 月 18 日	《西部地区鼓励类产业目录（2020 年本）》	国家发展改革委	西部地区太阳能发电项目属于鼓励类项目，可以享受 15% 所得税优惠

续表

发布日期	文件名和编号	发布部门	主要内容
2021 年 2 月 9 日	《关于开展第二批智能光伏试点示范的通知》（工信厅联电子〔2021〕32 号）	工业和信息化部办公厅住房和城乡建设部办公厅 交通运输部办公厅 农业农村部办公厅 国家能源局综合司 国家乡村振兴局综合司	支持培育一批智能光伏示范企业，包括能够提供先进、成熟的智能光伏产品、服务、系统平台或整体解决方案的企业。支持建设一批智能光伏示范项目，包括应用智能光伏产品，融合大数据、互联网和人工智能，为用户提供智能光伏服务的项目
2021 年 2 月 22 日	关于加快建立健全绿色低碳循环发展经济体系的指导意见（国发〔2021〕4 号）	国务院	提升可再生能源利用比例，大力推动风电、光伏发电发展
2021 年 2 月 25 日	《关于推进电力源网荷储一体化和多能互补发展的指导意见》（发改能源规〔2021〕280 号）	国家发展改革委、国家能源局	统筹各类电源规划、设计、建设、运营，优先发展新能源，积极实施存量“风光水火储一体化”提升，稳妥推进增量“风光水（储）一体化”，探索增量“风光储一体化”，严控增量“风光火（储）一体化”，推进多能互补，提升可再生能源消纳水平
2021 年 3 月 11 日	《光伏制造行业规范条件（2021 年本）》（2021 年第 5 号）	工信部	对于可再生能源企业，通过九大措施加大金融支持力度，促进风电和光伏发电等行业健康有序发展
2021 年 3 月 12 日	《关于引导加大金融支持力度促进风电和光伏发电等行业健康有序发展的通知》（发改运行〔2021〕266 号）	国家发改委、财政部、央行、银保监会、国家能源局	金融机构按照商业化原则与可再生能源企业协商展期或续贷；金融机构按照市场化、法治化原则自主发放补贴确权贷款；对补贴确权贷款给予合理支持；通过核发绿色电力证书方式适当弥补企业分担的利息成本；优先发放补贴和进一步加大信贷支持力度
2021 年 3 月 13 日	《经济和社会发展第十四个五年规划和 2035 年远景目标纲要》	全国人大	坚持集中式和分布式并举，大力提升光伏发电规模，加快发展东中部分布式能源，非化石能源占能源消费总量比重提高到 20% 左右

续表

发布日期	文件名和编号	发布部门	主要内容
2021年4月19日	《2021年能源工作指导意见》	国家能源局	风电、光伏发电量占全社会用电量的比重达到11%左右，风电和光伏发电量的占比提升还将进一步加速
2021年4月23日	《关于新时代推动中部地区高质量发展的意见》	中共中央、国务院	加快形成绿色生产生活方式。因地制宜发展绿色小水电、分布式光伏发电
2021年6月7日	《能源领域5G应用实施方案》（发改能源〔2021〕807号）	国家发展改革委 国家能源局 中央网信办 工业和信息化部	提出智能电厂＋5G、智能电网＋5G等应用场景
2021年7月1日	“十四五”循环经济发展规划的通知（发改环资〔2021〕969号）	国家发展改革委	推进废钢铁、废有色金属、退役光伏组件和风电机组叶片等城市废弃物分类利用和集中处置，引导再生资源加工利用项目集聚发展。推行分布式能源及光伏储能一体化系统应用，推动能源梯级利用
2022年8月25日	《国家能源局2022年深化“放管服”改革优化营商环境重点任务分工方案》（国能综通法改〔2022〕45号）	国家能源局综合司	深入推进能源领域“放管服”改革，有效提振市场信心，更大激发市场主体活力；完善市场交易机制，支持分布式发电就近参与市场交易，推动分布式发电参与绿色电力交易
2021年9月22日	《关于完整准确全面贯彻新发展理念做好碳达峰碳中和工作的意见》	中共中央、国务院	大力发展太阳能，坚持集中式与分布式并举，优先推动太阳能就地就近开发利用
2021年10月26日	《国务院关于印发2030年前碳达峰行动方案的通知》（详见附录1-2）	国务院	全面推进风电、太阳能发电大规模开发和高质量发展，目标到2030年，风电、太阳能发电总装机容量达到12亿kW以上
2021年12月3日	《“十四五”工业绿色发展规划》	工业和信息化部	鼓励工厂、园区开展工业绿色低碳微电网建设，发展屋顶光伏、分散式风电、多元储能、高效热泵等，推进多能高效互补利用。统筹布局退役光伏等新兴固废综合利用，发展大尺寸高效光伏组件，推动智能光伏创新升级和行业特色应用

续表

发布日期	文件名和编号	发布部门	主要内容
2022 年 1 月 4 日	《智能光伏产业创新发展行动计划》（工信部联电子〔2021〕226 号）	工业和信息化部 住房和城乡建设部 交通运输部 农业农村部 国家能源局	突破智能光储关键技术，平抑光伏发电波动，提升对新型电力系统的支撑能力。建设一批电源侧光伏储能项目，保障光伏发电高效消纳利用。在有条件的城镇和农村地区，统筹推进居民屋面智能光伏系统，鼓励新建政府投资公益性建筑推广太阳能屋顶系统
2022 年 1 月 18 日	《关于印发“十四五”现代综合交通运输体系发展规划的通知》	国务院	鼓励在交通枢纽场站以及公路、铁路等沿线合理布局光伏发电及储能设施
2022 年 1 月 20 日	《能源领域深化“放管服”改革优化营商环境实施意见的通知》	国家能源局	支持煤炭、油气等企业利用现有资源建设光伏等清洁能源发电项目，推动天然气发电与可再生能源融合发展项目落地，促进化石能源与可再生能源协同发展
2022 年 1 月 21 日	《绿色交通“十四五”发展规划》	交通运输部	一是因地制宜推进公路沿线、服务区等适宜区域合理布局光伏发电设施；二是加快基础设施分布式光伏发电设备及并网技术研究
2022 年 1 月 24 日	《关于印发“十四五”节能减排综合工作方案的通知》（国发〔2021〕33 号）	国务院	加快太阳能等可再生能源在农业生产和农村生活中的应用，有序推进农村清洁取暖
2022 年 1 月 27 日	《加快推动工业资源综合利用实施方案》（工信部联节〔2022〕9 号）	工信部、国家发改委、科技部、财政部、自然资源部、生态环境部、商务部、国家税务总局联合下发	能源（电力、热力）行业稳步扩大水力、风能、太阳能、地热能等清洁能源利用，减少固废产生源
2022 年 2 月 3 日	《高耗能行业重点领域节能降碳改造升级实施指南（2022 年版）》	国家发展改革委、工业和信息化部、生态环境部、国家能源局	支持鼓励在建筑、卫生陶瓷企业利用自有设施、场地实施太阳能利用、余热余压利用、分布式发电等，努力提升企业能源自给能力，减少对化石能源及外部电力依赖

续表

发布日期	文件名和编号	发布部门	主要内容
2022年2月11日	《关于2022年公共机构能源资源节约和生态环境保护工作安排的通知》	国管局	推进可再生能源替代。因地制宜推广利用太阳能等能源；实施绿色化改造。推动各地区、各部门和教科文卫体系统既有建筑实施光伏、制冷、数据中心、供暖、照明等用能系统和设施设备节能改造。推进2022年节约型机关创建工作，实现全国70%左右县级及以上党政机关建成节约型机关目标，推动中央国家机关各部门所属垂直管理、派出机构中70%左右的处级以上单位2022年6月底前建成节约型机关
2022年2月18日	《关于印发促进工业经济平稳增长的若干政策的通知》	国家发改委联合十一个国务院部门印发	组织实施光伏产业创新发展专项行动，实施好沙漠戈壁荒漠地区大型风电光伏基地建设，鼓励中东部地区发展分布式光伏，带动太阳能电池、风电装备产业链投资
2022年2月22日	《“十四五”新型储能发展实施方案》	国家能源局	通过“风光水火储一体化”多能互补模式，促进大规模新能源跨省区外送消纳，提升通道利用率和可再生能源电量占比。促进沙漠戈壁荒漠大型风电光伏基地开发消纳。配合沙漠、戈壁、荒漠等地区大型风电光伏基地开发，支撑大规模新能源外送
2022年3月1日	“十四五”住房和城乡建设科技发展规划	住房和城乡建设部	开展高效智能光伏建筑一体化利用、“光储直柔”新型建筑电力系统建设、建筑—城市—电网能源交互技术研究与应用，发展城市风电、地热、低品位余热等清洁能源建筑高效利用技术
2022年3月5日	2022年全国两会政府工作报告	全国人大	新增可再生能源和原料用能不纳入能源消费总量，推进以沙漠、戈壁、荒滩为重点的大型风光基地建设
2022年3月12日	《2022年能源工作指导意见》	国家能源局	加大力度规划建设大型风光基地，继续实施整县屋顶分布式光伏开发建设，因地制宜组织开展“千家万户沐光行动”，充分利用油气矿区、工矿场区、工业园区的土地、屋顶资源开发分布式光伏
2022年3月16日	《关于推进共建“一带一路”绿色发展的意见》(发改开放〔2022〕408号)	国家发展改革委等部门	鼓励太阳能发电、风电等企业“走出去”，推动建成一批绿色能源最佳实践项目

续表

发布日期	文件名和编号	发布部门	主要内容
2022 年 3 月 21 日	《“十四五”现代能源体系规划》（发改能源〔2022〕210 号）	国家发展改革委、国家能源局	加快发展风电、太阳能发电；积极推进东部和中部等地区分散式风电和分布式光伏建设；因地制宜发展“光伏 +”综合利用模式，推动光伏治沙、林光互补、农光互补、牧光互补、渔光互补，实现太阳能发电与生态修复、农林牧渔业等协同发展
2022 年 3 月 23 日	氢能产业发展中长期规划（2021—2035 年）	国家发展改革委、国家能源局	在风光水电资源丰富地区，开展可再生能源制氢示范；探索培育“风光发电＋氢储能”一体化应用新模式
2022 年 4 月 2 日	《“十四五”能源领域科技创新规划》	国家能源局 科学技术部联合下发	积极发展新型光伏系统及关键部件技术、高效钙钛矿电池制备与产业化生产技术、高效低成本光伏电池技术和光伏组件回收处理与再利用技术等
2022 年 5 月 14 日	《关于促进新时代新能源高质量发展实施方案》	国务院办公厅转发国家发展改革委国家能源局	加快推进以沙漠、戈壁、荒漠地区为重点的大型风电光伏基地建设；加大力度支持农民利用自有建筑屋顶建设户用光伏；在具备条件的工业企业、工业园区，加快发展分布式光伏等新能源项目；推动太阳能与建筑深度融合发展。完善光伏建筑一体化应用技术体系
2022 年 6 月 10 日	《减污降碳协同增效实施方案》（环综合〔2022〕42 号）	生态环境部 国家发展和改革委员会 工业和信息化部 住房和城乡建设部 交通运输部 农业农村部国家能源局	推动在沙漠、戈壁、荒漠地区加快规划建设大型风电、光伏基地项目；推进退役动力电池、光伏组件、风电机组叶片等新型废弃物回收利用；大力发展光伏建筑一体化应用，开展光储直柔一体化试点。推动严格管控类受污染耕地植树造林增汇，研究利用废弃矿山、采煤沉陷区受损土地、已封场垃圾填埋场、污染地块等因地制宜规划建设光伏发电、风力发电等新能源项目
2022 年 6 月 23 日	《关于印发工业能效提升行动计划的通知》	工业和信息化部等六部门	加快分布式光伏一体化系统开发运行；推动智能光伏创新升级和行业特色应用，创新“光伏＋”模式，推进光伏发电多元布局；大力发展高效光伏新能源装备
2022 年 8 月 24 日	《关于促进光伏产业链供应链协同发展的通知》（工信厅联电子函〔2022〕205 号）	工业和信息化部办公厅 市场监管总局办公厅 国家能源局综合司	科学规划和管理本地区光伏产业发展，积极稳妥有序推进全国光伏市场建设；引导产业上下游加强协作，保障光伏产业链供应链稳定运转。加强光伏行业运行监测，搭建沟通交流平台，促进光伏产业高质量发展

续表

发布日期	文件名和编号	发布部门	主要内容
2022年8月25日	《关于推动能源电子产业发展的指导意见（征求意见稿）》	工信部	发展高纯硅料、大尺寸硅片技术，N型高效电池、柔性薄膜电池、钙钛矿及叠层电池；探索建立光伏“碳足迹”评价标准并开展认证；推动光伏组件回收利用技术
2022年8月29日	《加快电力装备绿色低碳创新发展行动计划》	工业和信息化部 财政部 商务部 国务院国有资产监督管理委员会 国家市场监督管理总局	重点发展高效低成本光伏电池技术；开展新型高效低成本光伏电池技术研究和应用，开展智能光伏试点示范和行业应用；推进新建厂房和公共建筑开展光伏建筑一体化建设；培育光伏新业态
2022年9月19日	《国家工业资源综合利用先进适用工艺技术设备目录推荐工作的通知》	工业和信息化部办公厅　国家发展和改革委员会办公厅　科技部办公厅　生态环境部办公厅	将废玻璃、废旧光伏组件、废旧风电叶片等再生资源回收利用工艺技术设备可作为再生资源回收利用领域申报回收

第二章

分布式光伏电站项目开发前期工作

分布式光伏电站项目开发的前期工作必须得到高度重视，只有保证前期工作的高质量，才能保证分布式光伏电站顺利建成后能够达到预期投资回报。

分布式光伏电站项目建设站址应根据国家可再生能源中长期发展规划和地区经济发展，结合项目所在地自然条件、气候条件、接入电网条件、周边规划与设施建设和交通运输状况等因素综合考虑。

第一节　分布式光伏电站项目宏观选址

一、拟建分布式光伏电站的宏观选取

“十四五”可再生能源发展规划提出：“我国光伏项目开发坚持生态优先、因地制宜、多元融合发展，在‘三北’（东北、华北、西北）地区优化推动风电和光伏发电基地化规模化开发，在西南地区统筹推进水风光综合开发，在中东南部地区重点推动风电和光伏发电就地就近开发，在东部沿海地区积极推进海上风电集群化开发，稳步推动生物质能多元化开发，积极推动地热能规模化开发，稳妥推进海洋能示范化开发。

大力推动光伏发电多场景融合开发。全面推进分布式光伏开发，重点推进工业园区、经济开发区、公共建筑等屋顶光伏开发利用行动，在新建厂房和公共建筑积极推进光伏建筑一体化开发，实施‘千家万户沐光行动’，规范有序推进整县（区）屋顶分布式光伏开发，建设光伏新村。积极推进‘光伏＋’综合利用行动，鼓励农（牧）光互补、渔光互补等复合开发模式，推动光伏发电与5G基站、大数据中心等信息产业融合发展，推动光伏在新能源汽车充电桩、铁路沿线设施、高速公路服务区及沿线等交通领域应用，因地制宜开展光伏廊道示范。推进光伏电站开发建设，优先利用采煤沉陷区、矿山排土场等工矿废弃

土地及油气矿区建设光伏电站。积极推动老旧光伏电站技改升级行动，提升发电效益”。

上述政策既是对已有分布式光伏开发模式和站址选取的总结，又为新分布式光伏电站项目开发选址提供了参考。

（一）我国太阳能资源的整体分布情况简介

根据《太阳能资源等级 总辐射》（GB/T 31155—2014），我国按照太阳总辐射年辐照量划分为四个等级：最丰富（A）、很丰富（B）、丰富（C）、一般（D）。详见表 2–1 所示。

表 2–1　　我国太阳能资源等级化划分

等级名称	分级阈值（$kWh \cdot m^{-2} \cdot a^{-1}$）	分级阈值（$MJ \cdot m^{-2} \cdot a^{-1}$）	等级符号
最丰富	$G \geqslant 1750$	$G \geqslant 6300$	A
很丰富	$1400 \leqslant G<1750$	$5040 \leqslant G<6300$	B
丰富	$1050 \leqslant G<1400$	$3780 \leqslant G<5040$	C
一般	$G<1050$	$G<3780$	D

注　*G* 表示总辐射年辐照量，采用多年平均值（一般取 30 年平均）。

我国太阳能总辐射资源丰富，总体呈“高原大于平原、西部干燥区大于东部湿润区”的分布特点。其中，青藏高原最为丰富，年总辐射量超过 $1800kWh/m^2$（相当于全年把每平方米接收到的太阳光照全部用来发电，可以产生 1800kWh 电），部分地区甚至超过 $2000kWh/m^2$。四川盆地资源相对较低，存在低于 $1000kWh/m^2$ 的区域。全国太阳辐射总量等级和区域分布表见表 2–2。

表 2–2　　全国太阳辐射总量等级和区域分布表

名称	年总量		年平均辐照度（W/m^2）	占国土面积（%）	主要地区
	MJ/m^2	kWh/m^2			
最丰富带	≥ 6300	≥ 1750	约≥ 200	约 22.8	内蒙古额济纳旗以西、甘肃酒泉以西、青海 100°E 以西大部分地区、西藏 94°E 以西大部分地区、新疆东部边缘地区、四川甘孜部分地区
很丰富带	5040 ～ 6300	1400 ～ 1750	160 ～ 200	约 44.0	新疆大部、内蒙古额济纳旗以东大部、黑龙江西部、吉林西部、辽宁西部、河北大部、北京、天津、山东东部、山西大部、陕西北部、宁夏、甘肃酒泉以东大部、青海东部边缘、西藏 94°E 以东、四川中西部、云南大部、海南

续表

名称	年总量		年平均辐照度（W/m^2）	占国土面积（%）	主要地区
	MJ/m^2	kWh/m^2			
较丰富带	3780～5040	1050～1400	120～160	约 29.8	内蒙古 50°N 以北、黑龙江大部、吉林中东部、辽宁中东部、山东中西部、山西南部、陕西中南部、甘肃东部边缘、四川中部、云南东部边缘、贵州南部、湖南大部、湖北大部、广西、广东、福建、江西、浙江、安徽、江苏、河南
一般带	<3780	<1050	<120	约 3.3	四川东部、重庆大部、贵州中北部、湖北 110°E 以西、湖南西北部

（二）适于建设分布式光伏电站的站址区域

2022 年 7 月 29 日，国家能源局发布 2022 年上半年光伏发电建设运行情况，其中分布式光伏电站项目的新增装机容量再次超过集中式光伏项目，其中分布式光伏电站项目新增装机排名前六的省份为山东、河南、河北、浙江、江苏和广东。从表 2–3 中可以很明显地看到，分布式光伏电站在我国东部地区的新增装机容量较大，除基于太阳能资源禀赋外，也因为东部地区人口稠密和工商业发达，上网电价普遍偏高，此外适用于建设集中式光伏电站的土地资源紧张。

表 2–3　　我国 2022 年上半年光伏发电建设运行情况

省（市、区）	2022 年上半年新增并网容量（万 kW）				截至 2022 年 6 月底累计并网容量（万 kW）		
	总新增容量	集中式光伏	分布式装机容量		累计总装机容量	集中式光伏	分布式光伏
			常规分布式光伏	户用分布式			
全国	3087.8	1122.5	1965.3	891.4	33620.4	20942.44	12678.0
山东	371.1	29.8	341.3	191.7	3714.5	1038.8	2675.8
河南	310.8	3	307.8	232.3	1866.4	628.8	1237.6
河北	366.2	91.7	274.5	229.1	3336.6	1799.5	1537
浙江	287.1	14.7	272.4	3.6	2128.9	591.8	1537.1
江苏	214.9	11.3	203.7	32.1	2130.9	952.4	1178.5
广东	160.5	35.7	124.8	12.6	1180.6	557.2	623.4

续表

省（市、区）	2022 年上半年新增并网容量（万 kW）				截至 2022 年 6 月底累计并网容量（万 kW）		
	总新增容量	集中式光伏	分布式装机容量		累计总装机容量	集中式光伏	分布式光伏
			—	户用分布式			
安徽	262	166.8	95.2	83.9	1865.4	1012.2	853.1
福建	63.1	0	63.1	23.4	340.1	39.2	300.9
江西	103.1	57.7	45.4	20.3	1013.4	608.8	404.6
山西	64.7	31.9	32.8	24.1	1522.4	1133.7	388.7
湖南	62.6	31.1	31.5	11	511.1	248.6	262.5
陕西	47.5	16.5	31	6.1	1349.8	1107.9	241.9
湖北	136.6	112.3	24.3	4.9	1089.4	828	261.4
宁夏	52	29.8	22.3	0.1	1436	1349	87
辽宁	29.1	8.3	20.9	3.7	506.7	325.8	180.9
天津	12.8	0	12.8	1.9	190.6	118.8	71.8
北京	10.9	0	10.9	1.3	91	5.1	85.9
吉林	19.4	9.3	10.1	0.5	365.3	275.1	90.2
广西	87.8	79.5	8.3	1	399.4	338.5	60.9
甘肃	103.6	95.9	7.7	0.4	1228.4	1143.5	84.8
内蒙古	34.2	29.2	5	2.4	1440.2	1333.2	107
上海	4.9	0	4.9	0.3	173.3	24	149.3
云南	21.7	18	3.7	2.2	418.8	367.9	50.9
黑龙江	13	9.6	3.3	0.3	432.7	340	92.7
重庆	2.6	0	2.6	0.4	66.1	54.2	11.9
四川	3.5	1.2	2.3	1.1	198.2	169	29.2
青海	80.3	78	2.3	0	1691	1675.8	15.3
新疆	23.2	23.2	0	0	1295.2	1278.6	16.6
新疆生产建设兵团	0	0	0	0	77.2	77.2	0
西藏	0	0	0	—	138.7	136.5	2.2

续表

省（市、区）	2022 年上半年新增并网容量（万 kW）				截至 2022 年 6 月底累计并网容量（万 kW）		
	总新增容量	集中式光伏	分布式装机容量		累计总装机容量	集中式光伏	分布式光伏
			—	户用分布式			
海南	35.4	35.4	0	0	182.2	162.8	19.4
贵州	103	103	0	0	1240	1220.6	19.4

分布式光伏电站项目的建设场址主要涉及一般建设用地、各种废弃土地、荒山荒坡、荒草地、盐碱地、沼泽地、沙地、滩涂、鱼塘、煤矿沉陷区和油气矿区、工矿场区、工业园区的土地、农业大棚、工商业建筑屋顶、居民屋顶和闲置院落等。随着“光伏＋”应用的拓展，近年来出现了各种各样的新型分布式光伏利用形式，例如“风光互补”“水光互补”“风光储”等各种新型利用形式，甚至出现了“墓地＋分布式光伏电站”的利用形式，相信随着未来技术发展与进步，分布式光伏仍将快速扩展其应用空间和形式。

与建筑结合的分布式光伏系统是目前分布式光伏系统的重要应用形式，主要表现在与建筑结合的安装方式和建筑光伏的电气设计方面。按照与建筑结合的安装方式的不同可以分为光伏建筑集成或光伏建筑一体化（BIPV）和光伏建筑附加（BAPV）。BAPV 是指采用普通光伏组件，在原有建筑上安装，并不替代建筑材料或建筑构件，直接安装到屋顶或附加在墙面的光伏系统，拆除此建筑上的光伏组件，并不会影响原有建筑的基本功能。

（三）不适于建设分布式光伏电站的站址区域

除建筑屋顶分布式光伏外，地面集中式光伏和地面大型分布式光伏电站项目须占用大量土地，在最严格的 18 亿亩耕地红线政策下，光伏用地政策正在全面收紧，因此地面分布式光伏电站的开发，须对国家和地方光伏用地政策进行详细梳理，避免做无用功，一旦拟建地面分布式光伏电站项目因用地不符合政策规定，分布式光伏电站项目极大概率被废除或否决，已建成电站也可能被勒令拆除。因此，土地政策必须引起地面分布式光伏电站项目开发人员高度重视，一旦不符合规定要求，项目即刻被废除，因此，土地政策不符具有一票否决的特点。

国家政策规定各地应当依据国家光伏产业发展规划和本地区实际，加快编制本地区光伏发电规划，合理布局光伏发电建设项目，光伏发电规划应符合土地利用总体规划等相关规划，可以利用未利用地的，不得占用农用地；可以利用劣地的，不得占用好地，禁止以任何方式占用永久基本农田，严禁在国家相关法律法规和规划明确禁止的区域发展光伏发电项目。

除相关文件确定的光伏扶贫项目及利用农用地复合建设的光伏发电站项目外，其他光伏发电站项目用地应严格执行下述规定，此外如果各省出台了光伏电站项目用地规定（详见附录2–1），也必须仔细调研清楚并严格按规定执行，近年来因未遵守当地光伏用地政策而被拆除的光伏项目屡见不鲜。

1.《关于支持新产业新业态发展促进大众创业万众创新用地的意见》中用地政策的解读

2015年9月18日，国土资源部联合国家发改委、科技部、工信部、住建部、商务部下发的《关于支持新产业新业态发展促进大众创业万众创新用地的意见》（国土资规〔2015〕5号），文中明确了光伏项目建设使用未利用地和农用地的使用方式。

“光伏、风力发电等项目使用戈壁、荒漠、荒草地等未利用土地的，对不占压土地、不改变地表形态的用地部分，可按原地类认定，不改变土地用途，在年度土地变更调查时作出标注，用地允许以租赁等方式取得，双方签订好补偿协议，用地报当地县级国土资源部门备案；对项目永久性建筑用地部分，应依法按建设用地办理手续，对建设占用农用地的，所有用地部分均应按建设用地管理”。因此，针对光伏组件方阵用地，签署租赁和补偿合同即可，不需要办理变更土地性质手续；针对综合楼、升压站、塔基线路等永久性建筑用地部分，需要办理转为建设用地手续。

对建设占用农用地的，所有用地部分均应按建设用地管理，无论光伏方阵用地还是其他永久建设用地，均需要办理转为建设用地手续。

2.《关于光伏电站建设使用林地有关问题的通知》中用地政策的解读

2015年11月27日，国家林业局印发《关于光伏电站建设使用林地有关问题的通知》（林资发〔2015〕153号），其中明确强调：

（1）各类自然保护区、森林公园（含同类型国家公园）、濒危物种栖息地、天然林保护工程区以及东北内蒙古重点国有林区，为禁止建设区域。其他生态区位重要、生态脆弱、地形破碎区域，为限制建设区域。

（2）光伏电站的电池组件阵列禁止使用有林地、疏林地、未成林造林地、采伐迹地、火烧迹地，以及年降雨量400mm以下区域覆盖度高于30%的灌木林地和年降雨量400mm以上区域覆盖度高于50%的灌木林地。

（3）对于森林资源调查确定为宜林地而第二次全国土地调查确定为未利用地的土地，应采用“林光互补”用地模式，“林光互补”模式光伏电站要确保使用宜林地不改变林地性质。

如使用林地进行光伏电站建设必须依法办理使用林地审核手续。采用“林光互补”用地模式的，光伏组件阵列在施工期按临时占用林地办理使用林地手续，运营期双方可以签订补偿协议，通过租赁等方式使用林地。

3.《国土资源部办公厅关于光伏发电用地事项的函》中用地政策的解读

2016年10月13日，国土资源部办公厅印发《国土资源部办公厅关于光伏发电用地事项的函》（国土资厅函〔2016〕1638号），函件中指出“支持使用未利用地和存量建设用地发展光伏发电。对于之前已经使用农地建设的‘农光结合’‘渔光一体’光伏发电项目，地方各级国土资源部主管部门应会同相关部门加强跟踪监测，发现新情况、新问题及时报备。对于使用农用地新建光伏发电项目的，包括光伏方阵在内的所有用地均应按建设用地管理，依法履行规划、计划、转用、征收、供应手续”。

因此，本文默认《关于支持新产业新业态发展促进大众创业万众创新用地的意见》文件出台前已使用农用地建设的“农光互补”光伏发电项目，可以按照现有的方式继续使用土地，但使用农用地新建项目，应严格按照《关于支持新产业新业态发展促进大众创业万众创新用地的意见》文执行。

4.《关于支持光伏扶贫和规范光伏发电产业用地的意见》中用地政策的解读

光伏扶贫项目是指对深度贫困地区脱贫攻坚中建设的光伏发电项目，以及国家能源局、国务院扶贫办确定下达的全国村级光伏扶贫电站建设规模范围内的光伏发电项目。

2017 年 9 月 25 日，国土资源部、国务院扶贫办、国家能源局联合印发的《关于支持光伏扶贫和规范光伏发电产业用地的意见》(国土资规〔2017〕8 号)，有效期五年，其中要求：“对于光伏扶贫项目用地实现分类管理的要求，具体为变电站及运行管理中心、集电线路杆塔基础用地按建设用地管理，各地在编制土地利用总体规划和年度土地利用计划中应予以重点保障，并依法办理建设用地审批手续；场内道路用地可按农村道路用地管理；光伏方阵使用永久基本农田以外的农用地的，在不破坏农业生产条件的前提下，可不改变原用地性质；采用直埋电缆方式敷设的集电线路用地，实行与项目光伏方阵用地同样的管理方式”。

虽然《关于支持光伏扶贫和规范光伏发电产业用地的意见》文件没有明确利用农用地复合建设的光伏发电站项目具体定义，但一般指“农光结合”“渔光一体”等农业业态和光伏发电一体建设的项目，但文中强调省级能源局、国土资源主管部门同级有关部门可进行协商，在保障农用地可持续利用的前提下，研究提出本地区光伏复合项目建设要求（含光伏方阵架设高度)、认定标准，并明确监管措施，避免对农业生产造成影响，除光伏扶贫项目及光伏复合项目外，其他光伏发电站项目用地应严格按前述《关于支持新产业新业态发展促进大众创业万众创新用地的意见》文件规定执行。

本文在《关于支持新产业新业态发展促进大众创业万众创新用地的意见》和《国土资源部办公厅关于光伏发电用地事项的函》两个文件基础上进一步解决光伏方阵占用除永久基本农田以外的农用地按建设用地管理的问题，同时增加了对光伏扶贫项目的用地支持，对促进光伏发电项目发展具有重大意义。

5.《草原征占用审核审批管理规范》中用地政策的解读

2020 年 7 月 31 日，国家林草局印发《草原征占用审核审批管理规范》。规范明确：“严格控制草原转为其他用地。矿藏开采、工程建设和修建工程设施应当不占或者少占草原。原则上不得占用生态保护红线内的草原。除国务院批准同意的建设项目，国务院有关部门、省级人民政府及其有关部门批准同意的基础设施、公共事业、民生建设项目和国防、外交建设项目外，不得占用基本草原。

“矿藏开采和工程建设确需征收、征用或者使用草原超过 70hm^2 由国家林业和草原局审核；70hm^2 及其以下由省级林业和草原主管部门审核。工程建设、勘查、旅游等确需临时占用草原的，由县级以上地方林业和草原主管部门依据所在省、自治区、直辖市确定的权限分级审批。临时占用草原的期限不得超过二年，并不得在临时占用的草原上修建永久性建筑物、构筑物；占用期满，使用草原的单位或者个人应当恢复草原植被并及时退还”。

虽然目前没有明确光伏方阵是否属于建设工程项目范畴，在实际操作中，光伏方阵租赁使用草原基本未严格按照草原规定纳入建设工程项目监管。

6.《水利部关于加强河湖水域岸线空间管控的指导意见》中用地政策的解读

2022 年 5 月 25 日，水利部印发《水利部关于加强河湖水域岸线空间管控的指导意见》的重要文件，在严格管控各类水域岸线利用行为方面，明确提出：“光伏电站、风力发电等项目不得在河道、湖泊、水库内建设。在湖泊周边、水库库汊建设光伏、风电项目的，要科学论证，严格管控，不得布设在具有防洪、供水功能和水生态、水环境保护需求的区域，不得妨碍行洪通畅，不得危害水库大坝和堤防等水利工程设施安全，不得影响河势稳定和航运安全，并依法履行相关审批手续”，但又补充各省区市可结合实际依法依规对各类水域岸线利用行为作出具体规定。

7.《关于促进新时代新能源高质量发展的实施方案》中用地政策的解读

2022 年 5 月 14 日，国务院办公厅转发国家发展改革委、国家能源局关于《促进新时代新能源高质量发展的实施方案》（国办函〔2022〕39 号）的通知中强调：

“完善新能源项目用地管制规则。建立自然资源、生态环境、能源主管部门等相关单位的协同机制。在符合国土空间规划和用途管制要求基础上，充分利用沙漠、戈壁、荒漠等未利用地，布局建设大型风光电基地。将新能源项目的空间信息按规定纳入国土空间规划‘一张图’，严格落实生态环境分区管控要求，统筹安排大型风光电基地建设项目用地用林用草。地方政府要严格依法征收土地使用税费，不得超出法律规定征收费用”。这一规定解决了长久以来，因为各个部门地图信息数据不统一，造成的土地性质难以准确判断的问题，对新能源的发展来说是一大利好因素。

8.《关于支持光伏发电产业发展规范用地用林用草管理有关工作的通知》（征求意见稿）中用地政策的解读

2022 年 6 月 15 日，自然资源部办公厅、国家林业和草原局办公室、国家能源局综合司联合印发《关于支持光伏发电产业发展规范用地用林用草管理有关工作的通知》（征求意见稿），文件提出，对于利用农用地建设复合光伏项目的，不得占用耕地和林地。对于使用农用地的，其面积不超过项目总用地面积 50% 的情况下，对其中的光伏方阵、采用直埋电缆敷设方式的集电线路可不办理用地手续。

新建、扩建地面光伏发电项目，一律不得占用永久基本农田、基本草原和Ⅰ级保护林地，一律不得占用自然保护地核心保护区、东北内蒙古重点国有林区。项目选址应当避让生态保护红线、具有特殊自然景观价值区域、天然林保护工程区、国家沙化土地封禁保护区等。

结合上述《水利部关于加强河湖水域岸线空间管控的指导意见》的规定，根据《土地利用现状分类》（GB/T 21010—2017）的分类，如上述征求意见稿得以最终落实，那么光伏建设用地将会变得极为稀缺。根据我国土地性质划分是否可以建设分布式光伏电站见表 2–4。

表 2–4　　根据我国土地性质划分是否可以建设分布式光伏电站

一级类		二级类		是否可用作光伏建设
编码	名称	编码	名称	
01	耕地	0101	水田	否
		0102	水浇地	否
		0103	旱地	否
02	园地	0201	果园	否
		0202	茶园	否
		0203	橡胶园	否
		0204	其他园地	否
03	林地	0301	乔木林地	否
		0302	竹林地	否
		0303	红树林地	否
		0304	森林沼泽	否
		0305	灌木林地	否
		0306	灌丛沼泽	否
		0307	其他林地	否
04	草地	0401	天然牧草地	否
		0402	沼泽草地	否
		0403	人工牧草地	否
		0404	其他草地	50% 可以用来建设

续表

一级类		二级类		是否可用作光伏建设
编码	名称	编码	名称	
05	商服用地	0501	零售商业用地	否
		0502	批发市场用地	否
		0503	餐饮用地	否
		0504	旅馆用地	否
		0505	商务金融用地	否
		0506	娱乐用地	否
		0507	其他商服用地	否
06	工矿仓储用地	0601	工业用地	否
		0602	采矿用地	否
		0603	盐田	否
		0604	仓储用地	否
07	住宅用地	0701	城镇住宅用地	否
		0702	农村宅基地	否
08	公共管理与公共服务用地	0801	机关团体用地	否
		0802	新闻出版用地	否
		0803	教育用地	否
		0804	科研用地	否
		0805	医疗卫生用地	否
		0806	社会福利用地	否
		0807	文化设施用地	否
		0808	体育用地	否
		0809	公用设施用地	否
		0810	公园与绿地	否
09	特殊用地	0901	军事设施用地	否
		0902	使领馆用地	否
		0903	监教场所用地	否

续表

一级类		二级类		是否可用作光伏建设
编码	名称	编码	名称	
09	特殊用地	0904	宗教用地	否
		0905	殡葬用地	否
		0906	风景名胜设施用地	视情况
10	交通运输用地	1001	铁路用地	否
		1002	轨道交通用地	否
		1003	公路用地	否
		1004	城镇村道路用地	否
		1005	交通服务场地用地	否
		1006	农村道路	否
		1007	机场用地	否
		1008	港口码头用地	否
		1009	管道运输用地	否
11	水域及水利设施用地	1101	河流水面	否
		1102	湖泊水面	否
		1103	水库水面	否
		1104	坑塘水面	否
		1105	沿海滩涂	是
		1106	内陆滩涂	是
		1107	沟渠	否
		1108	沼泽地	是
		1109	水工建筑用地	否
		1110	冰川及永久积雪	是
12	其他土地	1201	空闲地	否
		1202	设施农用地	否

续表

一级类		二级类		是否可用作光伏建设
编码	名称	编码	名称	
12	其他土地	1203	田坎	否
		1204	盐碱地	是
		1205	沙地	是
		1206	裸土地	是
		1207	裸岩石砾地	是

9. 复合分布式光伏电站项目用地政策总结

（1）光伏复合项目依旧不允许占用基本农田，涉林部分需遵循《国家林业局关于光伏电站建设使用林地有关问题的通知》（林资发〔2015〕153号）。

（2）对于光伏阵列等设施架设在农用地上，在对土地不造成实际压占、不改变地表形态、不影响农业生产的前提下，可按原地类认定，不改变土地用途（含直埋电缆）。变电站及运营管理中心、集电线路杆塔基础设施用地，按建设用地管理，依法办理建设用地审批手续。

（3）一般规定：农光互补组件最低点距地不小于2.5m，桩基间距大于4m，行间距应大于6m；渔光互补组件最低点应高于最高水位0.6m；林光互补光伏支架不得低于所种植树木最高点1m以上。

（四）地面分布式光伏电站项目涉及用地方面相关政策法规

2014年9月2日，国家能源局发布《关于进一步落实分布式光伏发电有关政策的通知》，通知中提到“因地制宜利用废弃土地、荒山荒坡、农业大棚、滩涂、鱼塘、湖泊等建设就地消纳的分布式光伏电站”。因此，地面分布式光伏电站项目通常占用土地类型：未利用地、一般农用地，严禁占用基本农田。

1. 土地性质分类

（1）根据土地所有权分类。根据2019年8月26日颁布的《中华人民共和国土地管理法》，土地分为国家所有和集体所有。其中城市市区的土地属于国家所有。农村和城市郊区的土地，除由法律规定属于国家所有的以外，属于农民集体所有；宅基地和自留地、自留山，属于农民集体所有。

（2）根据土地用途分类。根据土地用途，《中华人民共和国土地管理法》又可将土地划分为农用地、建设用地和未利用地。农用地是指直接用于农业生产的土地，包括耕地、林地、草地、农田水利用地、养殖水面等；建设用地是指建造建筑物、构筑物的土地，包括城乡住宅和公共设施用地、工矿用地、交通水利设施用地、旅游用地、军事设施。

（3）根据土地利用现状分类。《土地利用现状分类》（GB/T 21010—2017）采用一级、二级两个层次的分类体系，共分 12 个一级类、57 个二级类。

2. 地面分布式光伏电站项目建设用地办理流程

地面分布式光伏电站项目建设用地一般可分为临时用地与永久用地，其中临时用地一般为材料仓库、设备仓库、临时生产、生活建筑等，永久用地一般为升压站。

（1）建设用地报批方式。建设用地报批分为分批次报批和单独选址报批两种方式，建设用地进行报批的一般为永久用地。

1）临时用地。建设项目施工和地质勘查需要临时使用国有土地或者农民集体所有的土地的，由县级以上人民政府自然资源主管部门批准。其中，在城市规划区内的临时用地，在报批前，应当先经有关城市规划行政主管部门同意。土地使用者应当根据土地权属，与有关自然资源主管部门或者农村集体经济组织、村民委员会签订临时使用土地合同，并按照合同的约定支付临时使用土地补偿费。

临时使用土地的使用者应当按照临时使用土地合同约定的用途使用土地，并不得修建永久性建筑物；临时使用土地期限一般不超过二年；注意事项为使用临时用地不能占用永久基本农田、国家生态林等。

2）按分批次的方式上报。在土地利用总体规划确定的城市（含建制镇）或村庄、集镇建设用地规模范围内，为实施该规划而占用土地的。

一个批次用地可以一块或多块土地同时打包上报。各地级以上市、县（市、区）人民政府应在本地区当年各项用地计划指标内严格控制每年度用地报批批次。

3）按单独选址方式报批。交通、水利、矿山、军事设施等建设项目确需使用土地利用总体规划确定的城市建设用地规模范围外的土地，或同时使用土地利用总体规划确定的建设用地规模范围外和范围内土地。

地面分布式光伏电站项目一般按分批次的方式上报。

（2）报批相关依据文件。

1）《中华人民共和国土地管理法》（主席令第 28 号）；

2）《征用土地公告办法》（国土资源部令第 10 号）；

3）国家相关部委和各省颁布的关于光伏用地的各项规章、制度及要求等。

（3）报批程序。完成土地调规工作，取得相关主管部门批复后进行用地报批。

1）对项目用地范围进行勘测定界，制作勘测定界图，编制报告；

2）查询项目用地地类及权属；

3）对项目涉及村、经济合作社进行基本情况调查；

4）进行报批组卷工作；

5）报项目所在县自然资源局部门组织会审工作；

6）上报市相关主管部门进行审核。

（4）组卷内容。按批次报批光伏用地材料清单见表 2–5。

表 2–5　　按批次报批光伏用地材料清单

序号	材料名称		提供条件
1	县级国土资源管理部门审查报告（请示）	县级国土资源管理部门审查报告（请示）	必须提供
2	建设用地项目呈报资料“一书三方案”	建设用地项目呈报资料“一书三方案”	必须提供
3	城市规划审核相关资料	城市规划审核意见	必须提供
4	规划审核相关材料	原业主单位同意压占的相关材料	压占已批单独选址项目和已批用地预审尚未报批单独选址项目的须提供
5	地类审查相关材料	土地利用总体规划图（可提供局部图）	必须提供
		有审批权的人民政府或相关部门审批同意占用自然保护区等重点区域的批复	涉及自然保护区等重点区域的须提供
		最新的土地利用现状图（可提供局部图）	必须提供
		涉及建设用地变更年度的 1：10000 标准分幅土地利用现状图（可提供局部图）	涉及无合法用地手续建设用地的须提供
		地类情况汇总表	必须提供
6	权属审查相关材料	土地证书（不动产权证书）扫描件	必须提供
		建设拟征（占）用土地权属情况汇总表	必须提供
		国有土地使用证扫描件或县级以上人民政府出具的土地权属说明	涉及国有土地的须提供

续表

序号	材料名称		提供条件
6	权属审查相关材料	征地协议（含附图）、已兑现补偿款证明及有关说明文件等材料	2012年10月1日之前已签订征收协议并兑现补偿款、未核发所有权证书的须提供
		争议解决的相关材料：土地权属争议案件调解书或土地权属争议案件行政决定书	涉及争议地，且争议解决的须提供
		争议各方出具同意征收的书面证明	涉及争议地，但争议未解决的须提供
7	耕地占补平衡相关材料	耕地占补平衡分析表	涉及占用耕地的须提供
		耕地占补平衡挂钩信息确认单	涉及占用耕地的须提供，以系统导出为准
		耕作层剥离再利用方案	涉及占用水田的须提供
		农业农村部门出具的占用高标准农田情况说明	必须提供
8	听证材料	听证告知书	涉及征地的需提供
		送达回证	涉及征地的需提供
		放弃听证证明	被征地单位放弃举行听证的须提供
		听证纪要、笔录	被征地单位申请举行听证的须提供
9	留用地安置材料	市县政府关于征地留用地的承诺及被征地单位关于征地留用地的说明	采取留用地承诺方式落实的须提供
		被征地单位同意折算货币的说明以及货币补偿款预存或兑现的凭证	折算货币补偿的须提供
		县级以上人民政府组织制定的留用地安置方案，以及被征收土地农村集体经济组织表决同意留用地安置方案的书面证明	留用地与征收土地一并报批的须提供

续表

序号	材料名称		提供条件
9	留用地安置材料	县级以上国土资源主管部门的书面说明、用地批复以及市县政府的承诺文件或相关协议文件	留用地单独报批的须提供，其中县级以上国土资源直观的书面说明可纳入审查报告（请示）中表述
		被征地农村集体经济组织出具的留用地已落实到位证明及有批准权政府或国土资源主管部门的用地批准文件	留用地已经落实的须提供
		农村集体经济组织出具的同意低于10%安排或者不安排留用地的书面意见	农村集体经济组织同意按低于10%的比例安排留用地或不安排留用地的须提供
10	征地补偿款预存或兑现材料	征地预存款的证明及银行凭证	预存征地款的须提供
		已收齐征地补偿款的证明及相关凭证	已预付征地款的须提供
11	征地社保审核手续	征地社保审核意见书	涉及征地的需提供
12	违法用地处罚材料	行政处罚决定书	涉及违法用地的须提供
		行政处罚收款单据	涉及违法用地的须提供
		涉嫌犯罪案件移送书	涉嫌犯罪的须提供
		强制执行申请书	处理意见为移送法院强制执行的须提供
		没收建筑物的移交证明	处理意见为没收建筑物的须提供
		纪检监察机关出具的处理决定或签收函	未达到涉嫌犯罪的案件，移送有管辖权的纪委、监察机关或任命机关的须提供
		拆除的现场照片	处理意见为已拆除的须提供
13	占用林地审核同意书	林地审核同意书	占用园地、林地的且认定有林地的须提供。其中，省政府依法批准用地无须提供；国务院依法批准用地，且经林业部门核实占用林地的在上报国务院前提供

续表

序号	材料名称		提供条件
14	用地预审	建设项目用地预审批准文件	能源类项目或环保设施项目涉及使用省指标的需提供
15	项目立项	建设项目审批、核准或备案手续	能源类项目或环保设施项目涉及使用省指标的需提供
		立项批准机关的说明	立项文件超期的须提供
16	涉及国有土地相关材料	收回国有土地协议或同意收回国有土地使用权证明	涉及国有土地且有具体使用权人的须提供
		市县政府出具的国有土地属于政府管辖的说明	涉及国有土地且不涉及具体使用权人的须提供
17	建设用地指标调整相关材料	甲地块的批准文件及勘测定界坐标	涉及指标调整第二、三种类型的须提供
		建设用地指标调整方案	涉及指标调整的须提供
		建设用地指标调整地类验收表	涉及指标调整的须提供
		农用地管理合同	涉及指标调整的须提供
		被调整地块征地实施情况的说明	涉及指标调整且属于已完成征地实施的须提供
		被调整地块无具体使用权人的说明	不涉及具体使用权人的须提供
18	只转不征相关材料	农村集体经济组织申请集体土地只转不征的承诺	涉及只转不征的须提供
		地方政府关于集体土地只转不征的承诺	涉及只转不征的须提供
		市县国土资源主管部门关于申请农村村民住宅用地“只转不征”的说明	涉及宅基地的须提供，亦可纳入请示文中进行表述
19	勘测定界相关材料	勘测定界报告及相关图件	必须提供
		用地坐标文件	必须提供

（5）建设用地审查内容。

1）建设用地是否符合国土空间相关规划，是否列入土地利用年度计划，是否涉及生态保护红线，是否符合生态保护红线管理的有关规定。

2）农用地转用、补充耕地方案是否可行，征收土地和供地方案是否符合法律、法规和有关政策规定。

3）土地界址、地类、面积是否清楚、准确；土地权属是否清楚、准确，有无争议；有关计算征地补偿的基础数据是否真实、可靠。

4）拟报批用地是否涉及占用永久基本农田；涉及占用耕地的，是否按规定落实耕地占优补优；涉及占用水田的，是否按规定落实占水田补水田。

5）涉及征收土地的，征地补偿标准、安置方案是否按规定履行听证告知程序；对被征地农村集体经济组织提出听证申请的，是否按要求举行听证会，对听证会上提出的合法要求是否已予以采纳；是否按规定落实被征地农民社会保障费用。

6）拟报批用地是否存在违法用地行为，发生的违法用地行为是否已依法处理。

7）新增建设用地土地有偿使用费是否全额筹集到位。

8）用地涉及的其他内容是否符合法律、法规和有关政策规定。

（6）上报时限要求。

县（市、区）人民政府自然资源行政主管部门自受理用地申请或收到用地报件之日起，于 20 个工作日内提出审查意见报同级人民政府。

县（市、区）人民政府在收到同级自然资源行政主管部门对建设用地的审查意见后，应在 15 个工作日内予以审核或审批。收到县（市、区）人民政府对建设用地的审核意见后，同级自然资源行政主管部门应在 5 个工作日内行文上报上级人民政府自然资源行政主管部门。

补正时限：

单独选址项目建设单位提供的申请材料不齐全或者不符合法定形式的，应在 5 个工作日内一次告知需要补正的全部内容；建设单位需要补正的材料应在 10 个工作日内补正。

地级以上市人民政府自然资源行政主管部门收到建设用地报件后，如需补报有关用地附件或对有关问题作出补充说明，应在收件后 5 个工作日内向下级人民政府自然资源行政主管部门提出。下级自然资源行政主管部门需要补报的附件或补充说明的材料应在 10 个工作日内补报，在限期内不补报又无正当理由的，报件予以退回。

二、拟建分布式光伏电站的微观选址

（一）地形地貌

地面分布式光伏电站应尽量选择在开阔无遮挡的区域，站址选择的地形地貌主要因素包括地形的朝向（坐北朝南为最优），坡度起伏程度，沟壑及岩壁等地表形态占可选地址总面积的比例，农田、林地等非建设用地与可选地址的交错情况，有无矿产和文物压覆的情况等，其主要选择要点如下：

（1）站址选择在地势平坦的位置和北高南低的坡度位置，站址的东西方向坡度不宜过大。

（2）站址应避免选择在林木较多、地下线路较多、地面构筑物过高和过密的地方。

（3）筛选站址时须充分考虑所选地域的水文地质条件，例如地质灾害隐患、冬季冻土深度、一定地表深度下的岩层结构及土质的化学特性以及防洪排涝状况等。

（4）地面分布式光伏电站站址选择时应尽可能选择在已有或已规划的铁路、公路、河流等交通线路上，除可以加快电站建设速度并降低运输成本外，还可以保证未来运行维护、检修时的交通便利，如在荒山、荒坡等没有现成的道路可利用时，须充分考虑修建道路的成本在电站整体投资中占的比重。

（5）建筑屋顶类光伏电站主要朝向应该是南北朝向或接近南北朝向，须避开周边障碍物对光伏组件的遮挡，建筑屋顶类光伏发电系统的建筑产权清晰，屋顶建筑结构、屋顶承重能力满足光伏电站的建设要求，建筑屋顶分布式光伏发电系统的安装与设置不应影响所在建筑的结构完整和结构安全；建筑屋顶施工面具备施工条件；便于施工，施工材料、人员设备（机械）进出方便。

（二）项目所在地的气象条件

除前文提到的太阳能辐照资源、基础地址地质条件和屋顶荷载之外，拟建分布式光伏电站选址还需考虑局部气象条件的影响。

1. 温度

温度是影响光伏电站综合效率的一个重要因素，应收集拟建分布式光伏电站项目当地近三十年最高气温、历年最低气温、年平均气温、月平均气温、月平均最高气温、月平均最低气温、冰冻期情况。

2. 空气质量

空气质量是影响光伏组件转化效率的一个重要因素，引起空气质量下降的主要因素包括空气中的尘埃悬浮量及特定站址区域空气中的盐雾含量等，尤其空气中的灰尘、沙粒除会沉积在光伏组件表面，形成遮挡外，还会影响组件吸收太阳能辐射，日积月累还会在组件表面形成难以清理的沉积物，直接影响光伏组件的发电效率和长期的系统发电量，特别是鸟粪等具有腐蚀性的污染物长期不清理造成组件热斑，影响严重时，甚至会造成组件损坏，因此须定期对光伏组件表面进行清理。

3. 强风和积雪

强风和积雪都是影响光伏支架设计强度的重要因素，在灾害性强风频发的地区如东南沿海，须充分考虑台风的影响，不适宜建设光伏电站或增加相应的防风等级。在北方冬天有积雪的地区，特别是内蒙古东部和东北地区，要考虑光伏支架对过厚积雪的承载力。

（三）电网接入条件

分布式光伏电站项目通常须就近接入当地电网进行消纳，结合项目拟建装机容量，尽可能以较短的距离、合适的电压等级接入附近的变电站或变压器，以减少不必要的电能损耗，了解拟用于分布式光伏电站接入系统的变电站或变压器的剩余容量、预留间隔和电压等级等要求，充分考虑电站达到规划容量时接入电力系统的出线条件，如变压器容量不满足分布式光伏电站接入要求，须提前与电网公司协商输变电设施的改造或升级问题，除此之外，还须了解拟建站址建设过程中的施工用电和电站用电的来源、方式和路线。不同规模电站接入电网电压等级参考见表 2–6。

表 2–6　不同规模电站接入电网电压等级参考

项目规模（kW）	接入电压等级
8 及以下	220V
8 ～ 400	380V
400 ～ 6000	10kV
5000 ～ 30000	35kV

（四）建筑屋顶分布式光伏电站项目建设条件落实

表 2–7　建筑屋顶建设条件落实

重点考察内容	应落实的建设条件	备注
建筑物的用电情况	（1）收集建筑物使用者的用电基础数据，包括用电电量、用电电价、用电负荷变化、未来用电趋势。 （2）考察企业内部变压器容量和企业周边电网输送线路电压等级及线路接入容量。 （3）建筑物屋顶与拟并网点的距离	根据业主提供的连续 12 个月电费清单，分析消纳比例；结合项目装机容量，确定最佳并网模式
建筑物本身	（1）建筑物屋面朝向，以朝南为最佳； （2）建筑物周围无高大建筑物遮挡及后续建设规划； （3）建筑物屋顶类型，一般分为混凝土屋顶和彩钢瓦屋顶； （4）屋顶结构、屋顶可利用面积； （5）屋顶载荷和屋顶防水； （6）建筑物设计使用寿命，屋顶已使用年限，其中建筑物所有权及剩余可使用寿命应大于 25 年	不同类型屋顶可利用面积差异明显，混凝土屋顶的使用年限相对较长，通常能满足光伏电站 25 年的设计使用寿命要求

续表

重点考察内容	应落实的建设条件	备注
建筑物及其周边设施	（1）建筑物周边的交通情况； （2）建筑物周边无可能影响光伏电站运行的污染物排放企业，例如砂石厂等； （3）工商业建筑物所属企业经营性质，分析企业所处的行业和车间的功能设计，一般避免使用排放腐蚀性气体（如化工车间、化学清洗车间等）、排放粉尘（如铸造车间）等厂房屋顶，以免排放物腐蚀、污染光伏组件	建筑物自身及周边设施会综合影响电站的发电量和设计使用寿命
建筑物产权方潜在合作意愿	与建筑物产权方沟通合作意向，建筑产权所有方与使用权方须一致认可项目建设且能为项目建设提供相关便利，初步探索合作模式，经产权方同意开展前期资料收集工作	“自发自用，余电上网”是目前普遍采用的合作模式

三、拟建光伏电站区域的调研

（一）分布式光伏电站项目所在地政策梳理

项目前期开发人员应主动与分布式光伏电站项目所在地发改委（或经发局）和当地电网公司对接，了解分布式光伏开发的政策、具体要求等。

1. 分布式光伏电站项目所在地相关政府部门的调研

优先在分布式项目所在地政府或发改委网站检索分布式光伏电站项目相关信息，初步了解项目所在地，对于分布式光伏开发的政策、负责项目备案的部门、联系方式和地址，可以先电话沟通初步了解项目备案流程、所需携带材料等。

前期开发人员携带所需资料，实地拜访当地发改委相关办事窗口，了解当地分布式光伏电站项目开发整体情况、开发流程等，整县推进分布式项目还应主动对接项目负责部门，了解、协商分布式光伏发电开发事宜。

2. 分布式光伏电站项目所在地相关电网公司的调研

优先在分布式项目所在地电网公司网站检索分布式电源项目业务办理流程，初步了解项目所在地分布式电源项目开发的峰谷电价、分布式光伏电站项目电价补贴政策、不同接入电压等级的相关要求等。

（二）建筑屋顶分布式光伏电站项目的荷载初步评估

在既有建筑物上建设光伏发电系统，有可能对既有建筑物的安全性造成不利影响，威胁人身安全，因此必须进行荷载安全复核，根据《光伏发电站设计规范》（GB 50797—2012）强制性条文规定：“3.0.7 在既有建筑物上增设光伏发电系统，必须进行建筑物结构和电气的安全复核，并应满足建筑结构及电气的安全性要求”，根据工程经验，混凝土屋顶分布式光伏系统每平方米会增加 30 ～ 75kg 的质量，光伏系统荷载为 0.30 ～ 0.75kN/m²，对拟建光伏的建筑需要进行荷载复核以确定加装光伏设备后，建筑屋顶的荷载仍然能够满足安全正常使用要求。

1. 建筑屋顶荷载的分类

一般建筑屋顶的荷载按照时间、作用面大小和作用方向划分为不同的类型，其中屋顶分布式光伏电站系统属于新增永久荷载（恒荷载）。屋顶荷载分类图如图 2–1 所示。

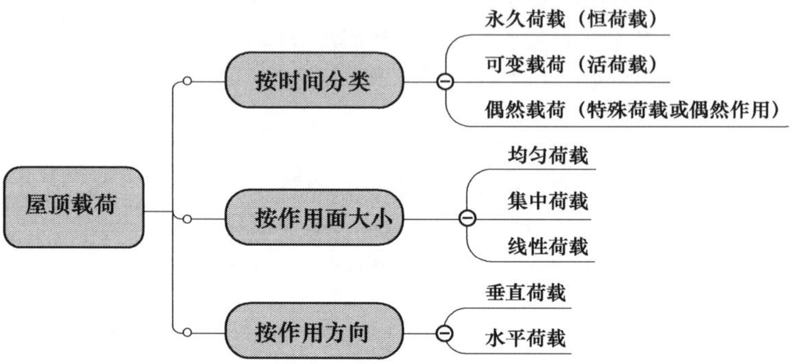

图 2–1　屋顶荷载分类图

2. 建筑屋顶分布式光伏电站项目涉及的荷载

建筑屋顶分布式光伏系统荷载的组成及分类见表 2–8。

表 2–8　建筑屋顶分布式光伏系统荷载的组成及分类

序号	荷载类型	荷载说明
1	屋面结构自重荷载	钢筋混凝土楼板自重、屋面钢梁檩条彩钢板的自重、屋面保温防水材料的自重、屋面原有构件及设备的自重（属于恒荷载）
2	光伏电站系统荷载	光伏组件、支架、基础、电缆、逆变器等（属于新增恒荷载）
3	风、雨、雪荷载	因建设光伏电站而导致的风、雨、雪荷载的增大
4	施工和后期运维荷载	施工阶段，设备材料的吊装、运输、施工人员、施工设备等产生的作用影响，属于活荷载

3. 建筑屋顶分布式光伏系统的荷载计算

建筑屋顶荷载计算及分析过程见表 2–9。

表 2–9　建筑屋顶荷载计算及分析过程

序号	步骤顺序	步骤内容
1	图纸的模拟计算	通过建筑物结构图纸，使用软件（如 MTStool、理正结构工具箱等）对主要受力构件（如檩条、楼板等）进行初步核算

续表

序号	步骤顺序	步骤内容
2	现场勘察	实际建筑物与设计图纸对比，发现设计图以外新增荷载或因后期改扩建变更的荷载。 （1）室外勘察：屋顶增建的设备间、电梯间、空调机或天线的设备基础、消防或通风管道等； （2）室内勘察：有无大面积漏水，梁板柱有无开裂、锈蚀及损毁，新增吊顶构件，屋顶内部吊挂设备，屋顶开洞，新增室内轨道吊车等
3	系统建模计算	经过现场勘察后，结合现场实际荷载情况，再进行结构建模等系统的核算

4. 建筑屋顶荷载适用于建设分布式光伏电站项目的判定标准

建筑物原设计单位或具有相关资质的第三方检测机构出具荷载报告（详见附录 2–2），其他单位出具的荷载报告无效且不合法，如果出现安全事故，须负终身责任。因此，工程上，一般具有出具荷载报告资质的单位为建筑物原勘察设计单位。建筑屋顶荷载满足屋顶分布式光伏电站项目的建设标准判定方法见表 2–10。

表 2–10　　建筑屋顶荷载满足屋顶分布式光伏电站项目的建设标准判定方法

<table>
<tr><th>建筑屋顶类型</th><th>序号</th><th>屋顶类型细分</th><th>判别标准</th><th>备注</th></tr>
<tr><td rowspan="4">混凝土屋顶</td><td>1</td><td>钢筋混凝土屋面</td><td rowspan="4">根据《建筑结构荷载规范》（GB 50009—2012）设计、建造的混凝土建筑物。新增光伏系统荷载小于上人屋顶混凝土屋顶设计活载荷 2kN/m²。即可满足要求：
（1）不上人混凝土屋面需要经屋面荷载报告分析。混凝土屋顶光伏系统每平方米会增加荷载小于不上人屋面混凝土屋面设计活载荷 0.5kN/m²，即可满足要求。
（2）通过选择合适的安装形式，如适当降低安装倾角、避让敏感区域、阵列加装导流板、降低配重块高度和重量等，亦可正在安装光伏电站系统</td><td rowspan="4">工程应用中，新增光伏发系统的承载力校核验算通过率大于 80%。结构方面比较适宜安装光伏发电系统</td></tr>
<tr><td>2</td><td>混凝土预制板屋面</td></tr>
<tr><td>3</td><td>预应力双 T 板屋面</td></tr>
<tr><td>4</td><td>马鞍板屋面</td></tr>
<tr><td>金属屋顶</td><td>1</td><td>彩钢瓦屋面</td><td>（1）彩钢瓦屋顶不能有大面积锈蚀现象；
（2）彩钢瓦屋面承载能力需要满足《建筑结构可靠性设计统一标准》（GB 50068—2018）要求；</td><td></td></tr>
</table>

续表

建筑屋顶类型	序号	屋顶类型细分	判别标准	备注
金属屋顶	1	彩钢瓦屋面	（3）根据《建筑结构荷载规范》（GB 50009—2012）设计、建造的金属屋顶建筑物，彩钢瓦屋顶对于不同组件安装方式、组件排布密度等，增加的恒荷载数值小于屋面设计活荷载 0.3 ～ 0.5kN/m²，但屋面结构锈蚀情况、施工质量、材料质量等影响屋面承载能力的因素需经过专业分析评估	工程应用中，新增光伏系统的承载力校核验算通过率小于 50%。结构承载力不足情况较多，使用前需认真校核

5. 建筑屋顶的加固

经过荷载报告分析评估后需要进行屋顶加固的，需要由具备资质的专业机构出具屋顶加固图纸，同时评估加固的难度及成本，如果加固成本较高，应放弃建设分布式光伏电站项目。

（三）建筑屋顶分布式光伏电站项目潜在建设站址须满足条件

（1）以工商业园区内、自发自用为主的分布式项目，单个项目最好在 500kW 及以上，或者 500kW 以下投资收益率较高的优质项目及存在进一步开发潜力的项目。白天用电时间较长、光伏电站发电自用电量大于 50%、用电量稳定，全额上网分布式光伏电站项目次之。

（2）优先考虑经营效益好、可能存续期长的企业，优先考虑国企、上市企业和当地民营的龙头企业，通过企查查、天眼查、信用中国官网（查询网址：https://www.creditchina.gov.cn/）、全国建筑市场监管服务平台（查询网址 http://jzsc.mohurd.gov.cn/）、国家企业信用信息公示系统（查询网址：http://www.gsxt.gov.cn/）、中国执行信息公开网（查询网址：http://zxgk.court.gov.cn/shixin/）、中国裁判文书网（查询网址：https://wenshu.court.gov.cn/）、中国人民银行征信中心—动产融资统一登记公示系统（查询网址：https://www.zhongdengwang.org.cn/）等网站查询，判定建筑物所在企业正常营业、税收正常缴纳、无重大法律诉讼、企业经营稳定性可预期。

（3）建筑屋顶寿命较长，而建筑屋顶分布式光伏电站项目的正常设计使用寿命为 25 年，一般情况下混凝土屋顶正常设计使用寿命为 50 年。彩钢瓦屋顶寿命一般设计使用寿命为 20 ～ 30 年，因此要求潜在的建筑屋顶分布式光伏电站项目，其中混凝土屋顶使用年限不超过 20 年，彩钢瓦屋顶年限一般不超过 5 年，超过 3 年的需要现场勘察，必要时由建筑物原设计单位或有资质的第三方检测机构出具荷载报告，其他单位出具的荷载报告无效且不合法，如果出现安全事故，须负终身责任。

（4）建筑屋顶满足光伏安装要求，光伏系统荷载小于可上人水泥屋顶荷载要求的 2kN/m²；须经过荷载报告分析评估，确认光伏系统荷载小于不上人水泥屋顶荷载要求的 0.5kN/m²；对于彩钢瓦屋顶，须经过荷载报告分析评估，确认光伏系统荷载小于屋面设计活荷载 0.3 ～ 0.5kN/m^2。

工程经验为混凝土屋面光伏系统按单排组件最佳倾角进行安装、混凝土配重上考虑，约为 0.45kN/m^2；彩钢瓦屋面光伏系统按组件顺屋面坡度平铺安装、支架檩条采用夹具夹在金属屋面瓦楞上考虑，约为 0.15kN/m^2。

（5）建筑屋顶周围无大面积遮挡，太阳高度角最低的冬至日，在 09:00—15:00 期间，光伏组件自身产生的阴影或周围建筑树木等对光伏组件不会产生遮挡。

（6）建筑屋顶或周边存在大量粉尘、热量和腐蚀气体影响的建筑；屋顶所在车间企业生产的火灾危险性分类为甲类、乙类的建筑，根据实际情况减少安装容量或不安装分布式光伏发电系统。

（7）初步确定商业合作模式，一般采用电费打折模式或者屋顶租赁模式。

模式一：电费打折模式，投资方免费使用项目场地，光伏电站所发电量优先提供场地业主使用，业主享受光伏用电折扣或总发电量收益提成，业主无法消纳部分出售给当地供电公司；场地业主用电量越大，分布式光伏电站项目所发电量消纳比例越高，打折比例越高。

模式二：屋顶租赁模式，投资方在业主拥有的建筑屋顶上投资建设光伏电站，并向业主支付光伏电站占用屋顶面积租金，租金计算方式为

租金＝光伏电站占用屋顶投影面积 × 每平方米租金

光伏电站所发电量优先提供业主使用，业主使用电价按当地电网公司公布电价为准，无法消纳部分出售给当地供电公司。

（8）初步测算的全投资财务内部收益率和静态投资回收期和动态投资回收期满足分布式光伏电站项目投资单位的内部测算要求。

第二节　现场实地踏勘和前期资料收集

一、拟建分布式光伏电站的实地勘探

（一）站址踏勘的原则

分布式光伏电站的项目开发须高度重视现场踏勘工作，站址实地踏勘的目的是查明拟建设站址的各种影响因素和条件而进行的沟通、询问、调查、勘察、测量、测绘、记录等的综合研究工作。为光伏电站建设的站址选择、工程设计与施工和后期高效维护提供科学、可靠的依据和基础资料。

（1）站址踏勘是分布式光伏电站工程开发最基础的工作，务必遵守先踏勘、后设计、再施工的原则。

（2）分布式光伏电站的开发建设会经历多次现场站址实地踏勘，站址踏勘的次数主要由工程规模与类别、踏勘阶段、站址工程地质复杂程度、工程经验、建筑物类别和构筑物的等级及其结构特点、地基基础设计与施工的特点综合加以确定，各阶段的工作内容和深度要求，应按照相关规范、规程及相关技术标准的规定，结合光伏电站工程建设的特点以及拟建电站的实际情况确定。

（二）地面分布式站址踏勘的顺序与主要内容

站址踏勘的一般顺序为准备阶段、现场踏勘阶段、总结评估阶段共三个步骤。

1. 准备阶段

与业主进行充分沟通，事先确认现场勘察的具体时间和项目所在地详细地址；确认现场的合作伙伴或业主的姓名和联系方式；事先咨询攀爬屋面的方式并做好相关准备，现场勘察需求确认后，宜提前获取安装场地的相关图纸资料，常见的踏勘用工具有测量工具、防护工具和其他工具等。根据提前获取的现场信息，现场勘察时宜从表 2-11 中选择适合的工具。

表 2-11　　分布式光伏电站项目现场踏勘时的工具类别

序号	工具类型	具体工具
1	测量工具	皮卷尺、钢卷尺、激光测距仪、角度尺、万用表、指南针等
2	防护工具	防滑鞋、安全带、安全帽、安全手套等安全护具
3	其他工具	纸笔、工具包、相机、无人机、GPS 设备等

设计方勘察人员应经过系统的培训，具有相应的知识，能全面、专业地了解并记录所有影响项目实施的要素，并具有较强的沟通能力。勘察人员进行现场勘察前应与客户提前预约，按时上门，着装整洁，语言礼貌，文明卫生，不得故意破坏客户的财物，尽量一次勘察完毕，避免多次重复勘察等。在建筑物屋顶踏勘时，相关人员应具有登高证。

勘察前应了解天气情况，应避开如雨雪、大风等影响勘察操作安全的恶劣天气。根据现场情况配备并正确使用相关防护工具。电气设备勘察等应遵循相应的安全要求。

2. 现场踏勘阶段

由业主、建设方、设计方相关人员组成踏勘小组，进行现场勘察。主要工作是现场调查、绘制草图、实景拍照、站址边界定位、大致范围确定等，确认光伏并网发电系统基本信息、安装场地结构信息、电气和并网信息等，并完成相关记录。

（1）应确认并记录以下主要基本信息：

1）现勘时间、现勘人员；

2）现勘详细地址及经纬度坐标；

3）项目所在地电网营业厅名称及电网联系人姓名、电话；

4）项目土地、房屋所有权信息，记录业主姓名及联系方式；

5）项目收益方姓名、开户银行和联系方式；

6）确认项目电表的户名与房屋产权人是否一致；确认电表的产权归属；

7）了解并记录用户对电站的详细需求和特殊要求。

（2）宜确认并记录的其他基本信息可包括：

1）现场确认周边道路情况及二次搬运路径，确认运输车辆和施工机械进场条件和现场作业条件；

2）了解业主每月用电量、主要用电设备及当地居民用电电价；

3）了解现场环境因素。包括沿海 / 台风地区环境，油污、固体废弃物排放（烟、粉尘）、气体排放（酸、碱性气体）、周边鸟类活动情况（如鸽子、鸽舍）等；

4）确认周边遮挡物（如烟囱、楼梯间、热水器、周围其他建筑、树木、电线杆及电线等），了解周边建设未来规划，不在政府部门明文规定的违建、计划拆迁或保护的范围内；

5）了解安装地点的太阳能资源情况；

6）了解当地限高政策；

（3）应确认并记录安装现场地面基本信息。

1）确认电站安装区域，测量安装场地的基本尺寸及距周边建构筑物的距离；

2）确认地面的地质信息，如土质分类、盐碱度、地下水位高度、土层分布、地面坡度等；

3）地面勘察照片，应记录周边环境照片、地表地貌照片等。

3. 总结评价阶段

（1）初步确定拟建站址面积。将在站址现场定位的坐标点投射在卫星地图软件上，初测出拟建场地面积，依据面积可估算出可以安装的光伏电站容量。

（2）确定可以接入的变电站或变压器经纬度坐标，并在卫星地图上标注变电站或变压器位置和实景照片。

（3）地面分布式光伏电站站址范围确定后，携带站址边界的经纬度坐标点去当地自然资源局、林业局确定拟建站址范围的土地性质，如果核查不清楚盲目开展后续工作，可能会做无用功，同时和当地政府进一步沟通一下站址周边是否有后期的建设规划，了解未来是否会对电站产生不利影响。

（4）安装场地评估等级评估。地面评估等级及判定按《太阳能发电站支架基础技术规范》（GB 51101—2016）执行，安装场地评估应包括地面评估和电站建设可行性（参见表 2-12）。

表 2–12　分布式光伏电站项目地面安装场地评估等级及评估结果

评估标准	评估依据	评估等级	评估结果
简单场地	（1）地形地貌简单； （2）地层结构简单，地基岩土均匀性较好； （3）无特殊性岩土层； （4）不良地质作用不发育； （5）地下水位较低，对地基基础无不良影响	一级	适合
中等复杂场地	（1）地形地貌较复杂； （2）地层层次较多，地基岩土比较软弱且不均匀； （3）局部分布有特殊性岩土； （4）不良地质作用一般发育； （5）地下水位较高，对地基基础有一定影响	二级	有条件适合
复杂场地	（1）地形地貌复杂； （2）地基岩土成因复杂，土质较软弱且显著不均匀； （3）分布有特殊性岩土； （4）不良地质作用强烈发育； （5）地下水位高，对地基基础有重大影响	三级	不适合

（三）建筑屋顶光伏电站的主要考察内容

建筑屋顶分布式光伏电站建设不同于地面分布式光伏电站，前期不需要办理土地、规划等手续，但建筑屋顶分布式光伏电站也有其自身的特点，即如何充分地利用可用屋顶面积，在有限的空间内实现容量、发电量、收益率的最大化，就需要认真做好前期考察，通过实地勘察、收集屋顶相关资料，为后续的方案设计及投资收益分析做基础准备。

建筑屋顶分布式光伏电站的前期考察主要注意事项有屋顶建设年限、屋顶荷载、屋顶状况、电网接入距离、用电负荷等，现场勘察建议携带的工具有激光测距仪、水平仪、指南针或手机指南针 App、10m 以上钢卷尺和记录本。

1. 房屋建筑信息确认及记录内容

应确认并记录安装现场房屋建筑结构相关的基本信息包含：

（1）了解房屋建筑竣工时间；

（2）确认屋面的朝向和坡度；

（3）确认屋面类型、安装区域及平整情况，记录屋面的基本尺寸，确认是否存在凹陷凸起和障碍物等情况影响安装，确认可利用面积；

（4）确认建筑结构类型，记录屋面结构，记录屋面做法、材质、厚度等关键信息，记录房屋梁、檩条位置和尺寸等关键信息，建筑物结构安全评估等细则参考《危险房屋鉴定标准》（JGJ 125—2016），建筑物结构安全中危险点数量应少于 5 个，针对这些危险点应请专业机构评估加装分布式光伏系统后是否影响建筑物结构整体安全，超过 5 个应放弃建设屋顶分布式光伏电站项目；

（5）每个安装区域测量完毕宜绘制一张草图，每张草图宜对应相应的现场照片，应标注遮挡物或障碍物的位置和尺寸，周边有较高建筑物或构筑物的，应标注位置和尺寸、需要避让的热水器烟囱等关键信息；

（6）根据现场的房屋结构或既有图纸资料对承载力做出初步评估，预判是否可以安装；

（7）房屋勘察照片，应可充分反映周边环境和屋顶结构，包括房屋周边遮挡物照片、屋面整体照片、屋面细部照片、瓦片下结构照片等。

2. 电气和并网信息确认信息及记录内容

应确认并记录安装现场有关电气和并网的基本信息：

（1）确认可行的并网模式（参照当地电网公司要求，选择全额上网或自发自用、余电上网模式）；

（2）了解拟安装光伏的场地配电（箱）柜情况，查看业主的进线总开关的容量；

（3）确认进户电源接入电压等级（单相或三相）；

（4）确认建筑的防雷接地设计，确认屋面可靠接地点或确认接地引下线位置；

（5）确认逆变器、配电箱（柜）安装位置，综合考虑走线方便节约、设备的散热通风和防水防晒。配电箱不应安装于室内，并且离地高度应符合设计要求，逆变器安装屋顶应符合相关设计要求及施工安装规范；

（6）确认逆变器、配电箱（柜）安装位置避让燃气管道 1m 以上的距离，如不满足条件，外墙的燃气管道上应加装具有绝缘功能的保护装置，且最小净距不得小于 25cm；

（7）确认所在区域变压器容量及位置，确认用户电缆规格，确认用户侧典型时段负载供电电压；

（8）了解当地电网公司的并网政策，包括不同变压器容量对应的接入户用光伏电站容量的要求，并确认光伏并网箱的配置要求；

（9）绘制现场电气走线草图，预估线路总长度，拍摄必要照片记录对应线路路径；

（10）落实当地电力系统的电力平衡情况和电网规划情况，相同台区内允许光伏总装机量和剩余可安装光伏装机量应能满足拟建电站容量，严禁出现电站建成后不能并网或限发的情况发生。

建筑物屋顶详细探勘的目的在于核实屋顶实际情况与竣工图纸的一致性，此外还需考察建筑的实际结构、屋顶实际情况和建筑物自身及周边电气设施情况等，详细勘察内容如表 2–13 所示，拟建场地条件允许时，除实地探勘外还可利用无人机进行航拍，解决人员攀爬屋顶等困难，提高建筑物踏勘效率，也可用无人机对已建成分布式光伏电站进行日常巡检工作，同步确定光伏电站坐标及屋顶分布式光伏电站边界范围。

表 2-13　　建筑物屋顶详细探勘及测绘内容

实地探勘内容	应收集的基础数据	备注
建筑物实际结构	梁、柱、檩条、跨度、间距、界面、斜撑等	图纸和现场一致，并拍照留底
屋顶实际情况	（1）屋顶框架（平屋顶、坡屋顶、曲面屋顶及多波式折板屋顶）； （2）屋面防水情况（无漏水、局部漏水、严重漏水）； （3）彩钢瓦屋顶（彩钢瓦类型、厚度、锈蚀等）； （4）屋顶障碍物（气楼、采光带、女儿墙等）； （5）屋顶周围的遮挡情况或有高楼建设规划	建设年限是必须首先收集的内容，同等面积混凝土屋顶、彩钢瓦屋顶可利用面积差异显著
建筑物体及其周边电气设施	（1）电缆拟铺设路径，配电柜、一二次仓、箱式变压器等安装位置； （2）初拟并网点的位置、断路器品牌及大小、进出线开关柜品牌及型号、无功补偿容量及情况、潜在接入点位置和电网架构等； （3）其中工商业厂房屋顶，须评估房屋内物品类型及其贵重程度； （4）屋顶施工进行电站建设时，是否需要停工； （5）是否有清洗光伏组件的水源点，评估能否布置光伏组件清扫机器人等	在总平面图中标出实际位置

3. 建筑屋顶不适宜开展分布式光伏电站项目建设的场景

（1）地基基本失去稳定，基础出现局部或整体坍塌；

（2）承重墙有明显歪闪、局部酥碎或倒塌；墙角处和纵、横墙交接处普遍松动和开裂；

（3）梁、柱节点损坏严重；梁、柱普遍开裂或普遍锈蚀；梁、柱有明显变形和位移；部分柱基座滑移严重，有歪闪和局部倒塌；

（4）楼、屋盖板普遍开裂，且部分严重开裂；楼、屋盖板与墙、梁搭接处有松动和严重裂缝，部分屋面板塌落；屋架歪闪，部分屋盖塌落；金属屋面严重锈蚀；

（5）非承重墙、女儿墙局部倒塌或严重开裂；

（6）经历地震、爆炸、水淹、火灾、泥石流等特大型破坏后仍在使用但未经鉴定加固的房屋；

（7）简易棚、临时性房屋以及其他承载力极低的由土坯、茅草、芦秆等低强度材料垒砌而成的屋面；

（8）按《建筑结构荷载规范》（GB 50009—2012），经过校核，在当地 25 年一遇风雪荷载及其他所处环境下，屋顶结构安全存在问题。

（9）其他不适于开展分布式光伏电站项目建设的情况包括：

1）安装场地周边存在强腐蚀性气体、粉末状固体、油污等污染排放物的生产源；

2）安装场地无法取得合法权属证明或土地性质不符合相关要求；

3）生产或存储易燃易爆物品，其火灾危险分类为甲类和乙类的建筑。

二、分布式光伏电站前期资料整理及成册

（一）现场勘察及现场收集资料整理归整

现场勘察结束后，应将确认的详细信息及数据填入记录表，现场勘察记录表参考表2–14和表2–15。并按要求整理现场照片及草图等资料并存档。将收集的资料整理成册，方便后续项目立项以及可研、初设、施工图、竣工图等设计工作，也便于光伏电站完成政府备案和并网接入批复等工作。建筑屋顶分布式光伏电站项目收资一览表见表2–16。

表2–14　　地面分布式项目收资一览表

分项		资料内容	备注
项目名称			—
项目阶段			可研/初设
技术成果需求			报告目的
建设方名称			—
建设地点			精确到村和方位
建设方公司介绍			调查企业背景
拟建地面光伏电站红线图（CAD）/拟建渔光用地的红线图（CAD）			要求必须带方位
拟建地面光伏电站地形图（CAD）/拟建渔光的地形图（CAD）			1：2000地形图比例
施工供水、供电方式			考虑后续施工的便利性
气象资料	最高温度		近30年
	最低温度		近30年
	极大风速		近30年
	最大降雪量		近30年
	降雨量		近30年
	平均辐照量		近30年
地理资料	地形地貌		—
	经度		项目代表位置

续表

分项		资料内容	备注
地理资料	维度		项目代表位置
	海拔		平均海拔
	地震烈度		—
污秽等级			周围是否有污染企业
地质勘察报告			可参考附近电站
用地手续情况			建设用地批复情况
电网接入系统报告			熟悉当地电网要求
接入审查意见			熟悉当地电网要求
设备要求			如组件规格、逆变器厂商等，箱式变压器设备是否有主观意向
当地光伏上网电价			电价批复及规模，上网电价，地方补贴
财务指标要求			如总投资、每瓦造价、内部收益率、回收期等

表 2-15　建筑屋顶分布式光伏并网发电系统现场勘察信息收集表

基本信息			
现场勘察时间		现场勘察人员	
企业名称		项目位置	东经 ×× 北纬 ×× 海拔 ××
详细地址	×××× 省 ×× 市 ×× 县（区）×× 镇（乡）		
业主姓名及联系方式		产权归属	自有□ 租赁□ 公有□
经营项目		周边未来建设规划	
日均用电量		月均用电量	
地用电电价		当地补贴政策	
污染气体排放（油污、粉尘、腐蚀性气体等）		沿海 / 台风地区	是□　否□

续表

<table>
<tr><td colspan="9">现场勘察信息</td></tr>
<tr><td colspan="2">安装场地评估等级</td><td colspan="2"></td><td colspan="2">场地可行性预判</td><td colspan="3">适合□　不适合□</td></tr>
<tr><td colspan="2">房屋高度</td><td colspan="2">×层×m</td><td colspan="2">屋面朝向</td><td colspan="3">朝向××方位角××</td></tr>
<tr><td colspan="2">屋面坡度</td><td colspan="4">平屋面□ 斜屋面□［倾角××（°　）］</td><td colspan="2">地面坡度</td><td></td></tr>
<tr><td colspan="4">场地草图（形状、尺寸）</td><td colspan="5">现场草图□</td></tr>
<tr><td rowspan="21">结构基本信息</td><td colspan="8">混凝土平屋面测量及核查内容</td></tr>
<tr><td>女儿墙</td><td colspan="4">有□　无□</td><td colspan="2">女儿墙高度</td><td></td></tr>
<tr><td>结构类型</td><td colspan="7">现浇混凝土□　太空板□　双T板□　其他□</td></tr>
<tr><td>屋面防水</td><td colspan="7">油毡□　改性沥青（SBS等）□　EPDM□　PVC其他□</td></tr>
<tr><td>结构类型</td><td colspan="7">混凝土结构□　木结构□　钢结构□　其他结构□</td></tr>
<tr><td colspan="8">现浇混凝土瓦屋面测量及核查内容</td></tr>
<tr><td colspan="3">瓦片类型</td><td colspan="5">琉璃瓦□　水泥瓦□　沥青瓦□　合成树脂瓦□　其他□</td></tr>
<tr><td colspan="3">混凝土楼板与瓦的高度</td><td colspan="2"></td><td colspan="2">混凝土楼板总厚度</td><td></td></tr>
<tr><td colspan="3">保温层厚度</td><td colspan="2"></td><td colspan="2">板顶防水层厚度</td><td></td></tr>
<tr><td colspan="3">瓦的安装方式</td><td colspan="5">挂瓦条□　混凝土固定□　其他□</td></tr>
<tr><td colspan="8">水泥梁及木制梁瓦屋面测量及核查内容</td></tr>
<tr><td colspan="2">瓦片类型</td><td colspan="6">琉璃瓦□　水泥瓦□　沥青瓦□　合成树脂瓦□　其他□</td></tr>
<tr><td colspan="2">梁的材质</td><td colspan="2">水泥梁□
木质梁□</td><td colspan="2">梁的形状</td><td colspan="2">方形□　圆形□　其他□</td></tr>
<tr><td colspan="2">梁的截面</td><td colspan="6">长××　宽××　直径××</td></tr>
<tr><td colspan="2">梁的跨度</td><td colspan="3"></td><td colspan="2">梁与瓦片间的高度</td><td></td></tr>
<tr><td colspan="8">金属板屋面测量及核查内容</td></tr>
<tr><td colspan="2">彩钢瓦形状</td><td colspan="6">直立锁边型□　角驰型□　T形□　其他□</td></tr>
<tr><td colspan="3">彩钢瓦波峰尺寸</td><td colspan="5"></td></tr>
<tr><td colspan="3">彩钢板厚度</td><td colspan="5"></td></tr>
<tr><td colspan="3">彩钢瓦屋面安装年份</td><td colspan="2"></td><td colspan="2">波峰距</td><td></td></tr>
<tr><td colspan="3">梁规格</td><td colspan="2"></td><td colspan="2">檩条规格</td><td></td></tr>
</table>

续表

<table>
<tr><td rowspan="2">结构基本信息</td><td colspan="2">柱规格</td><td></td><td>防水做法</td><td></td></tr>
<tr><td colspan="2">屋面腐蚀程度</td><td colspan="3">严重□ 较严重□ 一般□ 无□</td></tr>
<tr><td>周围环境</td><td>遮挡物位置、尺寸</td><td colspan="4">现场草图□</td></tr>
<tr><td colspan="6">电气和并网基本信息</td></tr>
<tr><td colspan="2">光伏组件类型</td><td colspan="4">单晶硅□ 多晶硅□ 其他□</td></tr>
<tr><td colspan="2">系统并网电压</td><td colspan="2">220V □ 380V □
10kV □ 35kV □</td><td>上级变压器量</td><td></td></tr>
<tr><td colspan="2">原建筑防雷接地</td><td>有□
无□</td><td colspan="2">并网接入方案（户用分布式由当地电网公司出具，工商业及其他分布式由设计院设计，电网审核）</td><td>有□ 无□</td></tr>
<tr><td colspan="2">当地电网对并网配电箱（柜）要求</td><td colspan="4">有□（内容：××××××××） 无□</td></tr>
<tr><td colspan="2">并网点位置及走线方向</td><td>现场草图□</td><td>用户用电电压</td><td colspan="2">06：00—07：00××××
12：00—13：00××××
18：00—19：00××××</td></tr>
<tr><td colspan="6">其他资料</td></tr>
<tr><td colspan="2">现场照片收集</td><td colspan="4">安装场地照片□ 屋面结构细节照片□
遮挡物照片□ 设备拟安装位置照片□</td></tr>
<tr><td colspan="2">图纸信息收集</td><td colspan="4">总平面图□ 电气施工图□ 建筑 / 结构施工图□ 其他□</td></tr>
<tr><td colspan="2">客户需求</td><td colspan="4">（包含但不限于开工、投产时间、装机容量、消纳方式等）</td></tr>
</table>

表 2–16　　建筑屋顶分布式光伏电站项目收资一览表

项目阶段	资料明细	备注
项目报备	1.《建筑屋顶分布式光伏并网发电系统现场勘察信息收集表》	
	2. 最近 12 个月的纸质电费单	需提供电费详单，包含有峰平谷明细
	3. 最近各季节电力负荷图	3 月、6 月、9 月、12 月的 1—7 日电力负荷截屏
	4. 屋顶照片	屋顶照片尽量提供全景（如有）＋室外近景照（可以看出瓦形）＋室内近景照（可以看架构）
	5. 卫星地图照片并标注变压器位置	变压器个数及容量需在项目信息表内标注

续表

项目阶段	资料明细	备注
项目报备	6. 结构图、建筑图、总平面图、电气图	CAD 电子档
评估 / 勘测	7. 不动产权证或土地证＋房产证	复印件加盖公章，一式四份（如没有房产证需提供：建设用地规划许可证＋建设工程规划许可证＋建筑施工许可证＋竣工验收许可证＋消防验收证）
	8. 房屋租赁合同（若产权人与实际经营人不一致）	复印件加盖公章，一式四份（若产权人与实际经营人不一致时需要提供，租赁合同条款需支持安装。具体可咨询公司法务）
	9. 近 3 年及最新 1 期财报	仅企业类需要收集，合同签署时需提供盖章版
	10. 最新征信报告 / 中征码	实控人夫妇提供征信报告，企业类只需提供征信授权书
	11. 征信授权书	—
	12. 近 2 年增值税申报表	仅企业类需要收集
	13. 基本户最近 12 个月银行流水（Excel 版）	仅企业类需要收集
合同签署	14. 营业执照 / 事业单位法人证 / 民办非企业单位登记证书（业主、租户均需提供）	复印件加盖公章，一式四份
	15. 法人身份证（业主、租户均需提供）	复印件加盖公章，一式四份
	16. 设备安装地点的不动产权利登记信息	当地房管局打印，工商业必须提供近期不动产登记簿
	17. 开票信息	—
	18. 公司章程	仅企业类需要收集
	19. 开户许可证	—

（二）建筑屋顶分布式光伏电站项目技术可行判定条件

屋顶分布式光伏电站项目的安装场地周边不存在强腐蚀性气体、粉末状固体、油污等污染排放物的生产源；安装屋顶取得合法权属证明或土地性质符合相关要求；生产或存储易燃易爆物品，其火灾危险分类为非甲类和乙类的建筑，除此之外还需满足表 2–17 所列条件。

表 2-17　　建筑屋顶分布式光伏电站项目技术可行性初步评估表

建筑朝向	阴影遮挡	并网条件	评估等级	评估结果
斜屋面屋面朝向偏正南方向45°以内	阴影遮挡影响小，不可移除或移除成本较大的障碍物，对拟安装光伏系统的区域在光伏发电时段内形成局部或短时遮挡，且对光伏系统发电影响小	电网电压在允许范围内，电压有轻微波动；变压器容量满足要求	一级	适合
斜屋面屋面朝向偏离正南方向90°以内	阴影遮挡影响较小，不可移除或移除成本较大的障碍物，对拟安装光伏系统的区域在光伏发电时段内形成大面积或较长时间遮挡，但对光伏系统发电影响较小	电网电压超出允许范围，电压有波动；变压器容量饱和，并网线路长、电缆线径细	二级	有条件适合
斜屋面屋面朝向偏离正南方向90°以外	阴影遮挡影响大，不可移除或移除成本较大的障碍物，对拟安装光伏系统的区域在光伏发电时段内形成较大面积或长时间遮挡，对光伏系统发电影响大	电网电压波动明显，大幅超出允许范围；变压器容量严重饱和，高压自管户无法接入	三级	不适合

第三节　技术方案初步测算

一、分布式光伏电站项目的投资与收益初步估算

分布式光伏电站项目的收益受多种因素影响，除受到不同地区的太阳能资源状况、系统并网模式、各地方政府的补贴政策、银行利率等直接影响外，还受到宏观经济大环境的影响。

2021年6月7日，国家发展改革委印发《关于2021年新能源上网电价政策有关事项的通知》（发改价格〔2021〕833号），其中明确："2021年起，对新备案集中式光伏电站、工商业分布式光伏电站项目和新核准陆上风电项目（以下简称新建项目），中央财政不再补贴，实行平价上网，鼓励各地出台针对性扶持政策，支持光伏发电、陆上风电、海上风电、光热发电等新能源产业持续健康发展"。也就是说自2021年起，在国家层面上分布式光伏电站项目不再享受国家可再生能源发展基金的补贴，分布式光伏电站项目纯上网发电量完全按照项目所在地的燃煤发电脱硫标杆电价进行定期结算，同时鼓励各地方自行出台促进分布式项目发展的相关政策。

2022年4月8日，国家发展改革委价格司印发《关于2022年新建风电、光伏发电项目延续平价上网政策的函》，文件明确：2022年，对新核准陆上风电项目、新备案集中式光伏电站和工商业分布式光伏电站项目（以下简称新建项目），延续平价上网政策，上网电价按当地燃煤发电基准价执行；新建项目可自愿通过参与市场化交易形成上网电价，以充分体现新能源

的绿色电力价值；鼓励各地出台针对性扶持政策，支持风电、光伏发电产业高质量发展。

（一）分布式光伏电站的发电量消纳（并网）模式

1. 全部自发自用

分布式光伏电站系统所发电量全部由用户消纳使用，即用户自用电量大于或等于分布式光伏电站所发电量，对于分布式项目的开发来说，这是最为有利的一种方式，主要用于离网分布式光伏电站项目和不间断运行的大工业用户分布式光伏电站项目。

2. 自发自用、余电上网

分布式光伏电站系统所发电量优化供用户使用，自身消纳不完的多发电量卖给电网公司，这是当下分布式光伏电站应用最为广泛的模式，并且为广大用户所普遍接受，也是各地积极推广和鼓励的模式。

分布式光伏电站项目并网点设在用户电表的负载侧，需要增加一块分布式光伏系统反送电量的计量电能表，或者将电网用电电能表设置成双向计量。用户自己直接用掉的光伏电量，以节省电费的方式直接享受电网的销售电价；反送电量单独计量，并以分布式光伏电站项目当地规定的上网电价进行结算。

3. 全部上网

分布式光伏电站系统所发电量全部卖给电网公司，这种模式主要应用在户用分布式光伏项目中。光伏并网点设在用户电能表的电网侧，光伏系统所发电量全部流入公共电网，并以当地规定的上网电价进行结算。

（二）分布式光伏电站项目的投资收益组成

1. 电费收入

（1）节省的电费收入：采用“全部自发自用”“自发自用、余电上网”模式的用户，可以节省一部分电费开支，这部分本应该是电网电费的支出，又叫“购电支出”，换个角度来说就是收入。

（2）并网售电收入：分布式光伏发电用户的多余电量通过并网卖给电网公司，电网公司按当地燃煤发电脱硫标杆电价进行收购，定期进行结算，全国各个省、直辖市的标杆电价也不尽相同，表 2–18 统计的为全国各省、市最新的脱硫标杆电价价格。

表 2–18 全国各地区燃煤发电脱硫标杆电价价格一览表

序号	省(市、区)	燃煤发电脱硫标杆电价（元 /kWh）	发布年份	政策文件入口
1	北京	0.3598	2017	http://fgw.beijing.gov.cn/fgwzwgk/zcgk/bwqtwj/201912/t20191226_1506635.htm

续表

序号	省(市、区)	燃煤发电脱硫标杆电价(元/kWh)	发布年份	政策文件入口
2	天津	0.3655	2019	http://fzgg.tj.gov.cn/zwgk_47325/zcfg_47338/zcwjx/fgwj/202109/t20210903_5578675.html
3	河北	冀南：0.3644	2019	http://hbdrc.hebei.gov.cn/web/web/xxgkwgfxwj/2c9473846f22b6ce016f465005f457a0.htm
4		冀北：0.372		
5	山西	0.332	2021	http://fgw.shanxi.gov.cn/sxfgwzwgk/sxsfgwxxgk/xxgkml/zfxxgkxgwj/202112/t20211208_3647073.shtml
6	山东	0.3949	2021	http://fgw.shandong.gov.cn/art/2021/10/26/art_92723_10335268.html?xxgkhide = 1
7	内蒙古	蒙西：0.2829	2020	http://fgw.nmg.gov.cn/ywgz/jfgz/202103/t20210326_1315484.html
8		蒙东：0.3035	2020	
9	辽宁	0.3749	2021	http://fgw.ln.gov.cn/zc/zxzc/202110/P020211025687128998998.pdf
10	吉林	0.3731	2021	http://nyj.jl.gov.cn/tzgg/tzgg/202110/t20211029_8262282.html
11	黑龙江	0.374	2021	http://drc.hlj.gov.cn/art/2021/10/26/art_146_35115.html
12	上海	0.4155	2021	https://fgw.sh.gov.cn/fgw_jggl/20211101/43d3d6f44dac49c594f6a0b26732ec39.html
13	江苏	0.391	2021	http://fzggw.jiangsu.gov.cn/art/2021/12/3/art_51012_10190696.html
14	浙江	0.4223	2016	http://fzggw.zj.gov.cn/art/2016/1/8/art_1229123351_581028.html
15	安徽	0.3844	2019	http://fzggw.ah.gov.cn/public/22554241/140929341.html
16	福建	0.3932	2021	http://fgw.fujian.gov.cn/zwgk/gsgg/202112/t20211217_5795402.htm
17	湖北	0.4161	2021	http://fgw.hubei.gov.cn/fgjj/ztzl/zl/2021/zsk/zcwd/202111/t20211112_3860280.shtml
18	湖南	0.45	2021	http://fgw.hunan.gov.cn/fgw/xxgk_70899/tzgg/202110/t20211028_20899187.html
19	河南	0.3779	2021	http://search.fgw.henan.gov.cn/jrobot/plugin/link/show.do?url = http%3A%2F%2Ffgw.henan.gov.cn%2F2021%2F10—20%2F2330188.html&q = %E7%87%83%E6%96%99%E7%94%B5%E4%BB%B7&webid = 10003&id = 2330188

续表

序号	省（市、区）	燃煤发电脱硫标杆电价（元/kWh）	发布年份	政策文件入口
20	四川	0.4012	2021	http://fgw.sc.gov.cn//sfgw/tzgg/2021/10/20/5aa8cd591a1846649b849f307632f0bd.shtml
21	重庆	0.3964	2021	http://fzggw.cq.gov.cn/zwgk/zfxxgkml/zcwj/qtwj/202111/t20211108_9937528.html
22	江西	0.4143	2019	http://drc.jiangxi.gov.cn/art/2019/12/26/art_15286_1300626.html
23	陕西	0.3545	2017	http://sndrc.shaanxi.gov.cn/zjww/jgcs/jgc/lsxx/jgysbbz/zyspjg/dl/BRr6Fz.htm
24	甘肃	0.3078	2020	http://fzgg.gansu.gov.cn/fzgg/c106087/202106/0f8b3173c994452a886af38ac16ff81d.shtml
25	青海	0.3247	2016	http://fgw.qinghai.gov.cn/zfxxgk/sdzdgknr/fgwwj/201812/t20181226_69188.html
26	宁夏	0.2595	2019	http://fzggw.nx.gov.cn/tzgg/202001/t20200103_1963904.html
27	新疆	0.262	2013	http://www.xinjiang.gov.cn/xinjiang/fgwjx/202204/944b2fca4fd94ad0bb3142e7eb99ed15.shtml
28	广东	0.453	2019	http://drc.gd.gov.cn/ywgg/content/post_2794164.html
29	广西	0.4207	2021	http://fgw.gxzf.gov.cn/zfxxgkzl/wjzx/tzgg/t10829514.shtml
30	云南	0.3358	2020	http://yndrc.yn.gov.cn/zcjd1/40646
31	贵州	0.3515	2021	http://fgw.guizhou.gov.cn/fggz/tzgg/202110/t20211022_71085601.html
32	海南	0.4298	2021	http://plan.hainan.gov.cn/sfgw/1200/202110/d6f92f99a11143b4a8d0030fb838ae99.shtml

2. 用电价格差异

我国实行阶梯用电价格制度，针对不同用户类型的用电价格，在电网波峰和波谷时段也存在差异，尤其是工商业的用电价格在波峰（用电价格高）、平期和波谷（用电价格低）时段波动较大，波峰时段通常与分布式光伏电站项目的最大负荷点重叠，在促进分布式光伏电站项目发电量消纳的同时，也让分布式光伏电站项目用户节省了大量的波峰电价支出。

（1）波峰、波谷电价差拉大。2021 年 7 月 26 日，国家发展改革委发布《关于进一步完善分时电价机制的通知》(发改价格〔2021〕1093号),通知要求:“各地结合当地情况积极完善峰谷电价机制,统筹考虑当地电力供需状况、新能源装机占比等因素,科学划分峰谷时段,合理确定峰谷电价价差,系统峰谷差率超过40%的地方,峰谷电价价差原则上不低于4∶1,其他地方原则上不低于3∶1”。同时也从总体要求、优化分时电价机制、强化分时电价机制执行、加强分时电价机制实施保障四方面,提出进一步完善我国分时电价机制的总体思路和具体措施。对广受关注的峰谷时段划分、峰谷价差空间、分时电价与电力市场化交易衔接等问题,提出相应政策措施。

(2)分布式光伏电站项目上网电价基准不变。2021年10月11日,国家发改委发布《关于进一步深化燃煤发电上网电价市场化改革的通知》(发改价格〔2021〕1439号),明确:

一是有序放开全部燃煤发电电量上网电价。燃煤发电电量原则上全部进入电力市场,通过市场交易在“基准价+上下浮动”范围内形成上网电价。

二是扩大市场交易电价上下浮动范围,将燃煤发电市场交易价格浮动范围由现行的上浮不超过10%、下浮原则上不超过15%,扩大为上、下浮动原则上均不超过20%,高耗能企业市场交易电价不受上浮20%限制。

三是推动工商业用户都进入市场,有序推动尚未进入市场的工商业用户全部进入电力市场,取消工商业目录销售电价。对暂未从电力市场直接购电的工商业用户由电网企业代理购电。鼓励地方对小微企业和个体工商户用电实行阶段性优惠政策。

四是保持居民、农业、公益性事业用电价格稳定;居民(含执行居民电价的学校、社会福利机构、社区服务中心等公益性事业用户)、农业用电由电网企业保障供应,保持现行销售电价水平不变。

各省将不再公布工商业目录电价标准,工商业用户可以选择进入电力市场,直接向发电企业或售电公司购电,按市场形成的电价交电费;也可以选择由电网企业代理购电,按电网企业公布的电价交电费,也就是说分布式光伏电站项目,如果不参与市场化交易,上网电价将保持不变,即以各省(市)所在地区燃煤发电脱硫标杆电价价格为基准。

(3)电网企业代理购电范围将逐步缩小,鼓励分布式光伏参与市场交易。

2021年10月23日,国家发展改革委办公厅发布《关于组织开展电网企业代理购电工作有关事项的通知》(发改办价格〔2021〕809号),其中明确:“取消工商业目录销售电价后,10kV及以上用户原则上要直接参与市场交易(直接向发电企业或售电公司购电,下同),暂无法直接参与市场交易的可由电网企业代理购电;鼓励其他工商业用户直接参与市场交易,未直接参与市场交易的由电网企业代理购电。已直接参与市场交易又退出的用户,可暂由电网企业代理购电。各地要结合当地电力市场发展情况,不断缩小电网企业代理购电范围。

“各地执行保量保价的优先发电(不含燃煤发电,下同)电量继续按现行价格机制由电网企业收购，用于保障居民、农业用户用电，有剩余电量且暂时无法放开的地方，可将剩余电量暂作为电网企业代理工商业用户购电电量来源。各地保量保价的优先发电电量，不应超过当地电网企业保障居民、农业用户用电和代理工商业用户购电规模，不足部分由电网企业通过市场化方式采购。电网企业要综合考虑代理购电工商业用户和居民、农业用户预测用电量以及上年度省级电网综合线损率、当地执行保量保价的优先发电电量等因素，合理确定市场化采购电量规模。各地要推进放开发电计划，推动更多工商业用户直接参与电力市场交易”。

3. 各级政府对分布式光伏电站项目的补贴

一些地方政府为了鼓励分布式光伏的建设，出台了对分布式光伏电站项目给予政府补贴的政策，全国各省、市、区（县）现有光伏补贴政策汇总详见附录 2–3。

（三）分布式光伏电站项目发电量计算方法

并网分布式光伏发电系统的发电量计算应根据系统所在地的太阳能资源情况，系统设计、光伏组件转换效率、光伏方阵布置和各种环境条件和因素等确定后进行详细计算，依据《光伏发电站设计规范》（GB 50797—2012），利用 PVsystem、Meteodyn PV、Solargis、RETScreen 等软件仿真模拟计算，这是分布式光伏电站项目发电量最精确的算法，通常情况下我国分布式光伏电站项目大多在 II—III 类资源区，太阳辐射相对较弱，年有效发电小时数一般在 700 ～ 2000h 之间。但是一般需要高价购买才能使用这些软件，通常只有大型设计院和大型分布式开发项目开发商才会购买这些正版软件。

为了快速计算分布式光伏电站项目发电量，可采用如下三种方法：一是通过第三方开发的免费工具，可以快速计算我国某一地区所在纬度最佳倾角下的首年发电量；二是通过辐射量估算我国某一地区所在纬度最佳倾角下的首年发电量；三是通过峰值日照小时数估算我国某一地区所在纬度最佳倾角下的首年发电量。

1. 第三方平台快速估算首年发电量

$$E_p = F \times P_{AZ}$$

式中　E_p——首年发电量；

F——首年年等效发电利用小时数；

P_{AZ}——拟安装系统容量。

（1）首年年等效发电利用小时数（F）快速查询。

1）隆基光伏电站收益评估系统。本书推荐第三方开发的免费工具可以快速得出某一地点在组件最佳角度下的首年年等效发电利用小时数，隆基开发的光伏电站收益评估系统，打开一台可以上网的计算机登录 http://39.100.144.76/#/ 网页，即可快速计算出数值，系统完全免费，而且还支持专家模式进行发电量、投资和收益的综合分析，如图 2–2 所示。

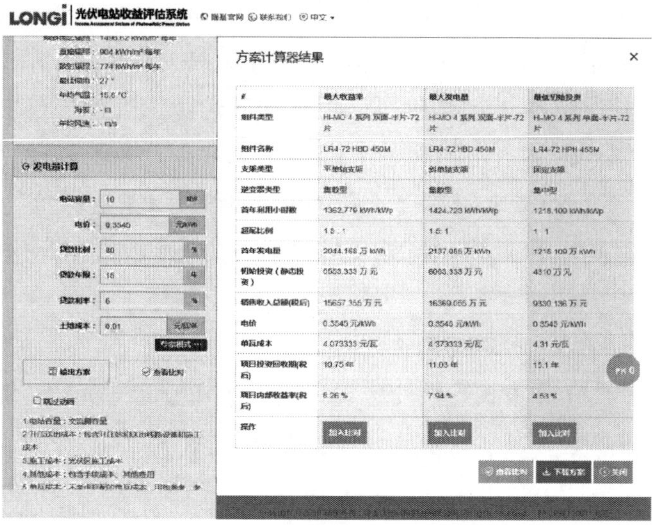

图 2–2　光伏电站收益评估系统

2）远景开发的格林威治云平台。远景开发的格林威治云平台系统是一个快速进行风资源和光资源评估的平台系统，打开一台可以上网的计算机登录 https://greenwich.envisioncn.com/web/portal/homePage/ 网页，经过简单注册就可以快速使用，拖动鼠标在地图上任一位置可以快速估算出该（经、纬度坐标）点最佳倾角下的首年年等效发电利用小时数。

（2）拟安装系统容量（P_{AZ}）的估算。

1）地面分布式光伏电站项目的可安装容量估算。已知拟用于地面分布式光伏电站场址建设的面积，计算可以安装的光伏电站总容量须考虑的因素较多，例如拟建设项目所在纬度、场址的地形（平地、山地等）和建设条件、组件的安装倾角、组件排列方式、组件遮挡、支架形式（固定支架和可调支架）、检修道路等，因此，地面分布式光伏电站项目拟安装容量须以《光伏发电站设计规范》（GB 50797—2012）为标准，结合实测的场址面积和勘测情况，进行详细计算。

2）根据建筑屋顶面积估算分布式光伏电站项目的可安装容量。一般建筑物屋顶的可使用面积可以通过查询建筑原设计图纸结合现场踏勘情况进行确认，但是建筑物屋顶通常拥有女儿墙、电梯间、楼梯间、空调、水箱、管道、采光窗、通信设备、广告牌、周边楼宇建筑物及构筑物等设施，使得即使得到原设计图纸，也无法准确估算出可用于建设分布式光伏电站的面积，通常需要人工进行勘探和手工测绘，必要时需要出动无人机进行实地踏勘与测绘。

不同的屋面结构及其可使用面积中用于安装分布式光伏电站项目的容量不同，工程中可根据下列公式进行简单匡算。

水泥平屋顶为

$$装机量（W）=80W/m^2\times 建筑屋顶可利用面积（m^2）$$

彩钢或瓦屋顶为

$$装机量（W）= 100W/m^2 \times 建筑屋顶可利用面积（m^2）$$

分布式光伏电站项目建筑屋顶可利用面积是指分布式光伏电站建设可使用的建筑物屋顶面积，分布式光伏项目建筑屋顶可利用系数是指可以用于分布式光伏电站建设使用的屋顶面积占屋顶总面积的比例，建筑屋顶总面积可以查询建筑物的竣工图纸并结合现场踏勘进行确认。

a. 混凝土屋顶可利用系数估算

一般而言，混凝土屋顶最高可利用率为 0.95；如混凝土屋顶可利用率在 0.6 以下，不建议建设光伏电站，特殊情况需单独计算考虑，混凝土屋顶可利用系数经验值详见表 2–19。

表 2–19　混凝土屋顶可利用系数

序号	屋顶情况	可利用率系数（参考）
1	有女儿墙，无其他	0.9 ～ 0.95
2	有女儿墙、电梯间或楼梯间，无其他遮挡	0.8 ～ 0.9
3	有女儿墙、电梯间或楼梯间、屋面管道，无其他遮挡	0.7 ～ 0.8
4	有女儿墙、电梯间或楼梯间、屋面管道及其他遮挡物	0.7 以下

b. 彩钢瓦屋顶可利用系数估算

一般而言，彩钢瓦屋顶最高可利用率为 0.8；如彩钢瓦屋顶可利用率在 0.4 以下，不建议建设光伏电站。特殊情况单独计算考虑，彩钢瓦屋顶可利用系数经验值详见表 2–20。

表 2–20　彩钢瓦屋顶可利用系数

序号	屋顶情况	可利用率系数（参考）
1	无女儿墙、无采光、无通风设备	0.7 ～ 0.8
2	有女儿墙、有采光、无通风设备	0.5 ～ 0.7
3	有女儿墙、有采光、有通风设备	0.3 ～ 0.5

通过计算求得年有效发电利用小时数、装机容量，可以快速求得分布式光伏电站的首年发电量。

2. 辐射量估算首年发电量

$$E_p = H_A S K_1 K_2$$

式中　E_p——分布式光伏电站首年发电量；

H_A——倾斜面太阳能总辐照量，kWh/m^2；

S——组件面积总和，m^2；

K_1——组件转换效率；

K_2——系统综合效率。

（1）倾斜面太阳能总辐照量（H_A）。

倾斜面太阳能总辐照量（H_A）≈当地水平面总辐照量（H）×cosα，α为倾斜面上的阳光入射角，通过查表就可以快速计算出较准确的数据。

光伏阵列的最佳安装倾角主要由安装地域的经度、纬度、最佳辐照量决定，在实际应用中，光伏电站的最佳安装倾角是有一定的角度区间的，由于安装条件限制，组件安装倾角不能达到最佳时可适当调整角度，非朝南的屋顶发电量会受到较大影响。全国主要省会城市纬度及最佳倾角参考见表2–21。

表2–21　全国主要省会城市纬度及最佳倾角参考

城市	纬度ϕ（°）	斜面日均辐射量（kJ/m^2）	日辐射量（kJ/m^2）	并网系统推荐倾角（°）
哈尔滨	45.68	15835	12703	ϕ—3
长春	43.9	17127	13572	ϕ—3
沈阳	41.7	16563	13793	ϕ—8
北京	39.8	18035	15261	ϕ—7
天津	39.1	16722	14356	ϕ—3
呼和浩特	40.78	20075	16574	ϕ—3
太原	37.78	17394	15061	ϕ—6
乌鲁木齐	43.78	16594	14464	ϕ—3
西宁	36.75	19617	16777	ϕ—1
兰州	36.05	15842	14966	ϕ—9
银川	38.48	19615	16553	ϕ—2
西安	34.3	12952	12781	ϕ—5
上海	31.17	13691	12760	ϕ—7
南京	32	14207	13099	ϕ—4
合肥	31.85	13299	12525	ϕ—5
杭州	30.23	12372	11668	ϕ—4
南昌	28.67	13714	13094	ϕ—6

续表

城市	纬度 ϕ（°）	斜面日均辐射量（kJ/m²）	日辐射量（kJ/m²）	并网系统推荐倾角（°）
福州	26.08	12451	12001	ϕ—7
济南	36.68	15994	14043	ϕ—2
郑州	34.72	14558	13332	ϕ—3
武汉	30.63	13707	13201	ϕ—6
长沙	28.2	11589	11377	ϕ—6
广州	23.13	12702	12110	ϕ—1
海口	20.03	13510	13835	ϕ—3
南宁	22.82	12734	12515	ϕ—4
成都	30.67	10304	10392	ϕ—8
贵阳	26.58	10235	10327	ϕ—8
昆明	25.02	15333	14194	ϕ—1
拉萨	29.7	24151	21301	$\phi+2$

注　本表引自《光伏发电站设计规范》（GB 50797—2012）附录 B。

（2）组件面积总和（S）。

$$S=（估算出的组件总容量/每个组件标称容量）\times 单个组件的面积$$

$$单个组件的面积 \approx 组件的长 \times 组件的宽$$

（3）组件转换效率（K_1）。它是指光伏组件受光照时的最大输出功率与照射到组件上的太阳能量功率的比值，即

$$\eta = P_{max}/A \times P_{in}$$

式中　P_{max}——光伏组件的峰值功率；

A——光伏组件的有效面积；

P_{in}——单位面积的入射光功率。

目前多晶硅组件的平均转换效率为 20.5%，单晶硅组件的平均转换效率为 22.5%。

（4）系统综合效率（K_2）。分布式光伏电站项目系统效率影响因素，包括太阳入射角损耗约 3%；辐照强度损耗约 1%；光伏组件表面积积灰损耗 3% ～ 5%；交、直流电缆损耗约 1%；组件串并联适配损耗 2% ～ 3%；光伏并网逆变器损耗 1% ～ 2%，光伏组件的温度影响系数影响损耗 3% ～ 5%；变压器效率损耗 1% ～ 3% 等，将上述影响因素综合得出分布式光伏电站项目的系统效率一般在 75% ～ 85% 之间，估算阶段一般取值为 80%。

通过快速查到相关数据，即可快速计算首年发电量。

3. 峰值日照小时数估算首年发电量

根据峰值日照小时数计算公式为

$$E_p = HP_{AZ}K$$

式中 H——当地峰值日照小时数，h；

P_{AZ}——分布式光伏系统安装容量，kW，建筑屋顶的安装容量估算方法与前文相同；

K——系统综合效率（取值区间为 75% ～ 85%，一般取 80%）。

首年发电量估算完成后，分布式光伏发电系统一般按照首年衰减 1.5%，其后每年衰减 0.8% ～ 0.9% 计算其后 24 年的发电量，从而计算完成 25 年设计使用寿命内的发电量。

全国各省、市光伏电站最佳安装倾角（存在区间）、峰值日照小时数、每瓦首年发电量、年有效利用小时数速查表详见附录 2–4。

（四）分布式光伏电站项目总收益计算方法

不同发电量消纳（并网）模式下，分布式光伏电站项目的总发电收入计算方法不同（如表 2–22 所示），用户从电网的购电价格也根据各省电网的波峰、波谷电价有所不同，因此总发电收入的计算公式也有差别。

表 2–22　　不同并网模式下分布式光伏电站项目的总发电收入计算方法

序号	消纳（并网）模式	总发电收入
1	全部自发自用	当地脱硫燃煤标杆电价 × 全部发电量＋省 / 市 / 县 / 区级政策补贴
2	自发自用、余电上网	自发自用的电量 × 自用电价（用户购电价）＋当地脱硫燃煤标杆电价 × 全部上网发电量＋省 / 市 / 县 / 区级政策补贴
3	全部上网	当地脱硫燃煤标杆电价 × 全部发电量＋省 / 市 / 县 / 区级政策补贴

（五）分布式光伏电站项目开发的商业模式

建筑屋顶分布式光伏电站的投资一般可分为两种不同的商业模式，即自投分布式光伏电站项目和第三方投、融资机构投资分布式光伏电站项目。自投分布式光伏电站项目是指建筑物的产权方利用自有屋顶自行投资分布式光伏电站项目，独享分布式光伏电站项目的发电收益和承担分布式光伏电站项目的投资风险，较多用于有需求的资金实力较为雄厚的建筑物产权方和户用分布式光伏电站的投资与建设。

第三方投、融资机构（开发方）投资分布式光伏电站项目，是指第三方投、融资机构利用他人拥有产权的建筑物屋顶投资、建设分布式光伏电站项目，通常采用租赁他人建筑物屋顶（租赁协议详见附录 2–5）、向建筑物产权方提供电价折扣和协议开发（收益抵屋顶费，详见附录 2–6）等三种常见的形式进行分布式光伏电站项目的开发建设，所发电量采用全部自发自用、全部上网和自发自用、余电上网中任意一种方式进行消纳。

（六）分布式光伏电站项目的总成本构成

分布式光伏电站项目支出的费用应包括总投资、经营成本和税费。总投资应包括建设投资、建设期利息和流动资产投资。

我国工商业分布式光伏系统的初始建设投资主要由组件、逆变器、支架、电缆、建安费用、电网接入、屋顶租赁、屋顶加固以及一次设备、二次设备等部分构成。其中一次设备包括箱式变压器、开关箱以及预制舱。

1. 分布式光伏电站项目的建设投资构成

相较于集中式光伏电站的建设投资，分布式光伏电站项目建设投资中组件投资占比高于集中式光伏电站，但施工及建设出资等其他费用投资占比远低于集中式（详见表 2-23），未来光伏组件价格会随着规模效应进一步降低（详见表 2-24），届时分布式光伏电站项目建设投资成本下降弹性大于集中式光伏电站，盈利能力将进一步增强。

表 2-23　　2021 年工商业屋顶分布式光伏电站项目初始建设投资构成比例

序号	项目名称	单位	构成占比
1	组件	%	50.27
2	建安费用	%	11.23
3	电缆	%	6.15
4	支架	%	5.61
5	逆变器	%	4.81
6	电网接入成本	%	3.48
7	屋顶租赁与加固	%	7.75
8	一次设备、二次设备	%	8.82
9	管理费用	%	1.88
分布式光伏系统初始建设投资		%	100

表 2-24　　2021—2030 年我国工商业分布式光伏系统初始全投资变化趋势

年份 / 系统组成	2021	2022	2023	2025	2027	2030
	行业平均		预估价格（以实际价格为准）			
组件价格	1.88	1.7	1.5	1.3	1.25	1.16
组串式逆变器	0.18	0.17	0.17	0.15	0.12	0.12

续表

系统组成 \ 年份	2021	2022	2023	2025	2027	2030
	行业平均		预估价格（以实际价格为准）			
支架价格	0.21	0.21	0.21	0.2	0.2	0.17
建安费用	0.42	0.42	0.42	0.4	0.4	0.4
电缆价格	0.23	0.23	0.23	0.23	0.23	0.23
电网接入	0.13	0.13	0.14	0.14	0.14	0.14
屋顶租赁	0.05	0.05	0.05	0.03	0.03	0.03
屋顶加固	0.24	0.23	0.22	0.22	0.22	0.22
一次设备	0.26	0.26	0.26	0.26	0.26	0.26
二次设备	0.07	0.07	0.06	0.06	0.05	0.05
管理费用	0.07	0.06	0.06	0.06	0.06	0.06
初始建设投资	3.74	3.53	3.32	3.05	2.96	2.84

根据中国光伏行业协会《中国光伏产业发展路线图（2021 年版）》相关统计数据，分布式光伏系统由于系统设备、功能、品牌及服务不同，2021 年，我国地面光伏系统初始投资全投资成本为 4.15 元 /W，户用分布式光伏电站项目初始投资成本一般为 3.7 ～ 3.9 元 /W，工商业分布式光伏初始投资成本均值为 3.74 元 /W；2022 年预计下降至 3.53 元 /W，分布式光伏发电系统的运维成本为 0.051 元 /（W · 年），集中式地面电站为 0.045 元 /（W · 年）。预计未来几年地面光伏电站以及分布式系统的运维成本将持续保持在这个水平并略有下降。

2022 年以来，随着光伏组件上游制造材料硅料价格持续上涨，占据分布式光伏电站建设总成本 40% 以上的光伏组件市场价格波动明显，分布式光伏电站项目建设时，尤其要注意光伏产业链中最新的组件、逆变器价格信息变化，避免由于光伏组件价格的过快上涨影响光伏电站的总收益率水平。

2. 分布式光伏项目总发电成本

分布式光伏电站项目不同商业模式下的总发电成本构成见表 2–25。

表 2–25　分布式光伏电站项目不同商业模式下的总发电成本构成

序号	消纳模式	商业模式	售电收入构成	总发电成本构成
1	全部自发自用	自有屋顶	自用电量 × 自用电价（用户购电价）	单位 kW 投资 × 装机容量＋税费（仅上网部分）＋利息＋其他费用

续表

序号	消纳模式	商业模式	售电收入构成	总发电成本构成
1	全部自发自用	租赁屋顶	自用电量 × 自用电价（用户购电价）	单位 kW 投资 × 装机容量＋税费（仅上网部分）＋利息＋其他费用
2	自发自用、余电上网	自有屋顶	自用电量 × 自用电价（用户购电价）＋上网电量 × 上网电价	单位 kW 投资 × 装机容量＋税费（仅上网部分）＋利息＋其他费用
		租赁屋顶	自用电量 × 自用电价（用户购电价）＋上网电量 × 上网电价	单位 kW 投资 × 装机容量＋屋顶租赁费＋税费（仅上网部分）＋利息＋其他费用
		协议开发（收益抵屋顶费）	投资方收入：自用电量 × 自用电价（用户购电价）＋（上网电量 × 上网电价）× 收益分配系数	单位 kW 投资 × 装机容量＋税费（仅上网部分）＋利息＋其他费用
3	全部上网	自有屋顶	发电量 × 上网电价	单位 kW 投资 × 装机容量＋税费＋利息＋其他费用
		租赁屋顶	发电量 × 上网电价	单位 kW 投资 × 装机容量＋屋顶租赁费＋税费＋利息＋其他费用
		协议开发（收益抵屋顶费）	投资方收入：发电量 × 上网电价 × 收益分配系数	单位 kW 投资 × 装机容量＋税费＋利息＋其他费用

注 1. 屋顶租赁费根据具体项目情况分为一次性支付、分期支付；
2. 用户购电价应根据当地电网官方网站公布的电网峰、平、谷电价进行浮动；
3. 项目总发电收入＝售电收入＋省 / 市 / 县 / 区级政策补贴（如有）；
4. 总成本＝总发电成本＋总运营成本；
5. 项目收益＝项目总发电收入 － 总成本。

3. 分布式光伏电站项目的税收优惠

2022 年 5 月 31 日，国家税务总局发布《支持绿色发展税费优惠政策指引》，提出通过加大对太阳能、风能、水能、核能等清洁能源开发利用的政策支持力度，为科学有序推动如期实现碳达峰、碳中和目标和建设现代化经济体系提供保障。

其中涉及分布式光伏产业税费优惠包括分布式光伏发电自发自用电量免收国家重大水利工程建设基金、分布式光伏发电自发自用电量免收可再生能源电价附加、分布式光伏发电自发自用电量免收大中型水库移民后期扶持基金、分布式光伏发电自发自用电量免收农网还贷资金。

除此之外，合同能源管理项目暂免征收增值税（货物），合同能源管理项目暂免征收增值税（服务）。

4. 所得税“三年三减半”

根据国家税务总局《关于实施国家重点扶持的公共基础设施项目企业所得税优惠问题的通知》(国税发〔2009〕80 号),从事符合《公共基础设施项目企业所得税优惠目录》(2008 年版,光伏发电新建项目属于此目录范围内)规定范围、条件和标准的公共基础设施项目的投资经营所得,所得税实行三免三减半,即自该项目取得第一笔生产经营收入所属纳税年度起,第一年至第三年免征企业所得税,第四年至第六年减半征收企业所得税;第一笔生产经营收入,是指公共基础设施项目建成并投入运营(包括试运营)后所取得的第一笔主营业务收入。

5. 西部地区企业所得税优惠至 15%

截至 2030 年 12 月 31 日,西部地区(重庆市、四川省、陕西省、云南省、贵州省、广西壮族自治区、甘肃省、青海省、宁夏回族自治区、西藏自治区、新疆维吾尔自治区、内蒙古自治区的乌兰察布、呼和浩特、包头、鄂尔多斯、锡林郭勒、阿拉善盟)风力、太阳能发电场建设及运营按 15% 征收所得税。

根据《中华人民共和国企业所得税法》企业所得税的税率为 25%。根据《关于延续西部大开发企业所得税政策的公告》(财政部公告 2020 年第 23 号),设在西部地区的产业,以《西部地区鼓励类产业目录(2020 年本)》(西部地区十二个省、自治区、直辖市的风力、太阳能发电场建设及运营均在鼓励类产业目录中)规定的产业项目为主营业务的,可以享受按 15% 的税率征收企业所得税的优惠政策,该优惠政策已明确延续至 2030 年 12 月 31 日。

二、分布光伏电站项目经济评价

分布式光伏项目能否实现预期经济效益受多种因素影响,应在太阳能资源地域分布情况、光伏电站现场踏勘选址、实地调研的基础上进行综合评估,还可在设计阶段对光伏组件、电缆线路、逆变器、变压器等进行系统优化,确保分布式光伏项目发电量收益最大化。另外,发电电价受地方政策影响较大,各地标杆电价、电价浮动方法、分布式光伏电站项目补贴政策差别较大。为了确保电价因素对光伏电站投资有利,需要在项目决策阶段详细了解和掌握各地的电价政策,资金成本是光伏电站投资成本中最大的挑战之一,是否能够拿到低利率、周期长的资金将直接影响整个项目的投资收益率。综合以上分析,光伏电站投资的经济评价分析,需要在技术可行的基础上综合考虑项目发电量、项目所在地的电价、投资利率等因素进行全方面分析,确保各项经济参数处于最优,经济效益实现最大化。

分布式光伏电站项目一般采用专业软件对分布式光伏电站项目进行经济评价,购置“木联能—光储工程经济评价软件”或“木联能—光电工程软件经济评价”(购置链接:http://www.mlnsoft.net/productlistdl.jsp),通过修改软件的相关光伏变量,自动计算收益率。

（一）分布式光伏电站项目关注的主要技术经济指标

初步估算阶段的主要关注指标包分布式光伏建设总投资、运营成本、总收益、总发电量、自用电量、电价及所占（总发电量）比例、上网电量、电价及所占（总发电量）比例、自用电量收益、上网电量总收益、静态投资回收期和动态投资回收期、财务内部收益率、总投资收益率、项目资本金净利润率、年等效利用小时数等，这些指标须满足分布式光伏电站投资方设定的基准。

分布式光伏电站项目经济评价计算参数，根据工程实际情况，可参考表 2–26 所示。

表 2–26　　分布式光伏电站项目经济评价计算参数表

序号	计算参数	取值
1	项目运营期	25 年
2	补贴期限	根据全国各省、市、（县）区颁布的最新政策实时调整
3	光伏系统综合效率	分布式光伏发电根据并网接入电网等级可以分为低压并网（0.4kV）和高压并网（10kV），低压光伏系统综合效率参考值为 80% ～ 85%，高压光伏系统综合效率参考值为 75% ～ 80%
4	光伏系统年衰减率参考值	0.80% ～ 0.90%
5	资本金比例	根据《国务院关于加强固定资产投资项目资本金管理的通知》（国发〔2019〕26 号）计算，分布式光伏电站项目不低于固定资产投资的 20%
6	流动资金	10 ～ 30 元 /kW
7	资产折旧	折旧 15 年，净残值率取 5%
8	资产摊销	无形资产摊销年限为 5 年；其他资产摊销年限为 6 年
9	材料费率	5 ～ 10 元 /kW
10	人工工资及福利	人工工资按企业支付给职工的报酬计算；福利费用系数中职工福利费、社会保障费、补充养老保险、补充医疗保险及住房公积金费率按当地政府规定及企业计提比例计算
11	运维费率	5 ～ 10 元 /kW
12	保险费率	按与保险公司的协议计算，未明确时可核 0.19%
13	其他费用率	10 ～ 20 元 /kW
14	借款利率	借款利率应按照项目法人与债权人签订的还款协议中约定的利率，没有签订协议之前可按照中国人民银行授权全国银行间同业拆借中心公布的最新一期贷款市场报价利率（LPR）计算

续表

序号	计算参数	取值
15	法定盈余公积金	法定盈余公积金应按照 10% 取定

推荐收益率计算基准为：资本金不低于 20%，项目融资比例不大于 80%，融资利率为 4.2%（以银行基准利率为准），融资 15 年，等额本息偿还等条件进行测算。

（二）价值判断参数

（1）融资前税前财务基准收益率可取 5%，项目资本金财务基准收益率可取 8%。

（2）利息备付率宜大于 2，应结合分布式光伏运营年份特征、债权人要求确定。

（3）偿债备付率宜大于 1.3，应结合分布式光伏运营年份特征、债权人要求确定。

（4）资产负债率不宜大于 80%。

（5）社会折现率应基于社会资本收益率和社会费用效益的时间偏好，宜采用 8%。

应对各项财务指标进行汇总，并结合敏感性分析，作出项目财务评价结论。总之，根据工程经验，分布式光伏电站项目一般建议投资内部收益率（税前）不低于 7%，资本金内部收益率不低于 8%，推荐静态投资回收期为 5 ～ 7 年（以实际计算数值为准）。

（三）敏感性分析

分布式光伏电站项目的不确定性因素主要包括建设投资、发电量、自发自用电量比例、售电价格、度电补贴等，应结合项目具体情况，对项目产生较大影响的因素进行敏感性分析。

敏感性分析包括单因素或多因素变化对财务指标的影响分析，根据敏感性分析结果，应明确影响分布式光伏电站项目关键风险因素，分析项目能够承受风险的能力，提出项目风险的预警、预报和相应的措施，为项目投资决策提供依据。

第四节　确立开发意向和签署相关协议

一、确定开发意向

在碳达峰、碳中和的战略背景下，企业对能源清洁化、低碳化和绿色化的需求日益增长，同时企业使用分布式光伏电站的发电量获得收益，符合宏观经济大环境要求和满足企业自身的用能需求，促成企业达成安装分布式光伏电站的初步意向。

在确定初步投资、开发意向后，分布式光伏电站项目投资公司应筹建以前期项目开发部、财务部和法务部等部门组成的投委会，负责对分布式光伏电站项目进行详细的评审（评审报告模板参见附录 2–7），并形成最终的投资评审报告，报公司负责人进行最终决策。

在项目正式立项前，应按照确定的分布式光伏电站项目现场收资要求、纸质图纸现场拍照要点、初勘屋顶选址调查表和建筑物屋顶考察要点等准备好分布式光伏电站项目正式立项会议前的资料，同时应将项目前期资料和文件进行分类、归档整理，方便进行立项审批工作和后期可研、初设使用，主要的归档资料和要求见表 2–27 所示。

表 2–27　　分布式光伏电站项目投资立项会议准备资料

序号	内容	备注
1	建筑物屋顶附加荷载复核报告	原设计单位或有资质的第三方，必要时须对屋顶进行加固
2	建筑屋顶产权证明、规划证明和土地证明	有抵押情况，银行出具证明
3	分布式电站项目收资表、项目初步评审表	资料完善、全面
4	建筑物屋顶租赁协议或协议开发（收益抵屋顶）	符合法律、标准、规范要求
5	分布式光伏电站项目建筑物竣工纸质图纸和现场照片	清晰、准确，与现场保持一致
6	建筑物屋顶考察要点或建筑物屋顶考察报告	完整、准确，反映现场现状
7	分布式光伏电站项目投资审批报告（投资评审报告模板参见附录 2–7）	技术、经济合理，符合公司发展战略

二、签署相关协议

建筑物产权方对自投项目经过详细的技术经济方案测算后，完成项目立项报告，如能够达到其预期收益目标且总体风险可控，建筑物产权方与分布式光伏电站项目建设和运营单位分别签署分布式光伏电站项目 EPC 总承包合同和分布式光伏电站运维合同（运维合同模板参见附录 2–8），进入项目设计、采购、安装建设阶段，自投项目也可由有实力的投资方自行组织运维团队，负责光伏电站后期运维。

第三方投、融资机构（开发方或投资方）通过详细的技术方案测算和风险评估后，确定分布式光伏电站项目具备技术和经济可行性，并且与业主方（建筑物产权方）针对合作模式、发电量消纳模式和交易价格达成一致后，签订屋顶租赁协议或开发协议（明确收益分成比例），进入项目备案阶段。

三、分布式项目投资（开发）公司注册（如需）

分布式光伏电站项目通常采用“一项目一公司”在项目所在地进行运作，为了保证后期项目的备案、开发、建设等工作顺利开展，通常需要在项目所在地进行公司注册，项目公司注册的程序如表 2-28 所示。

表 2-28　分布式光伏电站项目公司注册流程

序号	流程要素	内容
1	工商部门设立登记	（1）企业名称、经营范围，确定注册资金； （2）法人身份证； （3）公司章程； （4）办公住所证明
2	企业设立受理	—
3	企业设立核准	—
4	领取营业执照	—
5	刻制公章、办理税务登记、开基本户	—

由于分布式光伏电站项目免除发电、售电许可，采用合同能源管理的工商业分布式光伏电站项目，向使用分布式光伏电站项目发电的工商业客户售电时，须向其开具电费发票，只需在营业执照中增加："售点业务（不拥有配电网经营权，不承担保底供电服务）"经营项目即可，卖电给工商业客户开具的发票税点为 13%，"余电上网"中出售给电网的电量发票开具税点相同。

附录 2-1　全国部分省份出台的光伏复合项目规定

地方	日期	文件名称	主要内容
陕西	2020 年 7 月	《关于规范光伏复合项目用地管理的通知》	（1）固定安装方式：组件最低点距地不小于 2.5m，建议基础采用单排桩形式，桩基础东西向间距不小于 4.5m，桩基础南北向间距不小于 8m。 （2）固定可调安装方式：除最大调节角度外（非耕种季节），其余调节角度下组件最低点距地不小于 2.5m，桩基础东西向间距不小于 4.5m，桩基础南北向间距不小于 8m。 （3）平单轴安装方式（联动和单排驱动）：组件及连动杆最低点距地不小于 2.5m，桩基础南北向间距不小于 6m，桩基础东西向间距不小于 6m。 （4）林光互补：林光互补项目光伏支架最低点不得低于所种植树木最高点 1m，桩基础的要求同地面电站。

续表

地方	日期	文件名称	主要内容
陕西	2020 年 7 月	《关于规范光伏复合项目用地管理的通知》	（5）渔光互补：光伏阵列安装在水面上的，组件最低点应高于最高水位 0.6m，桩基础的要求同地面电站。 （6）农业种植标准：不得种植牧草等经济价值相对较低的作物。光伏复合项目农业年收益不低于相同类土地最低收益
安徽	2019 年 9 月	《安徽省能源局安徽省自然资源厅关于规范光伏复合项目用地管理有关事项的通知》	（1）鼓励使用跟踪支架系统；其他大田作业、鱼塘养殖宜采用单柱形式。 （2）农光互补项目光伏组件最低沿离地面高度应不低于 2.5m，光伏阵列行间距应不少于 6m。渔光互补项目（不含漂浮式光伏发电项目）的光伏组件最低沿离设计洪水位应不低于 0.5m
河北	2019 年 8 月	《关于规范光伏复合项目用地管理有关事宜的通知》	在地面建设的光伏复合项目，组件最低沿应高于地面 2.5m，桩基列间距应大于 4m、行间距应大于 6.5m。在水面建设的光伏复合项目，在满足光伏发电规程规范的前提下，由各地自行制定建设标准
广西	2018 年 7 月	《关于规范我区光伏发电站用地管理的通知》	明确鼓励在既有农林业设施、养殖大棚上敷设光伏组件，在大棚下开展农业、苗圃或养殖。农光互补项目的光伏组件最低沿应高于地面 2.5m，桩基间距大于 4m，行间距应大于 6m。渔光互补项目应在已有的水库、河流、湖泊或坑塘水面上建设，或者通过改造后建设光伏发电项目，严禁在农用地上挖塘建设光伏发电项目。渔光互补项目（不含漂浮式光伏发电项目）的光伏组件最低沿应高于最高水位 0.6m
山东	2018 年 6 月	《关于保障和规范光伏发电产业项目用地管理的通知》	（1）光伏方阵布设在农用地上的，组件最低沿应高于地面 2.5m，桩基列间距应大于 4m、行间距应大于 10m，除桩基用地外，严禁硬化地面、破坏耕作层，严禁抛荒、撂荒。 （2）场内道路用地可按农村道路管理，宽度不得超过 4m。 （3）光伏方阵布设在水面上的，组件最低沿应高于最高水位 0.6m
浙江	2018 年 5 月	《关于进一步促进浙江省地面光伏电站健康发展的通知》	（1）允许使用条件交叉的一般农用地，主要包括常年弃耕且土地等级较低的耕地和新开垦水土条件较差的坡耕地等建设复核光伏电站。

续表

地方	日期	文件名称	主要内容
浙江	2018 年 5 月	《关于进一步促进浙江省地面光伏电站健康发展的通知》	（2）站用小于 10 万 m^2 坑塘水面建设不属于复核光伏电站项目的，按规定办理建设用地审批手续。复核光伏发电站项目用地中按农用地、未利用地管理的，除桩基用地外，不得破坏地面和耕作层，否则依法办理建设用地审批手续； （3）新建复核地面光伏电站光伏组件安装高度最低处不低于 2m，方阵前后阵列中心间距原则上不少于 7m，光伏方阵下方可进行机械化农作物耕作
西藏	2018 年 4 月	《西藏自治区光伏复核项目建设要求和认定标准（暂行）》	（1）我区建设的光伏复合项目，不得改变原土地地类和土地用途。对使用永久基本农田和基本草原以外的农用地开展光伏复合项目建设的，除柱基用地外，光伏阵列区严禁硬化地面、破坏耕作层，严禁抛荒、撂荒、开垦草原及挖沙采石活动。 （2）支架高度应根据地表植被的生长成熟高度和光伏建设方案科学合理确定。牧光互补项目太阳能板底端不低于 1.5m；农光互补项目太阳能板底端不低于 2.1m；林光互补项目光伏支架不得低于所种植树木最高点 1m 以上，且不得影响树木生长：渔光互补项目只能在水面上建设，组件底端不低于水面 0.6m。受地形限制的，高度非达标支架不得超过全部支架总量的 10%
宁夏	2018 年 3 月	《关于规范光伏发电产业发展有关事项的通知》	（1）光伏复合项目：是指对农用地进行复合利用的光伏发电项目，包括农光互补、渔光互补、牧光互补及其他“光伏＋”模式的光伏复合项目。地面光伏复合项目电池板组件最低沿须高于地面 1.5m。企业须编制土地复合利用方案，在项目所在地发改、国土部门报备。此类项目，以发改部门备案文件为依据，办理用地预审、报批。 （2）严格限制企业通过流转、租用、承包等方式，在耕地上建设养殖圈棚、温棚，开挖鱼塘后再建设光伏复合电站项目，对利用现有设施农业用地发展渔光互补、农业科技大棚、畜牧业大棚光伏电站的，必须列入国家光伏年度指导规模。 （3）光伏发电站项目用地中按建设用地管理的，严格执行国家、自治区相关规定：按农用地、未利用地管理的，除桩基用地外，不得硬化地面、破坏原地貌，否则应当办理建设用地审批手续

续表

地方	日期	文件名称	主要内容
天津	2017 年 12 月	《市国土房管局市发展改革委关于规范光伏发电产业用地管理的通知》	光伏方阵架设在一般耕地或其他农用地上的，光伏组件最低沿应高于地面 2.5m，应高于最高水位 0.6m：装机间列间距应大于 4m，行间距应大于 6.5m；对使用一般耕地布设光伏方阵的情形，除桩基用地外，严禁硬化地面，破坏耕作层，严禁抛荒、撂荒
内蒙古	2017 年 12 月	《关于明确光伏发电企业城镇土地使用税政策适用问题的通知》	（1）对光伏发电企业用地，如果土地性质属于农用地或未利用地，且被实际用于养殖、水土保持、植被恢复、荒漠化治理、盐碱化治理工作的，可按条例中“直接用于农、林、牧、渔业的生产用地”适用问题免征土地使用税。 （2）对光伏发电企业的光伏板阵列基座：升压站、变电站、厂区道路等生产用地，以及办公用地，生活用地，应照章征收土地使用税
云南	2016 年 3 月	《关于规范光伏发电建设使用林地的通知》	严格控制纯地面式光伏电站使用林地，引导光伏电站建设与高原特色农业、林业产业发展和精准扶贫相结合。利用森林资源调查确定为宜林地而第二次全国土地调查确定为未利用地的土地建设光伏电站的，用地范围应由当地林业、国土部门共同界定，保证按“林光互补”的用地模式和技术标准实施建站的。电池组件覆盖密度不得超过 70%，最低架设高度不得影响地表灌草植被正常生长，间距应随地表灌草植被的生长作同步调整。凡有未经批准改变林地性质行为的，一律按违法占用林地查处。建设期间要尽最大努力减少对原生植被的破坏，运营期间要确保电池组件下的灌草植被能够正常生长
大同	2015 年 12 月	《大同市光伏发电使用林地改革试点的实施细则》	（1）光伏阵列支架底座必须选用钢柱式或圆柱形水泥墩，保证林地性质不改变。 （2）光伏阵列支架最低高度不低于 1.5m。 （3）光伏阵列间距保持在 6m 以上

附录 2-2　建筑屋顶分布式光伏电站项目屋顶（屋面）附加荷载复核报告

××××× 分布式光伏电站项目，拟建于 ××××× 号楼（建筑）屋面（屋顶），现委托 ×××××（设计院）对现有建筑屋面（屋顶）进行结构附加荷载复核。

经现场测绘，此建筑图纸与实物一致（附现场照片），复核依据及原则如下：

一、工程概况、结构安全等级及设计使用年限

建筑合理使用年限：×× 年。

二、抗震设防等级：×× 级

三、基本自然条件

1. 基本风压：××××；
2. 地面粗糙类别：××××；
3. 基本雪压：××××；

抗震设防类别为 ×× 类，抗震设防烈度：×× 度，设计基本加速度 ××g，属第 ×× 组。

四、现行的国家规范、规程和规定

×××××××××××××（规范或标准名称）

五、原建筑结构屋面设计荷载（标准值）

×××××××××××××

六、计算复核基本原则

本计算依据原有建筑、结构的设计图纸、新增太阳能光伏组件、支架等每平方米总重量、现场实地测绘，按照现有相关规范、规程进行荷载复核。

1. 屋面（屋顶）折算均布（新增）荷载标准值统计

表 1　屋面（屋顶）折算均布（新增）荷载标准值统计表

序号	项目	数量	重量（kN）	小计（kN）
1	晶体硅组件			

续表

序号	项目	数量	重量（kN）	小计（kN）
2	支架			
3	连接件			
4	螺栓连接副件			
5	混凝土配重块			
6	逆变器			
7	电缆			
8	其他			
总　计				
均布荷载（kN/m^2）				

2. 屋面（屋顶）荷载标准值复核计算

表 2　　屋面（屋顶）荷载标准值复核计算

屋面名称	原设计活荷载（kN/m^2）	原设计恒荷载（kN/m^2）	实际恒荷载（kN/m^2）	复核用活荷载（kN/m^2）	复核用增加恒荷载（kN/m^2）	备注

七、复核计算结论参考

表 3　　复核计算结论参考

屋面（屋顶）名称	是否满铺	可增加恒荷载（kN/m^2）	备注（按可增加荷载复核）

经我院详细复核，此建筑屋顶满足安装 ×××kN/m^2 太阳能组件的要求，特此证明！

×××××××××××（设计院）

××××年××月××日

附录 2-3　全国各省、市、区（县）现存的分布式光伏补贴政策汇总

序号	省、市、区（县）	政策规划	实施日期及有效期	初装补贴（最高）	度电补贴（最高）	补贴要点
1	北京通州区	通州区绿色化改造提升项目补助资金管理办法（试行）	2021 年 10 月 1 日—2023 年 9 月 30 日	600kW（含）以上，最高补助 100 万元	—	对已完成可再生能源改造项目的申报主体，按照项目总装机容量（实际安装的发电机组额定有效功率的总和）：100kW（含）至 300kW 的，最高补助 20 万元；300kW（含）至 600kW 的，最高补助 50 万元；600kW（含）以上，最高补助 100 万元
2	北京西城区	北京市西城区支持鼓励节能降耗管理办法（修订）的通知	2021 年 1 月 31 日—2025 年 12 月 31 日	—	—	新能源、可再生能源开发利用及推广项目，给予总投资额 30% 的补助。合同能源管理项目，在北京市政府补助基础上给予市级补助资金 50% 的补助。通过国家绿色建筑运行三星、二星认证标识的建筑，在享受国家、市级奖励的同时，分别一次性给予 30 万元、20 万元的奖励
3	北京经济技术开发区	北京经济技术开发区 2021 年度绿色发展资金支持政策（征求意见稿）	—	—	0.4 元 / kWh	常规类项目，一般工商业电价、大工业电价或农业电价的项目补贴标准为每千瓦时 0.3 元（含税）；学校、社会福利场所等执行居民电价的非居民用户项目补贴标准为每千瓦时 0.4 元（含税）；高端应用，全部实现光伏建筑一体化应用（光伏组件为建筑构件）的项目，补贴标准为每千瓦时 0.4 元（含税）。 每个项目的奖励计算周期为 1 年（以并网验收日期为起点），项目投资方和场地产权方各 50%，且每个项目的区级配套奖励资金与北京市奖励资金合计不超过该项目总投资额的 50%

续表

序号	省、市、区（县）	政策规划	实施日期及有效期	初装补贴（最高）	度电补贴（最高）	补贴要点
4	北京市顺义区	北京市顺义区发改委《关于印发进一步支持光伏发电系统推广应用的通知》	—	—	0.4 元 / kWh	一般工商业电价、大工业电价或农业生产电价的项目及户用光伏发电项目，补贴标准为每千瓦时 0.3 元（含税）。 学校、社会福利场所等执行居民电价的非居民用户项目，补贴标准提高至每千瓦时 0.4 元（含税）。全部实现光伏建筑一体化应用（光伏组件作为建筑构件）的项目，补贴标准提高至每千瓦时 0.4 元（含税）
5	浙江省宁波市	宁波市促进光伏产业高质量发展实施方案	2021 年至 2025 年	—	0.45 元 / kWh	补贴对象：农村独立住宅屋顶或庭院、新农村集中连片住房、城镇高（多）层住宅小区、公寓、保障性住房、别墅排屋等民居建筑屋顶和农村村级组织集体屋顶、城镇社区公共建筑屋顶的家庭屋顶光伏项目。 补贴时间：对 2021 年至 2025 年期间补贴标准：0.45 元 /kWh，补贴时限：并网发电之后第二个完整抄表月起 12 个月
6	浙江省丽水市	关于加快推进分布式光伏规模化开发的实施意见	2021 年 12 月 16 日—2024 年 12 月 31 日	0.60 元 /W	—	补贴对象：对市区（含莲都区和丽水开发区）2021 年、2022 年、2023 年并网的家庭户用分布式光伏电站项目给予一次性建设补贴，补贴标准分别为 0.60 元 / W、0.50 元 /W、0.40 元 /W 补贴标准：分别为 0.60 元 / W、0.50 元 /W、0.40 元 /W；补贴资金由市财政、莲都区或丽水开发区各承担 50%
7	浙江省丽水市云和县	云和县发展和改革局关于户用光伏发电项目补助有关事项的通知	2021 年 10 月 1 日—2023 年 9 月 30 日	1 元 /W	—	1.2021 年并网的户用光伏发电项目给予 1 元 /W 的补助，2022 年并网的户用光伏发电项目给予 0.8 元 /W 的补助，2023 年并网的户用光伏发电项目给予 0.6 元 /W 的补助。每户最高补助不超过 5000 元。

续表

序号	省、市、区（县）	政策规划	实施日期及有效期	初装补贴（最高）	度电补贴（最高）	补贴要点
7	浙江省丽水市云和县	云和县发展和改革局关于户用光伏发电项目补助有关事项的通知	2021年10月1日—2023年9月30日	1元/W	—	2.补助资金按电力公司出具的并网时间先后顺序给予安排，按照谁投资谁受益的原则进行补助，直至80万元资金分配完毕
8	浙江省温州市	关于印发温州市制造业千企节能改造行动方案（2021—2023）的通知	2021年10月1日—2023年9月30日	—	0.1元/kWh	对完成备案并接入市级分布式光伏数字化管理平台的“自发自用、余量上网”的分布式光伏电站项目，补贴标准：按照实际发电量，给予0.1元/kWh的补贴
9	浙江省嘉兴市平湖市	平湖市人民政府办公室发布《关于新一轮鼓励光伏发电项目建设的若干意见》	2021年1月1日—2023年12月31日	1元/W	0.2元/kWh	工商业屋顶光伏发电项目，实行三年发电量补助，每年按实际发电量给予0.1元/kWh电价补助。 对学校、医院、党政机关和村社区等公共建筑屋顶光伏发电项目，实行三年发电量补助，每年按实际发电量给予0.15元/kWh电价补助。 对“农光互补”光伏发电项目，实行三年发电量补助，每年按实际发电量给予0.2元/kWh电价补助。 对居民户用屋顶光伏发电项目实行装机补助，按装机容量给予1元/kW的一次性补助
10	浙江省湖州市吴兴区	浙江湖州市吴兴区发布吴兴区创建全省第一批低碳试点区县专项政策意见	—	5万元/MW	—	补贴对象：对企业在吴兴区工商业企业屋顶建设光伏项目（建设容量≥0.1MW）。 补贴标准：按建设容量给予每MW5万元奖励，单个项目最高不超过30万元，建设容量不足1MW的按比例给予奖励

续表

序号	省、市、区（县）	政策规划	实施日期及有效期	初装补贴（最高）	度电补贴（最高）	补贴要点
11	浙江省乐清市	浙江省乐清市人民政府发布《关于调整全市居民分布式光伏发电项目市级财政补贴的通知》	2021年5月1日—2022年12月31日	—	0.2元/kWh	对于2021年4月30日之前并网以及2020年8月1日之前并网的分布式光伏电站项目则继续享受之前0.3元/kWh的补贴；5月1日之后并网的分布式光伏发电项目补贴调整至0.2元/kWh 2022年1月1日之后并网的分布式光伏发电项目补贴调整至0.1元/kWh； 对2021年5月1日之后并网的居民分布式光伏发电项目，乐清市级财政补贴调整至每千瓦时0.2元，有效期至2021年12月31日止； 2022年1月1日之后并网的居民分布式光伏发电项目，符合相关规定要求的，乐清市级财政补贴调整至每千瓦时0.1元。2023年1月1日起取消乐清市级财政补贴
12	浙江省绍兴市柯桥区	浙江绍兴柯桥区《整区屋顶分布式光伏开发试点实施方案》	2021年1月1日—2025年12月31日	—	0.25元/kWh	在柯桥区内投资建设符合分布式光伏3.0要求，根据实际发电量给予补贴： 根据实际发电量按每千瓦时0.25元，对项目业主进行补助，补助周期为5年，在安装首年一年兑现一次，此后每半年兑现一次。在柯桥区建设非户用分布式光伏电站项目配套储能设施的，在项目通过柯桥供电分局验收后，对项目业主按每千瓦时储能能力100元发放一次性补助

续表

序号	省、市、区（县）	政策规划	实施日期及有效期	初装补贴（最高）	度电补贴（最高）	补贴要点
13	浙江省永康市	浙江永康市整市屋顶分布式光伏开发试点实施方案（征求意见稿）	2022年1月1日—2024年12月31日	—	0.1元/kWh	对2022年1月1日—2024年12月31日期间建成的屋顶分布式光伏发电项目、非居民用户侧储能项目给予财政补助。其中，新建屋顶分布式光伏发电项目根据实际发电量按每千瓦时0.1元给予补助，连续补3年（与金华补助标准一致），一年发放一次；对非居民用户侧储能项目（年利用小时数不低于600h），按照储能设施的功率给予补助，补助标准按150元、120元、100元/kW逐年退坡（省补助标准：调峰项目按200元、180元、170元/kW退坡，补助期三年），已享受省级补助的项目不再重复补助
14	浙江省嘉善县	浙江嘉善县人民政府出台《关于新一轮支持分布式光伏发展的若干意见》征求意见	2021年1月1日—2023年12月31日	1元/W	0.2元/kWh	对于对工商业屋顶实施的光伏发电项目，实行发电量补助，每年按实际发电量给予0.1元/kWh的电价补助，连续补贴3年；对学校、医院、党政机关和村（社区）等公共建筑及公建设施屋顶实施的光伏发电项目，实行发电量补助，每年按实际发电量给予0.15元/kWh的电价补助，连续补贴三年，对农业设施、畜（禽）养殖等农业屋顶实施的光伏发电项目，实行发电量补助，每年按实际发电量给予0.2元/kWh的电价补助，连续补贴3年。对城乡居民户用屋顶实施的光伏发电项目，实行装机容量补助，按装机容量给予1元/W的一次性补贴，最高不超过3000元。对实施的光伏发电项目配建储能系统并接受电网统筹调度的（经审批备案且年利用小时数不低于600h），额外实行储能容量补贴，补贴期

续表

序号	省、市、区（县）	政策规划	实施日期及有效期	初装补贴（最高）	度电补贴（最高）	补贴要点
14	浙江省嘉善县	浙江嘉善县人民政府出台《关于新一轮支持分布式光伏发展的若干意见》征求意见	2021 年 1 月 1 日—2023 年 12 月 31 日	1 元 /W	0.2 元 / kWh	自 2021 年起暂定 3 年，补偿标准　按 200 元、180 元、170 元 /（kW · 年）逐年退坡，已享受上级补助的项目不再重复补助
15	浙江省金华市	金华市区光伏发展补贴实施办法	本办法自 2022 年度起适用，有效期至 2025 年 12 月 31 日	—	0.10 元 / kWh	补贴对象为 2022 年 1 月 1 日至 2025 年 12 月 31 日期间，在金华市区投资兴建工商业屋顶光伏发电项目、公共机构屋顶光伏发电项目、居民家庭屋顶光伏发电项目的投资方；分布式光伏发电项目按发电量给予补贴，补贴标准为：0.10 元 / kWh，补贴时间为 3 年（自建成并网次月起，连续计算 36 个月），一年发放一次
16	浙江省玉环市	浙江玉环市 2021 年分布式光伏电站项目专项奖励资金通知	补贴时效为自并网发电之日起连续补贴 5 年	—	0.05 元 / kWh	针对分布式光伏电站项目指出，截止到 2019 年 12 月完成并网发电，且前期已通过市经信局节能降耗专项补贴审核，且年发电量达 5 万 kWh 以上的分布式光伏发电项目，符合此条件均可申报。光伏发电量项目按其年发电量给予项目主营企业 0.05 元 / kWh 的补贴，补贴时效为自并网发电之日起连续补贴 5 年
17	浙江省仙居县	浙江仙居县经信局印发《关于工业企业差别电价资金使用的通知》	2022 年 4 月 14 日	0.5 元 /W	—	在参与企业综合效益评级为 A、B 级的企业屋顶上安装光伏发电系统的工业企业，经县经信局登记备案并网发电后一次性享受补助标准为 0.5 元 /W，单个项目最高补助为 40 万元
18	浙江省永嘉县	永嘉县工业百企节能改造行动方案（2021—2023 年）	自 5 月 22 日起施行，有效期—2023 年 12 月 31 日	—	0.1 元 / kWh	推动光伏项目参与电力市场交易。对完成备案并接入县级分布式光伏数字化管理平台的"自发自用、余量上网"的分布式光伏电站项目，按照实际发电量，给予 0.1 元 /kWh 的补贴

续表

序号	省、市、区（县）	政策规划	实施日期及有效期	初装补贴（最高）	度电补贴（最高）	补贴要点
19	浙江省杭州市	浙江省杭州市发改委公开征求《关于进一步加快我市光伏发电项目建设的实施意见（征求意见稿）》	2021—2025 年	0.2 元 /W	—	对杭州市范围内 2021—2025 年期间建成并网的，且年光伏利用小时数超过 900h（由国网供电公司在并网满一年后出具相关证明文件）的光伏项目进行奖补。其中上城、拱墅、西湖、滨江、钱塘区按 0.2 元 /W 标准，其他地区按 0.1 元 /W 标准给予投资主体一次性建设奖励
20	浙江省松阳县	松阳县人民政府关于加快推进分布式光伏规模化开发的实施意见（征求意见稿）	2022—2023 年	0.6 元 /W	—	对县域范围内县城规划区以外 2022 年、2023 年建成并网的家庭户用分布式光伏电站项目给予一次性建设补贴，补贴标准分别为 0.60 元 /W、0.20 元 /W；补贴资金由县财政承担
21	浙江省衢州市柯城区	浙江省衢州市柯城区人民政府发布印发关于推进创新驱动加快经济高质量发展若干政策意见（试行）的通知（征求意见稿）	2022 年 4 月 26 日—2022 年 5 月 25 日	0.4 元 /W	—	对当年并网的单个项目装机容量在 1000kW 以上或项目投资额在 400 万以上的光伏电站项目进行补助。在工商业建筑和公共建筑屋顶建设的光伏发电项目，补助标准为 0.4 元 /W，单个项目补助不超过 50 万元；在新建商业建筑和新建厂房建设的建筑光伏一体化发电系统，补助标准为 0.8 元 /W，单个项目补助不超过 100 万元。公示期自 2022 年 4 月 26 日起至 2022 年 5 月 25 日
22	浙江省衢州市衢江区	2021 年推进工业高质量发展加快工业强区建设若干意见操作细则	自 2021 年 12 月 31 日起施行	0.4 元 /W	—	在衢江区范围内（除衢江经济开发区范围）工商业建筑和公共建筑屋顶建设的光伏发电项目；新建商业建筑和新建厂房建设的建筑光伏一体化发电系统。按项目并网容量进行补助，在工商业建筑和公共建筑屋顶建设的光伏发电项目，补助标准为 0.4 元 /W，单个项目补助不超过 50 万元；考虑到申报年度和项目对应年度不同，2021 年度的奖补项目按本通知执行

续表

序号	省、市、区（县）	政策规划	实施日期及有效期	初装补贴（最高）	度电补贴（最高）	补贴要点
23	浙江省海盐县	海盐县整县光伏开发试点工作方案的通知	2022年1月1日—2023年12月31日	0.2元/W	—	对2022年1月1日起至2023年12月31日期间建成并网发电的居民屋顶光伏项目，对屋顶所有方给予每瓦0.2元一次性投资补助，单户最高不超过2000元
24	浙江省瑞安市	瑞安市发展和改革局瑞安市财政局关于印发瑞安市分布式光伏发电项目资金奖补办法的通知	2022年1月1日—2023年12月31日	—	0.1元/kWh	对单位屋顶光伏发电项目，自验收合格并网发电之日起，按实际发电量给予0.1元/kWh补贴，一补2年（连续补贴2年）。对居民家庭屋顶光伏发电项目，自验收合格并网发电之日起，按实际发电量给予0.1元/kWh补贴，一补2年（连续补贴2年）
25	浙江省泰顺县	泰顺县人民政府发布关于扶持分布式光伏发电的若干意见	2022年1月1日—2023年12月31日	0.5元/W	—	（一）居民（家庭农场）屋顶光伏规模化建设。居民（家庭农场）屋顶统一规模化建设运营且不实施平改坡的，在光伏发电项目建成、并网和验收后给予居民发放一次性建设补贴。2022—2023年建成、并网和验收的实行差异化补贴，补贴标准分别为0.1元/W、0.08元/W；居民（家庭农场）屋顶统一规模化建设运营且按照政府“平改坡”美丽工程要求实施的，在光伏发电项目建成、并网和验收后给予居民发放一次性平改坡建设补贴。2022—2023年建成、并网和验收的实行差异化补贴，补贴标准分别为0.5元/W、0.4元/W。 （二）政府统一组织建设。行政事业单位、国企单位屋顶分布式光伏按合同能源管理模式建设运营的，由政府部门或行政事业单位、国企单位委托能源企业建设光伏发电设施。实施平改坡建设的屋顶光伏发电项目在建成、并网和验收后给予实施单位一次性建设补贴。2022—2023年建成、并网和验收的实行差异化补贴，

续表

序号	省、市、区（县）	政策规划	实施日期及有效期	初装补贴（最高）	度电补贴（最高）	补贴要点
25	浙江省泰顺县	泰顺县人民政府发布关于扶持分布式光伏发电的若干意见	2022 年 1 月 1 日—2023 年 12 月 31 日	0.5 元 /W	—	补贴标准分别为 0.5 元 /W、0.4 元 /W。不实施平改坡的屋顶光伏发电项目不享受补贴
26	浙江省平阳县	平阳县推动制造业跨越式高质量发展扶持办法	5 月 20 日印发	—	0.1 元 / kWh	对完成备案并接入市级分布式光伏数字化管理平台的“自发自用、余量上网”的分布式光伏电站项目，按照实际发电量，给予 0.1 元 /kWh 的补贴。对于实际投运的分布式储能项目，按照实际放电量给予储能运营主体 0.8 元 /kWh 的补贴
27	浙江省嘉兴市南湖区	关于新一轮鼓励光伏发电项目建设的若干意见（征求意见稿）	2021 年 1 月 1 日—2023 年 12 月 31 日期间	—	0.16 元 / kWh	（一）对在 2021 年 1 月 1 日至 2023 年 12 月 31 日期间（下同）并网的工商业屋顶光伏发电项目，实行三年发电量补助，每年按实际发电量给予 0.08 元 /kWh 电价补助。 （二）对学校、医院、党政机关和村社区等公共建筑屋顶光伏发电项目，实行三年发电量补助，每年按实际发电量给予 0.1 元 /kWh 电价补助。 （三）对“农光互补”光伏发电项目，实行三年发电量补助，每年按实际发电量给予 0.16 元 / kWh 电价补助
28	浙江省绍兴市新昌县	新昌县人民政府办公室关于印发《关于扩大有效投资助推高质量发展的若干意见》	补贴期限为自发电之日起一年	—	0.2 元 / kWh	对符合建设规范的 2022 年并网光伏项目，按其实际发电量给予 0.2 元 /kWh 的补贴，补贴期限为自发电之日起一年

续表

序号	省、市、区（县）	政策规划	实施日期及有效期	初装补贴（最高）	度电补贴（最高）	补贴要点
29	浙江省慈溪市	2022 年慈溪市推进产业高质量发展政策意见	2022 年	不高于 0.1 元 /W	—	2022 年投入发电运行、装机容量 0.1MW 以上的分布式光伏电站项目，根据确认的装机容量给予项目投资方不高于 0.1 元 /W 的一次性补助，单个项目最高不超过 10 万元
30	江苏省苏州市	江苏省苏州市政府办公室印发关于加快推进全市光伏发电开发利用的工作意见	2022 年起给予年度补助	—	—	“十四五”期间，对设立光伏发电补贴财政专项资金落实补贴的县级市（区），市级财政自 2022 年起给予年度补助，其中，对纳入全国整县（市、区）屋顶分布式光伏开发试点的县级市（区）按其年度实际发放光伏发电专项补贴总额的 30% 进行补助，对其他县级市（区）按照 15% 进行补助
31	江苏省苏州工业园区	关于征集 2022 年苏州工业园区光伏和储能项目（第一批）的通知	补贴 1 年	—	0.1 元 / kWh	分布式光伏电站项目自项目投运后按发电量补贴 1 年，每千瓦时补贴建筑业主方 0.1 元
32	浙江省温州市瓯海区	2021 年度瓯海区分布式光伏发电项目财政补贴申报工作	—	—	0.3 元 / kWh	2017 年 1 月 1 日至 2019 年 12 月 31 日前建成，且通过并网验收的项目： （一）项目单位根据项目建成并网验收后的发电量给予每千瓦时 0.1 元补贴，一补五年（连续补贴五年）。 （二）居民家庭（居民个人）屋顶光伏发电项目，自验收合格并网发电之日起，给予每千瓦时 0.3 元补贴，一补五年（连续补贴五年）。 （三）屋顶所有者自项目验收合格并网发电之日起，按其发电量给予每千瓦时 0.05 元补贴，一补五年（连续补贴五年）。企业（居民）自建模式的不补

续表

序号	省、市、区（县）	政策规划	实施日期及有效期	初装补贴（最高）	度电补贴（最高）	补贴要点
33	江苏省南京市江宁经济技术开发区	江宁经济技术开发区促进绿色发展暂行办法	2021年10月1日—2026年10月1日	0.2元/W	—	对新建分布式光伏发电的项目投资方按照发电量给予补贴，补贴标准为0.1元/kWh，单个项目最高享受补贴时间为3年，补贴时间范围在本办法有效期内。对采用合同能源管理模式新建分布式光伏发电项目应用方（屋顶方）按照项目装机容量给予一次性补贴，补贴标准为0.2元/W。单个项目最高补贴100万元
34	苏州市吴江区	苏州市吴江区人民政府发布印发吴江区分布式光伏规模化开发实施方案的通知	2021年7月—2023年12月31日	1元/W	0.2元/kWh	工业企业分布式光伏电站项目应用方（屋顶方）补贴0.1元/kWh，补贴项目1年的发电量； 居民屋顶光伏项目按1元/W对投资方进行一次性装机补助； 学校、医院、党政机关和村（社区）等公共建筑屋顶光伏及其他项目补贴投资方0.2元/kWh，补贴2年发电量；对实际投运的储能项目，按照实际放电量给予运营主体补贴0.9元/kWh，补贴2年放电量
35	江苏省新吴区	无锡高新区（新吴区）关于节能降碳绿色发展的政策意见	长期	0.1元/W	—	对新建分布式光伏发电项目的屋顶等场地业主单位按照装机容量给予一次性补贴，补贴标准为0.1元/W，单个项目最高补贴50万元。对以合同能源管理模式投资区外的分布式光伏发电项目投资方按照项目装机容量给予一次性补贴，补贴标准为0.05元/W，单个项目最高上限25万元
36	陕西省西安市	西安市发展和改革委员会关于申报2021年度分布式光伏补贴资金的通知	2022年3月9日成文	—	0.25元/kWh	申报范围及条件：2018年1月1日至2020年12月31日期间在西安市辖区内建成并网的分布式发电项目（含光伏扶贫项目），项目全部使用市内企业生产的组件，组件转换率达到光伏“领跑者”先进技术标准，项目建设质量符合国家、行业或地方标准的。自项目并网起，

续表

序号	省、市、区（县）	政策规划	实施日期及有效期	初装补贴（最高）	度电补贴（最高）	补贴要点
36	陕西省西安市	西安市发展和改革委员会关于申报2021年度分布式光伏补贴资金的通知	2022年3月9日成文	—	0.25元/kWh	给予投资人0.25元/kWh补贴。各区县范围内符合要求的分布式光伏发电项目发电补贴，由市财政局将补贴资金下达区县财政局，区县负责补贴资金兑付；各开发区（切块管理区）范围内分布式光伏发电项目的发电补贴，由开发区（切块管理区）按照不低于0.25元/kWh补贴标准给予发电补贴
37	陕西省西安市	西安市发改委下发《关于印发西安市分布式光伏发电项目补贴资金申请发放实施细则的通知》	2021年1月1日—2023年12月31日	——	0.10元/kWh	明确2021年1月1日至2023年12月31日期间在西安市（含西咸新区）备案、并网的分布式发电项目，项目使用的组件转换效率达到光伏“领跑者”先进技术标准，项目建设质量符合国家、行业或地方标准的，按照并网时间和发电量给予发电补贴。自项目并网起，给予投资人0.10元/kWh补贴，补贴执行期限5年
38	陕西省西安高新区	陕西西安高新区发改局印发《关于申报2021年度分布式光伏补贴资金的通知》	—	—	0.10元/kWh	2021年1月1日至2021年12月31日期间在高新区备案、并网的分布式发电项目给予投资人0.10元/kWh补贴，补贴执行期限5年
39	海南省三亚市	2020—2021年度三亚市太阳能分布式光伏发电市级补助资金的通知	2022年4月6日成文	—	0.25元/kWh	2020年12月31日前，我市行政辖区内各类投资主体（含个人及光伏扶贫项目）利用有条件的建筑物屋顶或附属场所开发建设的分布式光伏发电项目补助，补助标准为0.25元/kWh

续表

序号	省、市、区（县）	政策规划	实施日期及有效期	初装补贴（最高）	度电补贴（最高）	补贴要点
40	广东省肇庆高新区	广东肇庆高新区印发《肇庆高新区节约用电支持制造业发展补贴资金申报指南》的通知	2021年9月30日—2022年9月29日	300元/kW	—	补贴标准为以建成的项目总装机容量为基础，按300元/kW的标准确定项目补贴金额，发放给制造业企业（场地提供方和项目建设方按7∶3比例分配），每个项目（企业）补贴金额总和不超过100万元
41	广东省广州市黄埔区	广州市黄埔区广州开发区广州高新区促进绿色低碳发展办法	2021年5月20日—2026年5月19日	0.2元/W	0.3元/kWh	1. 对分布式光伏发电的项目投资方按照发电量给予补贴，补贴标准为0.15元/kWh［应用方（屋顶方）为非公共机构的］、0.3元/kWh［应用方（屋顶方）为公共机构的］。单个项目最高享受补贴时间为5年。 2. 对采用合同能源管理模式建设分布式光伏发电项目应用方（屋顶方）按照项目装机容量给予一次性补贴，补贴标准为0.2元/W。单个项目最高补贴200万元。由应用方（屋顶方）于项目并网后在线持续运行6个月以上后提出申请
42	广东省深圳市	深圳市发改委发布《关于大力推进分布式光伏发电的若干措施（征求意见稿）》和《深圳市分布式光伏发电项目管理操作指引（征求意见稿）》	2022年1月1日—2026年12月31日	—	0.3元/kWh	市级财政对纳入补贴范围的发电量予以补贴，其中：基准常规光伏项目：2022年、2023年并网发电的项目补贴标准为0.3元/kWh，2024年、2025年并网发电的项目补贴标准为0.2元/kWh，2026年并网发电的项目补贴标准为0.1元/kWh；光伏建筑一体化（BIPV）项目：补贴标准为基准常规光伏项目的1.2倍
43	广东省深圳市福田区	深圳市福田区支持战略性新兴产业和未来产业集群发展若干措施	2022年6月17日起施行，至2024年12月31日止	—	0.2元/kWh	基准常规光伏项目最高0.2元/kWh（不与市级补贴叠加）

续表

序号	省、市、区（县）	政策规划	实施日期及有效期	初装补贴（最高）	度电补贴（最高）	补贴要点
44	广东省东莞市	东莞市发展和改革局发布关于继续施行《东莞市发展和改革局分布式光伏发电项目资金管理办法》	2021年5月—2024年12月31日	—	0.3元/kWh	对建设分布式光伏发电项目的各类型建筑和构筑物业主，按装机容量18万元/MW进行装机补助，单个项目补助最高不超过144万元。 对机关事业单位、工厂、交通站场、商业、学校、医院、社区、农业大棚等非自有住宅建设企业分布式光伏发电项目的各类投资者，按实际发电量补助0.1元/kWh，补助时间自补助申请批准后的次月起，连续5年进行补助。对利用自有住宅及在自有住宅区域内建设的居民分布式光伏发电项目的自然人投资者，按实际发电量补助0.3元/kWh，补助时间自补助申请批准后的次月起，连续5年进行补助
45	广东省东莞市	广东省东莞市人民政府发布《桥头镇推进屋顶分布式光伏发电的若干措施（征求意见稿）》	2022年1月1日—2023年12月31日	0.15元/W	0.1元/kWh	（一）装机补助对象为建筑物或构筑物业主，标准为15万元/MW，单个项目不超过30万元； （二）发电量补助对象为自建光伏项目的业主，其中，工商业补助标准为0.05元/kWh，居民补助标准为0.1元/kWh，连续补贴两年
46	安徽省繁昌区	安徽繁昌区节能降碳若干支持措施的通知	2022年3月9日（有效期3年）	—	0.05元/kWh	对企业利用自有厂房建设分布式光伏发电（500kW或8000m^{2}以上）且自发自用的，按照自发自用电量给予0.05元/kWh的补贴，连续补贴2年。辖区内企业使用区内绿电的，按照使用量给予0.04元/kWh的补贴，连续补贴2年；辖区内企业使用区外绿电的，按照使用量给予0.03元/kWh的补贴，连续补贴2年。单个项目补贴总额不超过200万元

续表

序号	省、市、区（县）	政策规划	实施日期及有效期	初装补贴（最高）	度电补贴（最高）	补贴要点
47	安徽省芜湖市	芜湖市人民政府关于加快光伏发电推广应用的实施意见	自发文之日至2023年12月31日期间并网的项目	0.3元/W	—	对新建光伏发电项目配套建设储能系统，储能电池采用符合相关行业规范条件的产品，自项目投运次月起对储能系统按实际放电量给予储能电站运营主体0.3元/kWh补贴，同一项目年度最高补贴100万元。补贴项目为自发文之日至2023年12月31日期间投产的项目，单个项目补贴年限为5年。 为满足光伏发电安装条件，对既有建筑屋顶进行加固改造的，按加固改造费用的10%给予奖励，单个项目奖励金额最高不超过其光伏装机容量0.3元/W。补贴项目为自发文之日至2023年12月31日期间并网的项目
48	安徽省合肥市	合肥市进一步促进光伏产业高质量发展若干政策	本政策自2022年1月1日起施行，有效期2年	不超过0.2元/W	—	支持光伏在城建、交通、农业等领域应用。鼓励采取合同能源管理模式在工业园区、特色居民区建设光伏发电系统。对装机容量100kW及以上的屋顶光伏、光伏建筑一体化项目，给予投资主体不超过0.2元/W、0.4元/W一次性补贴，同一项目最高不超过10万元
49	山东省	山东2022年“稳中求进”高质量发展政策清单	2022—2025年	1元/W	—	对2022—2025年建成并网的“十四五”漂浮式海上光伏项目，省财政分别按照每千瓦1000元、800元、600元、400元的标准给予补贴，补贴规模分别不超过10万kW、20万kW、30万kW、40万kW。将海上光伏纳入省重点项目，统筹解决用海用地问题

续表

序号	省、市、区（县）	政策规划	实施日期及有效期	初装补贴（最高）	度电补贴（最高）	补贴要点
50	山东省青岛市	关于印发青岛市激发市场活力稳定经济增长若干政策措施的通知	2022—2025 年	1 元 /W	—	对 2022—2025 年建成并网的“十四五”漂浮式海上光伏项目，省财政分别按照每千瓦 1000 元、800 元、600 元、400 元的标准给予财政补贴，补贴规模分别不超过 10 万 kW、20 万 kW、30 万 kW、40 万 kW
51	上海市徐汇区	徐汇区节能减排降碳专项资金管理办法	2022 年 3 月 1 日起施行，有效期至 2025 年 2 月 28 日	1 元 /W	—	对本区范围内新建并网的分布式光伏电站项目，按项目并网验收规模给予 1000 元 /kW 的扶持，或按项目实际投资额给予 20% 的扶持。以上扶持最高不超过 200 万元。对于新建载体可在项目正式开工后和完成并网验收两阶段，按照 3∶7 比例给予扶持。如项目停止建设，根据具体情况，由主管部门负责收回已拨付的资金
52	四川省成都市	成都市人民政府办公厅关于印发成都市优化能源结构促进城市绿色低碳发展行动方案、成都市优化能源结构促进城市绿色低碳发展政策措施	7 月 15 日起施行，有效期 5 年	最高 300 万元	最高 1000 万元	支持分布式光伏试点示范，按装机容量给予最高 300 万元、按发电量给予最高 1000 万元补助

附录 2-4　各省、市光伏的最佳倾角，峰值日照和年有效利用小时数速查表

区域	省份	城市	安装角度（°）	峰值日照时数（h/d）	每瓦首年发电量（kWh/W）	首年有效利用小时数（h）
直辖市	北京市		35	4.21	1.214	1213.95
	上海市		25	4.09	1.179	1179.35
	天津市		35	4.57	1.318	1317.76
	重庆市		8	2.38	0.686	686.27
华东地区	江苏省	南京	23	3.71	1.07	1069.78
		徐州	25	3.95	1.139	1138.98
		连云港	26	4.13	1.19	1190.89
		盐城	25	3.98	1.147	1147.63
		泰州	23	3.8	1.097	1095.73
		镇江	23	3.68	1.062	1061.13
		南通	23	3.92	1.13	1130.33
		常州	23	3.73	1.076	1075.55
		无锡	23	3.71	1.07	1069.78
		苏州	22	3.68	1.062	1061.13
		淮安	25	3.98	1.148	1147.63
		宿迁	25	3.96	1.141	1141.87
		扬州	22	3.69	1.065	1064.01
	浙江省	杭州	20	3.42	0.988	986.16
		绍兴	20	3.56	1.028	1026.53
		宁波	20	3.67	1.057	1058.24
		湖州	20	3.7	1.067	1066.9
		嘉兴	20	3.66	1.057	1055.36
		金华	20	3.63	1.047	1046.71

续表

区域	省份	城市	安装角度（°）	峰值日照时数（h/d）	每瓦首年发电量（kWh/W）	首年有效利用小时数（h）
华东地区	浙江省	丽水	20	3.77	1.089	1087.08
		温州	18	3.77	1.088	1087.08
		台州	23	3.8	1.098	1095.73
		舟山	20	3.76	1.085	1084.2
		衢州	20	3.69	1.064	1064.01
	福建省	福州	17	3.54	1.021	1020.76
		莆田	16	3.59	1.035	1035.18
		南平	18	4.17	1.204	1202.42
		厦门	17	3.89	1.121	1121.68
		泉州	17	3.92	1.131	1130.33
		漳州	18	3.87	1.116	1115.91
		三明	18	3.92	1.132	1130.33
		龙岩	20	3.92	1.13	1130.33
		宁德	18	3.62	1.045	1043.83
	山东省	济南	32	4.27	1.231	1231.25
		青岛	30	3.38	0.975	974.62
		淄博	35	4.9	1.413	1412.92
		东营	36	4.98	1.436	1435.98
		潍坊	35	4.9	1.413	1412.92
		烟台	35	4.94	1.424	1424.45
		枣庄	32	4.11	1.349	1185.12
		威海	33	4.94	1.424	1424.45
		济宁	32	4.72	1.361	1361.01
		泰安	36	4.93	1.422	1421.57
		日照	33	4.7	1.355	1355.25
		莱芜	34	4.88	1.407	1407.15

续表

区域	省份	城市	安装角度（°）	峰值日照时数（h/d）	每瓦首年发电量（kWh/W）	首年有效利用小时数（h）
华东地区	山东省	临沂	33	4.77	1.375	1375.43
		德州	35	5	1.442	1441.75
		聊城	36	4.93	1.422	1421.57
		滨州	37	5.03	1.45	1450.4
		菏泽	32	4.72	1.361	1361.01
	安徽省	合肥	27	3.69	1.064	1064.01
		芜湖	26	4.03	1.162	1162.05
		黄山	25	3.84	1.107	1107.26
		安庆	25	3.91	1.127	1127.45
		蚌埠	25	3.92	1.13	1130.33
		亳州	23	3.86	1.115	1113.03
		池州	22	3.64	1.048	1049.59
		滁州	23	3.66	1.056	1055.36
		阜阳	28	4.21	1.214	1213.95
		淮北	30	4.49	1.295	1294.69
		六安	23	3.69	1.065	1064.01
		马鞍山	22	3.68	1.061	1061.13
		宿州	30	4.47	1.289	1288.92
		铜陵	22	3.65	1.054	1052.48
		宣城	23	3.65	1.052	1052.48
		淮南	28	4.24	1.223	1222.6
华南地区	广东省	广州	20	3.16	0.91	911.19
		清远	19	3.43	0.989	989.04
		韶关	18	3.67	1.06	1058.24
		河源	18	3.66	1.056	1055.36
		梅州	20	3.92	1.132	1130.33

续表

区域	省份	城市	安装角度（°）	峰值日照时数（h/d）	每瓦首年发电量（kWh/W）	首年有效利用小时数（h）
华南地区	广东省	潮州	19	4	1.156	1153.4
		汕头	19	4.02	1.16	1159.17
		揭阳	18	3.97	1.147	1144.75
		汕尾	17	3.81	1.1	1098.61
		惠州	18	3.74	1.079	1078.43
		东莞	17	3.52	1.017	1014.99
		深圳	17	3.78	1.089	1089.96
		珠海	17	4	1.153	1153.4
		中山	17	3.88	1.118	1118.8
		江门	17	3.76	1.084	1084.2
		佛山	18	3.43	0.99	989.04
		肇庆	18	3.48	1.003	1003.46
		云浮	17	3.53	1.018	1017.88
		阳江	16	3.9	1.127	1124.57
		茂名	16	3.84	1.108	1107.26
		湛江	14	39	1.125	1124.57
	广西壮族自治区	南宁	14	3.62	1.044	1043.83
		桂林	17	3.35	0.967	965.97
		百色	15	3.79	1.094	1092.85
		玉林	16	3.74	1.079	1078.43
		钦州	14	3.67	1.059	1058.24
		北海	14	3.76	1.085	1084.2
		梧州	16	3.63	1.046	1046.71
		柳州	16	3.46	0.998	997.69
		河池	14	3.46	0.998	997.69
		防城港	14	3.67	1.059	1058.24

续表

区域	省份	城市	安装角度（°）	峰值日照时数（h/d）	每瓦首年发电量（kWh/W）	首年有效利用小时数（h）
华南地区	广西壮族自治区	贺州	17	3.54	1.02	1020.76
		来宾	14	3.55	1.024	1023.64
		崇左	14	3.74	1.078	1078.43
		贵港	15	3.61	1.042	1040.94
	海南省	海口	10	4.33	1.25	1248.56
		三亚	15	4.75	1.371	1369.66
		琼海	12	4.71	1.358	1358.13
		白沙	15	4.76	1.374	1372.55
		保亭	15	4.74	1.368	1366.78
		昌江	13	4.55	1.314	1311.99
		澄迈	13	4.55	1.313	1311.99
		儋州	13	4.48	1.294	1291.81
		定安	10	4.32	1.246	1245.67
		东方	14	4.84	1.396	1395.61
		乐东	16	4.77	1.376	1375.43
		临高	12	4.51	1.302	1300.46
		陵水	15	4.74	1.366	1366.78
		琼中	13	4.72	1.362	1361.01
		屯昌	13	4.68	1.351	1349.48
		万宁	13	4.67	1.346	1346.59
		文昌	10	4.28	1.233	1234.14
		五指山	15	4.8	1.387	1384.08
华中地区	河南省	郑州	29	4.23	1.22	1219.72
		开封	32	4.54	1.309	1309.11
		洛阳	31	4.56	1.315	1314.88
		焦作	33	4.68	1.349	1349.48

续表

区域	省份	城市	安装角度（°）	峰值日照时数（h/d）	每瓦首年发电量（kWh/W）	首年有效利用小时数（h）
华中地区	河南省	平顶山	30	4.28	1.234	1234.14
		鹤壁	33	4.73	1.364	1363.9
		新乡	33	4.68	1.349	1349.48
		安阳	30	4.32	1.246	1245.67
		濮阳	33	4.68	1.349	1349.48
		商丘	31	4.56	1.315	1314.88
		许昌	30	4.4	1.269	1268.74
		漯河	29	4.16	1.2	1199.54
		信阳	27	4.13	1.191	1190.89
		三门峡	31	4.56	1.315	1314.88
		南阳	29	4.16	1.2	1199.54
		周口	29	4.16	1.2	1199.54
		驻马店	28	4.34	1.251	1251.44
		济源	28	4.1	1.182	1182.24
	湖南省	长沙	20	3.18	0.917	916.95
		张家界	23	3.81	1.099	1098.61
		常德	20	3.38	0.975	974.62
		益阳	16	3.16	0.912	911.19
		岳阳	16	3.22	0.931	928.49
		株洲	19	3.46	0.998	997.69
		湘潭	16	3.23	0.933	931.37
		衡阳	18	3.39	0.978	977.51
		郴州	18	3.46	0.998	997.69
		永州	15	3.27	0.944	942.9
		邵阳	15	3.25	0.937	937.14
		怀化	15	2.96	0.853	853.52

续表

区域	省份	城市	安装角度（°）	峰值日照时数（h/d）	每瓦首年发电量（kWh/W）	首年有效利用小时数（h）
华中地区	湖南省	娄底	16	3.19	0.921	919.84
		湘西	15	2.83	0.817	816.03
	湖北省	武汉	20	3.17	0.914	914.07
		十堰	26	3.87	1.116	1115.91
		襄阳	20	3.52	1.016	1014.99
		荆门	20	3.16	0.913	911.19
		孝感	20	3.51	1.012	1012.11
		黄石	25	3.89	1.122	1121.68
		成宁	19	3.37	0.972	971.74
		荆州	23	3.75	1.081	1081.31
		宜昌	20	3.44	0.992	991.92
		随州	22	3.59	1.036	1035.18
		鄂州	21	3.66	1.057	1055.36
		黄冈	21	3.68	1.063	1061.13
		恩施	15	2.73	0.788	787.2
		仙桃	17	3.29	0.949	948.67
		天门	18	3.15	0.91	908.3
		神农架	21	3.23	0.934	931.37
		潜江	27	3.89	1.122	1121.68
华北地区	河北省	石家庄	37	5.03	1.453	1450.4
		保定	32	4.1	1.182	1182.24
		承德	42	5.46	1.574	1574.39
		唐山	36	4.64	1.338	1337.94
		秦皇岛	38	5	1.442	1441.75
		邯郸	36	4.93	1.422	1421.57
		邢台	36	4.93	1.422	1421.57

续表

区域	省份	城市	安装角度（°）	峰值日照时数（h/d）	每瓦首年发电量（kWh/W）	首年有效利用小时数（h）
华北地区	河北省	张家口	38	4.77	1.375	1375.43
		沧州	37	5.07	1.462	1461.93
		廊坊	40	5.17	1.491	1490.77
		衡水	36	5	1.442	1441.75
	山西省	太原	33	4.65	1.341	1340.83
		大同	36	5.11	1.474	1473.47
		朔州	36	5.16	1.489	1487.89
		阳泉	33	4.67	1.348	1346.59
		长治	28	4.04	1.165	1164.93
		晋城	29	4.28	1.234	1234.14
		忻州	34	4.78	1.378	1378.31
		晋中	33	4.65	1.342	1340.83
		临汾	30	4.27	1.231	1231.25
		运城	26	4.13	1.193	1190.89
		吕梁	32	4.65	1.341	1340.83
	内蒙古自治区	呼和浩特	35	4.68	1.349	1349.48
		包头	41	5.55	1.6	1600.34
		乌海	39	5.51	1.589	1588.81
		赤峰	41	5.35	1.543	1542.67
		通辽	44	5.44	1.569	1568.62
		呼伦贝尔	47	4.99	1.439	1438.87
		兴安盟	46	5.2	1.499	1499.42
		鄂尔多斯	40	5.55	1.6	1600.34
		锡林郭勒盟	43	5.37	1.548	1548.44
		阿拉善盟	36	5.35	1.543	1542.67
		巴彦淖尔	41	5.48	1.58	1580.16

续表

区域	省份	城市	安装角度（°）	峰值日照时数（h/d）	每瓦首年发电量（kWh/W）	首年有效利用小时数（h）
华北地区	内蒙古自治区	乌兰察布	40	5.49	1.574	1583.04
东北地区	黑龙江省	哈尔滨	40	4.3	1.268	1239.91
		齐齐哈尔	43	4.81	1.388	1386.96
		牡丹江	40	4.51	1.301	1300.46
		佳木斯	43	4.3	1.241	1239.91
		鸡西	41	4.53	1.308	1306.23
		鹤岗	43	4.41	1.272	1271.62
		双鸭山	43	4.41	1.272	1271.62
		黑河	46	4.9	1.415	1412.92
		大庆	41	4.61	1.331	1329.29
		大兴安岭—漠河	49	4.8	1.384	1384.08
		伊春	45	4.73	1.364	1363.9
		七台河	42	4.41	1.272	1271.62
		绥化	42	4.52	1.304	1303.34
	吉林省	长春	41	4.74	1.367	1366.78
		延边—延吉	38	4.27	1.231	1231.25
		白城	42	4.74	1.369	1366.78
		松原—扶余	40	4.63	1.336	1335.06
		吉林	41	4.68	1.351	1349.48
		四平	40	4.66	1.344	1343.71
		辽源	40	4.7	1.355	1355.25
		通化	37	4.45	1.283	1283.16
		白山	37	4.31	1.244	1242.79
	辽宁省	沈阳	36	4.38	1.264	1262.97
		朝阳	37	4.78	1.378	1378.31

续表

区域	省份	城市	安装角度（°）	峰值日照时数（h/d）	每瓦首年发电量（kWh/W）	首年有效利用小时数（h）
西北地区	辽宁省	阜新	38	4.64	1.338	1337.94
		铁岭	37	4.4	1.269	1268.74
		抚顺	37	4.41	1.274	1271.62
		本溪	36	4.4	1.271	1268.74
		辽阳	36	4.41	1.272	1271.62
		鞍山	35	4.37	1.262	1260.09
		丹东	36	4.41	1.273	1271.62
		大连	32	4.3	1.241	1239.91
		营口	35	4.4	1.269	1268.74
		盘锦	36	4.36	1.258	1257.21
		锦州	37	4.7	1.358	1355.25
		葫芦岛	36	4.66	1.344	1343.71
	新疆维吾尔自治区	乌鲁木齐	33	4.22	1217	1216.84
		昌吉	33	4.22	1217	1216.84
		克拉玛依	41	4.87	1.404	1404.26
		吐鲁番	42	5.55	1.6	1600.34
		哈密	40	5.33	1.537	1536.91
		石河子	38	5.12	1.478	1476.35
		伊犁	40	4.95	1.427	1427.33
		蒙古自治州	41	5.42	1.563	1562.86
		和田	35	5.59	1.612	1611.88
		阿勒泰	44	5.17	1.494	1490.77
		塔城	41	4.88	1.407	1407.15
		阿克苏	40	535	1543	1542.67
		博尔塔拉	40	4.91	1.416	1415.8
		克孜勒苏	40	4.92	1.419	1418.68

续表

区域	省份	城市	安装角度（°）	峰值日照时数（h/d）	每瓦首年发电量（kWh/W）	首年有效利用小时数（h）
西北地区	新疆维吾尔自治区	喀什	40	4.92	1.419	1418.68
		图木舒克	37	5	1.442	1441.75
		阿拉尔	38	4.92	1.419	1418.68
		五家渠	36	4.65	1.341	1340.83
	陕西省	西安	26	3.57	1.029	1029.41
		宝鸡	30	4.28	1.234	1234.14
		成阳	26	3.57	1.029	1029.41
		渭南	31	4.45	1.283	1283.16
		铜川	33	4.65	1.341	1340.83
		延安	35	4.99	1.439	1438.87
		榆林	38	5.4	1.557	1557.09
		汉中	29	4.06	1.171	1170.7
		安康	26	3.85	1.11	1110.15
		商洛	26	3.57	1.029	1029.41
	甘肃省	兰州	29	4.21	1.214	1213.95
		酒泉	41	5.54	1.597	1597.46
		嘉峪关	41	5.54	1.597	1597.46
		张掖	42	5.59	1.612	1611.88
		天水	32	451	1.3	1300.46
		白银	38	5.31	1.531	1531.14
		定西	38	5.2	1.499	1499.42
		甘南	32	4.51	1.3	1300.46
		金昌	39	5.6	1.615	1614.76
		临夏	38	5.2	1.499	1499.42
		陇南	28	4.51	1.3	1300.46
		平凉	34	4.76	1.373	1372.55

续表

区域	省份	城市	安装角度（°）	峰值日照时数（h/d）	每瓦首年发电量（kWh/W）	首年有效利用小时数（h）
西北地区	甘肃省	庆阳	34	4.69	1352	1352.36
		武威	40	5.17	1.491	1490.77
	宁夏回族自治区	银川	36	5.06	1.459	1459.05
		石嘴山	39	5.54	1.597	1597.46
		固原	34	4.76	1.373	1372.55
		中卫	37	5.39	1.554	1554.21
		吴忠	38	5.3	1.528	1528.26
	青海省	西宁	34	4.7	1.355	1355.25
		果洛—达日	36	5.19	1.497	1496.54
		海北—海晏	34	4.7	1.355	1355.25
		海东—平安	34	4.7	1.355	1355.25
		海南—共和	38	5.88	1.695	1695.5
		海西—格尔木	38	5.88	1.695	1695.5
		海西—德令哈	41	5.65	1.629	1629.18
		黄南—同仁	39	5.81	1.675	1675.31
		玉树	34	5.37	1.548	1548.44
西南地区	四川省	成都	16	2.76	0.798	795.85
		广元	19	3.25	0.937	937.14
		绵阳	17	2.82	0.813	813.15
		德阳	17	2.79	0.805	804.5
		南充	14	2.81	0.81	810.26
		广安	13	2.77	0.8	798.73
		遂宁	11	2.8	0.808	807.38
		内江	11	2.59	0.747	746.83
		乐山	17	2.77	0.799	798.73
		自贡	13	2.62	0.756	755.48

续表

区域	省份	城市	安装角度（°）	峰值日照时数（h/d）	每瓦首年发电量（kWh/W）	首年有效利用小时数（h）
西南地区	四川省	泸州	11	2.6	0.75	749.71
		宜宾	12	2.67	0.771	769.89
		攀枝花	27	5.01	1.445	1444.63
		巴中	17	2.94	0.849	847.75
		达州	14	2.82	0.814	813.15
		资阳	15	2.73	0.789	787.2
		眉山	16	2.72	0.786	784.31
		雅安	16	2.92	0.842	841.98
		甘孜	30	4.17	1.203	1202.42
		凉山—西昌	25	4.39	1.266	1265.86
		阿坝	35	5.28	1.523	1522.49
	云南省	昆明	25	4.4	1.271	1268.74
		曲靖	25	4.24	1.224	1222.6
		玉溪	24	4.46	1.288	1286.04
		丽江	29	5.18	1.494	1493.65
		普洱	21	4.33	1.25	1248.56
		临沧	25	4.63	1.335	1335.06
		德宏	25	4.74	1.367	1366.78
		怒江	27	4.68	1.35	1349.48
		迪庆	28	5.01	1.446	1444.63
		楚雄	25	4.49	1.296	1294.69
		昭通	22	4.25	1.225	1225.49
		大理	27	4.91	1.416	1415.8
		红河	23	4.56	1.314	1314.88
		保山	29	4.66	1.344	1343.71
		文山	22	4.52	1.303	1303.34

续表

区域	省份	城市	安装角度（°）	峰值日照时数（h/d）	每瓦首年发电量（kWh/W）	首年有效利用小时数（h）
西南地区	云南省	西双版纳	20	4.47	1.291	1288.92
	贵州省	贵阳	15	2.95	0.852	850.63
		六盘水	22	3.84	1.107	1107.26
		遵义	13	2.79	0.805	804.5
		安顺	13	3.05	0.879	879.47
		毕节	21	3.76	1.086	1084.2
		黔西南	20	3.85	1.111	1110.15
		铜仁	15	2.9	0.836	836.22
	西藏自治区	拉萨	28	6.4	1.845	1845.44
		阿里	32	6.59	1.9	1900.23
		昌都	32	5.18	1.494	1493.65
		林芝	30	5.33	1.537	1536.91
		日喀则	32	6.61	1.906	1905.99
		山南	32	6.13	1.768	1767.59
		那曲	35	5.84	1.648	1683.96

注　1. 本表中发电量的计算已考虑 79% 的系统综合效率。
2. 本表已根据当地经纬度换算出组件的最佳安装倾角。
3. 本表中的每瓦年发电量与电站实际装机容量的乘积就是该电站的年发电量。
4. 本表中以固定倾角为计算依据，仅供参考。

附录 2-5　建筑屋顶分布式光伏电站项目屋顶租赁协议模板

建筑屋顶分布式光伏电站项目屋顶租赁协议

合同编号：××××××××××××××××

甲方（出租方）：××××××××××

乙方（承租方）：××××××××××

签订时间：××××年××月××日

经甲、乙双方友好协商，就乙方承租甲方房屋屋顶、房间、空地（以下统称“租赁物”）用于分布式光伏发电站项目（以下简称“项目”或“电站”）之相关事宜订立本合同，以资共同遵守。

1. 租赁物基本情况

1.1　承租屋顶。

1.1.1　甲方将其拥有独立所有权或管理权的、位于××省××市××区××路××号××楼的下述房屋屋顶出租给乙方使用：

幢号	产权证号		抵押情况说明	查封情况说明	预估面积（m²）
	房产证号	土地使用权证号			
合计					

备注：
（1）“产权证号”填写说明：填写房产证号及房产占用土地的土地使用权证号，有房产证的，此处请填写房产证号；无房产证的，此处请填写房屋占用土地的土地使用权证号及建设工程规划许可证号。
（2）房屋具体位置及布局详见本附录 2-5-1《平面布置图》。
（3）“抵押情况说明”“查封情况说明”处须说明截至本合同签订时的房产及土地抵押、查封情况。

1.1.2　双方确认，按以下约定的方式确定屋顶计租面积：

屋顶计租面积＝项目实际使用面积。由双方指定人员在项目完工后共同到现场实地测量，并另行签订补充协议确认，作为计算租金的最终依据。

1.2　承租房屋。

甲方将其拥有独立所有权或经营管理权的下述房间（□全部 □部分）出租给乙方使用：

房号	产权证号		抵押情况说明	查封情况说明	租赁面积（m²）
	房产证号	土地使用权证号			

备注：
（1）“产权证号”填写说明：填写房产证号及房产占用土地的土地使用权证号，无房产证的，此处填写建设工程规划许可证号。
（2）“抵押情况说明”“查封情况说明”填写说明：填写截至本合同签订时的房产及土地抵押、查封情况

1.3 承租空地。

甲方将其拥有独立所有权或经营管理权的 ××m^2 的空地免费提供给乙方使用（该宗空地将用于安装光伏电站配套设施（包括但不限于架设、埋设集电线路和输出线路、机电设备等），具体使用位置应以乙方提供的施工设计图纸为准。）该宗空地土地使用权证号为：××××××，截至本合同签订时，土地使用权抵押、查封情况：（□已设定抵押 □未设定抵押）、（□已被查封 □未被查封）。

1.4 本合同签订后至项目进场施工日前，租赁物所涉房屋及土地的抵押、查封情况发生变化的，甲方应及时通知乙方。

如房产或土地使用权已设定抵押的，甲方承诺保证已征得抵押权人同意，并保证于本合同签订后 ×× 日内向乙方提供由抵押权人出具的《承诺书》(《承诺书》模板详见附录 2–5–2)。如甲方无法提供前述承诺书，甲方保证在租赁期限内房屋不会因抵押权人实现抵押权而被处置，并保证乙方使用租赁物不会受到抵押权人的干扰。如果在租赁期限内，本合同因抵押权人行使抵押权而无法继续履行（包括但不限于本合同被提前终止或解除或买受人要求上涨租金、下调电费折扣等超出本合同同等条件），甲方应赔偿乙方全部损失。

1.5 甲方应配合乙方向不动产登记主管部门查询不动产权状况（含抵押、查封情况等）并于本合同签订时向乙方提供由不动产登记主管部门出具的有效证明原件。

2. 租赁用途

租赁物用于建设分布式光伏发电站项目，项目并网发电方式：□全额上网 □自发自用、余额上网。

3. 租赁期限和交付日期

3.1 本合同租赁期限为 20 年，自乙方进场开工之日起计算。

3.2 为确保光伏电站的 25 年运行期限，甲方同意在本协议约定的租赁期限届满前 3 个月内，与乙方续订该租赁协议，续订租赁期限为 5 年。【注：租赁合同的具体续订时间可以依据实际情况确定，不是必须是本租赁合同租赁期限届满前 3 个月。】

3.3 甲乙双方同意续订该租赁合同时，双方应以本合同条款重新签订屋顶租赁合同，除租赁期限等条款需要改变外，租赁的单价、租金支付方式、甲乙双方的权利和义务等条款均保持不变。

3.4 屋顶租赁期限届满 25 年前，如乙方仍需继续租赁本合同项下屋顶的，应在 25 年租赁期限届满前 3 个月向甲方提出续租要求，在同等条件下，乙方享有优先承租权。

3.5 乙方应提前 ×× 天通知甲方租赁物交接时间，甲方应及时向乙方交付租赁物。

3.6 甲方向乙方交付租赁物时，由双方签订交接书、标明租赁物现状（如是否漏水等情况）、交接时间、交验人员等信息。

4. 租金标准、支付方式和支付时间

4.1 租金自乙方进场开工之日起计算，甲方同意给予乙方 ×× 个月免租期。

4.2 租金计算标准如下：

（1）房屋屋顶每年每平方米租金为人民币××××元（含税），按第1.1.1条约定的预估面积计算，年租金总计为人民币××××元，增值税税率××%，不含税价××××元，税额××××元。

（2）房间每年每平方米租金为人民币××××元（含税），年租金总计为人民币××××元，增值税税率××%，不含税价××××元，税额××××元。

（3）空地每年每平方米租金为人民币××××元（含税），年租金总计为人民币××××元，增值税税率××%，不含税价××××元，税额××××元。

4.3 项目并网发电方式为自发自用、余额上网，乙方根据双方签订的《合同能源管理协议》的约定转换电站并网接入方式，即将"自发自用、余额上网"运行模式转换为"全额上网"，租金计算标准如下：

（1）房屋屋顶每年每平方米租金为人民币××××元（含税），按第1.1.1条约定的预估面积计算，年租金总计为人民币××××元，增值税税率××%，不含税价××××元，税额××××元。

（2）房间每年每平方米租金为人民币××××元（含税），年租金总计为人民币××××元，增值税税率××%，不含税价××××元，税额××××元。

（3）空地每年每平方米租金为人民币××××元（含税），年租金总计为人民币××××元，增值税税率××%，不含税价××××元，税额××××元。

4.4 租金按××年预付，首笔租金在租赁期开始且乙方收到甲方开具的相应金额的租金增值税专用发票后××个工作日内支付，后续租金在前一周期到期且乙方收到甲方开具的相应金额的租金增值税专用发票后××个工作日内电汇或者承兑汇票支付。

按照1.1.2条确定的屋顶计租面积作为计算屋顶租金的最终依据，第1.1.1条约定的预估面积与实测面积产生差异导致的租金差异，在签订补充协议前已缴纳的部分届时实行多退少补，或在下一阶段应缴纳的租金中作相应抵扣。

4.5 甲方指定收款账户如下：

开户行：××××××××××××××××

开户名：××××××××××××××××

账　号：××××××××××××××××

4.6 如甲方拖欠乙方任何款项（包括但不限于电费、赔偿金、违约金等），乙方有权直接从其应付甲方的租金或其他款项中扣除。

5. 房屋屋顶使用要求和维修责任

5.1 租赁期间，甲方保证租赁物及其附属设施处于正常可使用和安全的状态。房屋屋顶交付乙方后，乙方对房屋屋顶实行封闭管理，甲方因合理原因需对屋顶进行检查，应提前××日通知乙方。检查时，乙方应予以配合，甲方应减少对乙方使用该房屋屋顶的影响。

5.2　租赁期间，非乙方过错造成的租赁物及其附属设施损坏由甲方负责维修、维护，费用由甲方承担。甲方应在乙方通知后3个工作日内派人到现场维修。若甲方逾期未维修，且影响乙方正常使用租赁物的，乙方有权自行委托第三方维修，因此产生的费用，乙方有权从其应支付甲方的款项中扣除。

租赁期间，因乙方过错造成的租赁物及其附属设施损坏由乙方负责维修、维护，费用由乙方承担。乙方应在甲方通知后3个工作日内派人到现场维修。若乙方逾期未维修，且影响甲方正常经营的，甲方有权自行委托第三方维修，因此产生的费用，甲方有权从其应支付乙方的款项中扣除。

5.3　甲方确需对屋顶进行翻修、养护或改造的，应提前书面通知乙方，由双方共同确定方案，避免对乙方资产造成损害或影响电站正常运行，造成乙方损失的，甲方给予补偿。

6. 甲方的权利和义务

6.1　为保证项目建设安全、加快项目建设进度，使项目能尽快并网发电，甲方应全力配合乙方工作，包括但不限于：

（1）提供屋顶所属建筑物设计文件、竣工图纸、屋顶的结构和荷载证明等涉及施工方案设计的其他资料复印件，并加盖甲方公章。

（2）配合乙方进行项目前期审批立项、并网接入等相关工作。如依照有关规定需以甲方为申请主体申请办理的，在明确双方权利义务后，甲方予以积极协助。

（3）项目并网调试需要停电的，甲方应配合向相关部门提出停电申请。

6.2　甲方应为乙方提供项目建设所需用水、用电及存放设备及工具的临时场地等必要条件。乙方在进行项目施工、运营过程中，铺设输变电线路需要通过甲方其他场地、房屋时，在不改变甲方原有建筑物结构且不妨碍甲方正常经营的前提下，甲方应予以同意。建设施工用水、用电费用由乙方委托的施工单位承担。

6.3　甲方应当协助乙方向有关政府机构或者其他单位申请项目投资方可享受的相关补助、奖励或其他可适用的优惠政策。

6.4　甲方应为项目的安全提供必要的安全监管服务，如防火、防盗、防人为损坏等，服务费用已包含在本合同约定的租金及/或用电电价优惠中。项目安全监管服务包括但不限于：

（1）乙方电站为独立空间，由乙方设置隔离门，乙方人员及乙方委托的电站维护人员均有权进入电站内进行安全巡查或维护工作，甲方不得无故阻拦。

（2）甲方有义务阻止无关人员靠近、进入电站，除甲方指定的且已在乙方处备案登记的安全巡视人员例行巡查外，未经乙方许可，甲方不得允许其他无关人员进入电站。

（3）就安全监管、维护工作，甲方须指定联络人负责和乙方联络人对接工作，甲方指定联络人须保持通信畅通以备乙方随时联络。

（4）甲方已设置视频监控系统的，应允许乙方电站视频监控信号接入其视频监控系统内，并负责电站实时视频监控；甲方未设置视频监控系统的，由乙方在甲方门卫处单独设立视频监控显示器，由甲方负责实时监控。

（5）若甲方所属任何区域内出现火情、盗窃、破坏等紧急情况，由甲方负责及时联系消防或公安部门处理，必要时应按照乙方提供的紧急处理预案进行处置，并在第一时间向乙方反馈情况；若甲方周边区域出现火情、盗窃、破坏等紧急情况，甲方应在第一时间向乙方反馈情况，且甲方应加强其所属区域的巡查、排查安全隐患。

（6）如甲方发现电站设备丢失或损坏，甲方应及时通知乙方，并配合、协助乙方调查取证及索赔。

6.5　甲方应为项目检修维护、故障处理、检测提供便利，包括为乙方项目维护人员或乙方聘请的第三方进出提供方便等。

6.6　未经乙方书面同意，甲方不得拆除、更换、更改、添加或移动项目设备、设施。

6.7　本合同签订后，承租屋顶所涉房屋、承租房间如发生所有权变动，甲方应及时书面通知乙方，且甲方应向受让方如实告知本合同租赁情况，并确保受让方同意承担本合同甲方应承担的所有义务，乙方对租赁物的使用权及项目资产不受到任何妨碍或影响，否则应赔偿由此给乙方造成的损失。

6.8　如租赁物被列入拆迁范围，甲方应自知道或应当知道该等事件后的3个工作日内书面通知乙方，乙方有权参与拆迁补偿方案谈判、沟通等全过程，整体拆迁补偿方案中应含有对乙方项目的拆迁补偿方案，乙方项目的拆迁补偿及营业损失补偿属乙方专有，甲方不得侵占。

如果政府相关部门提供的整体拆迁补偿方案不对光伏电站项目资产及停产停业损失做明确区分，甲方应在与政府相关部门签订拆迁补偿协议前与乙方商定项目拆迁补偿方案，如协商不成，共同委托第三方评估机构在当地拆迁补偿标准的基础上，以乙方项目资产价值和剩余租赁期限内经营收益为基准，对乙方在整体拆迁补偿中应分配的金额和比例进行核算。双方同意以该评估机构确定的方式核算乙方项目拆迁补偿金额。如果甲方依照相关规定作为被征收人受领了全部拆迁补偿金，则应在收到拆迁补偿金后5个工作日内按核算的比例和金额向乙方分配相应补偿金。

如拆迁后，甲方在其他地块新建房产，在满足光伏项目建设条件的基础上，乙方有意在新址投资建设项目的，同等条件下，对甲方新建房产屋顶，乙方享有优先租赁权。

6.9　为保障电力安全，租赁期内，双方因履行本合同或其他协议发生任何争议或纠纷，在争议或纠纷未最终解决之前，甲方不得采取任何措施妨碍电站正常运行。

6.10　如项目建设需要拆除、移除甲方设置于屋顶上的相关设施、设备，由双方本着利于项目建设的原则协商处理。

6.11　未经乙方书面同意，甲方不得在屋顶设置任何影响电站采光的广告牌、设施、设备等。

6.12 甲方如需对房屋进行可能影响屋顶结构、荷载能力的改造，应提前书面通知乙方并获得乙方的同意方可进行。

6.13 本合同签订时，甲方未办理齐全房屋产权证（包括土地使用权证及房产所有权证，下同）的，甲方应尽快办妥，否则应赔偿给乙方造成的全部损失。

7. 乙方的权利和义务

7.1 乙方拥有项目财产所有权，并单独作为项目投资方享受相关补贴。

7.2 乙方应确保项目施工及运营安全。

7.3 乙方应按时支付租金。

7.4 乙方严格按照国家及当地相关法律法规及政策规定进行项目开发建设。乙方负责办理项目相关审批、备案等手续，并承担因此发生的相关费用。

7.5 乙方自行负责项目设计、采购、施工、运营及设备系统的检修维护和故障处理，并承担相关费用。

7.6 乙方不得随意改变建筑物屋顶的现状和附着物，不得破坏建筑物屋顶结构层、防水层和保温隔热层及其他不可移除的构筑物。因乙方原因造成房屋屋顶损坏，导致屋顶结构层、防水层和保温隔热层出现问题，影响甲方房屋正常使用的，由乙方负责及时修复，并承担相关费用。

7.7 乙方应当确保其工作人员和其聘请的第三方在项目建设、运行的整个过程中遵守相关法律法规以及甲方事先告知的相关厂区管理规定。

7.8 乙方应当协助甲方向有关政府机构或者组织申请甲方可享受的相关补助、奖励或其他可适用的优惠政策。

7.9 乙方有权在本合同租赁期限届满后续签的10年租赁期限内，根据光伏电站运营情况，决定提前终止与甲方续签的《屋顶租赁合同》《合同能源管理合同协议》等本项目相关的合作协议，且不承担责任。

7.10 甲方未办妥全部房屋产权证且按照本协议约定的要求向乙方提供相关技术资料及配合义务前，乙方有权不进场开工。

8. 承诺与保证

8.1 甲方保证其对租赁物拥有完整的所有权及处置权，租赁物不存在产权争议且未被查封或列入拆迁范围。

8.2 甲方保证房屋及屋顶完全符合国家、行业、地方相关规定、要求和标准。

8.3 各方保证其依据本合同向对方提供的一切文件、单据、资料均真实、准确、合法和有效。

9. 租赁物返还

9.1 本合同提前解除或终止的，乙方应于本合同解除或终止后的 ×× 日内（以下简称“清场期”）返还该房屋屋顶及房间。

乙方无需支付清场期租金，但应承担相应的水费、电费等相关费用。未经甲方同意逾期未返还租赁物的，乙方应按 ×××× 元 /（m^2·年）的标准向甲方支付屋顶占用期间的使用费。

9.2　本合同提前解除或终止时，乙方添置的设备、设施、器材等，可拆除或搬卸的，归乙方所有，由乙方负责拆除、搬离；不可拆除或者或拆除成本高的，可由双方协商处理。

9.3　除双方另有约定外，乙方返还该房屋屋顶及房间应当符合正常使用后的状态。返还时，应经甲方验收认可，双方应签署交还确认书，并相互结清各自应当承担的费用。如乙方通知甲方办理返还手续，甲方未按时接收的，视为乙方已按约定返还。

10. 项目转让和承租方权利义务转让

甲方同意，如乙方将项目转让予第三方，则本合同项下乙方权利义务一并转让予第三方。乙方应将转让情况（包括受让方、转让时间等）及时通知甲方，甲方应配合及时签署相关协议确认本合同项下承租方权利义务的转让，甲方拖延或拒绝签署相关协议的，不影响本合同项下承租方权利义务转让的效力。

11. 解除本合同的条件

11.1　甲、乙双方同意在租赁期内，有下列情形之一的，乙方有权单方解除本合同，且不承担责任：

（1）该房屋被依法列入房屋拆迁许可范围的。

（2）因乙方项目未获得政府相关部门批准、备案（如未取得项目备案证、未获取合理成本下的电力接入方案审批等），项目无法建设的。

（3）经乙方鉴定最终认定房屋结构及屋顶不符合项目建设条件的（如屋顶荷载不足等）或项目最终收益测算不符合乙方投资标准的。

（4）涉及的有关国家、省、市及地区的可再生能源政策发生重大变化的。

（5）在项目进场施工前，租赁物所涉房产及土地被查封的。

（6）甲方未在 ×××× 年 ×× 月 ×× 日前办妥房屋产权证的。

11.2　甲、乙双方同意，有下列情形之一的，甲方可书面通知乙方解除本合同，乙方应向甲方按月租金的 ×× 倍支付违约赔偿金：

（1）乙方未征得甲方同意改变房屋屋顶用途，致使房屋屋顶损坏的。

（2）乙方擅自转租该房屋屋顶的。

（3）乙方逾期不支付租金累计超过 ×× 个月的。

11.3　甲、乙双方同意，有下列情形之一的，乙方可书面通知甲方解除本合同，甲方应赔偿乙方损失：

（1）甲方未按时交付该房屋屋顶，经乙方催告后 ×× 日内仍未交付的。

（2）甲方交付的租赁物不符合本合同的约定，致使不能实现租赁目的的；或甲方房屋或交付的屋顶存在缺陷，危及乙方项目资产安全的。

12. 违约责任

12.1　该房屋屋顶或房间交付时存在缺陷的，甲方应自交付之日起的 ×× 日内进行修复，逾期不修复的，甲方同意减少租金并变更有关租金条款。

12.2　因甲方未如实告知租赁物抵押、查封情况，造成乙方损失的，甲方应负责赔偿。

12.3　因甲方过错造成乙方项目设备遗失或损坏的，甲方应赔偿乙方损失。

12.4　一方不及时履行本合同约定的维修、维护责任，造成另一方损失的，应承担赔偿责任。

12.5　因政府的政策性补贴对项目的并网发电时间均有要求，如因甲方原因造成项目并网延误而致使乙方无法享受补贴的，甲方应赔偿乙方补贴损失。

12.6　如因甲方过错造成乙方无法正常使用租赁物或屋顶电站无法正常运营或运行，甲方应赔偿乙方损失；如项目无法运行下去，乙方有权单方解除合同，甲方应赔偿乙方损失。

12.7　除本合同另有约定外，甲方擅自解除本合同，提前收回该房屋屋顶的，甲方应赔偿乙方损失。

12.8　甲方违反本合同第 3.2 条的约定，拒绝按照第 3.3 条约定签署 5 年期限的续租合同，或者甲方违反本合同第 3.4 条的约定，甲方应按照如下计算方式赔偿乙方的损失：上一年度乙方发电收益（扣除成本后）×（5）年。

12.9　除本合同另有约定外，乙方擅自退租的，乙方应按月租金的 ×× 倍向甲方支付违约赔偿金。

12.10　如乙方拖欠租金的，每逾期一日应按拖欠款项的万分之 ××（不高于万分之五）支付违约赔偿金。

12.11　因乙方过错造成租赁物或甲方其他财产损坏的，乙方负责维修，无法修复的，乙方应赔偿甲方损失。

12.12　如计算电站预期收益损失，电站设计寿命按 30 年计算。

13. 其他条款

13.1　根据本合同发出的任何通知、要求及其他通信应以书面形式进行，并按下列联系方式交付给或寄给有关方：

（1）致甲方的通知应寄往 / 交付：

地　址：××××××××××××××××

邮　编：××××××××××××××××

电　话：××××××××××××××××

传　真：××××××××××××××××

电子邮箱地址：×××××××××××××

收件人：××××××××××××××××

（2）致乙方的通知应寄往 / 交付：

地　址：××××××××××××××××

邮　编：××××××××××××××××

电　话：××××××××××××××××

传　真：××××××××××××××××

电子邮箱地址：××××××××××××

收件人：×××××××××××××××

除非本合同另有规定，否则如以传真或面呈，就在发送时视为收件人已经收到；如以邮递，就在投递之日后三日视为收件人已经收到；如以电子邮件，电子邮件到达收件人特定系统的日期为送达日期。除非本合同任何一方在更改其上述的通信资料时立即以书面知会另一方，否则任何一方仍有权按上述通信资料向对方发出及给予有效的通知、请求、要求或其他通信。

13.2　本合同自双方签字盖章后生效。生效后的 ×× 日内，由甲方负责按规定向房屋所在地相关部门办理登记备案，领取房屋租赁登记备案证明；本合同经登记备案后，凡变更、终止本合同的，由甲方负责在本合同变更终止之日起的 ×× 日内，向原登记机构办理变更、终止登记备案手续。因甲方未办理房屋租赁登记备案或变更、终止登记备案的，所引起的法律纠纷，由甲方承担一切责任。

13.3　乙方将投资设立项目公司建设及运营电站，经双方协商一致同意，待乙方设立项目公司以后，乙方将本合同项下的权利及义务全部转让给项目公司，即承租方变更为项目公司。双方同意与项目公司及时签署相关协议。

13.4　本合同未尽事宜，经甲、乙双方协商一致，可订立补充协议。

13.5　甲、乙双方在签署本合同时，对各自的权利、义务、责任清楚明白，并愿按合同规定严格执行。如一方违反本合同，另一方有权按本合同规定索赔。

13.6　甲、乙双方在履行本合同过程中发生争议，应通过协商解决；协商解决不成的，双方同意依法向房屋所在地人民法院起诉。

13.7　本合同一式 ×× 份，甲、乙双方各持 ×× 份，均具有同等效力。

甲　方：	乙　方：
法定代表人或授权代表：	法定代表人或授权代表：
××××年××月××日	××××年××月××日

附录 2-5-1　平面布置图

略。

附录 2-5-2 承诺书

承诺书

××××××公司：

本单位（本人）已知悉（以下称“出租人”）欲将其所有并抵押给本单位（本人）的位于的房地产（房产证号：×××××××××；土地使用权证号：×××××××××）屋顶及房间出租给贵公司。本单位（本人）同意出租人将上述房地产屋顶及房间出租给贵公司，认可出租人与贵公司所签署的租赁合同。如本单位（本人）需在贵公司承租期内实现抵押权，本单位（本人）将告知抵押物买受人房地产屋顶及房间租赁情况，并要求抵押物买受人承认并确保出租人与贵公司所签订的租赁合同对其继续有效。

承诺人：×××

××××年××月××日

附录 2-6　协议开发（收益抵屋顶费）模板

合同能源管理项目合同

合同编号：××××××××

签订日期：××××××

甲方（用能方）：×××××××××××××

乙方（服务方）：×××××××××××××

甲、乙双方本着平等自愿、诚实守信、互惠互利、合作双赢、节能环保的原则，经充分协商就乙方在甲方屋顶建设太阳能分布式光伏发电站项目，并按照“合同能源管理”模式为甲方进行专项节能服务，甲方按约向乙方支付节能服务费等有关权利义务事宜，根据《中华人民共和国合同法》及其他相关法律法规的规定，达成如下协议，以兹共同信守履行。

第 1 条　术语和定义

双方确定：本合同及相关附件中所涉及的有关名词和技术术语，其定义和解释如下：

1. 屋顶光伏电站：是指甲方提供适合安装太阳能发电设备的足够项目容量的屋顶，由乙方投资建设安装的太阳能光伏发电装置。

2. 专项节能服务：是指合同双方根据本合同的约定，由乙方投资在甲方建筑物的屋顶上建设安装分布式光伏电站，并负责该电站的运行、维护，电站所发电力在甲方用户侧并网供甲方使用，甲方保证使用本项目发出的全部电能［若所发电能甲方不能全部利用，则乙方有权转售第三方（含电网）］，以减少甲方向电网购买电量从而达到节能的目的，并由甲方向乙方按照本合同的约定支付节能服务费用。

3. 节能效益：是指屋顶光伏电站所发电量，按照当时当地电网官方网站公布的电网峰、平、谷电价计算确定的电费价值。

第 2 条　项目概况

1. 项目名称：××××××分布式光伏发电站项目（简称“项目”或“本项目”）。

2. 项目地点：××××××××××××××××××××（精确到楼号，附注具体坐标）。

3. 项目并网模式：自发自用、余电上网。

4. 建设规模：××××MW。使用屋顶面积××××××m^2。

5. 项目建设周期：本项目所涉屋顶光伏电站的建设周期为自项目批准之日起 2 年。

6. 项目实施期限：本项目的节能效益分享期为【25】年，20 年后的最后 5 年由双方补签协议，项目实际并网发电之日即为节能项目效益分享的起始日。

第 3 条　项目方案设计、实施和项目的验收

1. 项目方案设计：项目方案由乙方委托有资质的专业设计单位进行设计，并由双方确认无异后实施；

2. 项目的实施：甲乙双方应当按照项目设计文件、相关标准、法规的要求以及本合同的规定进行本项目的建设、实施。

3. 项目的验收：甲乙双方应当在项目电站建成、用户侧并网工程完成后按照电力接入的规定进行试运行，并共同书面确认项目电站发电首日。

第 4 条　节能效益及分享比例

1. 节能效益：

1.1　项目发电量 × 当地电网官方网站公布的电网峰、平、谷期间的实际电价（当地官方电网价格调整时，进行相应调整）即为节能效益。

1.2　项目发电量的计量：为准确计量屋顶光伏电站的发电量，乙方将在甲方的用户侧安装计量分时发电量的计量装置，以该计量装置计量的分时发电量确定光伏电站的分时发电量。该计量装置安装时，应由双方共同采取施封措施，仅留外部读表观察窗口，安装计量装置的初次报验及费用由乙方承担。

1.3　任何一方对于分时发电量计量装置的性能存在疑问，可由双方共同委托鉴定机构对计量装置进行鉴定，以确认计量装置计量的准确性，如果计量装置合格则鉴定费用由提出疑问的一方负担，如检测不合格由认为合格一方承担。如计量装置偏离允许的误差值，则双方需按照偏离值计算修正实际发电量，按修正后的数据确定实际发电量。

2. 节能效益分享比例：甲方 ××%，乙方 ××%。

第 5 条　节能服务费、支付方式及发票

1. 节能服务费：

1.1　乙方可分享的节能效益（节能效益 ××%）即为甲方应支付给乙方的节能服务费（也即电费）。

1.2　每月节能服务费的计算公式为：

（1）（峰时发电量 × 甲方向电网购电峰时实际电价）×（节能效益 ××%）。

（2）（平时发电量 × 甲方向电网购电平时实际电价）×（节能效益 ××%）。

（3）（谷时发电量 × 甲方向电网购电谷时实际电价）×（节能效益 ××%）。

（4）每月应付节能服务费＝（1）＋（2）＋（3）。

1.3　本项目节能服务费结算期为：自项目屋顶光伏电站发电首日起至合同期满。

2. 支付方式：

2.1　项目安装调试并网运行后甲方应按月向乙方支付节能服务费。具体为：乙方于每月最后一日 16 时如实抄录计量装置读取的当月光伏电站的分时发电量（抄表记录应记录当

时时点分时计量装置反应的数据），并以此作为项目每月节能效益的计算依据。乙方按照约定比例计算出当月应享受的节能效益（即甲方应支付乙方的电费）后，于次月 5 日前向甲方开具节能服务费发票，甲方应于收到发票的当月 20 日前一次性向乙方付清发票载明的节能服务费。

2.2　甲方应将节能服务费通过银行转账的方式支付至乙方账户，不接受承兑支付。

2.3　乙方收款账户为：

开户行：××××××××××××

账号：×××××××××××××

3. 发票：

3.1　在乙方取得供电营业资格以前，乙方就节能服务费只能开具普通发票或者服务业增值税发票。由于甲方向电网购电时获得的是电力增值税发票，可以依法作为进项抵扣。乙方承诺，如乙方就节能服务费不能开具增值税发票或开具的是服务业增值税发票，则比较相同金额的电力增值税发票减少的进项抵扣额，由乙方补偿甲方。补偿的方式为：计算确定减少的进项抵扣额后，乙方在计算当月服务费用时扣减相应的金额。

3.2　建筑屋顶分布式光伏电站开工建设后，乙方即申请供电营业资格，乙方在获得供电营业资格，可向甲方开具电力增值税发票后，则前述进项抵扣额的补偿条款不再适用。

第 6 条　甲方的权利和义务

1. 甲方有权根据合同的约定足额优先享受节能效益。

2. 对乙方不当使用屋顶，导致屋顶损毁或有可能毁损的危险时，有权要求乙方立即改正，排除妨害，消除危险，造成损失的有权要求乙方赔偿。

3. 乙方出让“项目”，在同等价格条件下，甲方有优先购买权。

4. 甲方需免费提供满足本项目建设所需的屋顶及有关资料。

4.1　甲方需保证对屋顶享有完全的无瑕疵的所有权或处分权，保证本合同不因该权利瑕疵而导致合同无效、效力待定、被撤销或其他有碍合同履行的不利情形；

4.2　合同签订后 5 日内，甲方需向乙方提供屋顶厂房的原建筑设计院相应建筑物设计图纸、建筑物屋顶承载证明文件、竣工图、电路图、建筑物原设计单位出具的《建筑物承载复核意见》等在建筑屋顶建设分布式光伏电站所需审查的一切相关资料及厂房的权属证书（包括土地使用证、房屋所有权证）资料给乙方，并保证所提供的有关建筑物的技术资料真实可靠，以便乙方进行光伏电站的评估和设计；

4.3　甲方应保证屋顶在合同期限内始终具备屋顶光伏电站发电项目建设、运营所需的全部条件，并为保证该条件的持续性、有效性而进行定期或不定期的必要的安全检查、维修保养、排除妨害等。

4.4　合同期内甲方需保证乙方行使屋顶电站有关权利不受任何阻碍，有义务对乙方或乙方委托的第三方行使权力（如进行项目的建设、维护、运营及检测、抄表、维修）给予协助、支持提供便利条件，如在建筑屋顶分布式光伏电站建设及经营期间通知物业、门卫等相关单位人员给予放行和便利等条件，配合乙方进行电站的建设、安装、管理和维护等工作，以便乙方顺利申报、设计、安装、运行、维护该项目。

5. 甲方应协助乙方办理光伏发电站的立项、报批、核准、建设、验收、并网等有关手续。对乙方电站运营期间的日常经营管理给予便利和支持。

6. 分布式光伏电站开工建设前，甲方应提供“项目”实施所需要的现场条件和必要的协助，如清理施工现场，确保道路通畅，合理调整生产情况，提供建设所需的供水、供电及排水等施工条件。

7. 甲方需向乙方免费提供房屋、场地、场所以供乙方项目建设期间设备和材料的临时存储。

8. 甲方需为乙方免费提供分布式光伏发电设施安装所需的电缆井通道、设备房、配电设备房等光伏电站项目运营的长期用房。

9. 甲方应于分布式光伏电站开工建设的同时，协助乙方建设配套用户侧电力接入系统工程，按规定履行电网接入程序，在甲方用户侧安装独立的自动电能计量装置（电能表）和运行监控系统，并向电网运行管理机构传送相关数据。

10. 如根据相关的法律、法规、规章、政策文件，或者基于任何有权的第三方的要求，本“项目”的实施必须以甲方名义向相应的政府机构或者其他第三方申请许可、同意或者批准的，甲方应当根据乙方的请求，及时申请该等许可、同意或者是批准，并保证在乙方项目运营期间持续有效。甲方也应当根据乙方的合理要求，协助乙方获得其他为实施本“项目”所必需的许可、同意或者是批准。

11. 甲方应当将与“项目”有关的其内部规章制度和特殊安全规定要求及时提前告知乙方、乙方的工作人员或其委托的第三方。

12. 甲方应当协助乙方向有关政府机构或者组织申请与项目相关的补助、奖励或其他优惠。若有关补助、奖励或其他优惠资金支付至甲方账户的，则甲方应及时支付给乙方，不得拖延和克扣。

13. 鉴于“项目”位于甲方屋顶，在甲方控制范围内，由甲方实际控制占有，故甲方有义务确保“项目”及相关设备、附件、财产安全。在“项目”建设及运行期间（即本合同有效期内），甲方不得擅自拆除、更换、更改、添加或移动项目设备、设施、场地，亦有阻止第三方进行前述行为的义务。甲方违反本条约定义务的，甲方应承担恢复原状、排除妨害、停止侵权、赔偿损失的责任。

14. 甲方应保证使用本项目发出的全部电能，依约支付节能服务费用。若所发电能甲方不能全部利用，则乙方有权转售第三方（含电网）。

15. 甲方应根据项目方案的相关规定，参与项目的验收，并提供确认安装完成和试运行正常发电首日的确认文件。

16. 甲方应对与项目相关的设备、设施的安全负责，避免偷盗及人为毁损行为的发生，确保设备运行符合国家法律法规及产业政策要求，设备、设施连续稳定运行且运行状况良好。若发生前述情况应立即通知乙方。

17. 除不可抗力外甲方应严格履行本合同至合同期限届满之日，合同履行期间不得擅自解除合同。

第 7 条　乙方的权利和义务

1. 乙方对位于甲方屋顶的分布式光伏电站资产（包括位于屋内的相关配套设备、设施等）享有所有权和经营自主权，甲方和其他第三方不得侵害和干涉。

2. 乙方有权将建筑屋顶分布式光伏电站出租、托管或转让。

3. 乙方对分布式建筑屋顶光伏电站项目享有经营收益权和电价的自主定价权。

4. 乙方有权根据合同的约定足额享受节能效益，收取节能服务费（电费）。若甲方不能全部利用项目所发电能，则乙方有权将电能转售第三方〈含电网〉。

5. 乙方应当按照项目实施方案文件规定的技术标准和要求以及本合同的规定，自行或者委托第三方按时完成本项目的方案设计、建设、运营以及维护。

6. 乙方应当根据甲方提供的建筑物技术资料，合理设计建筑屋顶分布式光伏发电站，施工与运营过程中需保证不破坏建筑原有结构、功能，以确保甲方建筑物安全。

7. 乙方应当根据相应的法律法规的要求，申请除必须由甲方申请之外的有关项目的许可、批准和同意。

8. 乙方应保证分布式光伏发电站的建设符合国家法律、法规的要求，工程质量符合国家标准。

9. 在接到甲方关于项目运行故障的通知之后，乙方应及时完成相关维修或设备更换。

10. 乙方应当确保其工作人员或者其委托的第三方在项目实施、运行、维护的整个过程中遵守相关法律法规，以及甲方的相关规章制度。

11. 在施工和使用中，如因乙方发电设施或乙方人为原因造成建筑屋顶破损，乙方应负责修缮或承担赔偿责任。

12. 光伏发电站建设和运营、维护过程中，乙方应不影响甲方的正常生产经营活动。

13. 乙方建筑屋顶电站所发电力按照双方约定的优惠条件专供甲方使用。

14. 乙方应保证依法经营，保证光伏发电站的运营符合国家颁布的有关环境保护的法律、法规要求。

第 8 条　项目的更改

1. 如在项目的建设期间出现乙方作为专业机构能够合理预料之外的情况，从而导致原有项目实施方案需要修改，则乙方有权对原有项目实施方案进行修改并实施修改的方案，但前提是不会对原有项目实施方案设定的主要节能目标和技术指标造成重大不利影响。除非该情况的出现是由甲方的过错造成，所有由此产生的费用由乙方承担。

2. 在本项目运行期间，乙方有权为优化项目方案、提高节能效益对项目进行改造，包括但不限于对相关设备或设施进行添加、替换、去除、改造，或者是对相关操作、维护程序和方法进行修改。乙方应当预先将项目改造方案提交甲方备案，所有的改造费用由乙方承担。

3. 在本项目运行期间，若甲方擅自拆除、更换、更改、添加或移动现有设备、设施、场地，以致对本项目的节能效益产生不利影响的，甲方应按照 1.5 倍赔偿乙方因此导致节能效益下降造成的相应的损失并承担将设备、设施等恢复原状的费用。

第 9 条　所有权及转移

1. 本项及项目下所有由乙方采购并安装的设备、设施和仪器等财产（简称“项目财产”）的所有权属于乙方，甲方不得对项目财产进行任何性质的处分，如不得对项目财产设定任何性质的担保、抵押、质押，不得将项目财产用于偿债或作其他处分，在收到法院、仲裁机构或其他有权机关关于查封、拍卖、变卖项目财产的文件后必须立即向文件发出方声明该财产非甲方财产并立即通知乙方。若甲方违反本条约定擅自处分项目财产或收到法院、仲裁机构或其他有权机关关于查封、拍卖、变卖项目财产的文件后未及时履行声明、通知义务，造成乙方经济损失的，则除应全额赔偿乙方经济损失外还应按照乙方经济损失的 0.5 倍向乙方支付违约金。

2. 本合同期满或者提前解除后，项目财产的所有权经甲乙方协商一致可以转让给甲方，若双方不能协商一致，乙方可将属于自身所有的财产拆除或转让给第三方，甲方应予协助。

3. 属乙方所有的项目财产，乙方有权转让。在同等价格条件下，甲方有优先购买权，乙方转让项目财产时，应书面通知甲方项目财产转让的价格、付款条件，并征询甲方是否购买，在乙方向甲方发出前述书面通知之日起 30 日内，甲方未作出是否购买项目财产的意思表示的，视为放弃优先购买权。甲方同意，乙方向任何第三人转让项目财产时，乙方在本合同项下的权利义务由该受让项目财产的第三人承继。

4. 项目财产的所有权由乙方转让给甲方时，应同时移交本项目继续运行所必需的资料。如该项目财产的继续使用需要乙方的相关技术和 / 或相关知识产权的授权，乙方应当无偿向甲方提供该等授权。如该项目财产的继续使用涉及第三方的服务和 / 或相关知识产权的授权，该等服务和授权的费用由甲方承担。

第 10 条　违约责任

1. 如甲方未按期足额支付节能服务费，则对逾期付款的金额按照每日万分之五向乙方支付违约金。逾期 30 日以上时，按照逾期付款金额每日万分之八向乙方支付违约金。

2. 甲方违反第 9 节第 1 条以外的其他义务的，乙方有权选择以下任意一种方式要求甲方承担相应的违约赔偿责任：

2.1　延长节能服务时间，以弥补乙方的损失；

2.2　增加乙方节能效益分享的比例，由原来的 × ×% 变更为 × ×%；

2.3　直接要求甲方赔偿损失；

2.4　解除合同，并要求甲方赔偿全部损失。

3. 本条规定的违约责任方式不影响甲乙双方依照法律法规可获得的其他救济手段。

4. 一方违约后，另一方应采取适当措施，防止损失的扩大，否则不能就扩大部分的损失要求赔偿。

5. 因项目投资巨大，成本回收期相对较长（约 ×× 至 ×× 年方能回收成本），故甲方不得擅自解除合同，若甲方违反约定擅自解除合同则除应赔偿乙方投资损失【包括但不限于项目开发费损失（向第三方支付的开发服务费）、各类咨询服务费损失（如为获得可研、环评、地灾、地形图、勘界、地质勘查、能源评估、水土保持、选址论证、接入方案等支持性文件支付的设计或咨询费）、损失安装费损失、运费损失、拆除费损失、重建费损失、组件等设备损耗或报废损失，如功率下降损失，不可避免的拆卸导致的损毁损失，支架、电缆、相关辅材报废损失等】外还应赔偿乙方合同解除后应履行但未履行期间（25年减去已实际履行时间后的期间）的节能效益损失（节能效益损失按照合同解除前乙方已分享节能收益的年平均值计算，若不足一年的则按照乙方项目年发电量的理论数据或额定功率计算）。

第 11 条　不可抗力

本合同下的不可抗力是指不能预见、不能避免并不能克服的客观情况。包括：

1. 雷电、洪水、风暴、地震、滑坡、暴雨等自然灾害、海上危险、航行事故、战争、骚乱、暴动、全国紧急状态（无论是实际情况或法律规定的情况）、戒严令、火灾、流行病、隔离、辐射或放射性污染；或任何政府单位或有权机关（包括任何有管辖权的法院或仲裁庭以及国际机构）的行动，包括但不限于法律、法规、规章或其他有法律强制约束力的法案所规定的没收、约束、禁止、干预、征用、要求、指示或禁运。但不得包括一方资金短缺的事实，或一方因违约、故意、过失等行为导致的前述有权机关的行动。

2. 如果一方（“受影响方”）由于不可抗力事件的发生，无法或预计无法履行合同下的义务，受影响方就必须在知晓不可抗力的有关事件的 5 日内向另一方（“非影响方”）提交书面通知，提供不可抗力事件的证明文件。

3. 受影响方必须采取一切合理的措施，以消除或减轻不可抗力事件有关的影响。

4. 在不可抗力事件持续期间，受影响方的履行义务暂时中止，相应的义务履行期限相应顺延，并将不会对由此造成的损失或损坏对非影响方承担责任。在不可抗力事件结束后，受影响方应该尽快恢复履行本合同下的义务。

5. 如果因为不可抗力事件的影响，受影响方不能履行本合同项下的任何义务，而且非影响方在收到不可抗力通知后，受影响方的不能履行义务持续时间达 90 个连续日，且在此期间，双方没有能够谈判达成一项彼此可以接受的替代方式来执行本合同下的项目，任何一方可向另一方提供书面通知，解除本协议，而不用承担任何责任。

6. 不可抗力发生于一方延迟履行合同义务期间的，将不得因不可抗力免除合同义务或违约责任。

第 12 条　合同解除

1. 本合同可经由甲乙双方协商一致后书面解除。

2. 本合同可依照不可抗力的规定解除。

3. 当甲方迟延履行付款义务达 30 日时，乙方有权书面通知甲方后解除本合同。

4. 当非甲方责任乙方延误项目开工建设期限达 180 日时，甲方有权书面通知乙方后解除本合同。

5. 电站项目未获得有关政府或电力部门备案、批准，导致项目无法建设的，乙方有权通知甲方解除合同，且无需承担违约责任。

6. 当本合同的一方发生以下任一情况时，另一方可书面通知对方解除本合同：

6.1　一方进入破产程序；

6.2　一方违反本合同下的主要义务，且该行为在另一方书面通知后 30 日内未得到纠正。

7. 本合同解除后，本项目应当终止实施，项目财产由乙方负责拆除、取回，并根据甲方的合理要求，将项目现场恢复原状，费用由乙方承担，甲方应对乙方提供合理的协助。

8. 本合同的解除不影响任意一方根据本合同或者相关的法律法规向对方寻求赔偿的权利，也不影响一方在合同解除前到期的付款义务的履行。对于合同的解除负有过错的一方应当向另一方承担赔偿损失的责任，赔偿损失的范围既包括实际损失，也包括本项目顺利实施后该方按照本合同可以获得的预期节能效益。

第 13 条　合同项下的权利、义务的转让

乙方有权将本合同项下部分或全部权利、义务转让给第三方，但应履行通知义务。乙方将项目所有权转让给第三方的，在同等条件下甲方拥有优先权。但甲方收到乙方的通知后 30 日内未表示购买的，视为放弃优先权。

第 14 条　人身、财产损害及赔偿

1. 如果在履行本合同的过程中，因一方的工作人员或受其指派的第三方人员（“侵权方”）的故意或者是过失而导致另一方人身或财产损害或者是任何第三方的人身或者是财产损害，侵权方应当为此负责。如果另一方因此收到其工作人员或者是该第三方的赔偿请求，则侵权方应当负责为另一方抗辩，并赔偿另一方由此而产生的所有费用和损失。

2. 受损害或伤害的一方对损害或伤害的发生也有过错时，应当根据其过错程度承担相应的责任，并适当减轻造成损害或伤害一方的责任。

3. 合同履行期间若项目或项目所依附的房屋被拆迁、征用或被侵权、毁损，则拆迁人、征用人、侵权人针对项目本身所给予的赔偿金、补偿金等收益当属乙方所有，必要时甲方应配合乙方行使相关权利，以维护乙方权益。拆迁时，乙方应自行拆走光伏发电

设备和材料，并可依照本协议约定模式在甲方新建建筑上安装光伏发电设备和材料，费用由乙方承担。

第 15 条　争议的解决

凡因本合同引起的或与本合同有关的任何争议，双方应友好协商解决，无法协商解决的，均按照以下第 ×× （1 或 2）种方式解决：

1. 向有管辖权的人民法院起诉。

2. 向无锡市仲裁委员会仲裁。

第 16 条　保险

1. 双方约定按以下方式购买保险：

属于乙方的财产由乙方购买适当的保险并负担保险费用；属于甲方的财产由甲方购买适当的保险并负担保险费用；

2. 双方应协商避免重复投保，并及时告知对方已有的或准备进行的相关项目、财产和人员的投保情况。

第 17 条　双方需要约定的其他事项

1. 双方委派的项目联系人及职责：

1.1　甲方委托 ×××× 为本方全权代表，负责本合同相关权利义务的履行等事宜；

1.2　乙方委托 ×××× 为本方全权代表，负责本合同相关权利义务的履行等事宜；

2. 双方委托的代表均无权单独就本合同权利义务行使增设、变更、撤销、放弃、解约、免除之权利。若双方有意为之，则必须以书面形式约定并经双方签字、盖章（公章或合同专用章）生效的正式文件为准；

3. 一方变更项目联系人的，应在三日内以书面形式通知另一方。未及时通知并影响本合同履行或造成损失的，应承担相应的责任。

4. 本合同下的通知应当用专人递交、挂号信、快递、电报、电传、传真或者电子邮件的方式发送至本合同开头所列的地址。如该通知以口头发出，则应尽快地在合理的时间内以书面方式向对方确认。如一方联系地址改变，则应当尽快于 7 个工作日内书面告知对方。本合同中所列的地址即为甲、乙双方的收件地址。

第 18 条　合同生效及有效期限

1. 本合同经双方盖章后即生效。双方通过传真、邮件等电子签约方式签署的，合同的传真件、邮件打印件等具有与原件同样的效力。

2. 与本合同有关的附件是属于本合同的有效组成部分，与本合同具有同等法律效力。

3. 合同文本一式四份，具有同等法律效力，甲方执 1 份，乙方执 3 份。

4. 合同有效期：本合同有效期为自合同签订生效之日起至项目连续投运满 25 年后终止，期间因不可抗力、甲方原因或项目本身技术原因导致项目中止的，中止的期限应相应顺延，以保证项目的节能效益分享期不少于 25 年。

甲方（盖章）：

法定代表人：××××××××××××

委托代理人：××××××××××××

住址：×××××××××××××××

联系方式：×××××××××××××

签约日期：××××年××月××日

乙方（盖章）：

法定代表人：××××××××××××

委托代理人：××××××××××××

住址：×××××××××××××××

联系方式：×××××××××××××

签约日期：××××年××月××日

附录 2-7　建筑屋顶分布式光伏电站项目投资评审报告模板

××MW 分布式光伏电站项目投资评审报告

一、项目背景

本光伏项目计划利用 ××××× 屋顶建设分布式光伏电站，初步审核容量为 ××MW。

建筑屋顶业主：××××× 有限公司注册资金 ×××× 万元，成立日期为 ×××× 年 ×× 月 ×× 日，法定代表人为 ×××，股东为 ×××。公司经营范围 ××××。

项 目 公 司：×××× 新能源有限公司。

住　　所：×××××××××××××××× 号

法定代表人：×××

注 册 资 金：×××× 万元

营 业 年 限：×××× 年 ×× 月 ×× 日至 ×××× 年 ×× 月 ×× 日

推荐采用谷歌地图截图配图（屋顶图、建筑图）

二、项目要素

1. 房屋产权情况：

×××××××× 土地证：

编号：×××××××××，土地证使用面积 ×××× m^2。

共计：×××× m^2

房产证：

×××× 车间 ×××× m^2——××× 市不动产第 ×××× 号楼门卫室 ×××× m^2 等共计 ×× 本房产证。

共计 ×××× m^2。

满足电站 25 年使用要求。

2. 接入系统：已取得 ×××× 电网公司出具的原则同意并网函。

3. 补贴指标：该项目为 ×××× 年 ×× 月 ×× 日备案，如 ×××× 年 ×× 月 ×× 日前并网可取得 ×××××××× 补贴。

4. 项目股权结构：×××× 新能源有限公司是 ×××× 新能源有限公司的全资子公司。

三、项目合作方式

1. 合作方：×××× 新能源有限公司。

2. 合作方需求：

将项目公司股权、电费收益权质押给 ×××××××××，由总包方进行小 EPC（组件由 ×××× 采购）。

付款节点：预付 ××××% 总包相应数额保函，项目站内施工完成，外线施工完成，支付 ××%，项目并网验收支付 ××%，一年质保到期后支付剩余 ××%。项目建设完成后，完成项目公司转让。

四、承重说明

根据 ×××× 技术部出具的审核意见：

1. 承重满足要求，不需加固。

2. 初步设计装机容量为 ××××MW，结合场地实况优化排布设计；评审会后，技术人员通过现场核实和设计优化，争取容量的最大化。

五、投资模型及主要参数说明

1. 发电量测算

结合 Metronome 的最新太阳能辐射数据，系统效率按 ××%，按 ×××× 最佳倾角测算，首年等效利用小时数 ××××h。

2. 运维成本

该项目首年运维成本 ×××× 元/W，合计 ×××× 万元/年（不含屋顶租金）。

3. 初始投资概算表

表 1　　×× 建筑屋顶分布式光伏电站项目初始投资概算表

序号	名称	型号	单价（元）	备注
一、分布式光伏电站核心设备				
1	光伏组件			
2	逆变器/汇流箱			
3	支架	铝合金		
二、配电装置				
1	箱式变压器（如需）			
2	箱式开关站（如需）	一次		
		二次（含综自/后台）		
三、电缆				
1	光伏电缆			

续表

序号	名称	型号	单价（元）	备注
2	直流电缆			
3	直流电缆			
4	交流电缆			
5	通信电缆			
四、其他				
1	设计费			
2	监理费			
3	组件监造			
4	施工费（含辅材）			
5	期间管理费用			
6	电网接入施工			
7	生产准备费			
8	建设期利息			
9	不可预见费			
五、屋顶租赁费（或收益分成费用）				
1	合作开发费			
合计				

4. 项目测算基础数据

（1）接入距离：在 ×××× 门口及院墙外均有 ××kV 满足电网接入要求，预计接入距离按照 ××××km 考虑。

（2）屋顶租赁费：已与企业签订房顶租赁协议，按照 ×× 元 /m² 计算租金，投委会后和总经理办公会后，按照 ×××× 有限公司的要求签署最终的租赁协议将。

六、财务模型敏感性分析

财务模型敏感性分析由财务部和项目开发部联合审核，签字确认。

1. 分布式光伏电站项目投资概况表

表 2　××建筑屋顶分布式光伏电站项目投资概况表

基本情况	项目名称	××××分布式光伏电站项目	
	建设地点		
	建设规模（MW）		
评价结果	评价指标	测算结果	备注
	全投资 IRR	××%	综合考虑了线损、设备损坏、会议中心用电负荷变化等因素
	资本金 IRR	××%	
	资本金投资回收期（年）	××	
	资本金净利润率（ROE）	××%	
关键因素	主要影响因素	具体数值	说明
	首年等效年利用小时数（h）	××	系统效率按××%考虑
	初始投资（元 /W）	××	
	自用电价（元 /kWh）	××	
	上网电价（元 /kWh）	××	
	利率	××%	
	首年运营成本（万元）	××	管理费用增长率××%，不含屋顶租金及电站管理费
其他假设条件	项目质保金	××%	质保期 1 年
	银行贷款比例	××%	
	短期融资来源	××	1 为短期借款，2 为资本金投入
	流动贷款利率	××%	
	增值税率	××%	
	所得税率	××%	三免三减半
	城建及教育费附加税率	××%	
	折旧年限	××	

续表

其他假设条件	残值率	××%	
	总部费用（万元）	××××	

2. 敏感性分析表

表 3　　××分布式光伏电站项目敏感性分析

序号	不确定因素	变化幅度	内部收益率	内部收益率变化率	敏感度系数
1	基本方案				
2	建设投资				
3	发电量				
4	自发自用电量比例				
5	售电价格				
6	度电补贴				

表 4　　××分布式光伏电站项目融资方案敏感性分析

项目	贷款比例					贷款利率（浮动比例）				
指标	0%	50%	60%	70%	80%	+20%	+10%	1	—10%	—20%
全投资 IRR										
资本金 IRR										

七、主要风险及应对措施

1. 屋顶风险：该公司土地有银行抵押，投委会前需要银行按照公司要求出具抵押承诺函。

2. 接入风险：该项目接入园区××kV 线路，投委会前落实接入方案及评审意见。

3. 补贴风险：如果不能如期在××××年××月××日并网，无法取得当地的电价补贴。后续电价补贴有滞后风险。

4. 限电风险：国家对于分布式发电要求电网公司全部消纳，另外为考虑实际需要配合停电的因素，该项目在进行财务测算时已经考虑按照××% 限电率进行考量。

八、请求批准事项

1. 同意投资建设××××××有限公司××××MW 分布式光伏电站项目，开展尽职调查。

2. 落实 EPC 方，商谈 EPC 价格。

九、附件

1. 收资表；
2. 屋顶业主营业执照；
3. 土地证、房产证或证明；
4. 租赁协议；
5. 项目公司营业执照；
6. 备案文件；
7. 原则同意并网函；
8. 技术图纸等公司。

附录 2-8　分布式光伏电站运维合同模板

分布式光伏电站运维服务合同模板

项目名称：××××××××××××××××

项目地址：××××××××××××××××

甲方（电站产权方）：××××××××××××

乙方（电站运维方）：××××××××××××

甲、乙双方根据《中华人民共和国合同法》等法律法规的规定签订本合同。

本运行维护承包合同由××××××××××××（以下简称“甲方”）与××××××××××××（以下简称“乙方”）本着“平等互利，协商一致”的原则，于××××年××月××日签订。本合同服务日期起始点以××××年××月××日为起始点，合同的服务期为 20 年，合同总额¥××××元，大写：人民币××××××××元，年运维费用为【××××元】，大写：人民币××××××××元。本合同自双方法定代表人或授权代表签字并加盖单位公章或合同专用章之日起生效。

第一章　项目概况及服务范围

1.1　甲方拥有位于【××××分布式光伏电站项目】电站，光伏电站由光伏组件及与之配套的汇流箱、逆变器并网箱等电气设备，以及相关生产设备、生活设施组成。

1.2　乙方负责电站安全生产和运行维护，保障电站设备及系统安全、稳定、可靠运行。

1.3　乙方负责光伏区发电系统的日常运行维护工作，以遵守【甲方】的安全生产规定为基础，建立健全光伏电站的各项管理标准、技术标准，以保证光伏电站运营，管理的体系化、规范化、标准化。乙方保证项目接手后首年等效利用小时数不低于【××××】h。

1.4　为保证甲方的收益，乙方承诺在合同期内为甲方代管光伏电站配备备品备件，采购易损件及低值易耗品，并保证库存备品备件数量。

1.5　为保证运维水平，乙方应根据项目的具体要求、特点和性质，选用合格运维人员。乙方承诺运行和维护的人员应具备变电站、光伏发电等其他发电类行业内电气专业技能/资质和专业经验。

1.6　合同在执行过程中双方在协商的基础上，本着利益共享、风险共担的原则，可持续完善修订本合同。

1.7　乙方承诺为甲方服务提供安全指标、生产指标及可靠性指标担保，具体事项见第八章考核与奖励。

第二章　术语的定义与解释

下列术语用于本合同有如下含义：

2.1　“备品备件”指用于设备、设施的替换零件、部件或零部件组合。

2.2　“消耗品”指擦拭品、清洗剂及其他类似的在设施运行、维护、修理过程中消耗的物品。

2.3　“发电量”是指在光伏电站出口（计量）总电表的输出电能。

2.4　“年实际发电量”是指光伏电站最终连续12个自然月的（计量总电表）实际发电量。

2.5　“上网电量”是指光伏电站与电网之间关口表所计量的光伏电站向电网输送的电能。

2.6　“光伏电站弃光电量”是指受电网传输通道或当地电网安全运行（电站本身原因导致除外）需要因素影响电力主管部门限制或因政府、业主原因导致光伏电站可发而未能发出的电量，该电量不包括光伏电站因逆变器等自身设备故障原因而造成损失未能发出的电量。

2.7　“设施”指位于现场，光伏电站所属的光伏组件，及所有相关的发电、输电、并网和其他生产生活设施、设备。

2.8　“不可抗力”指受影响一方不能合理控制的，无法预料或即使可预料到也不可避免且无法克服，并与本协议签订日之后出现的，使该方对本协议全部或部分的履行在客观上成为不可能或不实际的任何事件。此等事件包括但不限于自然灾害如水灾、火灾、旱灾、台风、地震，以及社会事件如战争（不论曾否宣战）、动乱、罢工、疫情防控、政府行为或法律规定等。

2.9　“电网故障”指光伏电站外部电力系统发生的故障。

2.10　“光伏区发电系统”包括光伏组件、汇流箱、逆变器、电缆等及其相应的附属辅助设备。

2.11　“常规性故障”指光伏区发电系统设备及其相应的附属辅助设备只需通过调整、

校准、维修、更换备品备件即可恢复设备可利用状态的故障。

2.12 “运行阶段”指自光伏电站并网发电正式投入运行，移交给乙方管理之日起，持续至本合同终止或期满之日的整个时期。

2.13 “初始阶段”指设施或设备安装调试完毕，并网发电试运阶段。

2.14 “服务年度”是项目合同生效后的一个整年度。剩余年度依次推进。

第三章　合同期限

3.1 合同服务日期以约定时间点为起始点，合同的服务期为【20】年，期满之日前3个月双方可协商续签及变更事项或解除。

3.2 合同在双方签订后生效，除非按照本合同条款提前终止，否则本合同将持续有效，直至本合同期满或终止之日止。

第四章　甲方权利和义务

4.1 初始阶段

在初始阶段，甲方有以下的责任义务：

4.1.1 负责与电网公司签订当年购售电合同、调度协议（如有）等相关并网手续文件。

4.1.2 甲方为乙方免费提供满足运维人员运维及相关需求的办公场所。

4.1.3 提供设备发货自带的工器具、电测仪表和备品备件。

4.1.4 提供与后续生产运维有关各供货厂商、维护厂商等联系人及方式及技术协议。

4.1.5 负责为电站购买相应的财产险。

4.2 运行阶段

在运行阶段，甲方有以下权利和义务：

4.2.1 甲方有权对乙方的安全生产管理进行检查和管理指导，有权核实电网对光伏电站限负荷的情况。

4.2.2 甲方有权对乙方安全指标、生产指标、可靠性指标以及安全生产管理进行考核和奖励，具体参照第八章考核与奖励内容要求执行。

4.2.3 甲方有权要求乙方必须撤换不能胜任维护工作或玩忽职守的人员；

4.2.4 由电网公司等相关部门硬性要求的各种培训（仿真培训、进网作业培训、消防培训、调度培训、调度组织的新能源的相关培训等），由乙方代表甲方生产人员负责参加，发生的实际费用由甲方支付。硬性要求参加的各种会议可由乙方代表甲方生产人员负责参加，实际费用由甲方承担。

第五章　乙方权利和义务

5.1 服务

乙方提供合同规定服务内容的工作和服务，并执行甲方的管理标准、管理体系。服从甲方的生产指挥管理（但违反法律法规的相关规定除外）。乙方必须遵守《电业安全工作规程》和甲方安全生产有关规定。乙方负责管理本单位职工，严格执行国家法律、法规有关规定，并进行安全生产知识和安全生产规程的培训，经专业技能考试合格后持证或佩戴标志上岗。乙方应积极主动接受甲方对运行、维护、设备管理工作的检查、指导、监督与考核。

5.2 初始阶段

在不限制第5.1条规定普适性的前提下，在初始阶段乙方将履行下述义务：

5.2.1 乙方根据甲方的需求提供技术服务人员信息，并保证技术服务人员信息的真实、准确、可靠。

5.2.2 乙方应于合同签订后，派遣专业技术人员进行现场勘察，对所辖范围内的设备状况进行摸底，并编写运行规程、检修维护规程以及生产准备必需的各种技术支持性文件。

5.2.3 审阅以下事项并就此向甲方提供意见：

1. 与运行维护有关的设备设施设计及其图纸规格参数。

2. 针对设施及设备向生产制造商和甲方提出关于备品备件的建议。

3. 编制消耗品、备品备件及工器具台账。

5.3 运行阶段

乙方应按照甲方有关规定，做好承包范围内资产的常规维护、检修和事故抢修等工作，及时处理委托设备的运行问题，确保目标资产安全可靠运行，保证受托资产完好。在运行阶段乙方将履行下述义务：

5.3.1 进行光伏电站常规检修工作。

乙方去现场进行巡检时，应建立完善的设备巡视检查制度，将本合同范围内的运行维护工作纳入管理范围。查到的缺陷要及时处理，消缺记录齐全。

5.3.2 向甲方提出关于对设备进行完善和改进建议。

5.3.3 在现场巡查后，保存运行记录等安全生产管理文件，并允许甲方随时查阅。

5.3.4 编制光伏区发电系统巡检规程；光伏电站光伏组件检修规程；光伏电站安全规程及各岗位职责，经甲方批准后执行。

5.3.5 发生电网紧急情况，在符合法律法规、电力行业惯例和技术限制的情况下，依照购售电合同和并网调度协议规定服从调度命令。

5.3.6 如果发生需要进行非常规维修的情况，乙方应在事件发生后24h内书面报告甲方，甲方应书面通知乙方，是否同意进行该非常规性维修。在未得到甲方书面批准前，乙方将不进行任何维修。若紧急情况，可在得到甲方口头批准后，乙方尽快进行相关工作。

5.3.7 合同期内乙方负责协调相关方补充质保期内及合同约定的备品备件，若相关方不履行质保义务，由甲方协助乙方协调处理。

5.3.8 相关设备质保期内备件的供应、大部件的更换、消耗品（光伏组件、电子器件等）的供应，由乙方与厂家协调，并免费协助更换，其他低值易耗品由乙方直接备置并更换。

5.3.9 对于光伏区发电系统工作，乙方严格按照《发电厂并网运行管理实施细则》《电业生产事故调查规程》等电力系统有关标准、规范、制度以及甲方的相关规定执行。

5.3.10　为了甲方运行数据的保密及数据对外统一，乙方只向甲方联络代表及安全生产部提供数据报表，不向其他任何部门提供运行数据（乙方接到甲方联络代表书面签字通知后，方可向甲方以外的单位提供其他文件数据资料）。

5.3.11　负责设备厂家技术人员在工作现场的接待、生活安排，由此产生的费用由甲方和厂家人员协商承担。

5.3.12　乙方在光伏区发电设备维护中严格按照国家、电力系统和甲方的有关规章制度、规范、标准、工作程序进行。

5.3.13　未经甲方书面同意，乙方不得允许除乙方外的任何单位或个人对甲方所属光伏区发电设备及系统进行任何形式的操控，否则因此造成甲方的经济损失由乙方全部承担。

5.3.14　为提高光伏组件的发电效率，乙方应根据光伏组件的实际情况协调人员对光伏组件进行清洁，清洁费用由乙方承担。

5.3.15　乙方负责对现场各种设备设施制定相应的管理及使用维护保养计划，加强管理，一旦由于乙方责任出现意外或损坏，则按原规格予以更换或照折旧价赔偿。

5.3.16　乙方负责工器具、备品备件的仓储管理、现场使用的安全管理，甲方提供安全可靠的仓储场所。

5.3.17　乙方对光伏电站的安全工作负责，是目标资产运行维护和缺陷管理的责任单位，是电力生产事故的责任归属单位。乙方应建立健全光伏电站安全生产的各项规章制度和管理措施，强化工作人员的安全意识，杜绝各种事故的发生，保证光伏电站安全、稳定运行。

5.3.18　乙方应为乙方工作人员提供相应的保险（如：意外事故险等人身意外伤害保险），负责施工过程中全体施工人员及设备的安全管理。

5.3.19　乙方应于每年 1 月 30 日前将上一年度生产运行总结报送甲方。

5.3.10　服务期届满前一个月，乙方向甲方提供项目完整的交接资料，甲方应当在收到文件后 7 日内进行验收。

第六章　工作内容与标准

乙方工作内容包括生产准备阶段及运行阶段，主要有以下内容：

6.1　生产准备工作

6.1.1　技术及安全培训。

6.1.2　编制光伏电站检修规程。

6.1.3　编制光伏电站事故应急预案。

6.1.4　编制设备备品备件清单。

6.2　生产运行期工作

6.2.1　日常监测工作

6.2.1.1　常规告警处理

云平台实时监测电站告警信息，根据告警信息类型进行自动处理或人工干预分析，判断故障类型；必要时通过线上派单，并及时跟进故障处理进度，确保电站及时恢复。

6.2.1.2　主动分析预警

依靠云平台的智能算法模块，通过定时任务，对各种运行数据进行统计分析和智能运算，发现电站的潜在风险和安全隐患。包括但不限于：

1. 阴影遮挡分析；

2. 组件或组串的丢失分析；

3. 限功率分析；

4. 灰尘损失分析；

5. 离散率分析；

6. 低效能分析；

6.2.2　现场巡检工作

6.2.2.1　现场巡检——组件检查；

6.2.2.2　现场巡检——汇流箱检查；

6.2.2.3　现场巡检——配电箱检查；

6.2.2.4　现场巡检——逆变器检查；

6.2.2.5　现场巡检——支架检查；

6.2.2.6　现场巡检——电缆及接头检查；

6.2.2.7　现场巡检——接地与防雷系统检查；

6.2.2.8　现场巡检——填写巡检文档；

6.2.2.9　现场巡检——现场故障处理。

6.2.3　年度运行综合报告

提供年度分析报告，主要包含以下内容：

安全生产目标达成情况：

1. 年度生产运营数据：包括电站可研年发电量、电站年度（每月）总发电量、上网电量；

2. 电站可研年发电量与实际发电量的对比分析报告；

3. 消缺次数统计分析报告；

4. 电站发电效率提升分析报告；

5. 热斑检测抽检报告；

6. 设备运行状况总结报告；

7. 故障率统计分析报告；

第七章　双方的通知与联系

7.1　甲方确定“甲方联系人 ×××及手机号 ×××××××××××”，乙方确定

“乙方联系人 ××× 及手机号 ×××××××××××”，为各自联络代表，负责处理双方日常生产业务联系工作，如发生人员变更需以书面形式通知对方。

7.2　甲、乙双方执行本合同有关的一切生产业务通知，均需采用书面方式，通知书需要出具联络代表签字。

7.3　费用结算、重大事故停机、因甲方需要停机、全站停电等重要通知需双方代表签字。

7.4　遇有紧急情况停机、停电，可先采用口头通知，处理后及时补填书面手续。

7.5　如采取邮递方式，以本合同注明地址为唯一法定地址，任何一方地址变更需要书面形式通知对方，一旦一方按合同地址邮递，视为送达。

第八章　考核与奖励

8.1　乙方服务期内，如因乙方原因发生安全事故造成人员伤亡、财产损失的，乙方负责全额赔偿。

8.2　甲、乙双方对连续 12 个自然月的发电小时数进行统计，年实际发电小时与合同约定 值进行比较，在约定值的±2% 范围内不做奖惩，超过约定值的 2%，按超过合同约定值发电收益的 50% 对乙方进行奖励；如低于合同约定 2% 的，低于 2% 的部分则由乙方从次年的运维费中进行差额补齐。

8.3　甲方未按照本合同规定按时履行付款义务，自迟延支付之日起至付清之日止，每延误一天，按照未付款项万分之三支付违约金。

8.4　以上针对乙方的考核条款累计考核金额不超过年度服务费总额的 20%。

8.5　因外线停电、不可抗力及下列非运维服务原因减少实际发电量的，考核基准目标发电量时应相应扣减，包括以下内容：

8.5.1　由于不可抗力导致的发电量损失期间，乙方已经按照合同条款约定执行电站职责，但无法避免该损失发生的；

8.5.2　用电客户自有线路故障、房屋改造、房屋拆迁等原因导致的停电期间，致使电站发电量受影响的；

8.5.3　电网供电系统故障、改造、检修停电，或因地方政府或相关部门要求导致的电站停电期间；

8.5.4　甲方对项目系统设备调整、新产品试验，以及许可电站技改施工期间造成的发电量损失期间。

第九章　费用及付款

9.1　承包运维费外可报销费用

9.1.1　如果发生设备需进行非常规性维修的情况，且甲方经过审查判明该非常规性维修的发生不是由于乙方人员疏忽或操作失误导致的，则：

9.1.1.1　质保期内进行非常规性维修，所产生的费用由设备生产厂家承担；质保期外的非常规性维修，所产生的费用由甲方或生产厂家承担。

9.1.1.2　如系大型零部件损坏，由甲方负责，乙方协助甲方联系厂家，由厂家进行维修更换，吊装运输、调试等恢复光伏设备运行所发生的全部费用由甲方承担。由厂家负责部件的吊装、调试等恢复工作。

9.1.2　部分备品备件无法购买或购买不经济，经甲方批准而组织的备品备件或损坏零部件研制生产的费用由甲方承担。

9.1.3　本合同中约定的其他费用。

9.2　付款方式

该项目委托乙方进入运行阶段的一个月内，支付本期年度服务费用100%，待本期服务年度结束后。乙方应当提供甲方相应的6%的增值税专用服务类发票（如因国家政策调整，发票税率做相应调整），乙方未按期提供相应票据的，甲方有权延迟支付相应服务款项。

第十章　陈述、保证

本合同一经签定双方将严格遵守，并尽全力履行本合同各项条款，以保证合同顺利实施。

第十一章　争议的解决

双方之间关于本合同的任何争议，甲、乙双方协商解决，协商不成可提请乙方所在地有管辖权的人民法院解决。

第十二章　其他约定

12.1　本合同的订立、效力、解释、履行、修改和解除以及协商解决因履行本合同发生的争议适用中国法律。

12.2　本合同双方应严格履行保守商业秘密的义务，不得故意或过失向第三人泄露对方的商业秘密；任何一方对对方的泄密行为有诉诸法律的权利。

12.3　本合同期满，如继续承包，乙方享有同等条件下的优先权，双方应于本合同期满前一个月内完成签订未来承包合同，未继续签订合同的则到期终止。

第十三章　终止和解除

13.1　终止

13.1.1　在不限制甲方在本合同下根据法律所享有的其他权利或补救措施的前提下，如果发生下列事件，甲方可终止本合同：

13.1.1.1　乙方发生破产事件；

13.1.1.2　在本合同下发生不可抗力事件且不可抗力事件持续，或有理由认为该不可抗力事件将持续半年以上；

13.1.2　在合同履行的过程中，甲方有证据证明乙方存在重大违约行为，致使甲方无法继续履行合同，甲方有权终止合同，甲方按照乙方实际已经完成工作量的支付费用，乙方须支付甲方年服务费的10%作为违约金（甲方有权在应支付乙方的任何费用中直接予以扣除）。

13.2　解除

13.2.1　如果甲方没有向乙方支付本合同中所述款项，使乙方无法有效履行本合同中所承担的各项义务，经乙方下达催款通知后 1 个月后甲方仍然拒绝付款，乙方有权解除本合同，甲方除应支付以上款项外，还将支付乙方合同价款的 10% 作为违约金，同时给乙方造成的损失由甲方全部赔偿。

13.2.2　如果发生不可抗力事件，该不可抗力事件致使本合同目的无法实现，双方可协商解除合同。

13.3　单方面解除和终止合同

13.3.1　如发生以下情况之一，甲方有权单方书面解除本合同。

13.3.1.1　因乙方运维原因，造成甲方遭遇重大社会责任等不良影响的；

13.3.1.2　乙方不能按照合同约定的按时维护，运行、维护质量达不到合同约定的质量标准或存在违反本合同约定的行为的；

13.3.1.3　乙方不履行合同义务或不按合同约定履行义务的其他情况；

13.3.1.4　乙方知悉并认可，因乙方违约导致甲方依据本协议的约定解除或终止本运维合同的。

13.3.2　除 13.3.1 外，如未经双方协商一致，同时不具备合同解除和终止的条件，甲方单方面拒绝履行合同义务并要求终止合同，需向乙方支付一年服务年度的运维总款的 30% 作为赔偿款（赔偿款不包括已发生的运维服务款，已发生的运维服务款需按实际服务时间结算），乙方单方面拒绝履行合同义务并中止服务，需向甲方支付一年服务年度的运维总款的 30% 作为赔偿款（已发生的运维服务款按实际服务时间结算）。

双方经过协商同意上述条款，并已在本合同首页所载日期签订本合同。本合同一式四份，合同双方各执贰份。

本合同自双方法定代表人或授权代表签字并加盖公章或合同专用章之日生效，合同生效日起开始结算费用。

（本页以下无正文）

（本页无正文，为签署页）

甲　方：××××××××××××××××××

单　位：××××××××××××××××××

（盖 章）

开户行：××××××××××××××××××

账　号：××××××××××××××××××

联系人：××××××××××××××××××

电　话：××××××××××××××××××

乙　方：××××××××××××××××××

单　位：××××××××××××××××××

（盖 章）

开户行：××××××××××××××××××

账　号：××××××××××××××××××

联系人：××××××××××××××××××

电　话：××××××××××××××××××

第三章

分布式光伏电站的备案及并网流程

分布式光伏电站的装机容量增长迅猛，分布式光伏电站项目的投资吸引了大批投资机构纷纷涌入，新电站的投、融资目前正处于行业风口浪尖，因而，项目开发建设的合规、合法和完备性，将助力项目的融资和建成投运后的平稳运行以及建成投运后可能的资本运作，本章就实操中分布式光伏电站项目备案、合规手续办理、环评影响等级等前期开发工作相关问题展开叙述，并提供相关实务要点。

本章是以国家发改委、能源局、生态环境部和国家电网有限公司统一要求为准则，说明分布式光伏电站项目备案和并网审批的主要流程，其中南方电网有限公司办理流程与国家电网有限公司要求类似，可查询其相关官网进行参考办理。

第一节　分布式光伏电站的备案

离网型分布式光伏电站项目所发电量全部自用，只需在县（市、区）相关部门备案即可；并网型分布式光伏电站项目需在县（市、区）相关部门备案完成后，前往当地电网公司完成相应手续，具体政府备案所需资料以当地相关部门要求为准。

根据《分布式光伏发电项目管理暂行办法》（国能新能〔2013〕433号）中规定，省级及以下能源主管部门依据国务院投资项目管理规定和国务院能源主管部门下达的本地区分布式光伏发电的年度指导规模指标，对分布式光伏电站项目实行备案管理。具体备案办法由省级人民政府制定，目前不同地区已经将备案的权限下放到市县一级。

分布式光伏电站项目备案时可以选择“自发自用、余电上网”或“全额上网”中的一种模式；已按“自发自用、余电上网”模式执行的项目，在用电负荷显著减少（含减少）或供用电关系无法履行的情况下，允许变更为“全额上网”模式。选择“全额上网”模式，项目单位要向当地能源主管部门申请变更备案，并不得再变更回“自发自用、余电上网”

模式，项目不足电量由电网企业提供，上、下网电量分别计算、分开结算，上网电价按当地电价政策标准执行。

另外，根据《关于进一步落实分布式光伏发电有关政策》（国能新能〔2014〕406号），督促市县（区）能源主管部门设立分布式光伏电站项目备案受理窗口，建立简便高效规范的工作流程，明确项目备案条件和办理时限，并向社会公布。鼓励市县（区）政府设立“一站式”管理服务窗口，建立多部门高效协调的管理工作机制，并与电网企业衔接好项目接网条件和并网服务。对个人利用住宅（或个人所有的营业性建筑）建设的分布式光伏电站项目，电网企业直接受理并网申请后代个人向当地能源主管部门办理项目备案。

一、在县、区发改委或经济发展局取得项目备案

（一）分布式光伏电站赦免光伏发电业务许可

2013年7月4日，国务院《关于促进光伏产业健康发展的若干意见》（国发〔2013〕24号强调：“对分布式光伏发电项目实行备案管理，豁免分布式光伏发电应用发电业务许可。对不需要国家资金补贴的分布式光伏发电项目，如具备接入电网运行条件，可放开规模建设”。

（二）省级部门负责组织本地区分布式光伏发电建设

2013年7月18日，国家发展改革委关于印发《分布式发电管理暂行办法》的通知（发改能源〔2013〕1381号），在《分布式发电管理暂行办法中》中特别强调：“各省级投资主管部门和能源主管部门组织实施本地区分布式发电建设。依据简化程序、提高效率的原则，实行分级管理”。

（三）分布式光伏电站项目备案简化

1. 户用分布式光伏电站项目

户用分布式光伏电站项目通常由自然人投资建设，不属于企业投资项目按理无需备案，根据国家能源局关于印发《分布式光伏发电项目管理暂行办法》的通知（国能新能〔2013〕433号）第十二条规定，对个人利用自有住宅及在住宅区域内建设的分布式光伏发电项目，由当地电网企业直接登记并集中向当地能源主管部门备案。

目前涉及自然人的户用分布式光伏系统的申请一般是由电网公司代替自然人统一提出备案申请，并由电力部门提供电力接入意见，地方供电公司在接到备案申请和电力接入意见后，向当地能源主管部门备案。在准备材料方面，应包含以下材料：

（1）申请人有效身份证明，包括居民身份证、临时身份证、户口本或其他有效身份证明文书等；

（2）电站地址权属证明，包括房屋产权所有证（购房合同或乡镇及以上政府主管部门出具的土地使用证明）；

（3）客户承诺书；

（4）地方政府根据有关规定要求提供的其他材料。

2. 非户用分布式光伏电站项目

2013年11月18日，国家能源局关于印发《分布式光伏发电项目管理暂行办法》的通知（国能新能〔2013〕433号），在《分布式光伏发电项目管理暂行办法》中特别指出："分布式光伏发电项目备案工作应根据分布式光伏发电项目特点尽可能简化程序，免除发电业务许可、规划选址、土地预审、水土保持、环境影响评价、节能评估及社会风险评估等支持性文件"。

因此，与集中式光伏电站相比，一般分布式光伏电站项目省去了复杂的项目前期手续，行政审批手续大为缩减。

2017年2月1日起施行的《企业投资项目核准和备案管理条例》中第十三条规定，实行备案管理的项目，企业应当在开工建设前通过在线平台将下列信息告知备案机关，企业应当对备案项目信息的真实性负责：

（1）企业基本情况；

（2）项目名称、建设地点、建设规模、建设内容；

（3）项目总投资额；

（4）项目符合产业政策的声明。

因此分布式光伏电站项目备案实操中可通过相关政府部门搭建的企业投资项目在线平台完成项目备案，备案机关收到上述的全部信息即为备案；企业告知的信息不齐全的，备案机关应当指导企业补正；企业需要备案证明的，可以要求备案机关出具或者通过在线平台自行打印。

（四）建筑屋顶分布式光伏电站项目备案简化

2015年3月16日，国家能源局发布《关于下达2015年光伏发电建设实施方案的通知》（国能新能〔2015）73号），该通知对于分布式光伏电站的备案规定："对屋顶分布式光伏发电项目项目备案工作应根据分布式光伏发电项目特点尽可能简化程序，免除发电业务许可、规划选址、土地预审、水土保持、环境影响评价、节能评估及社会风险评估等支持性文件。

"鼓励各地区优先建设以35kV及以下电压等级（东北地区66kV及以下）接入电网、单个项目容量不超过2万kW且所发电量主要在并网点变电台区消纳的分布式光伏电站项目，电网企业对分布式光伏电站项目按简化程序办理电网接入手续"。

（五）分布式光伏电站项目备案须提交的资料

全国各地区对分布式光伏电站项目备案需要提交的资料要求不同，常见的备案资料主要有公司营业执照和备案申请表、项目情况简介、可行性研究报告等。各地提交资料的方法也有所区别，有些地区需要在指定网站注册，填写信息后在线提交；有些地区需要购买当地的规范；有些地区要求按照其制度表填写相关材料。务必要向项目所在地发展改革委或相关办事窗口咨询清楚。分布式光伏电站项目提交备案资料一览表见表 3–1。

表 3–1　分布式光伏电站项目提交备案资料一览表

申请提交资料	主要内容
企业营业执照或统一社会信用代码证书	在工商行政部门登记备案的项目公司股权结构、法人、主要管理人员等信息
分布式光伏电站项目备案申请表	主要包括企业基本情况、项目名称、建设地点、建设规模、建设内容、项目总投资额、项目符合产业政策的声明
项目申请报告	项目容量、光伏组件型号与数量、建设场址、占用屋顶建设面积、建设规模及投资、技术方案、主要设备选型、建设条件论证和电力消纳分析等
项目投资资料	建筑物产权证明、业主授权资料（例如屋顶租赁合同）、售电协议、建筑物安全承载鉴定证明材料、资金证明等，地级市或县级电网公司出具的项目并网接入意见

备案手续完成后，当地发改委出具分布式光伏电站项目同意备案批复文件。一般地市级或县级能源主管部门（通常是指发改委）在受理项目备案申请之日起 15 个工作日内完成备案审核并将审核意见告知提交单位，当申请项目的累计规模超出该地区年度指导规模时，当地能源主管部门发布通知，停止受理项目备案申请。根据《企业投资项目事中事后监管办法》，项目自备案后 2 年内未开工建设或者未办理任何其他手续的，项目单位如果决定继续实施该项目，应当通过在线平台作出说明；如果不再继续实施，应当撤回已备案信息。经提醒后仍未作出相应处理的，备案机关应当移除已向社会公示的备案信息，项目单位获取的备案证明文件自动失效。

二、地面分布式光伏电站项目的用地批复手续

（一）地面分布式光伏电站项目用地的取得方式

1. 租赁方式取得

根据上文提到的全国及各省（市）项相关光伏用地政策，在不改变土地性质等前提下，建设光伏方阵用地可以通过租赁方式取得。

（1）租赁集体土地。

1）直接从农村集体经济组织租赁农村土地。根据《中华人民共和国农村土地承包法（2018 修正）》相关规定，发包方将农村土地发包给本集体经济组织以外的单位或者个人承包，应当事先经本集体经济组织成员的村民会议三分之二以上成员或者三分之二以上村民代表的同意，并报乡（镇）人民政府批准。

2）通过农村土地承包经营权流转方式租赁的集体土地。根据《中华人民共和国农村土地承包法（2018 修正）》《农村土地承包经营权流转管理办法》相关规定，承包方与受让方达成流转意向后，以转包、出租、互换或者其他方式流转的，承包方应当及时向发包方备案。

（2）租赁国有土地。与县级国土资源部门或国有土地权利主体签订国有土地租赁合同，履行其国有土地租赁管理内部手续。

2. 出让方式取得

出让是国有建设用地供应的主要方式，出让包括协议出让和以招标拍卖挂牌方式出让。

3. 划拨方式取得

根据《划拨用地目录》的相关规定，经有批准权的人民政府批准，电力设施用地［包括新能源发电工程设备，箱式变压器、输电（含专用送出工程）、变电站设施，资源观测设施］可以划拨方式提供土地使用权。

根据 2013 年 7 月 4 日《国务院关于促进光伏产业健康发展的若干意见》（国发〔2013〕24 号），光伏发电项目使用未利用土地的，依法办理用地审批手续后，可采取划拨方式供地。因此，光伏发电项目中建设永久性建筑用地部分，依法按建设用地办理审批手续后，可以通过划拨方式取得土地。

（二）地面分布式光伏电站的土地手续及报批流程简介

地面分布式光伏电站涉及的建设用地申请和批复程序主要有预审（包括选址）、农转用和征用、两公告、登记、县政府同意补偿方案批复、供地等，详细程序如下：

（1）预审：到用地科办理，须提供下列材料。

1）用地预审申请表；

2）预审的申请报告（内容包括拟建设项目用地基本情况、拟选址情况、拟用地规模和拟用地类型、补充耕地基本方案）；

3）需审批的项目还应提供项目建议书批复文件和项目可行性研究报告（两者合一的只要可行性研究报告）；

4）规划部门选址意见；

5）标注用地范围的土地利用总体规划图；

6）企业营业执照或法人单位代码证（报省、部审批的还需要地质灾害评估报告和矿产压覆情况表）。

（2）办理征地手续。用地单位凭预审意见到征地事务所办理征地手续，

（3）办理转用手续。用地单位向规划科提出转用申请并提交下列材料：

1）建设用地预审意见；

2）征地手续；

3）立项文件；

4）建筑总平面图；

5）规划用地许可证和红线图；

6）较大和特殊项目的特定条件；

7）办理集体使用需提供使用集体土地说明；

8）违法用地需提供处罚文件、处罚补办意见。

（4）用地单位到审批中心窗口缴纳农转用有关规费。

（5）上报上级审批。

（6）颁布征地公告。收到省政府批文后，县政府颁布征用土地公告，告知土地征用位置、范围、面积及补偿方法。

（7）颁布征地补偿安置方案公告。征地公告颁布张贴 15 天后无异议的，颁布征地补偿安置公告。

（8）补偿登记。征地补偿安置方案公告颁布 15 天后无异议的，征地事务所负责做好征地补偿登记后，发放征地费。

（9）具体项目审批。用地单位向县行政中心自然局窗口提出具体建设项目用地申请，提交下列材料：

1）建设用地申请表；

2）用地预审意见；

3）土地评估报告文本；

4）农转用审批材料、“二公告、一登记”及征地补偿方案批复材料；

5）建筑总平面；

6）征地红线图；

7）项目批准文件；

8）初步设计批复；

9）建设用地规划许可证；

10）违法用地需要再提交《处罚决定书》和上级部门同意补办意见。

（10）缴纳出让金和规费。

三、地面大型分布式光伏电站项目需要办理的其他手续

地面大型分布式光伏电站项目是指以 10kV 以上电压等级接入（年自发自用电量小于等

于50%）或以10kV电压等级接入但需升压送出的发电项目，即接入点为公共连接点、发电量全部上网的分布式光伏电站项目。

地面大型分布式光伏电站项目执行国家电网有限公司常规电源相关管理规定，与集中式光伏电站类似，除完成必要的项目备案和并网申请外，通常按规定还需办理如下手续，根据各地情况，提供的资料略有差异，实际以当地要求为准。

1. 项目备案阶段

（1）编制光伏项目申请报告；

（2）与当地政府或集体签订土地租用协议；

（3）当地市级电网出具接入和消纳初步意见；

（4）向当地发改部门申请并提交材料。

1）国土、电网公司、林业等部门的审核意见；

2）其他已取得的进展（如测绘、地勘等资料）；

3）项目概况以及项目公司营业执照。

（5）取得备案证，向省/市级发改部门提交资料。

1）省发改委公布的项目清单；

2）项目可行性研究报告；

3）基础信息登记表、节能登记表、招投标方案；

4）申请备案的请示；

5）公司营业执照。

2. 获得相关批复文件

分布式光伏电站项目提交备案资料一览表见表3-2。

表3-2　分布式光伏电站项目提交备案资料一览表

涉及部门	级别	内容
国土部门	县级	选址意见函
	省级	未压覆重要矿产资源
	省级	土地预审意见
	省级	地灾评估备案登记表
电网公司	省级	电网接入方案批复
环保部门	市级	环境影响报告（表）的批复
安监部门	市级	安全预评价表的批复
水利部门	县级	选址意见函
	省级	水土保持方案的批复

续表

涉及部门	级别	内容
建设管理规划部门	县级	选址意见书
文物部门	县级	选址意见函
武装部门	县级	选址意见函
林业部门	县级	选址意见函
发改部门	省级	社会风险稳定评估报告（如有）
专业部门	—	防洪评估报告（如有）
专业部门	—	地质稳定性报告（煤矿塌区）

3. 获得开工许可后的办理事宜

（1）办理项目银行资金证明；

（2）办理项目与银行的贷款意向书或贷款协议；

（3）委托编制项目设计方案；

（4）获得项目所在地建设局出具的开工许可；

（5）申领电力业务许可证。

第二节　分布式光伏电站项目的并网流程

户用光伏电站项目并网环节简化为并网申请、并网验收两个环节，非户用分布式光伏电站项目并网环节简化为并网申请、现场勘察、接入系统设计、设计文件审查、工程实施、并网验收等环节。

接入公共电网的分布式光伏电站项目，接入系统工程以及因接入引起的公共电网改造部分由电网企业投资建设。接入用户侧的分布式光伏电站项目，用户侧的配套工程由项目单位投资建设。因项目接入电网而引起的公共电网改造部分由电网企业投资建设。

分布式光伏电站项目所在地电网公司在并网申请受理、接入系统方案制定、接入系统工程设计审查、计量装置安装、合同和协议签署、并网验收和并网调试、政府补助计量和结算服务中，不收取任何服务费用。

一、分布式光伏电站项目并网流程

2013 年 11 月 18 日，国家能源局关于印发《分布式光伏发电项目管理暂行办法》(国能新能〔2013〕433 号）中特别强调："以 35kV 及以下电压等级接入电网的分布式光伏发电项目，由地市级或县级电网企业按照简化程序办理相关并网手续，并提供并网咨询、电能表安装、并网调试及验收等服务。

"以 35kV 以上电压等级接入电网且所发电力在并网点范围内使用的分布式光伏电站项目，电网企业应根据其接入方式、电量使用范围，本着简便和及时高效的原则做好并网管理，提供相关服务"。

分布式光伏电站项目的投资人一般分为自然人和法人，自然人投资的分布式光伏电站项目（即户用分布式光伏电站项目）由当地电网公司统一集中办理政府部门（一般是指发改委或经发局）备案和并网手续，法人投资的分布式光伏电站项目需要先在政府部门备案，然后在当地市、县电网公司履行并网手续，才能开展后续工作。

分布式光伏电站项目并网程序一般分为并网申请、电网接入现场勘察、接入系统方案制定、设计文件审查、工程实施、并网验收、调试与并网发电、电费结算与补贴转付八个阶段。

（一）并网申请

根据分布式光伏电站项目设计文件确定的项目装机容量和并网模式，确定并网电压等级，不同装机规模分布式光伏电站接入电网电压等级参考详见表 2–6，向项目所在地电网公司营业厅递交并网申请所需全部文件，受理后两个工作日内电网公司安排工作人员到现场勘察。

电网公司营业厅负责受理分布式光伏电站项目业主提出的并网申请，协助用户填写《分布式光伏电站项目并网申请表》（详见附录 3–1），接受相关支持性文件，审核项目并网申请材料，审查合格后方可正式受理。分布式光伏电站项目提交并网申请资料一览表见表 3–3。

表 3–3　分布式光伏电站项目提交并网申请资料一览表

项目	资料内容
自然人（户用分布式光伏）	（1）分布式电源并网申请表。 （2）经办人身份证原件及复印件。 （3）户口本原件及复印件。 （4）房产证（或乡镇及以上政府出具的房屋使用证明）等项目合法性支持性文件
非自然人（一般是指法人）	（1）分布式电源并网申请表。 （2）经办人身份证原件及复印件。 （3）法人委托书原件或法定代表人身份证原件及复印件（详见附录 3–2）。 （4）企业法人营业执照、税务登记证、土地证、房产证等项目合法性支持性文件。 （5）发电项目前期工作资料（项目立项资料、可研报告等）及接入系统设计所需资料。 （6）用电电网相关资料即用户内部电气接线图（仅适用于大工业用户）。 （7）政府投资主管部门同意项目开展前期工作的批复（需核准项目）。 （8）租用工商业屋顶建设分布式光伏发电的项目，需额外提供屋顶租赁协议。 （9）采取能源合同管理模式的，需额外提供能源管理合同

（二）电网接入现场勘察

电网公司在正式受理申请后会组织安排专属客户经理负责对接，客户经理协调电网公司经研所等有关部门开展现场勘查，书面反馈分布式光伏电站项目现场勘查情况，内容包括电网运行信息、并网点信息等，为编制和评审接入系统方案做准备，分布式光伏电站项目开发商应安排相应工作人员给予配合，并提供所需的现场电气图样等，现场勘察的服务时限是自受理并网申请之日起 2 个工作日内完成。

（三）接入系统方案制定

分布式光伏电站开发商委托具有相关资质的设计院（登录中华人民共和国住房和城乡建设部网站 http://www.mohurd.gov.cn 查询并选择具备相应资质的设计单位），并同时提供设计单位的企业营业执照、工程设计资质证书复印件（盖章）、设计委托书，依据国家、行业及地方相关技术标准，结合项目现场条件等实际情况，编制《分布式光伏电站项目接入系统方案》，绘制接入系统工程设计图纸，接入方案设计可参考国网甘肃省电力公司《整县分布式光伏接入配电网典型设计》（2022 年版，中国电力出版社）。

分布式光伏电站项目接入系统方案的主要内容为建设规模（本期、终期）、开工时间、投产时间、系统一次和二次方案及主设备参数、产权分界点设置、计量关口点设置、关口电能计量方案等，其详细内容及技术要求详见本章附录 3–3，电网公司对接入方案制进行审查，审查时限是自受理并网申请之日起，第一类项目 40 个工作日（其中分布式光伏发电单点并网项目 20 个工作日，多点并网项目 30 个工作日）、第二类项目 60 个工作日内答复接入系统方案。

（四）设计文件审查

接到经设计院设计出具并由业主签字确认的分布式光伏电站接入系统方案后，电网公司还要组织相关部门负责评审，依据国家、行业、地方、企业标准等相关支持性资料文件，并参照国家电网有限公司分布式电源接入配电网相关技术规范、分布式电源接入系统典型设计等文件制定接入方案。结合现场调研结果，对企业用户的接入系统设计文件组织审查，并出具、答复审查意见（详见本章附录 3–4）。若审查不通过的项目，由电网公司提出修改意见，若需要变更设计，应将变更后的设计文件再次送审，通过后方可进行后续工作。以 35kV、10kV 接入的分布式光伏电站接入系统工程设计审查需提供的典型资料清单见表 3–4。

表 3–4　以 35kV、10kV 接入的分布式光伏电站接入系统工程设计审查需提供的典型资料清单

序号	资料名称（包括但不限于）
1	项目核准（或备案）复印件
2	设计单位资质复印件
3	接入工程初步设计报告、图纸及说明书
4	隐蔽工程设计资料

续表

序号	资料名称（包括但不限于）
5	高压电气装置一、二次接线图及平面布置图
6	主要电气设备一览表
7	继电保护方式
8	电能计量方式
9	拟建分布式光伏电站项目建设进度计划

电网企业对非户用分布式光伏电站项目接入系统资料主要审查内容如下。

（1）接入系统方案是否符合规范要求，接入系统工程设计是否与接入系统方案保持一致并遵循相关技术标准。

（2）设计是否符合国家有关电气技术规范，是否满足安全经济、合理的要求。

（3）接入系统资料是否按照国家有关规程、规定、标准并结合项目实际情况进行审查。

其中一般220/380V分布式光伏电站项目由地（市）供电公司营销部（客户服务中心）负责组织相关部门进行审定并出具评审意见。10kV、35kV分布式电源（对于多点并网项目，按并网点最高电压等级确定）的接入系统方案，由地（市）供电公司发展部负责组织相关部门进行审定，出具评审意见和接入电网意见并转入地（市）供电公司营销部（客户服务中心）。接入系统方案评审和出具意见函的工作时限一般为5个工作日。电网公司通过内部评审后出具《分布式光伏电站项目接入系统方案项目（业主）确认单》（详见附录3–5），10kV以上项目为接入电网意见函（详见附录3–6），并提请业主签收、盖章确认。双方各持一份，项目业主接到确认接入电网意见函后，即可开展项目工程详细设计和建设等后续工作，设计文件审查的服务时限是自收到设计文件之日起5个工作日完成。

（五）工程实施

分布式光伏电站开发商应选择具有相应资质的施工单位实施分布式光伏发电本体工程及接入系统工程施工（登录中国电力信息公开网http://www.12398.gov.cn/查询并选择具备相应资质的施工、试验单位）。工程质量应满足国家、行业及地方相关施工技术及安全标准。承揽工程的施工单位应具备政府主管部门颁发的承装（修、试）电力设施许可证、建筑业企业资质证书、安全生产许可证等。

施工中接入用户内部电网所涉及改造部分由分布式光伏电站项目开发商或建筑物产权方等投资建设，由于分布式光伏电源项目接入引起的公共电网新建（改造）部分内容，如涉及公共电网的新建（改造）的，项目业主在启动发电项目建设后，持项目建设承包（施工）合同、主要设备的购货合同等材料联系电网公司客户经理，由客户经理组织电网公司相关部门实施公共电网的新建（改造）工程。

（六）并网验收

分布式光伏发电本体工程及接入系统工程竣工后，分布式光伏电站用户可到电网公司营业厅提交并网验收及调试申请，提交相关资料，供电公司将协助项目业主填写《分布式光伏电站并网调试和验收申请表》（详见附录 3–7），接受并审核验收及调试所需要的相关材料，相关资料具体要求详见表 3–5，在受理并网验收及并网调试申请后，0.4kV 及以下电压等级接入的分布式光伏电站项目 10 个工作日内完成并网验收与调试；10kV 及以上分布式光伏电站项目 20 个工作日内完成并网验收与调试。

表 3–5　　分布式光伏电站项目并网验收和并网调试需提供的资料清单

序号	资料名称	380V 项目	10kV 逆变器类项目	35kV 项目、10kV 旋转电机类项目
1	若需核准（或备案），提供核准（或备案）文件	√	√	√
2	若委托第三方管理，提供项目管理方资料（工商营业执照、税务登记证、与用户签署的合作协议复印件）	√	√	√
3	施工单位资质复印件［承装（修、试）电力设施许可证、建筑企业资质证书、安全生产许可证］	√	√	√
4	项目可行性研究报告	—	√	√
5	接入系统工程设计报告、图纸及说明书	—	√	√
6	主要电气设备一览表		√	√
7	主要设备技术参数、型式认证报告或质检证书，包括组串组成、逆变、变电、断路器、隔离开关等设备	√	√	√
8	并网前单位工程调试报告（记录）	√	√	√
9	并网前单位工程验收报告（记录）	√	√	√
10	并网前设备电气试验、继电保护整定、通信联调、电能量信息采集调试记录	√	√	√
11	并网启动调试方案	—	—	√
12	项目运行人员名单（及专业资质证书复印件）	—	—	√

注　1. 光伏组件、逆变器等设备，取得国家授权的有资质的检测机构检测报告，符合相关接入当地电网的要求。
2. 检查工程接入是否与现场勘查情况一致；核对施工人员是否具备电工进网作业许可证或特种作业操作证（电工）或其他符合国家规定的资质证明材料；检查工程选用的发电侧低压开关性能是否良好。

并网验收主要内容应包括：

（1）核对受项目业主委托施工企业的承装（修、试）电力设施许可证和企业法人营业执照，对该施工单位是否具备相应施工资质进行核查；

（2）检查工程是否与接入系统资料一致；

（3）检查工程选用的设备材料及施工工艺是否符合规范和设计要求；

（4）重点关注并网电性能、工程的建设质量、组件认证、逆变器认证与技术参数、防雷接地、消防安全、组件防火认证等内容。

（七）调试与并网发电

1. 并网验收调试

分布式光伏电站项目并网验收通过后，当地电网公司安排员工免费对客户进行并网验收调试，电网公司出具《分布式光伏电站项目并网验收意见单》（详见附录 3–8），并网检查合格的，调整后直接并网运行，并网检查不合格的，当地电网公司提出整改方案，直到并网检查合格。

电网企业应为分布式光伏电站项目免费提供并安装电能计量装置，在项目发电装置出口装设计量装置，满足项目电站量计量要求。电源发电侧应尽量集中，各个集中点设置一个计量点。在产权分界点设置计量关口点，满足上、下网电量双向分开结算要求。计量装置的安装位置应通信信号良好，满足日常维护管理的要求。

2. 电网公司安装相关计量装置

验收通过后正式并联网前，当地电网公司与分布式光伏电站项目使用方签署购售电合同，其中 10kV 以上并网需要签订《调度协议》、《分布式光伏电站的购售电合同和调度协议》，两个协议模板可参考 2021 年 12 月 28 日国家能源局、国家市场监督管理总局关于印发《新能源场站并网调度协议示范文本》和《购售电合同示范文本》（国能发监管规〔2021〕67 号），同时电网公司免费上门安装关口计量表和发电量计量用电能表，调试通过后直接转入并网运行，从受理并网检查和调试办理备案之日起 5 ～ 10 个工作日内完成。

（八）电费结算与补贴转付

“自发自用、余电上网”分布式项目由各级电网企业可按照合同签订的结算周期（原则上不超过两个月）进行上网电费和补助资金预结算，上网电量供电企业按照当地燃煤机组标杆上网电价收购，其中自用电量免收随电价征收的各类基金和附件费，免收系统备用容量费和其他相关并网服务费。

“全额上网”项目结算参照光伏电站政策规定执行。符合免税条件的分布式光伏电站项目由所在地电网企业营销部门代开普通发票；符合小规模纳税人条件的分布式光伏电站项目须在所在地税务部门开具 3% 税率的增值税发票；一般纳税人分布式光伏电站项目须开具 17% 的增值税发票。

补贴转付可咨询当地电网营业大厅。

二、补贴领取办理手续

多数区域电费按月度结算，补贴随电费一同结算，具体以地方电网公司结算政策为准。分布式光伏电站项目领取各个地方政府相关光伏发电补贴，一般由当地电网公司对分布式光伏电站项目进行补贴资金拨付。现有补贴主要分为按度电补贴和一次性建成补贴等形式，实行度电补贴的分布式光伏电站项目，对度电补贴的时限进行了详细规定，实行一次性建成补贴的对补贴最高金额进行了详细规定，领取的开始时间一般均在分布式光伏电站项目成功并网后。

在非户用分布式光伏电站项目和户用分布式光伏电站项目与电网签订《购售电合同》及并网后，对于符合地方光伏补贴政策的分布式光伏电站项目，双方按照当地地方政府规定周期，完成光伏发电量的抄录和确认，由电网公司出具《发电电量定额补贴通知单》并向分布式光伏电站项目业主支付补贴，在项目并网发电后，供电企业（分布式光伏电站项目开发企业）按照合同签订的结算周期，按双方在《发电电量定额补贴通知单》中确认的发电量的标准计算并垫付补贴资金，具体流程参考如下：

（1）各供电局通知分布式光伏电站项目业主确认《发电电量定额补贴通知单》；

（2）各供电局将《发电电量定额补贴通知单》移交至财务；

（3）财务部垫付补贴。

备注：关于补贴价格和上网电费价格以当地政策为准，待目录公开后，再按补助目录开展补贴资金申报和转付工作，各地分布式光伏电站项目的补贴下发方式以分布式光伏电站项目所在地相关具体政策规定为准，可在项目所在地发改委网站进行查询。

第三节　分布式光伏电站项目需办理必要的环境影响评价登记备案手续

2021 年 1 月 1 日起施行的《建设项目环境影响评价分类管理名录（2021 年版）》（生态环境部令第 16 号），地面集中光伏电站（总容量大于 6000kW，且接入电压等级不小于 10kV）的项目应当申报环境影响评价报告表，其他光伏发电项目应当申报环境影响评价登记表。

根据《中华人民共和国环境影响评价法》第三十一条，建设单位未依法备案建设项目环境影响登记表的，由县级以上环境保护行政主管部门责令备案，处五万元以下的罚款。

因此，分布式光伏电站项目需办理环境影响评价登记备案手续，否则项目公司有可能遭受行政处罚，影响项目建设的合规性，建设单位应当在建设项目建成并投入生产运营前，登录项目当地建设项目环境影响登记备案系统，在线提交建设项目环境影响登记表；且网上备案系统自动生成备案编号和回执，该建设项目环境影响登记表备案即为完成。

附录 3-1　分布式光伏电站项目并网申请表

<table>
<tr><td>项目编号</td><td></td><td>申请日期</td><td>年　月　日</td></tr>
<tr><td>项目名称</td><td colspan="3"></td></tr>
<tr><td>项目地址</td><td colspan="3"></td></tr>
<tr><td>项目类型</td><td colspan="3">□光伏发电　□天然气三联供　□生物质发电　□风电
□地热发电　□海洋能发电　□资源综合利用发电（含煤矿瓦斯发电）</td></tr>
<tr><td>项目投资方</td><td colspan="3"></td></tr>
<tr><td>项目联系人</td><td></td><td>联系人电话</td><td></td></tr>
<tr><td>联系人地址</td><td colspan="3"></td></tr>
<tr><td>装机容量</td><td>投产规模　　kW
本期规模　　kW
终期规模　　kW</td><td>意向并网
电压等级</td><td>□ 35kV
□ 10（含 6、20）kV
□ 380（含 220）V
□其他</td></tr>
<tr><td>发电量意向
消纳方式</td><td>□全部自用
□自发自用，剩余电量上网</td><td>意向并网点</td><td>个</td></tr>
<tr><td>计划
开工时间</td><td></td><td>计划
投产时间</td><td></td></tr>
<tr><td>核准规定</td><td colspan="3">□省级核准　□地市级核准　□省级备案　□地市级备案　□其他</td></tr>
<tr><td>用电情况</td><td>年用电量（　　kWh）
装接容量（　　万 kVA）</td><td>主要
用电设备</td><td></td></tr>
<tr><td>业主提供
资料清单</td><td colspan="3">（1）自然人申请需提供：经办人身份证原件及复印件、户口本、房产证（或乡镇及上级政府出具的房屋使用证明）。
（2）法人申请需提供：
1）经办人身份证原件及复印件和法人委托书原件（或法定代表人身份证原件及复印件）；
2）企业法人营业执照、土地证；
3）发电项目前期工作资料；
4）政府投资主管部门同意项目开展前期工作的批复（仅适用于需核准项目）；
5）用户电网相关资料（仅适用大工业用户）</td></tr>
<tr><td colspan="2">本表中的信息及提供的文件真实准确，谨此确认。
申请单位：（公章）
申请个人：（经办人签字）
年　月　日</td><td colspan="2">客户提供的文件已审核，并网申请已受理，谨此确认。
受理单位：（公章）
年　月　日</td></tr>
<tr><td>受理人</td><td></td><td>受理日期</td><td>年　月　日</td></tr>
</table>

续表

告知事项： 1. 本表信息由客服中心录入，申请单位（个人用户经办人）与客服中心签章确认。 2. 对于新报装用户，用户工程报装申请与分布式电源接入申请分开受理，分布式电源接入系统方案制定应在用户接入系统方案审定后开展。 3. 合同能源管理项目，还需提供签订的合同能源管理合作协议；公共屋顶光伏项目，还需提供建筑物及设施使用或租用协议。 4. 年用电量：对于现有用户为上一年度用电量。新报装用户，依据报装负荷折算。 5. 本表 1 式 2 份，双方各执 1 份。

附录 3-2　分布式光伏电站项目并网法人委托书

委 托 人：××××××××××××××

性　　别：××××××××××××××

身份证号：××××××××××××××

被委托人：××××××××××××××

性　　别：××××××××××××××

身份证号：××××××××××××××

本人特委托 ××× 作为我的合法代理人，全权代表我办理位于 ××（具体位置）×× 项目分布式光伏电站并网相关事项，对委托人在办理上述事项过程中所签署的有关文件，我均予以认可，并承担相应的法律责任。

委托期限：自签字之日起至上述事项办完为止。

委 托 人：　　（签字或盖章）

年　月　日

附录 3-3　分布式光伏电站项目接入系统方案内容及技术要求

一、接入系统方案的内容

（1）接入系统方案的内容应包括分布式电源项目建设规模（本期、终期）、开工时间、投产时间、系统一次和二次方案及主设备参数、产权分界点设置、计量关口点设置、关口电能计量方案等。

（2）系统一次包括并网点和并网电压等级（对于多个并网点项目，项目并网电压等级以其中的最高电压为准）、接入容量和接入方式、电气主接线图、防雷接地要求、无功配置方案、互联接口设备参数等；系统二次包括保护、自动化配置要求以及监控、通信系统要求。

二、接入系统一般原则

分布式电源并网电压等级可根据装机容量进行初步选择，参考标准如下：8kW 及以下可接入 220V；8 ～ 400kW 可接入 380V；400 ～ 6000kW 可接入 10kV；5000 ～ 30000kW 以上可接入 35kV。最终并网电压等级应根据电网条件，通过技术经济比选论证确定。若高低两级电压均具备接入条件，优先采用低电压等级接入。

三、接入系统技术要求

（1）分布式电源项目可以采用专线或 T 接方式接入系统。

（2）380V 接入的分布式电源，10kV 接入的分布式光伏发电、风电、海洋能发电项目，可采用无线公网通信方式（光纤到户的可采用光纤通信方式），但应采取信息安全防护措施。

（3）分布式电源送出线路的继电保护不要求双重配置，可不配置光纤纵差保护。

（4）分布式电源并网点的电能质量应符合国家标准。

（5）分布式电源调度自动化及电能量采集信息接入原则：380V 接入的分布式电源或 10kV 接入的分布式光伏发电、风电、海洋能发电项目，暂只需上传电流、电压和发电量信息，条件具备时，预留上传并网点开关状态能力。10kV 及以上电压等级接入的分布式电源（除 10kV 接入的分布式光伏发电、风电、海洋能发电项目），上传并网设备状态、并网点电压、电流、有功功率、无功功率和发电量等实时运行信息。

（6）分布式电源项目应在并网点设置易操作、可闭锁，且具有明显断开点的并网开断设备。

（7）10kV 及以下接入用户侧电源项目，不要求具备低电压穿越能力。

（8）分布式电源项目所采用的逆变器、旋转电机应通过国家认可资质机构的检测或认证。

附录 3-4 分布式光伏电站项目接入系统工程设计审查结果通知单

35kV、10kV 接入的分布式光伏电站接入系统工程设计审查结果通知单

<table>
<tr><td>项目编号</td><td></td><td>申请日期</td><td>年 月 日</td></tr>
<tr><td>项目名称</td><td colspan="3"></td></tr>
<tr><td>项目地址</td><td colspan="3"></td></tr>
<tr><td>项目类型</td><td colspan="3">□光伏发电 □天然气三联供 □生物质发电 □风电
□地热发电 □海洋能发电 □资源综合利用发电（含煤矿瓦斯发电）</td></tr>
<tr><td>项目投资方</td><td colspan="3"></td></tr>
<tr><td>项目联系人</td><td></td><td>联系人电话</td><td></td></tr>
<tr><td>联系人地址</td><td colspan="3"></td></tr>
<tr><td>业务性质</td><td>□新建
□扩建</td><td>并网点</td><td>个</td></tr>
<tr><td>本期
装机规模</td><td></td><td>接入方式</td><td>T 接 个
专线接入 个</td></tr>
<tr><td colspan="4">审查内容和结果</td></tr>
<tr><td colspan="4">审查单位：（公章）
年 月 日</td></tr>
<tr><td colspan="4">告知事项：
1. 若设计变更，应将变更后的设计文件再次送审，通过审核后方可据以施工。
2. 承揽电气工程的施工单位应符合《承装（修、试）电力设施许可证管理办法》规定，具备政府有权部门颁发建筑业企业资质证书、安全生产许可证等，并依据审核通过的图纸进行施工</td></tr>
</table>

附录 3-5　分布式光伏电站项目接入系统方案项目业主（用户）确认单

××公司（项目业主）

你公司（项目业主）××项目接入系统申请已受理，接入系统方案已制定完成，现将接入系统方案、接入电网意见函（适用于 35kV、10kV 接入项目）告知你处，请收到后，确认签字，并将本单返还客户服务中心。若有异议，请到客户服务中心咨询。

项目单位：（公章）　　　　　　　　　客户服务中心：（公章）
项目个人：（经办人签字）

年　月　日　　　　　　　　　　　　　年　月　日

附件：××项目接入系统方案

附录 3-6　关于 xx 分布式光伏电站项目接入电网意见函

××××××××××××××公司（项目业主）：

你公司（项目业主）×××××××××项目接入系统方案已制定并经你方确认。经研究，原则同意该项目接入电网，具体意见如下：

一、项目本期规模为××kW，规划规模为××kW。经双方商定，本项目电量结算原则为：（全部自用 / 自发自用剩余电量上网）。

二、该项目本期接入系统方案（详见附件）为：（按并网点逐个描述接入系统方案）。

三、请按此方案开展项目相关设计、施工等后续工作。

四、项目主体工程和接入系统工程完工后，请前往××客户服务中心申请并网调试和验收服务。

五、本意见函可作为项目核准（或备案）支持性文件之一，文件有效期 1 年。

×××××××××电力公司（公章）

年　月　日

附录 3-7 分布式光伏电站并网调试和验收申请表

项目编号		申请日期	年　月　日
项目名称			
项目地址			
项目类型	□光伏发电　□天然气三联供　□生物质发电　□风电 □地热发电　□海洋能发电　□资源综合利用发电（含煤矿瓦斯发电）		
项目投资方			
项目联系人		联系人电话	
联系人地址			
并网点	个	接入方式	T 接　　个 专线接入　个
计划验收完成时间	年　月　日	计划并网调试时间	年　月　日
并网点位置、电压等级、发电机组（单元）容量简单描述			
并网点 1			
并网点 2			
并网点 3			
并网点 4			
并网点 5			
…			
本表中的信息及提供的资料真实准确，单位工程已完成并网前验收、调试，具备并网调试条件，谨此确认。 申请单位：（公章） 申请个人：（经办人签字） 年　月　日		客户提供的资料已审核，并网申请已受理，谨此确认。 受理单位：（公章） 年　月　日	
受理人		受理日期	年　月　日
告知事项： 1. 具体并网时间将电话通知项目联系人； 2. 本表 1 式 2 份，双方各执 1 份			

附录 3-8　分布式光伏电站项目并网验收意见单

项目编号		申请日期	年　月　日
项目名称			
项目地址			
项目类型	□光伏发电　□天然气三联供　□生物质发电　□风电 □地热发电　□海洋能发电　□资源综合利用发电（含煤矿瓦斯发电）		
项目投资方			
项目联系人		联系人电话	
联系人地址			
主体工程 完工时间		业务性质	□新建 □扩建
本期 装机规模	kW	并网电压	□ 35kV □ 10（含 6、20）kV □ 380（含 220）V □其他
并网点	个	接入方式	T 接　　个 专线接入　个

现场验收人员填写

验收项目	验收说明	结论	验收项目	验收说明	结论
线路（电缆）			防孤岛保护测试		
并网开关			变压器		
继电保护			电容器		
配电装置			避雷器		
其他电气试验结果			作业人员资格		
计量装置			计量点位置		

并网验收整体结论：			
验收负责人签字		经办人签字	
告知事项：并网验收通过后，请配合电网企业可以开展并网调试工作			

附录3-9 国家电网有限公司关于促进分布式电源并网管理工作的意见（修订版）

一、总则

1. 为深入贯彻落实公司“四个服务”要求，促进分布式电源加快发展，完善分布式电源并网管理，提高并网服务水平，制定本意见。

2. 本意见在《国家电网有限公司关于做好分布式电源并网服务工作的意见》基础上，明确分布式电源并网全过程管理的职责分工、流程衔接和工作要求。

3. 国家电网有限公司所属各相关单位应按照本意见开展相关工作。

二、适用范围

4. 本意见所指分布式电源，是指在用户所在场地或附近建设安装、运行方式以用户侧自发自用为主、多余电量上网，且在配电网系统平衡调节为特征的发电设施或有电力输出的能量综合梯级利用多联供设施。包括太阳能、天然气、生物质能、风能、地热能、海洋能、资源综合利用发电（含煤矿瓦斯发电）等。

5. 本意见适用于以下两种类型分布式电源（不含小水电）：

第一类：10kV及以下电压等级接入，且单个并网点总装机容量不超过6MW的分布式电源。

第二类：35kV电压等级接入，年自发自用电量大于50%的分布式电源；或10kV电压等级接入且单个并网点总装机容量超过6MW，年自发自用电量大于50%的分布式电源。

6. 接入点为公共连接点、发电量全部上网的发电项目，小水电，除第一、二类以外的分布式电源项目，本着简便高效原则做好并网服务，执行公司常规电源相关管理规定。

三、接入申请受理

7. 地市或县级公司营销部（客户服务中心）负责受理分布式电源接入申请，协助项目业主填写接入申请表，接收相关支持性文件和资料。

8. 地市公司营销部（客户服务中心）负责将接入申请资料存档，报地市公司发展部。地市公司发展部通知地市经研所（直辖市公司为经研院，下同）制定接入系统方案。工作时限为2个工作日。

四、接入系统方案确定

9. 地市经研所负责研究制定接入系统方案。接入系统研究内容深度按国家和公司有关要求执行，参考《分布式电源接入系统典型设计》。工作时限第一类项目为30个（其中分布式光伏发电单点并网项目10个，多点并网项目20个）工作日，第二类项目为50个工作日。

10. 地市公司营销部（客户服务中心）负责组织相关部门审定380V接入项目接入系统方案，出具评审意见。工作时限为5个工作日。

11. 地市公司发展部负责组织相关部门审定35kV、10kV接入项目（对于多点并网项目，至少一个并网点为35kV、10kV接入）接入系统方案，出具评审意见和接入电网意见函。工作时限为5个工作日。

12. 地市或县级公司营销部（客户服务中心）负责将380V接入项目的接入系统方案确认单，或35kV、10kV接入项目的接入系统方案确认单、接入电网意见函告知项目业主，工作时限为3个工作日。负责受理并安排接入系统方案咨询。

13. 380V接入项目，项目业主确认接入系统方案后，营销部负责将接入系统方案确认单及时抄送地市公司发展部、财务部、运检部。项目业主根据确认的接入系统方案开展项目核准（或备案）和工程建设等工作。

14. 35kV、10kV接入项目，项目业主确认接入系统方案后，地市公司发展部负责将接入系统方案确认单、接入电网意见函，及时抄送地市公司财务部、运检部、营销部、调控中心、信通公司，并报省公司发展部备案。项目业主根据接入电网意见函开展项目核准（或备案）和工程设计等工作。

15. 公司为自然人分布式光伏发电项目提供项目备案服务。对于自然人利用自有住宅及其住宅区域内建设的分布式光伏发电项目，地市公司发展部收到项目接入系统方案确认单后，根据当地能源主管部门项目备案管理办法，按月集中代自然人项目业主向当地能源主管部门进行项目备案，备案文件抄送地市公司财务部。

五、接入系统工程建设

16. 地市（县）公司负责公共电网改造工程建设（包括随公共电网线路架设的通信光缆及相应公共电网变电站通信设备改造等）。

17. 公司为公共电网改造工程建设开辟绿色通道。

18. 35kV、10kV接入项目，项目业主在项目核准（或备案）后、在接入系统工程施工前，将接入系统工程设计相关资料提交地市或县级公司营销部（客户服务中心）。地市公司营销部（客户服务中心）负责将接入系统工程设计相关资料存档，组织发展部、运检部、调控中心等部门（单位）审查接入系统工程设计，出具答复意见并告知项目业主、抄送调控中心，工作时限为10个工作日。项目业主根据答复意见开展接入系统工程建设等后续工作。若审查不通过，提出修改方案。

六、并网验收与调试

19. 地市或县级公司营销部（客户服务中心）负责受理项目业主并网验收及并网调试申请，协助项目业主填写并网验收及并网调试申请表，接收相关资料。

20. 地市公司营销部（客户服务中心）负责并网验收及并网调试申请资料存档，并报地市公司财务部、调控中心、运检部。工作时限为2个工作日。

21. 并网验收及并网调试申请受理后，地市公司营销部（客户服务中心）负责安装关口计量和发电量计量装置。工作时限为 8 个工作日。

22. 并网验收及并网调试申请受理后，380V 接入项目，地市公司营销部（客户服务中心）负责办理与项目业主（或电力用户）关于购售电、供用电和调度方面的合同签订工作，签订的合同抄送地市公司财务部、调控中心，报省公司交易中心备案。35kV、10kV 接入项目，购售电合同与调度协议同步签署，地市公司营销部（客户服务中心）商调控中心确定签署日期，地市公司营销部（客户服务中心）负责办理与项目业主（或电力用户）关于购售电和供用电方面的合同签订工作，签订的合同抄送地市公司财务部，报省公司交易中心备案，地市公司调控中心负责办理与项目业主（或电力用户）关于调度协议方面的签订工作。工作时限为 8 个工作日。

23. 电能计量装置安装、合同与协议签订完毕后，380V 接入项目，地市公司营销部（客户服务中心）负责组织相关部门开展项目并网验收及并网调试，出具并网验收意见，并网调试通过后直接转入并网运行。35kV、10kV 接入项目，地市公司调控中心负责组织相关部门开展项目并网验收工作，出具并网验收意见，开展并网调试有关工作，调试通过后直接转入并网运行。若验收或调试不合格，提出整改方案。工作时限为 10 个工作日。

24. 分布式电源涉网设备，应按照并网调度协议约定，纳入地市公司调控中心调度管理。分布式电源并网点开关（属用户资产）的倒闸操作，须经地市公司和项目方人员共同确认后，由地市公司相关部门许可。其中，35kV、10kV 接入项目，由地市公司调控中心确认和许可；380V 接入项目，由地市公司营销部（客户服务中心）确认和许可。

七、国家补贴资金管理

25. 地市或县级公司财务部门每年 9 月 30 日前，负责将属地下年度可再生能源补助资金年度预算报送省公司财务部门。省公司财务部门审核汇总后于每年 10 月 10 日前报总部财务部。

26. 公司总部财务部负责按季向财政部请求拨付补助资金，并在收到财政部拨付补助资金后，及时拨付给省公司。省公司财务部收到资金后及时拨付地市或县级公司。地市或县级公司财务部门负责在收到补助资金后，按照结算周期及时向项目业主（或电力用户）支付补助资金。

八、并网信息管理

27. 发展部（公司新能源和分布式电源领导小组办公室）负责分布式电源并网信息归口管理。

九、并网咨询服务

28. 营销部（客户服务中心）负责分布式电源并网咨询服务归口管理，提供并网咨询服务包括 95598 服务热线、网上营业厅、地市和县公司营销部（客户服务中心）。

第四章

分布式光伏电站的融资和开发、盈利模式

分布式光伏电站项目是一种集资金、技术、社会劳动于一体，国家支持的新兴重点朝阳产业，分布式光伏电站项目的开发和建设除技术要求高，还同时要求项目投资收益高、投资回收期短，必须通过优化设计方案、加强施工管理等方式来降低投资建设成本，增加发电量，提高项目全生命周期投资回报。

工程项目实践中，由于分布式光伏电站项目一般是“一项目、一公司”，每个电站项目由单独的实体来运营，并且单体电站体量小、项目公司数量众多，再加上常采用 EPC 等方式外包建设，或采取并购项目加快建设进度，因此交易结构多变、复杂。

第一节　分布式光伏电站的融资模式与渠道

在国家政策的鼓励下，分布式光伏电站目前已进入了高速增长阶段，分布式光伏电站项目的融资从最开始的无人问津，到现在已经形成形式多样、模式各异的多元化融资模式，根据分布式光伏电站项目融资、租赁的特点，并与集中式地面光伏电站项目进行对比说明，尤其关注该行业特殊性引起的风险。

总的来说，分布式光伏电站的融资风险越低，融资门槛也就越低，特别是区域市场化电力交易全面推行后，预计会有更多的资金方关注分布式光伏电站项目融资领域。

分布式光伏电站项目资金来源可分为项目资本金和项目债务资金。

（1）项目资本金可通过股东增资扩股、吸收新股东投资、发行股票、政府投资等筹措。投资者可以用货币出资，也可以用实物、工业产权、非专利技术、土地使用权、资源开采权等作价出资，但应符合国家相关规定。

（2）项目债务资金的来源可包括商业银行贷款、政策性银行贷款、企业债券和融资租赁等。

一、自有资金

投资方采用自有资金全额投资，投资方自主选取光伏项目建设和运营单位进行分布式光伏电站前期建设和后期运维，不涉及项目融资。该模式比较方便快捷，但如果项目规模较大，则对投资方的资金实力水平有一定要求，可能会对项目投资方的资金流动性带来一定风险，主要适用于有一定实力的户用分布式光伏电站开发者。

二、银行贷款

我国银行业金融机构通过“光伏贷”、碳中和挂钩贷款、供应链融资、绿色资产支持票据（绿色 ABN）、绿色资产支持商业票据（绿色 ABCP）、国际银团等金融产品和综合金融服务，满足核心光伏企业及其他企事业单位法人和个人的多元融资需求，已成为支持我国光伏产业高质量发展、助力经济转型升级的重要支撑。

其中“光伏贷”的业务对象主要有企事业单位法人及个人客户两大类，第一种是有意愿在自有或租用建筑屋顶安装光伏设备的企事业单位法人或核心光伏企业及其下属子公司，通常是指工商业光伏项目；第二种是有意愿在自有建筑屋顶安装光伏设备的个人，主要是广大农村地区的农户，通常是指户用光伏。第一类业务对象属于对公客户，该类客户的光伏贷只需符合现有项目融资规定即可；第二业务对象属于个人客户，服务该类客户的光伏贷需要创新设计符合监管要求的贷款产品。

商业银行“光伏贷”业务主要与光伏产品的经销商进行合作，对产品经销商进行准入，制定准入标准，而授信客户主要为经销商的下游客户，经销商要对银行授信客户进行担保或托底回购，以及产品的质量保证和售后质保。目前国内主要银行根据品牌知名度、厂商经营情况、市场口碑、售后服务等维度准入国内主板上市及市场一线光伏组件和逆变器生产企业为合作品牌。

对于光伏产品的经销商准入，一般对企业的成立时间、经营品牌、担保能力、实收资本、产品销售规模、专业技术人员的素质等各方面进行考虑。在与经销商合作的同时也可要求经销商通过缴存保证金的形式进行担保增信，同时要求授信客户通过购买光伏财产险等方式保证未来几年相关产品的保值率，从而最大限度地防范银行“光伏贷”业务出现风险。

银行的“光伏贷”产品主要包括授信期限、利率、还款方式、还款来源等要素，授信期限主要从分布式光伏的发电量、投资回收期等方面考虑，还款方式一般为等额本息或等额本金等方式，还款来源主要是通过授信客户的发电并网收入来偿还银行贷款本息。

银行贷款是各个行业企业获得发展资金的最传统方式，虽然利率较其他金融机构更低，但对贷款主体和担保方都有较高要求，且放款时间较长，贷款比例一般不超过项目总投资额的 80%，工程实践中，一般项目自有资本金占据项目开发成本 20%，银行融资比例为

80%，按照现有银行贷款利率，融资 15 年（一般适用于实力雄厚的国有大、中型企业），采用等额本息偿还方式偿还银行贷款。

对于分布式光伏电站项目来说，首先项目开发公司的股权要质押给银行，项目开发公司股东或第三方要提供银行认可的相应资金担保实力，且电费收益权也要质押给银行，即电费收款账户由银行监管，所收电费在贷款期内只能用于偿还本金和利息，贷款审批前，银行需要收集工商业企业自投分布式光伏电站项目资料（详见附录 4–1）或由第三方代建的分布式光伏电站项目资料（详见附录 4–2）。

由于分布式光伏电站往往单个项目装机容量较小，单体项目所需资金有限，为了避免重复烦琐的贷款手续，在实际操作中往往由分布式光伏电站投资者出面为后续开发的多个分布式光伏电站项目向银行打包申请授信额度。

2021 年 3 月 12 日，国家发展改革委、财政部、中国人民银行、银保监会、国家能源局联合印发《关于引导加大金融支持力度　促进风电和光伏发电等行业健康有序发展的通知》（发改运行〔2021〕266 号），其中明确："对短期偿付压力较大但未来有发展前景的可再生能源企业，金融机构可以按照风险可控原则，在银企双方自主协商的基础上，根据项目实际和预期现金流，予以贷款展期、续贷或调整还款进度、期限等安排"。上述的措施缓解部分包括分布式光伏电站项目开发企业在内的可再生能源企业的融资困难，促进光伏等可再生能源良性发展，助力实现碳达峰和碳中和目标。

三、融资租赁

（一）融资租赁含义

融资租赁是指出租人（金融机构）根据承租人（分布式光伏电站项目投资方或其项目开发公司）对租赁（光伏系统）设备的特定要求和对供货人（光伏系统设备供应商）的选择，出资向供货人购买租赁设备，并租给承租人使用，承租人则分期向出租人支付租金，在租赁期内租赁物件的所有权属于出租人所有，承租人拥有租赁物件的使用权。

融资租赁是集融资与融物、贸易与技术更新于一体的新型金融产品，是连接实体经济与金融的桥梁，由于其融资与融物相结合的特点，出现问题时租赁公司可以回收、处理租赁物，因而与银行贷款相比在办理融资租赁时对企业资信和担保的要求不高，所以非常适合中小企业融资。

分布式光伏电站项目一般是"一项目、一公司"，并且由于电站前期审核的原因，多为子公司形式，即作为独立法人实体进行经营、运作，因此融资租赁业务承租人需提供满足出租人要求的每个项目公司的完整资料供审核（详见附录 4–3），以此作为是否最终融资的依据。

另外，分布式光伏电站项目电力就近消纳、现金流稳定、收入可预期、建成周期短（与集中式光伏项目相比）非常适合作为租赁物，与融资租赁有天然的契合点。

（二）融资租赁交易结构

融资租赁常见的形式包括直接租赁、售后回租、杠杆租赁。

直接租赁是融资租赁的主要形式，承租方提出租赁申请时，出租方按照承租方的要求选购，然后再出租给承租方。

售后回租是指承租方由于急需资金等各种原因，将自己资产售给出租方，然后以租赁的形式从出租方原封不动地租回资产的使用权。在这种租赁合同中，除资产所有者的名义改变之外，其余情况均无变化。

杠杆租赁是指涉及到承租人、出租人和资金出借人三方的融资租赁业务。一般来说，当所涉及的资产价值昂贵时，出租方自己只投入部分资金，通常为资产价值的20% ～ 40%，其余资金则通过将该资产抵押担保的方式，向第三方（通常为银行）申请贷款解决。租赁公司然后将购进的设备出租给承租方，用收取的租金偿还贷款，该资产的所有权属于出租方。出租人既是债权人也是债务人，如果出租人到期不能按期偿还借款，资产所有权则转移给资金的出借者。

1. 直接租赁模式

直接租赁（直接租赁合同详见附录4–4），是指租赁公司直接向设备制造厂家购入光伏组件、逆变器的光伏系统设备，选择EPC方建设，再出租给承租企业的一种方式，直接租赁模式下租赁公司承担了项目建设期的投资，承租企业（项目开发方）无需较大前期投入，解决了初期融资难的问题，主要适用于有自有厂房和场地的户用分布式光伏电站项目和工商业企业建筑物屋顶分布式光伏电站项目。

分布式光伏电站项目涉及的设备主要有组件、逆变器、支架、电缆和支架基础、交流配电装置、变压器等多家供应商，因此从简化交易结构的角度看，如果选取一家有实力的EPC总包方参与可以简化交易结构；采用直租模式，融资租赁公司往往要求并网后投放资金，就需要EPC总包方先行采购设备。直租模式流程图如图4–1所示。

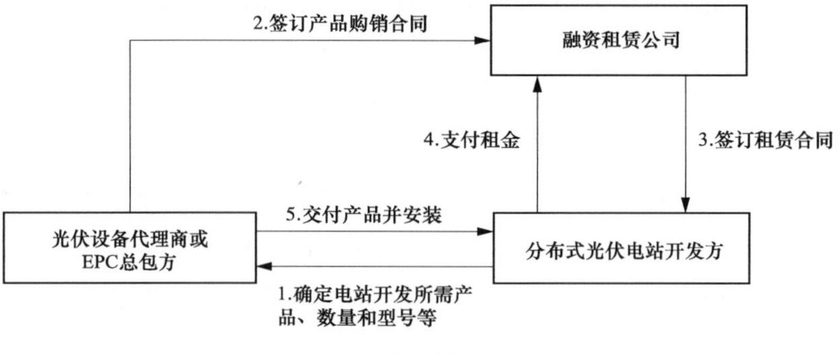

图4–1　直租模式流程图

对于居民及中心企业业主拥有建设分布式光伏的场地资源且有建设分布式光伏电站意愿，缺乏一次性投入资金，租赁公司可为其提供光伏设备融资，在此过程中，分布式光伏电站开发方只负责确定分布式光伏电站系统所需发电系统的设备种类、型号和数量等，并将设备采购清单报送给融资租赁公司，由融资租赁公司与分布式光伏电站开发方签订租赁合同并将设备租赁给分布式光伏电站开发方，分布式光伏电站开发方将完成分布式光伏电站的建设工作，建成并网发电后，定期用分布式光伏电站的发电收入偿还融资租赁公司的设备租金，分布式光伏电站开发方与业主用户签订运营维护协议，但并不持有电站，分布式光伏电站开发方定期支付租金，取得设备资产实际占有使用和管理收益权。

虽然融资租赁通常也要在租赁开始时支付一定的保证金，而且利率比银行贷款更高，与回租业务或常规银行信贷业务不同的是，对分布式光伏电站项目开发商来说：通过直租方式获得的资金，其利息部分可取得 17% 的增值税专用发票，用于部分抵扣电力销售的增值税；对融资租赁公司来说：设备供应商给全部融资金额开具 17% 的增值税专用发票，可获得大量的增值税进项，从而达到延迟纳税的效果，因此分布式光伏电站项目通过设备融资租赁方式建成的比例逐渐增加。

2. 售后回租模式

当分布式光伏电站项目并网发电、竣工验收完成后，分布式光伏电站开发方项目业主启动“在建工程”转“固定资产”工作，分布式光伏电站开发方已将项目建成，并把已经实现并网发电的分布式光伏电站出售给租赁公司后再进行回租申请融资，租赁公司根据电站投资总额及实际运营情况，测算经营收入后按照一定折现比例确定融资额度，租赁期限一般为 8 ～ 10 年，分布式光伏电站开发方按照租赁方案按期偿还租金。售后回租流程图如图 4–2 所示。

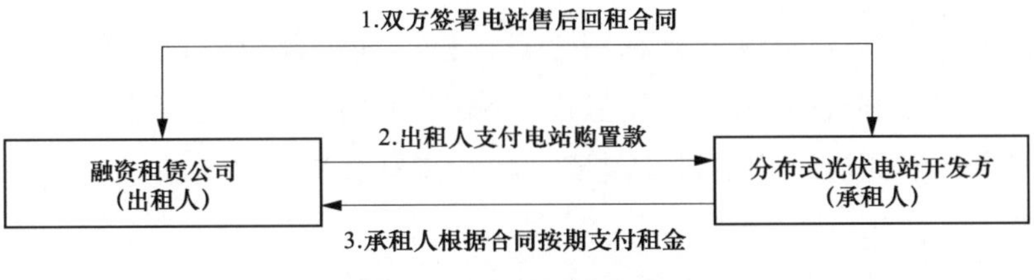

图 4–2　售后回租流程图

售后回租模式（直接租赁合同详见附录 4–5）解决项目开发完成后企业资金困难的问题，适用于具有一定资产规模和运营经验的分布式光伏电站项目开发企业。

3. 杠杆租赁模式

杠杆租赁是一个包括承租人、设备供应商、出租人和长期贷款人的比较复杂的融资租赁形式。在杠杆租赁交易中，出租人、承租人、设备供应商签订融资租赁合同的买卖协议和租赁协议，出租人往往只付少部分租赁物购置款项，其余的资金通过将上述协议抵押给金融机构，由金融机构提供无追索权贷款获得（即规定贷款者只能从租金和设备留置权中得到偿还，对出租人的其他资产没有追索权），收回的租金必须首先偿还贷款本息。当一家金融机构无法承担巨额融资时，出租人还可以委托信托机构通过面向多家金融机构发行信托凭证的方式来筹措。

近年来随着融资租赁业务应用创新发展，也出现了厂商租赁和委托租赁等新的租赁业务。

厂商租赁是一种由光伏设备的制造商或经销商，对选定本企业生产或经销的光伏设备的购买者，即最终用户，通过为其提供租赁融资，将设备交付给用户使用的租赁销售方式。设备的使用者在取得设备时无需一次性付清货款，只需在随后的租期内支付相应租金，即可获得设备的使用权。这种方式实际上是租赁销售的方式，既使企业扩大了销售，也为企业提供了融资途径，是当前许多国家大力发展的一种融资租赁方式。

委托租赁是指出租人接受委托人的资金或租赁物，根据委托人的要求向承租人办理的融资租赁业务。在租赁期内，租赁物的所有权归委托人，出租人代理管理并收取佣金。在委托租赁中，增加了委托人和一份委托代理合同，可以是资金委托，也可以是委托人限制的租赁物。委托租赁常用于下列情况：一是委托人不具备出租人资格，对租赁业务不熟悉；二是委托人与受托出租人、承租人在不同地区或国家，没有条件亲自管理，只好交给受托人。委托租赁实际上是具有资产管理功能，可以帮助企业利用闲置设备，提高设备利用率。

（三）融资租赁的功能

1. 融资功能

融资功能是融资租赁业务最基本的功能。融资租赁业务本身是一种以实物为载体的融资手段，是承租人扩大投资、进行技术改造、实现资产变现、增加资产流动性、缓解债务负担的有效筹资渠道。对融资租赁公司而言，融资功能是否充分发挥对其效益情况起到至关重要的作用。融资租赁公司不仅可以利用财务杠杆，配比部分信贷资金，而且还可以通过选择租赁项目，使资金的运作达到最佳状态。融资功能使得承租人可以使用最少的资金进行企业的扩大投资，利用融资租赁进行融资、扩大生产和进行技术改造等。

2. 融物功能

融物功能是融资租赁业务不同于其他融资方式的特色。在市场经济条件下，由于市场主体享有信息资源的不平衡，承租人无力购买出卖人的商品，而出租人的购买并出租的行为使得商品在不同的市场主体之间自由地流动。

3. 投资功能

在现代化的生产条件下，面对丰富的市场信息，投资者如果没有专业的经验很难对企业价值做出准确判断，从而增加了投资的盲目性。而融资租赁公司由于具有特殊的资源优势，有能力发现合适的投资机会。融资租赁公司作为一个载体，可以通过吸收股东投资、借贷、发债、上市等融资手段拉动银行贷款，吸收社会投资。同时，租赁公司利用银行资金开展租赁业务，可以减少银行直接对企业的固定资产贷款，增加资产流动性，减少银行信贷风险，加大投资力度。更为重要的是政府财政部门可根据国家的产业政策，充分利用自己的资金、信用、政府的集中采购的杠杆作用，通过租赁公司盘活资产、筹措资金，从而可以扩大财政政策的倍数效应，加强国家对基础设施建设和支柱产业的投资力度。

4. 资产管理功能

资产管理功能是由于租赁物的所有权和使用权的分离而衍生出来的。在市场经济条件下，融资租赁公司可以帮助经营困难的企业盘活资产，使企业的资产物尽其用，真正实现企业的价值增值。

四、托底投资者并购

在工程实践中，分布式光伏电站项目的初始投资者已有计划将建成分布式光伏电站转让给托底投资者，完成赚取项目建设成本和转让（投资）差价。

一般来说托底投资者是有较低财务成本且银行授信额度较大的国有企业、中央企业，当初始投资者与托底投资者达成电站转让意向性协议后，会吸引具备一定资金实力的工程总包企业愿意根据托底投资者的并购技术要求垫付资金进行项目建设。这种情形即为光伏业界常说的 BT（建成转让）模式或 BOT（建成经营转让）模式。

BT（建成转让）是指分布式光伏电站建成、通过并网验收后，将电站项目公司股权转移给托底投资者，建成经营转让（BOT）是指初期投资者在项目建成、通过并网验收后仍继续持有分布式光伏电站，享受发电收益（含领取相关补贴），经过一定时间后再将电站项目公司股权转移给托底投资者。

第二节　两种常见的分布式光伏电站开发模式

并网分布式光伏电站项目的投资行为市场准入要求门槛低、资金需求量相对较少，但凡有一定资金实力或融资能力的个人或单位实体均可投资分布式光伏电站，尤其是耗能大、屋顶面积大且建设条件好的企、事业单位和公共建筑屋顶业主等需求更为迫切，然而目前绝大部分有需求的单位或个体通常采用引入外部电站投资者出资形式进行建设，靠出租屋顶或合作开发的方式获利。

一般而言，我国国内商业用电比工业用电电价高，35kV 工业直供电比 110kV 工业直供电电价高，工业电价比教育用电电价高，教育用电比农业用电电价高，而且居民用电价格也明显高于脱硫燃煤标杆电价，目前绝大部分地区的分布式光伏电站项目的发电成本已经显著等于或低于脱硫燃煤标杆电价。因此，一般分布式光伏电站项目优先采用“自发自用”或“自发自用、余电上网”的并网模式，最后才会选用“全额上网”的并网模式。

一、租赁屋顶模式

投资方租赁建筑物产权方的屋顶，投资建设分布式光伏电站，租赁费用应当按照屋顶装机实际面积确定单价，由投资方或开发方企业按年向屋顶业主支付租赁费用。

二、合作开发（又叫协议开发）模式

用户提供其合法持有的屋顶，分布式光伏电站项目开发企业提供电站开发所需的系统设备和安装房屋，双方合作建设电站。该模式用户不出资、不承担主观损毁外的其他责任，享有固定收益；项目开发企业提供系统设备并负责勘察设计、安装调试、运维运营等服务，通常采用合同能源管理形式进行合作。

（一）“建筑物屋顶入股”模式

分布式光伏电站项目由开发商出资建设运营，建筑物产权方以建筑屋顶面积折价量化参股，按比例分享发电收益，具体参股比例由双方协商，主要适用于“自发自用、余电上网”方式消纳电量的分布式光伏电站项目，开发商后期再通过电站股权转让等形式退出初始投资，帮助建筑物产权方及其使用者分担前期电站投资成本，使其尽早享受清洁能源带来的多重价值。无法消纳电量部分出售给当地供电公司或电网企业。

（二）电量电价收益分成

建筑物产权方免费提供屋顶由分布式光伏开发商投资建设光伏电站，按照屋顶电站年度总发电量向屋顶业主支付电价现金比例分成，一般业主分成比例不低于30%，主要适用于“全部上网”方式消纳电量的分布式光伏电站项目。

（三）电价打折模式

建筑物产权方免费提供屋顶，分布式开发企业与屋顶业主协商确定，屋顶电站发电量屋顶业主优先使用，屋顶业主购买使用光伏发电的电力，按一定折扣电价使用电能，富余电力上网，业主购买电价不得高于光伏发电上网电价，主要适用于“自发自用、余电上网”方式消纳电量的分布式光伏电站项目。

电价折扣比例受用电类型、峰谷电价、用电时段和电站投资者的建设成本、财务成本、运维成本及目标项目投资收益率等多种因素影响，因此，不同分布式光伏电站项目给出的电价折扣、优惠比例差异较大。

（四）“屋顶租金＋固定比例收益”模式

分布式光伏电站项目开发商和建筑物产权方协商，支付一定公共建筑屋顶租金，同时按固定比例享受电价折扣，主要适用于租赁公共屋顶开展分布式光伏电站项目的建设。其通常操作方式为建筑物产权方将自有的建筑屋顶租赁给投资方用于建设分布式光伏电站，分布式光伏电站的建设起初不用建筑物产权方出一分钱，待电站建成并网发电后，所发电量被用户使用，用户向分布式光伏电站项目开发商支付电费，待投资方收回投资成本并取得一定收益后，将电站完整移交给建筑物产权方，在移交前，分布式光伏电站的产权归项目投资方所有。

第三节　分布式光伏电站项目资金来源与融资方案分析

资金来源与融资方案分析，应基于项目运行和投融资环境基础的调查，提出和优化融资方案，全投资财务效果评价应基于分布式光伏电站项目方案设计，确定项目费用与效益计算的范围，计算项目的财务效益与费用，进行项目的融资前分析，将评价结果反馈至方案设计，进而变更或优化设计方案。资本金财务效果评价，应基于项目技术与经济可行性的盈利能力、偿债能力和财务生存能力的分析与评价，将评价结果反馈至融资方案，进而变更或优化融资方案。项目的敏感性分析，通过找出敏感因素，计算敏感因素变化对项目财务指标的影响及其影响程度。

一、项目债务资金来源与融资方案分析的原则

分布式光伏电站项目债务资金来源的选择，应充分考虑融资主体对于分布式光伏的运营管理能力，承担融资责任和风险的能力，建设项目的资源条件、工程条件和运营与维护条件，项目的盈利能力、偿债能力和财务生存能力，以利于获得优惠的债务融资。

二、项目债务资金来源与融资方案分析的内容

（1）融资方案分析可包括债务资金可靠性分析、债务资金比例规定和债务偿还分析；

（2）债务资金可靠性分析应针对投入分布式光伏电站项目的债务资金在数量和时间要求上能否满足项目要求进行分析；

（3）债务资金比例规定分析分布式光伏电站项目资本金与项目债务资金的比例是否符合国家有关法规规定，符合金融机构信贷规定及债权人有关资产负债比例的要求，满足权益投资者获得期望投资回报的要求，满足防范财务风险的要求，项目资本金与项目债务资金的比例应满足下列要求：

1）根据债权人提供债务资金条件合理确定借款和债权的比例，以降低融资成本和融资风险；

2）合理确定利率结构。

（4）债务偿还分析包括还款方式和偿债能力分析。

（5）还款方式包括等额本息、等额本金和约定还款方式三种，应基于借款还本付息计算表，根据融资方案的借款偿还期和偿还方式，计算每年需还本付息额，一般推荐采用等额

本金还款方式。

（6）偿债能力分析的主要指标包括利息备付率、偿债备付率、资产负债率。

三、资本金财务效果评价

分布式光伏电站项目达到财务报表直接反映光伏电站的盈利能力，而实现盈利也是资金融入方的主要目的。在项目融资过程中，资本方往往会对光伏项目的固定资产、金融负债、运营资金、收入以及其他成本和费用进行评估和审计。因此，光伏电站的财务质量是说服资本进行融资的主要途径。

资本金财务效果评价应包括盈利能力分析和财务生存能力分析。盈利能力动态分析应基于项目资本金现金流量表进行项目资本金流量分析，在拟定的融资方案基础上进行息税后分析，反映投资者的权益性收益水平。主要指标应包括项目资本金财务内部收益率、项目资本金财务净现值和投资回收期。

资本金财务内部收益率体现了在融资方案下，投资者整体所能获得的权益性收益水平，用来对融资方案进行取舍或优化调整，是基于融资前投资决策后的最终融资决策的依据。财务生存能力分析项目在各项经济活动中能否得到足够的净现金流量，以实现财务可持续性。应结合项目偿债能力分析，为维持资金平衡，调整还款期限和短期借款。

分布式项目具有较大的经营净现金流量，说明项目方案合理，实现自身资金平衡的可能性大，不会过于依赖短期融资维持运营；反之，说明项目方案缺乏合理性，需要通过短期融资维持运营。应避免较大或频繁的短期融资，导致其后的累计盈余资金无法实现正值，致使项目难以持续经营。

第四节　经济效益与社会效应分析

在全世界受到越来越严重环境污染问题困扰的今天，光伏发电作为清洁可再生能源，对全社会有着广泛而特别的作用。

首先，光伏发电有利于节省不可再生资源，平衡能源的单一供给情况。随着煤炭、石油和天然气等化石能源的大量开发，其储量越来越少，因此新能源的开发已经提高到了战略高度。2005 年 2 月 28 日通过的《中华人民共和国可再生能源法》明确提出：“国家鼓励和支持风能、太阳能、水能、生物质能和海洋能等非化石能源并网发电”。太阳能的大规模开发符合国家环保、节能政策，光伏项目的开发建设可有效减少常规能源尤其是煤炭资源的消耗，保护生态环境，平衡能源的单一供给。

其次，光伏发电可以减少温室气体排放，减少温室效应，保护环境，助力实现碳达峰、碳中和目标。参考《中国电力行业年度发展报告 2023》，2022 年全国 6000kW 及以上火力发电厂每产生 1kWh 电能平均消耗标煤 0.0003t，而燃烧 1t 标煤排放二氧化碳 2.6t，而在我国平均日照条件下，安装 1kW 分布式光伏系统，1 年可发出 1200kWh 电，可减少煤炭（标准煤）使用量约 400kg，减少二氧化碳排放约 1t。根据世界自然基金会（WWF）研究结果：从减排二氧化碳效果而言，安装 $1m^3$ 光伏发电系统相当于植树造林 $100m^3$。目前，发展光伏发电等可再生能源将是根本上解决雾霾、酸雨等环境问题的有效手段之一。由此可见，光伏电站节能减排的力度和意义对于企业、国家乃至整个社会是非常重大的。

再次，光伏电站的建设可以提高土地的利用率和价值。其中分布式光伏电站一般选择建设在屋面、水面、荒废的地面（包括戈壁、沙漠等），大大地提高了土地的利用率和价值。

另外，分布式光伏电站的建设可以带动当地的经济增长和就业，分布式光伏电站项目的开发和建设，可促进地区相关产业，如建材、交通运输业的大力发展，对扩大就业和发展第三产业将起到显著作用，从而带动和促进地区国民经济的全面发展和社会进步。随着光伏电站项目的相继开发、建设和运营，光伏发电将成为地区又一大产业，为地方经济开辟新的增长点，拉动地方经济的发展。

最后，光伏产业的发展让未来世界变得更清洁、更安全，能源利用更丰富。太阳能是一种取之不尽、用之不竭的清洁可再生能源，具有独特的优势和巨大的发展潜力。充分利用太阳能对节能减排、保护环境和地方经济有着重大的意义，同时为全球能源的可持续发展做出贡献。

附录 4-1　工商业企业自投分布式光伏电站项目贷款收资清单及说明

分类		序号	文件名称	立项标准	尽职调查风险审查资料	放款审查材料	说明
用电业主/项目公司（如有）需提供的资料	基础资料	1	公司及管理层简介	电子版	电子版	原件（盖章）	原则上由用电业主提供，内容包括但不限于：业务简介、历史沿革、人员构成、控股股东介绍等
		2	营业执照（三证合一）	扫描件	复印件（盖章）	复印件（盖章）	尽职调查时查看正本并取回盖章的复印件
		3	公司章程及修正案	扫描件	复印件（盖章）	复印件（盖章）	尽职调查时查看正本最新版并取回盖章的复印件
		4	验资报告	—	如有则复印件（盖章）	如有则复印件（盖章）	若无验资报告，可提供注资银行回单；若均未提供则视为未注资

续表

分类		序号	文件名称	立项标准	尽职调查风险审查资料	放款审查材料	说明
用电业主/项目公司（如有）需提供的资料	基础资料	5	股权结构图	—	原件（盖章）	原件（盖章）	1. 必须追溯到最顶层，并覆盖全部股权关联公司，且标注出与用电业主直接控股的股权关联方。 2. 可由银行业务经理制作，客户盖章确认，尽职调查时取回
	信用资料	6	企业征信报告	扫描件	复印件（盖章）及其扫描件	复印件（盖章）	1. 尽职调查出发前尽量提供最新的。 2. 提报风险审查前要求 1 个半月内的征信报告。 3. 如银行上会时距离征信报告日期超过 2 个月的，需提供最新的征信报告
		7	实际控制人+法定代表人身份证及个人征信报告	—	复印件（签字）及其扫描件	复印件（盖章及签字）	1. 尽职调查出发前尽量提供最新的。 2. 提报风险审查前要求 1 个半月内的征信报告。 3. 如银行上会时距离征信报告日期超过 2 个月的，需提供最新的征信报告
	财税资料及资产和负债说明	8	审计报告（财务报表）及《财务核查与分析模型》（三个完整年度及最近一期）	电子版	电子版及复印件（盖章）	复印件（盖章）	1. 默认需提供合并层面的审计报告（含审计意见页与注册会计师签字盖章确认的全本审计报告）；如未经审计，则仍需提供合并层面的财务报表；如有分子公司且无法供合并层面的审计报告或报表，需银行业务副总特批。 2. 资产负债表、损益表及现金流量表三表齐全，如无法提供现金流量表需银行业务副总特批。 3. 三表均须同时提供 Excel 电子版、复印件（盖章），且数据保持一致。 4. 银行业务经理需将数据填到《财务核查与分析模型》中一并提交风险审查
		9	科目余额表、往来账款明细及账龄	电子版	电子版及复印件（盖章）	复印件（盖章）	1. 默认提供匹配财务报表的最近一个完整年度和年初到最近一期的科目余额表、往来账款客商明细及账龄（1 年以内、1 ~ 2 年，2 ~ 3 年、3 年以上）材料。

续表

分类		序号	文件名称	立项标准	尽职调查风险审查资料	放款审查材料	说明
用电业主/项目公司（如有）需提供的资料	财税资料及资产和负债说明	9	科目余额表、往来账款明细及账龄	电子版	电子版及复印件（盖章）	复印件（盖章）	2. 尽职调查时由银行业务人员陪同企业人员现场从财务系统再导出一次 Excel 电子版。尽职调查时取回复印件（盖章）
		10	序时账	如有则电子版	如有则电子版及复印件（盖章）或尽职调查现场审查	如有则复印件（盖章）	1. 默认提供匹配财务报表的最近一个完整年度和最近一期的序时账。 2. 尽职调查时由银行业务经理陪同企业人员现场从财务系统导出 Excel 版，尽职调查时取回复印件（盖章）。 3. 如客户明确指出无法提供且不允许带走，但可在其计算机上查看，并进行现场审查
		11	银行流水	电子版	电子版及复印件（盖章）	复印件（盖章）	1. 至少应提供合计占企业资金流水比例超过 70% 的账户（多个），且包括收取电费的账户（项目公司）和支付工资和水电煤费用的账户。 2. 近一年网银导出表格版（如网银只能导出半年也可以）＋现场对网银每月的月末余额进行截图。 3. 尽职调查时取回复印件（盖章）
		12	近两年增值税与所得税申报表及完税证明	扫描件	复印件（盖章）	复印件（盖章）	1. 尽职调查时由业务人员现场拍摄税务系统页面（至少涵盖税务系统登录页面，匹配近两年 12 月及最新一期的申报信息查询中历史申报信息的增值税与所得税主表页）。 2. 尽职调查时取回申报表主表和完税证明的复印件（盖章）
		13	前五大下游客户销售合同	扫描件	扫描件	复印件（盖章）	1. 默认需提供年度交易额前 5 名的近期销售额较大合同。 2. 可根据实际情况灵活判断
		14	有息负债及对外担保统计表及相应合同			如有则原件（盖章）	1. 如存在有息负债及对外担保情况则必须提供有息负债及对外担保统计表，默认包含如下内容： （1）汇总情况表，包括单位名称、总金额、期限、利率、担保方式、起始时间、剩余本金、年还款额等。

续表

分类		序号	文件名称	立项标准	尽职调查风险审查资料	放款审查材料	说明
用电业主/项目公司（如有）需提供的资料	财税资料及资产和负债说明	14	有息负债及对外担保统计表及相应合同	如有则有息负债及对外担保统计表电子版附相应合同	如有则有息负债及对外担保统计表原件（盖章）附相应合同或尽职调查现场审查	如有则原件（盖章）	（2）公司正在履行的银行、融资租赁及其他相关借款合同、借款凭证（如有）及还款情况说明。 （3）公司正在履行的银行、融资租赁及其他对外担保合同及相关主合同（如有）。 （4）其他重大融资或担保协议和文件。 2. 如客户明确指出无法提供合同或关键信息且不允许带走，但可在现场查看，则进行现场审查
		15	资产重组、诉讼争议、经济纠纷等情况说明	—	如有则原件（盖章）	如有则原件（盖章）	如有资产重组、诉讼争议、经济纠纷等情况，则必须提供
		16	不动产权证、车本、股权证明书等高价值产权证	扫描件	扫描件	复印件（盖章）	企业拥有的土地、房产、车辆、股权等高价值资产的产权证（须包含抵质押登记信息）
担保自然人资料	信用信息	17	担保自然人及其配偶身份信息	扫描件	复印件（签字）及其扫描件	复印件（签字）	1. 身份信息包括身份证、结婚证或离婚证；如有配偶，则须同时提供配偶的身份信息。默认有配偶担保，特殊情况走银行特批。 2. 如果征信、访谈、结婚证/离婚证三者存在冲突，则需提供户口本照片（含户口首页及本人页）。 3. 尽职调查时取回复印件（签字）
		18	担保自然人及其配偶征信报告（如与7号资料相同则只提供一次）	扫描件	复印件（签字）及其扫描件	复印件（签字）	1. 尽职调查出发前尽量提供最新的。 2. 提报风险审查前要求1个半月内的征信报告，必为详版征信。 3. 如银行上会时距离征信报告日期超过2个月的，需提供最新的征信报告
	资产情况	19	担保自然人及其配偶资产清单及相应资料	资产清单电子版	资产清单原件附各类资产证明文件	资产清单原件附各类资产证明文件	银行业务人员需将提供资产信息自行整理成电子版资产清单，并将各类资产的照片、扫描件或复印件附于资产清单后；提供的房产证、车本资料，需包含抵押页

续表

分类		序号	文件名称	立项标准	尽职调查风险审查资料	放款审查材料	说明
担保自然人资料	资产情况	20	担保自然人及其配偶银行流水	电子版	电子版及银行打印版	复印件（签字）	近一年网银导出表格版+月末余额（现场对网银截图或银行打印版），应提供担保自然人的主要使用账户
合规性资料	并网前	21	项目简介	电子版	电子版	原件（盖章）	应包含项目地点、预估容量、屋顶的类型、使用年限和屋面锈蚀情况，组件和逆变器拟选用的品牌名称、型号规格、数量、价格等基础信息，需拍摄至少3张不同角度屋顶照片（如有多个屋顶，照片需包括全部屋顶，立项前提供）
		22	发改委备案/立项文件及电价批示文件	如有则扫描件	如有则扫描件	复印件（盖章）	1. 第一笔放款前提供。 2. 如有补贴或其他情况的需要提交电价批示文件，电价批示文件指省及地方关于该项目的电价及补贴相关的政策文件
		23	电力接入方案及批复	如有则扫描件	如有则扫描件	复印件（盖章）	名称可能为接入系统评审意见、电网接入意见函等（第一笔放款前提供）
		24	EMC合同（如有项目公司）	如有则扫描件	如有则扫描件	如有则复印件（盖章）	1. 明确约定电价的计算方式与结算详情。 2. 新成立项目公司的，必须与屋顶租赁协议分开签署且使用指定模版
		25	电站所在屋顶的建筑及土地的不动产相关权证	—	扫描件	复印件（盖章）	1. 不动产相关权证指不动产权证或土地证及房产证，若房产证正在办理，需房管部门出具已经收到办理材料的回执，且须在光伏并网前取得房产证。 2. 如尚未取得房产证需提供说明及建设工程规划许可证。 3. 如存在抵押情况，须与抵押单位进行沟通，同时提供抵质押文件
		26	电站所在屋顶的厂房租赁协议（如厂房为业主租赁取得）	—	如有则扫描件	如有则复印件（盖章）	厂房产权为业主租赁取得的，必须取得厂房租赁协议（启动风险审查前取得）

续表

分类		序号	文件名称	立项标准	尽职调查风险审查资料	放款审查材料	说明
合规性资料	并网前	27	电站所在屋顶的屋顶租赁协议	—	如有则扫描件	如有则复印件（盖章）	1. 有项目公司：必须提供屋顶租赁协议，必须与合同能源管理（EMC）协议分开签署且使用指定模板（第一笔放款前提供）。 2. 无项目公司： （1）厂房自有，无需提供屋顶租赁协议。 （2）厂房为租赁，若厂房协议无明确约定屋顶使用权则不用提供屋顶租赁协议，有约定的需提供屋顶租赁协议（第一笔放款前提供）。 3. 屋顶租赁协议必须与屋顶所在建筑的所有权人签署
	并网后	28	购售电合同及并网验收单	—	—	复印件（盖章）	1. 默认均须提供，且由电站对应的电网公司出具并加盖公章。 2. 并网验收单：如电网公司表示签署购售电合同则不会出具，无需提供。 3. 建设期放款的项目至少需要在并网后放尾款前提供
技术资料	屋顶及消纳情况	29	电费结算单、电费发票及银行收款凭证（用电企业和电网公司）	发电量数据电子版及电费结算单扫描件	发电量数据电子版及电费结算单扫描件	复印件（盖章）	1. 未并网项目需提供用电企业与电网公司的： （1）至少近 12 个月的电费结算单（含峰平谷），月数越多越好。 （2）最好能提供过去两个完整年度（每个月）及新一年度截至尽职调查前每个月份的电费结算单（含峰平谷）。 2. 已并网项目的回租项目参考第三方投资有项目公司的情况。 3. 银行业务经理汇总加工成电费电量汇总表，供立项和风险审查的审查使用（放款审查时无需归档）
		30	荷载和容量确认书（业主和 EPC 方盖章）	—	原件（盖章）及其扫描件	原件（盖章）	1. 由 EPC 方或合作单位的技术部门出具的屋顶荷载满足安装光伏要求及拟建设容量的确认书，需 EPC 或合作单位盖章，业主同时盖章确认（提报风险审查前提供）。

续表

分类		序号	文件名称	立项标准	尽职调查风险审查资料	放款审查材料	说明
技术资料	屋顶及消纳情况	30	荷载和容量确认书（业主和EPC方盖章）	—	原件（盖章）及其扫描件	原件（盖章）	2. 第二笔放款额度与并网容量挂钩（正负偏差5%以内视为合格，负偏差大于5%相应调减融资额）。 3. 如果取得了下述屋顶荷载报告，则只需提供容量确认书即可
		31	屋顶荷载报告	—	如有则扫描件	如有则复印件（盖章）	1. 利用屋顶建设光伏电站的项目，则必须提供（第一笔放款前提供）。 2. 彩钢屋顶：钢结构设计乙级及以上资质的设计院，出具的满足安装光伏要求的荷载报告，并加盖复核注册结构工程师签章及设计单位公章；混凝土屋顶可不提供。 3. 彩钢瓦屋顶荷载复核必须依据《门式钢架轻型房屋钢结构技术规范》（GB 51022—2015）和《建筑结构荷载规范》（GB 50009—2012）
		32	组件布置图	—	如有则电子版	复印件（盖章）	1. 能反映组件具体布置、初步组件选型及电站初步装机容量的初设图纸等资料。 2. 如为组件一线品牌组件制造商推荐的项目，提供容量确认书即可。 3. 如为非一线品牌组件制造商推荐，则务必提供（提报风险审查前提供）
	工程及租赁物资料	33	租赁物清单	—	如有则电子版	原件（盖章）	1. 租赁物清单格式见合同附件，原件由承租人盖章确认。 2. 电站材料清单，至少应包含组件、逆变器、并网柜、支架、电缆等主要设备的产品名称，制造商、型号规格、数量、单位、不含税价格、税额、含税价格等信息。关注设备《买卖合同》（第一笔放款前提供）
		34	租赁物发票	—	如有则扫描件	复印件（盖章）	1. 回租项目需在提交风险审查前提供；直租项目可以作为放款条件，放款审查时提供。

续表

分类		序号	文件名称	立项标准	尽职调查风险审查资料	放款审查材料	说明
技术资料	工程及租赁物资料	34	租赁物发票	—	如有则扫描件	复印件（盖章）	2. 需为本项目电站设备发票；直租项目的发票总额等于租赁本金。 3. 回租项目发票金额（含税）剔除折旧后需覆盖本息和。 4. 回租项目建筑安装工程类发票不得超过放款总额的 10%。 5. 需关注发票内容与租赁物清单的一致性
		35	EPC 合同及前序采购合同与发票	—	如有则扫描件	复印件（盖章）	1. 建成和在建项目必须提供完整的 EPC 合同和前序采购合同及配套的发票。 2. 未建项目提报风险审查前至少要提供 EPC 意向合同
		36	工程施工图纸	—	如有则电子版	复印件（盖章）	工程施工图纸必须提供基本的电气图纸（包括总平面图、主接线图、组件布置图）和结构图纸（支架结构图、防雷接地图）（第一笔放款前提供）
	资管及其他资料	37	到货验收记录、出厂质检报告	—	—	原件（盖章）	业主向出租人出具的《租赁物接收清单》包括组件和逆变器的发货清单、出厂质检报告、货物到场时业主与 EPC 方或施工单位签署的到货验收单（需业主盖章）（第一笔放款前提供）
		38	厂家代理证明	—	—	如有则复印件（盖章）	—
		39	保险单	—	—	如有则复印件（盖章）	1. 如已买保险，则须提供（提报风险审查前提供）。 2. 保险单需明确我行作为第一受益人。 3. 建设期放款前需购买的险种为建设工程一切险及第三者责任险；并网后放款需购买的险种为财产一切险及第三者责任险
		40	其他材料	—	—	如需	其他与项目相关的资料，根据电站实际情况另行要求

附录 4-2　第三方代建工商业企业分布式光伏电站项目贷款收资清单及说明

分类		序号	资料名称	立项时	尽职调查完成、提报风险审查时	说明
项目公司		1	营业执照	—	—	—
		2	公司章程及修正案	—	—	—
		3	征信报告	—	—	—
		4	实际控制人身份证及个人征信报告	—	—	—
担保企业的信用审查资料	基础资料	1	公司及管理层简介	电子版	电子版	原则上由客户提供，内容包括但不限于：业务简介、历史沿革、人员构成、控股股东介绍等
		2	营业执照	扫描件	复印件（盖章）	尽职调查时查看正本并取回盖章的复印件
		3	公司章程及修正案	扫描件	复印件（盖章）	尽职调查时查看正本最新版并取回盖章的复印件
		4	验资报告或注资银行回单	—	如有则复印件（盖章）	若无验资报告，可提供注资银行回单；若均未提供则视为未注资
		5	企业征信报告	扫描件	复印件（盖章）及其扫描件	1. 尽职调查出发前尽量提供最新的。 2. 提报风险审查前要求 1 个半月内的征信报告。 3. 如上会时距离征信报告日期超过 2 个月的，需提供最新的征信报告
	信用资料	6	实际控制人身份证及个人征信报告	扫描件	复印件（签字）及其扫描件	1. 尽职调查出发前尽量提供最新的。 2. 提报风险审查前要求 1 个半月内的征信报告，必为详版征信。 3. 如上会时距离征信报告日期超过 2 个月的，需提供最新的征信报告

续表

分类		序号	资料名称	立项时	尽职调查完成、提报风险审查时	说明
担保企业的信用审查资料	信用资料	7	审计报告（财务报表）及《财务核查与分析模型》（三个完整年度及最近一期）	电子版	电子版及复印件（盖章）	1. 默认需提供合并层面的审计报告（含审计意见页与注册会计师签字盖章确认的全本审计报告）；如未经审计，则仍需提供合并层面的财务报表；如有分子公司且无法供合并层面的审计报告或报表，需银行业务副总特批。 2. 资产负债表、损益表及现金流量表三表齐全，如无法提供现金流量表需业务副总特批。 3. 三表均须同时提供 Excel 电子版、复印件（盖章），且数据保持一致。 4. 业务经理需将数据填到《财务核查与分析模型》中一并提交风险审查
	经营	8	科目余额表、往来账款客商明细及账龄	电子版	电子版及复印件（盖章）	1. 默认提供匹配财务报表的最近一个完整年度和年初到最近一期的科目余额表、往来账款客商明细及账龄（1 年以内、1～2 年、2～3 年、3 年以上）材料。 2. 尽职调查时由业务人员陪同企业人员现场从财务系统再导出一次 Excel 电子版。尽职调查时取回复印件（盖章）
		9	银行流水	电子版	电子版及复印件（盖章）	1. 至少应提供合计占企业资金流水比例超过 70% 的账户（多个）。 2. 包括收取电费的账户（项目公司）和担保方为生产制造型企业的支付工资和水电煤费用的账户。 3. 近一年网银导出表格版（如网银只能导出半年也可以）＋现场对网银每月的月末余额进行截图。 4. 尽职调查时取回复印件（盖章）
		10	近两年增值税与所得税申报表及完税证明	扫描件	复印件（盖章）	1. 尽职调查时由业务人员现场拍摄税务系统页面（至少涵盖税务系统登录页面，匹配近两年 12 月及最新一期的申报信息查询中历史申报信息的增值税与所得税主表页）。 2. 尽职调查时取回申报表主表和完税证明的复印件（盖章）

续表

分类		序号	资料名称	立项时	尽职调查完成、提报风险审查时	说明
担保企业的信用审查资料	经营	11	前五大下游客户销售合同	如有则扫描件	如有则扫描件	1. 默认需提供年度交易额前 5 名的近期销售额较大合同。 2. 可根据实际情况灵活判断，主要针对生产制造型企业
		12	不动产权证、车本、股权证明书等高价值产权证	扫描件	扫描件	企业拥有的土地、房产、车辆、股权等高价值资产的产权证（须包含抵质押登记信息）
担保人资料		1	担保自然人及其配偶身份信息	扫描件	复印件（签字）及其扫描件	1. 身份信息包括身份证、结婚证或离婚证；如有配偶，则须同时提供配偶的身份信息。默认有配偶担保，特殊情况走银行特批。 2. 如果征信、访谈、结婚证 / 离婚证三者存在冲突，则需提供户口本照片（含户口首页及本人页）。 3. 尽职调查时取回复印件（签字）
		2	担保自然人配偶征信报告	扫描件	复印件（签字）及其扫描件	1. 尽职调查出发前尽量提供最新的。 2. 提报风险审查前要求 1 个半月内的征信报告，必为详版征信。 3. 如上会时距离征信报告日期超过 2 个月的，需提供最新的征信报告
		3	担保自然人配偶资产清单及相应资料	资产清单电子版	资产清单原件附各类资产证明文件	业务人员需将提供资产信息自行整理成电子版资产清单，并将各类资产的照片、扫描件或复印件附于资产清单后；提供的房产证、车本资料，需包含抵押页
		4	担保自然人配偶银行流水	电子版	电子版及银行打印版	近一年网银导出表格版＋月末余额（现场对网银截图或银行打印版），应提供担保自然人的主要使用账户
电站资料	并网前	1	发改委备案 / 立项文件及电价批示文件	扫描件	扫描件	1. 提报风险审查前提供。 2. 如有补贴或其他情况的需要提交电价批示文件。电价批示文件指省及地方关于该项目的电价及补贴相关的政策文件

续表

分类		序号	资料名称	立项时	尽职调查完成、提报风险审查时	说明
电站资料	并网前	2	电力接入方案及批复	扫描件	扫描件	名称可能为接入系统评审意见、电网接入意见函等（提报风险审查前提供）
		3	EMC 合同	扫描件	扫描件	明确约定电价的计算方式与结算详情
		4	电站所在屋顶的建筑及土地的不动产相关权证	如有则扫描件	扫描件	1. 不动产相关权证指不动产权证或土地证及房产证。 2. 如尚未取得房产证需提供说明及建设工程规划许可证。 3. 如存在抵押情况，则同时提供抵质押文件
		5	电站所在屋顶的屋顶租赁协议	如有则扫描件	如有则扫描件	1. 屋顶租赁协议建议单独签署，若没有单独签署，必须在 EMC 合同中体现。 2. 屋顶租赁协议必须与屋顶所在厂房的所有权人签署
		6	用电企业资料（投资方评估依据）	电子版	电子版	至少包含企业简介（经营年限、涉案涉诉及被执行信息、主营业务及产品、经营规模、当地声望等），建议补充营业执照、财务报表、所得税或增值税完税证明等
		7	20×× 年 ×× 月电费结算单	发电量数据电子版及电费结算单扫描件	发电量数据电子版及电费结算单扫描件	1. 未并网项目需提供用电企业与电网公司的： （1）至少近 12 个月的电费结算单（含峰平谷），月数越多越好。 （2）最好能提供过去两个完整年度（每个月）及新一年度截至尽职调查前每个月份的电费结算单（含峰平谷）。 2. 已并网项目需提供历史上所有的： （1）每月发电量数据（Excel 电子版）。 （2）光伏电站与电网公司的：余电上网电量的电费结算单（含峰平谷）、银行回单。 （3）光伏电站与用电企业的：自发自用电量的电费结算单（含峰平谷）、银行回单。 （4）用电企业与电网公司的：电站并网前项目开发时收集到的电费结算单（含峰平谷）、最好能有并网后至今的电费结算单（含峰平谷）。 3. 银行业务经理汇总加工成电费电量汇总表，供立项和风险审查使用（放款审查时无需归档）

续表

分类		序号	资料名称	立项时	尽职调查完成、提报风险审查时	说明
电站资料	并网前	8	屋顶荷载报告	扫描件	扫描件	1. 利用屋顶建设光伏电站的项目，则必须提供。 2. 彩钢屋顶：钢结构设计乙级及以上资质的设计院，出具的满足安装光伏要求的荷载报告，并加盖复核注册结构工程师签章及设计单位公章；混凝土屋顶可不提供。 3. 荷载复核必须依据《门式钢架轻型房屋钢结构技术规范》（GB 51022—2015）
电站资料	并网后	9	购售电合同及并网验收单（并网前即可获得）	扫描件	扫描件	—
电站资料	并网后	10	租赁物清单	电子版	电子版	1. 租赁物清单格式见合同附件，原件由承租人盖章确认。 2. 电站材料清单，至少应包含组件、逆变器、并网柜、支架、电缆等主要设备的产品名称，制造商、型号规格、数量、单位、不含税价格、税额、含税价格等信息
技术资料	屋顶及消纳情况资料	11	EPC 合同及前序采购合同与发票	扫描件	扫描件	1. 建成和在建项目必须提供完整签署的 EPC 合同和前序采购合同及配套的发票。 2. 未建项目提报风险审查前至少要提供 EPC 意向合同

注　1. 深色表格为必须提供的资料，“如有”则要考虑匹配项目的实际情况与进度。

2. “电子版”是指可更改的 Office 等格式的文件；“扫描件”是指原版文件扫描制作而成的电子文件或者相机拍照且未经修改的图片；“复印件（盖章）”是指原版文件经复印或打印后加盖公章或签字或两者均有的纸质文件；“原件”是指不可更改的文件，多指打印而成并经相关人员确认后的纸质文件；“原件（盖章）”是指原件加盖公章或签字或两者均有的纸质文件。

3. 部分资料原则上要求在尽职调查完成风险审查启动时取得纸质版资料与自然人签字或企业盖章的但当前阶段难以取得的，由业务部门经理特批，由业务经理打印出客户提供的电子版或扫描件后在提报风险审查时一并提交风控经理，在签约时由主管经理携带至客户处取得签字或盖章；若存在始终无法取得某些资料的，由业务分管副总特批。

4. 目前技术资料仅包含了一般的电站的必备资料，如当地各主管部门有更多要求的（如高压侧并网、环保消防特殊要求等），请参考三方投资电站的收资清单。

附录 4-3　融资租赁建设分布式光伏电站项目收资清单及说明

项目	资料清单（必备资料）	相关资料提供说明（所有资料需真实有效）	其他说明
一、融资租赁条件	1. 本次租赁设备的购销合同（电子版本，由业务确定好后填写）	提供电子版即可	如果有欠息记录或关注类贷款判断可以操作时需说明原因或提供银行证明
二、承租人资质文件	2. 公司简介	—	
	3. 最新公司章程	最新版	
	4. 营业执照＋开户许可证＋企业社保证明	社保证明可提供近 6 个月社保截图或社保部门回单或社保完税凭证或工资表（带签字手印）	
	5. 实收资本证明	所有验资报告或标有投资款的银行回单等	
	6. 近半年电费发票	要求拍摄清晰、完整、发原图（或电费清单与发票一并提供）	如果有欠息记录或关注类贷款判断可以操作时需说明原因或提供银行证明
	7. 公司征信报告（近期）	提供清晰、完整	
三、财务资料	1. 财务报表	审计报告或财报（包含资产负债表、现金流量表、利润表）提供一项即可	财务信息和纳税申报表时间需统一；报表中各项数据需合理且与科目明细表对应，尤其要注意货币资金与提供流水对应
	2. 最近两年（年末最后一期）及即期纳税申报表	只要主表即可	
	3. 对应最近一期财报的科目明细表	需从账套中导出 Excel 版到二级科目即可提供的明细中包含货币资金、应收、应付、其他应收、其他应付、存货、固定资产、无形资产、借款明细等（含账龄）	
四、资产证明	1. 公司房产证、土地证（原件拍照）；如厂房租赁，须提供租赁合同	有产权证的必须原件拍照，清晰完整，尽职调查时见原件	流水及资产越多，负债越少，越容易操作成功

续表

项目	资料清单（必备资料）	相关资料提供说明（所有资料需真实有效）	其他说明
四、资产证明	2. 政府批文、专利、荣誉奖励等（非必选项）	—	流水及资产越多，负债越少，越容易操作成功
	3. 最近6个月所有对公账户流水+银承回款台账	主要为销售收入回款的账户（可以网银下载或提供银行打印版，尽职调查时核对网银）及对应银行账户证明（该流水账户查询证明或带有户名、账号、开户行信息的回单）	
	4. 主要下游客户订单、合同、中标书、框架协议等（公司前五大客户）	需提供往年金额大的，及今年新签定的订单	
	5. 其他证明公司或实际控制人实力的资料（非必选项）	—	
五、法人+法人配偶或大股东资料（至少需要2个自然人担保并提供资料）	1. 法人、法人配偶及股东身份证复印件（需本人签字）、名片	要求身份证信息无遮挡、无水印	房产、资产类如果有原件的，必须为原件拍摄照片；对于原件在银行或其他金融机构留存的可以提供复印件，另外，房管局盖章的资产查询证明也可以担保人提供的资产和流水越多，越容易操作成功
	2. 法人、实际控制人个人简历	—	
	3. 法人、实际控制人资产证明（夫妻共同持有房产，需提供结婚证）	房产证、购房合同、行车本、股票基金等有价证券等（原件拍照）尽职调查时见原件	
	4. 征信报告（近期）	中国人民银行打印或中国人民银行征信中心官网查询（需银行卡信息）下载	
	5. 近六个月银行流水	主要的、余额大的、淡旺季明显的可提供近1年流水（可以网银下载或提供银行打印版，尽职调查时核对网银）+对应银行账户证明（该流水账户查询证明或带有户名、账号、开户行信息的回单）	

续表

项目	资料清单（必备资料）	相关资料提供说明（所有资料需真实有效）	其他说明
六、经销商资料	1. 营业执照	—	—
	2. 组件厂商授权代理证	授权牌或授权协议、合作协议均可	
	3. 章程	—	
	4. 实收证明	参照承租人提供	
	5. 两年报表及最新报表	—	
	6. 公司近半年流水、法人近半年流水	—	
	7. 公司法人或实际控制人名片	—	
七、出具合同必要信息表	连同资料一并提供	—	—

附录 4-4　分布式光伏电站项目融资租赁协议（直租）

编号为【××××××××××××】

出 租 人：×××××××××××××

承 租 人：×××××××××××××

签订日期：××××年××月××日

签订地点：×××××××××××××

融资租赁合同（直租）

出　租　人：××××××××××××××

住所（地址）：××××××××××××××

邮政编码：××××××××××××××

法定代表人：××××××××××××××

联　系　人：××××××××××××××

传　　　真：××××××××××××××

电　　　话：××××××××××××××

承　租　人：××××××××××××××

住所（地址）：××××××××××××××

联系地址：××××××××××××××

邮政编码：××××××××××××××

法定代表人：××××××××××××××

联　系　人：××××××××××××××

传　　　真：××××××××××××××

电　　　话：××××××××××××××

声　明

承租人仔细阅读了本合同的所有条款，已充分理解各条款含义，签订本合同系自身真实意思的表示。承租人认可本合同中免除或限制出租人责任的条款，出租人已采取了合理方式提请其注意并对该条款进行了说明。承租人已仔细阅读并充分理解与其有重大利害关系的条款，相关条款均构成本合同不可分割的一部分，与本合同构成一个完整的整体。

根据《中华人民共和国民法典》及其他有关法律、法规的规定，双方经过协商，一致同意按以下条款订立融资租赁合同（以下简称“本合同”或“租赁合同”）。

第一条　租赁合同的性质与目的

1.1　出租人、承租人双方依本合同进行直租式融资租赁交易。

1.2　出租人根据承租人对租赁物和供应商（以下称“供货人”）的选择，向承租人选定的供货人购买其指定设备（以下称“租赁物”），以租赁给承租人为目的，供承租人使用，承租人应当向出租人直接支付本合同约定的租金及其他应付款项并履行相关义务。

第二条　租赁物

2.1　本合同项下的租赁物是指出租人根据承租人的需求和选择向承租人选定的供货人购买并出租给承租人占有使用的租赁物，具体以本合同附件 1《租赁物清单》为准。

2.2　承租人根据自己的需要选定租赁物及供货人，与供货人商定租赁物的名称、规格、型号、数量、性能、质量、技术标准、技术服务、价格、交货地点、交货时间、质量保证等《××租赁物买卖合同》中的相应条款。承租人确认其作出上述选择和决定并未依赖出租人的技能和判断，也未受到出租人的任何影响或干涉。承租人对上述自主选择与决定承担全部责任，在任何情况下，出租人均不承担任何责任。

第三条　起租日、租赁期限、宽限期

3.1　起租日是指本合同附件 2《租赁物买卖合同》，即出租人、承租人、供货人签署的编号为 ××××××××《××租赁物买卖合同》及其全部附件）项下的出租人向供货人和 / 或承租人支付第一笔租赁物购买价款之日（即第一笔租赁物购买价款从出租人账户划出之日）。

3.2　租赁期限共 ×× 个月，其中宽限期为 ×× 个月。

3.3　宽限期是指自起租日起至届满 ×× 个月之日止的期间，宽限期内承租人仅需按照出租人实际支付的租赁成本及实际占用天数、租赁利率支付租赁利息，该期限内租金即为租赁利息。

第四条　租赁成本、租金和租赁利率

4.1　租赁成本是指出租人根据承租人指示为承租人从供货人处购买租赁物所支付的全

部租赁物购买价款及双方一致同意计入租赁成本的其相关费用之和。本合同项下租赁物的租赁成本不超过人民币¥××××××元整（大写：×××××××××××××元整），具体以出租人按照本合同、《租赁物买卖合同》约定实际支付的租赁物购买价款为准，出租人在此范围之外不再承担任何费用。

4.2 租赁物购买总价及其他税费之和超过前述价款的或因不符合本合同和/或《××租赁物买卖合同》等约定导致出租人未足额支付前述款项的，超过部分或不足部分由承租人自行支付和承担，且不影响出租人取得全部租赁物完整的所有权。承租人未按照本条款约定及时履行相关款项的支付义务的，因此产生的所有责任（包括但不限于《××租赁物买卖合同》被解除、被撤销或者供货人拒绝履行××《租赁物买卖合同》项下义务等）均由承租人自行承担，并应当赔偿因此给出租人造成的全部损失。

4.3 租金是指依据本合同的约定承租人应向出租人支付的租金，包括购买租赁物的租赁成本与基于租赁成本和租赁利率所计算的租赁利息之和。承租人须根据本合同约定向出租人按时足额支付租金。

4.4 租赁期限内，宽限期后承租人按照××××××方式每××个月向出租人支付一次租金。每期租金的支付（包括租金金额、币种、支付日期及付款方式）均按本合同附件3《租金支付表》（概算表）及《实际租金支付表》[格式参照附件3《租金支付表》（概算表）] 述办理。实际支付时，《租金支付表》（概算表）与《实际租金支付表》规定不一致的，以《实际租金支付表》为准。租赁期内，承租人每期向出租人支付租金后，在出租人按照《租赁物买卖合同》约定足额收到供货人向出租人开具的全额增值税专用发票（增值税税率为届时租赁物销售所适用的增值税税率）之后，出租人对承租人实际支付的每期租金开具 [增值税专用发票]。

4.5 本合同签署时，租赁利率为下列第××[（1）或（2）] 种：

（1）中国人民银行授权全国银行间同业拆借中心【××××年××月××日】公布的贷款市场报价利率（简称“LPR”）××基点（一个基点为0.01%），即××%/年；

（2）本合同签署时中国人民银行公布的人民币期贷款基准利率××计算，即××%/年。

本合同项下日租赁利率=年租赁利率/360。

4.6 本合同第4.4条所述《租金支付表》（概算表）中的租金概算是假设××××年××月××日为第一笔租赁物购买价款支付日以及假设××××年××月××日为起租日，以本合同约定的租赁成本和租赁利率计算的；出租人实际支付租赁物购买价款后以及实际起租日后，出租人将分别以实际付款日或实际起租日及实际产生的租赁成本另行制作《实际租金支付表》并交承租人签署，承租人应按照《实际租金支付表》向出租人支付租金及其他款项。承租人不签署《实际租金支付表》不影响承租人根据该表向出租人支付租赁手续费、租金及其他款项的义务。

4.7　本合同项下承租人向出租人支付租赁手续费、租金及其他款项的义务是绝对的、无条件的、不可撤销的，且不受任何事项的影响。承租人不得因任何原因停止履行向出租人支付租赁手续费、租金及其他款项的义务或主张对租金及其他款项的任何减少、扣除、抵消等。在任何时候，如果任何适用法律法规或规定要求对承租人在本合同项下的任何支付进行扣减，承租人应向出租人支付一笔额外的款项，以使出租人不因该扣减遭受任何损失。

4.8　租金支付日是指承租人将租金以加急电汇方式汇入出租人指定账户的到账日期。如遇法定节假日，则承租人应提前至节假日前的最后一个工作日内完成租金支付事宜。

4.9　在利率市场化趋势下，如本合同适用贷款基础利率（LPR）确定租赁利率，且中国人民银行授权全国银行间同业拆借中心不再公布 LPR 或者 LPR 与市场实际融资利率差异较大或发生其他市场紊乱事件时，出租人和承租人应当共同协商租赁合同项下的租赁利率调整问题。若双方在上述情形发生之日起【××个自然日】内仍未能协商一致的，则出租人有权要求承租人提前结束本合同并要求承租人归还本合同项下的已到期未付租金、未到期未付租金、违约金、租赁物名义留购价款、费用及其他应付款项和出租人因此遭受的其他损失。

第五条　租金的变更

双方确认，本合同约定的租金为浮动租金，即如果租赁利率参照同期贷款基准利率确定的，则在同期贷款基准利率调整时，租赁利率进行同比例、同方向的调整，如遇调整，同期贷款基准利率调整日当月租金金额不变，而从次月一日开始，租金按照调整后的租赁利率计收。如果租赁利率参照 LPR 确定的，则租赁利率每年调整一次，调整日为每年本合同及附件项下第一笔租赁物购买价款支付日的对应日的次日，调整日之前的租赁利率不调整，自调整日当日起按照届时最新公布的×××LPR 相应调整租赁利率并计算调整后的各期租金。

因租赁利率发生调整而使得《实际租金支付表》所确定的租金金额发生变化，出租人在变更租金事由发生之日起 10 个工作日之内以《租金变更通知书》通知承租人。《租金变更通知书》与《租金支付表》（概算表）、《实际租金支付表》规定不一致的，以《租金变更通知书》为准。《租金变更通知书》（如有）是本合同不可分割的一部分，与本合同具有同等法律效力。

第六条　保证金

6.1　保证金作为履行本合同的担保，不计利息，对保证金的收取不构成租赁成本的减少。保证金担保范围为本合同项下承租人应付的任何租金、利息、违约金、赔偿金、租赁物名义价款及其他所有承租人应付款项以及出租人为实现债权而支付的诉讼费、保全费、保全担保费、执行费、合理的律师费、代理费、手续费、差旅费、鉴定费、评估费、公证费、认证费、收回和处分租赁物而发生的费用和其他合理费用以及法院判决认定承租人或相关保证人需要向出租人所承担的任何责任。出租人有权单方以保证金冲抵承租人对出租人的任何欠款，出租人有权单方决定保证金抵扣顺序。在出租人用保证金冲抵承租人对出租人的欠款后，承租人应立即补足保证金至本合同约定的初始金额。如承租人在本合同履行期间没有发生任何违约事项，则出租人及承租人一致同意将保证金用于冲抵最后一期或几期租金的相应金额。

6.2 承租人在本合同中应向出租人支付保证金人民币￥××××××××××××××元整（大写：××××××××××××××元整）（即租赁成本的××%），承租人应当在出租人支付租赁物购买价款之前向出租人支付本合同约定的保证金。

6.3 出租人账户信息如本合同附件3《租金支付表》（概算表）及《实际租金支付表》所述。

第七条 租赁手续费

经出租人与承租人协商一致，承租人同意按照本合同附件4《手续费合同》的约定支付本融资项目的手续费。

第八条 租赁物的购买

8.1 承租人根据自己的需要自行选定租赁物的供货人和租赁物（包括但不限于型号规格、数量、质量、技术性能和售后服务、交货时间等全部技术条件和商业条件），承租人对自己的选择及决定承担全部责任，出租人对此不承担任何责任。出租人根据承租人的选定与要求与供货人订立《租赁物买卖合同》。承租人签署本合同及《租赁物买卖合同》即为确认《租赁物买卖合同》的全部条款。

8.2 承租人须向出租人提供出租人认为必要的各种批准和许可证明、单据和凭证等。

8.3 出租人向承租人选定的供货人购买租赁物前，出租人有权对承租人及其项目进行尽职调查，并有权聘请专业第三方中介机构参与尽职调查。承租人应当按照出租人及中介机构的要求提供必要的协助，包括但不限于提供有关承租人及项目公司基本情况、股东及股权结构、治理结构、分支机构、公司财产、公司业务、重大合同、董事、监事及高级管理人员、劳动人事、税务及财政补贴、诉讼、仲裁及行政处罚等方面的相关材料，并承担与尽职调查有关的全部费用。

8.4 出租人享有租赁物的所有权，承租人享有租赁物的使用权。除本协议另有约定外，承租人确认租赁物的所有权归属于出租人。

8.5 有关租赁物的数量、质量、品质规格、技术性能和售后服务等问题由承租人和供货人全部负责。承租人向出租人确认，出租人仅承担按照本合同及《租赁物买卖合同》约定向供货人支付租赁物购买价款的义务，除此之外，关于租赁物的运输、安装、维修、保修服务、设备培训、索赔等具体事宜皆由承租人自行与供货人沟通处理，出租人不承担任何责任和义务。

8.6 因出租人购买本合同项下的租赁物所发生的税费等均由承租人承担并支付，但在《买卖合同》中约定由供货人承担前述费用的除外。

8.7 出租人有权通过中国人民银行征信中心动产融资统一登记公示系统等方式办理租

赁物的融资租赁登记，并公示租赁物权利状况。承租人应当按照出租人的要求提供必要的协助并承担与登记相关的全部费用。

8.8 本合同履行期间，非因出租人原因导致《租赁物买卖合同》被解除、被确认无效或被撤销等导致《租赁物买卖合同》无法履行，或非因出租人原因导致承租人和 / 或供货人未按照《租赁物买卖合同》的约定履行《租赁物买卖合同》项下的部分或全部义务，或非因出租人原因导致租赁物未在或无法在《租赁物买卖合同》约定的最迟交付日前交付并验收合格的，或非因出租人原因导致租赁物低值高买、停产、被淘汰、相关标准不符合国家或行业规定、严重不符合《租赁物买卖合同》约定、毁损、灭失、被查封、被强制执行、被留置、被拒绝受领或发生租赁物不能正常使用的其他情形等；或承租人和 / 或供货人发生被申请破产、停产、关闭、歇业、被托管、解散、清算、停业整顿、被吊销营业执照、被撤销或发生可能影响其适当履行《租赁物买卖合同》的其他情形；或发生非因出租人原因导致融资租赁合同目的不能实现的其他情形，出租人有权采取本合同第 19.3 条约定的违约救济措施，但若发生本合同第 9.7 条约定情形的，应以第 9.7 条约定为准。承租人延迟或未能按照出租人要求赔偿损失或承担责任的，承租人应就未付款项（如有）按照每日万分之五的利率向出租人支付违约金。

8.9 本合同履行期间，非因出租人原因导致本合同被解除、被撤销或被认定无效或无法继续履行，则出租人有权立即解除《租赁物买卖合同》，并且无义务继续支付《租赁物买卖合同》项下的任何款项；承租人和 / 或供货人因此遭受的任何损失或费用，由承租人、供货人根据《租赁物买卖合同》约定自行向对方索赔，出租人不承担任何责任。

8.10 本合同未约定的与租赁物购买相关的条件和条款均应以《租赁物买卖合同》约定为准。

第九条 租赁物的交付使用与设置场所

9.1 租赁物由供货人根据《租赁物买卖合同》所约定的时间、地点和方式直接向承租人或承租人指定的代理人交付。出租人无实际交付租赁物的义务。承租人负有从供货人处及时受领租赁物的义务，承租人不得以任何理由拒绝接收租赁物。

9.2 承租人应在收到租赁物后的【××】个工作日内向出租人提交由承租人法定代表人或授权代表签字并加盖承租人公章或合同章的《租赁物接收确认单》（详见本合同附件 5）。如租赁物接收后【××】个工作日内承租人未签署《租赁物接收确认单》送交给出租人的，则视为承租人已经接收租赁物。

9.3 如供货人迟延交付、未交付租赁物的，承租人应按照《租赁物买卖合同》的规定直接向供货人主张权利，出租人不承担任何责任，承租人不得以此为由拒绝履行或部分履行本合同项下租金支付义务及其他义务。

9.4 租赁物的设置场所为××××××××××××。在本合同有效期间，未经出租人书面同意，承租人不得变更租赁物的设置场所。

9.5 承租人负担租赁物购置过程中发生的所有费用和税款，包括招标、提货、仓储、运输、保险、商检、银行费用等租赁物购置过程中产生的费用，以及若租赁物需要进口所发生的海关关税、增值税、各项国内税费等。如由出租人垫付，此类费用和税款及利息将列入租赁成本并通过租金的方式从承租人收回或以出租人确认的其他方式结清。

9.6 在租赁物运抵设置场所后，由承租人承担租赁物的保管责任。

9.7 在租赁物交付承租人前，若非因承租人原因导致部分或全部租赁物毁损、灭失或《租赁物买卖合同》被解除、被确认无效或被撤销；或者发生不可抗力等其他无法继续履行《租赁物买卖合同》的情形；或者因供货人进入破产程序、停产、合并、关闭等情况而影响其按《租赁物买卖合同》的约定履行《租赁物买卖合同》项下的部分或全部义务；由于国家法律、法规或政策调整对租赁物交付产生影响；或者其他因供货人的原因导致租赁物未在或无法在《租赁物买卖合同》约定的最迟交付日前交付并验收合格的，出租人对此均不承担任何责任，且出租人有权：

（1）经合理判断承租人已经实际接收并验收租赁物的，视为承租人接受租赁物；

（2）解除本合同，要求承租人按本合同第 9.8 条的约定支付相应款项；

（3）给予承租人适当的宽限，如果在该宽限的期间内租赁物仍未交付并验收合格的，出租人有权采取上述第（2）项约定的措施。

9.8 若出租人依据前条约定选择解除本合同的，承租人应当在收到出租人解除本合同的书面通知之日起 ××个工作日内一次性支付下列各款项相加的总额：

（1）出租人在《租赁物买卖合同》项下已经支付的租赁物购买价款（如有）；

（2）以上述租赁物购买价款为基数，按照租赁利率计算的自出租人实际支付之日起至所有款项足额清偿之日止的利息（如有）；

（3）按上述租赁物购买价款的 5% 计算的赔偿金；

（4）本合同项下未付的违约金、租赁物留购名义价款及其他应付款项；

（5）出租人因此受到的其他损失。

本合同解除后应当支付的具体金额及支付时间以出租人发出的合同解除书面通知上所载金额及时间为准。

第十条 租赁物瑕疵的处理

10.1 租赁物的名称、规格、性能、数量等与《租赁物买卖合同》所规定的内容不符或在质量保证期内出现质量瑕疵，出租人一律不负责任，由承租人自行与供货人解决。

10.2 若供货人迟延交付、未交付租赁物或所交租赁物不符合《租赁物买卖合同》的约定或有其他违反《租赁物买卖合同》的违约情形，或在本合同期限内发生任何质量问题，均按《租赁物买卖合同》的约定由供货人负责，承租人应按照《租赁物买卖合同》的约定直接向供货人主张权利或进行索赔，出租人可在力所能及的范围内予以协助，但是因此而产生的全部费用（包括但不限于律师费、差旅费、诉讼或仲裁费及保全担保费用）均由承租人承担。除此之外，出租人对租赁物出现的上述任何问题不承担任何责任和义务。索赔、诉讼、仲裁的费用及法律后果由承租人享有和承担。因承租人的过错造成索赔逾期的，出租人不承担责任。

10.3　即使出现 10.1、10.2 条的情况，亦不影响承租人在本合同项下对出租人所承担的义务和责任。

10.4　如果承租人与供货人达成赔偿协议等文件，应立即书面通知出租人并将该赔偿协议复印件向出租人备案。若前述赔偿协议等文件可能损害出租人对租赁物合法权益的（包括但不限于变更租赁物等），承租人应取得出租人书面同意，方可与供货人签署赔偿协议等文件。如承租人未取得出租人同意且出租人认为该等赔偿协议损害了其对租赁物的合法权益，出租人有权要求承租人赔偿出租人的全部损失；承租人拒绝赔偿的，出租人有权采取本合同第 19.3 条约定的救济措施。

10.5　如租赁物在本合同期限内出现质量问题或因技术服务缺陷等无法正常使用或租赁物价值受损的情形，承租人有义务立即采取有效的补救措施以保证出租人对租赁物的所有权以及租赁物在形态、品质等方面的完整性。

第十一条　租赁物的所有权、融资租赁登记和使用权

11.1　在供货人向承租人交付租赁物之时起，出租人直接自供货人处取得租赁物完整的所有权，出租人享有作为租赁物所有权人的所有权利和利益，因此：

11.1.1　承租人应当在本合同签署之日起【××个工作日】内配合出租人在中国人民银行征信中心动产融资统一登记公示系统办妥融资租赁登记，登记证明原件由出租人领取。

11.1.2　如登记机构规定了登记期限的，双方应当按照××个月进行登记，前述登记期限届满前【××个自然日】，承租人仍未依法留购租赁物的，则承租人应当在登记期限届满前 30 个自然日配合出租人办妥租赁物的变更登记手续。未及时办妥上述变更登记手续的，出租人对租赁物享有的所有权不受影响。

11.1.3　如登记条件允许，本合同项下租赁物登记至少应当包括如下信息：

（1）出租人、承租人、次承租人（如有）名称；

（2）租赁物的名称、数量、权属文件信息、唯一识别码（如有）等；

（3）租赁财产描述包括：①租赁财产概括描述信息；②承租人留购本合同项下租赁物应向出租人支付的价款，包括但不限于全部应付租金、逾期利息、违约金、赔偿金、租赁物留购名义价款以及实现债权的费用等，其中应付租金中的租赁成本为人民币￥××××××元整（大写：××××××元整）；③租赁物所有权归出租人所有。自编号为××××××的《融资租赁合同》签署之日起，未经出租人另行书面同意，承租人不得转让、转租、抵押、质押租赁物或对租赁物作任何其他处分；

（4）出租人认为应当登记的其他信息。

11.1.4　如租赁物变更和/或其他融资租赁登记事项发生变化需要办理变更登记的，双

方应当在登记事项发生变更之日起 ×× 日内办理变更登记手续。办理登记（包括但不限于初始登记、变更登记和注销登记等）过程中所产生的全部税款及费用均由承租人承担。本合同签订时，若受限于法律法规或登记系统的原因致使无法对租赁物所有权进行登记的，不影响出租人为租赁物唯一合法所有权人的事实，本合同履行期间出租人有权随时：

（1）请求对租赁物办理所有权登记的，承租人应当根据出租人的通知立即无条件地按照出租人要求办理租赁物的所有权登记；

（2）请求取回租赁物或就租赁物拍卖、变卖、折价所得款项优先受偿。

11.1.5 出租人认为必要时，可以在租赁物上粘贴所有权标志。

11.1.6 在不影响其使用租赁物的前提下，出租人可以自行将租赁物转让、抵押［包括但不限于出租人发行 ABS（资产证券化）、ABN（资产支持票据）等方式］给第三人，以及将其在本合同项下的权益全部或部分转让、质押给第三人。承租人同意配合出租人提供审计报告、资产负债表、利润及利润分配表、现金流量表或上述转让、抵押涉及的其他资料。

11.1.7 出租人有权随时采用通信或现场调查的方法，查询、检查租赁物的状态。

11.1.8 承租人负责修理、维护租赁物并承担全部费用。

11.1.9 出租人同意授权承租人使用其自供货人处获得的关于租赁物的包装、标记、交货、运输、仓储、保险、安装、调试、设备验收、检验、技术服务、质量保证等服务，如供货人拒绝向承租人提供该等服务或就前述服务出现任何争议，由承租人自行与供货人协商处理，出租人不承担任何责任，亦不就前述服务做出任何陈述与保证。

11.1.10 承租人不得将租赁物转让、抵押或设置任何第三方权利，并不得转租给其他任何人或采取其他任何方式损害出租人对租赁物的所有权。

11.2 承租人在租赁期限内按照本合同的约定和相关的法律规定行使租赁物的使用权，包括如下各项：

11.2.1 承租人有权在本合同第九条所述的设置场所，正确地安装和使用租赁物。

11.2.2 承租人可与租赁物的供货人或原制造厂家（或其代理人）处理租赁物维护、维修和保养事宜，包括但不限于与原制造厂家签订维修合同，并承担所需一切费用以保证租赁物的正常使用。为避免疑义，承租人与租赁物卖方或原制造厂家（或其代理人）之间因租赁物维修、维护和保养事宜产生的任何争议与出租人无关，出租人不承担任何责任，且在任何情况下均不影响承租人根据本合同向出租人支付租金的义务。

11.2.3 承租人应妥善使用、保管租赁物，采取定期维修和不定期检查等措施，其标准不得低于国家或同行业的有关规定或习惯，并承担所需一切费用。

11.2.4 承租人需要更换租赁物的零部件时，应尽量使用原制造厂家生产的同规格、同型号零部件。若采用代用件，承租人应使用符合租赁物技术条件及性能的代用件，且应保证代用件的使用不会对租赁物的价值造成减损，并承担所需一切费用。

11.2.5 除征得出租人书面同意，承租人不得将租赁物迁离本合同第九条所述的设置场所。

11.2.6　承租人不得损坏租赁物，须保持租赁物原有用途和性能。未经出租人书面同意，承租人不得随意添加或卸载租赁物的任何部分以改变租赁物的技术条件和性能。

11.2.7　承租人占有租赁物期间，租赁物造成第三人财产损失和/或人身伤害，承租人应承担赔偿责任。

11.2.8　承租人应承担处理以上各种事项所需的一切费用。

11.3　承租人应当按照良好的商业上的保养做法对租赁物和备件进行良好的保管、维修、维护和保养，应当严格按照租赁物使用说明书或操作手册使用租赁物，不得使用不合格人员操作租赁物，保证租赁物处于良好的运营状态。在符合本合同约定且不减损租赁物价值、功能和剩余可使用寿命情况下，承租人可自费对租赁物进行改进或添加。因维修和保养、改进或添加对租赁物进行的任何更换、技改、维修、添附或更新的零部件、设施、装置和服务，自动成为租赁物的组成部分，并无偿归出租人所有。所有维修和保养、改进或添加的时间作为租赁期限内的时间计算。因租赁物本身及其使用（包括但不限于设置、维修和保养、改进或添加）等所发生的所有税费均由承租人负担。

第十二条　租赁期满后租赁物的处理

12.1　租赁期满且承租人履行完毕本合同项下的全部租金支付义务及其他义务后，双方按下列第 ××［（1）或（2）］种方式处理租赁物：

（1）承租人以租赁物留购名义价款购买租赁物：租赁期限满且出租人足额收到本合同项下全部租金及其他款项后的10个工作日内，承租人应向出租人支付人民币￥×××××××××元整（大写：×××××××××元整）的租赁物留购名义价款购买租赁物。在收到承租人支付的租赁物留购名义价款后，出租人按照届时租赁物的“现时现状”将租赁物的所有权转让给承租人，由于承租人一直占用和使用租赁物，因此出租人对届时租赁物的性能和状况不作任何的声明和保证，不承担任何租赁物的交付义务和瑕疵担保责任。

（2）续租：承租人可继续租赁该租赁物，续租事宜由双方另行商定并签署书面协议。

12.2　租赁物所有权转移至承租人后，出租人配合承租人办理租赁物登记注销手续，因租赁物所有权转移所产生的相关税费、费用（如有）由承租人承担。

第十三条　租赁物的毁损及灭失

13.1　租赁期限内租赁物毁损及灭失风险，均由承租人承担。

13.2　如租赁物发生毁损或灭失，承租人应立即通知出租人。出租人可通知承租人采取下列处理方式，并由承租人负担所需一切费用：

13.2.1　如租赁物可以修复，承租人应将租赁物修复至完全正常使用状态。

13.2.2　如租赁物已灭失或毁损到无法修复的程度时，承租人应当按照出租人要求以相同价值且剩余使用寿命不低于原租赁物的资产更换毁损、灭失的原租赁物，该等资产立即成为出租人所有的财产并成为本合同项下租赁物。

13.2.3 出租人做出选择并通知承租人后，承租人应在出租人发出通知之日起【××个自然日】内完成租赁物的复原、修理或更换，并使租赁物处于可完全正常使用之状态。出租人选择由承租人承担费用更换租赁物的，更换后的设备及资产自动无偿成为出租人所有的财产并作为本合同项下的租赁物，承租人对出租人的所有权不持任何异议，同时承租人有义务按照本合同约定确保出租人对租赁物的所有权不受任何影响。

13.2.4 任何情形下，如承租人未按照本条款约定履行租赁物的修复、更换义务的，视为承租人在本合同项下根本违约，出租人有权采取本合同第 19.3 条约定的救济措施。

第十四条 保险

14.1 出租人和承租人共同确认，本合同期限内有关租赁物的保险采用如下第××［（1）或（2）］种方式处理：

（1）承租人可不为租赁物购买财产保险。在本合同期限内，租赁物在任何情形下发生任何毁损、灭失等情形时，均由各方按照本合同第十二条约定执行。

（2）自起租日起，承租人应为租赁物投保内陆运输险、工程安装险、财产一切险。投保金额不低于投保时应付租金中本金余额，承租人应当确保投保符合本合同约定并使之在本合同履行完毕前持续有效，保险费用由承租人承担。

本合同签署后××个工作日内，承租人需以出租人为保险金请求权人完成投保并根据出租人要求提供保险单（或批单），第一受益人为出租人，保险单（或批单）中应当明确出租人作为第一受益人享有保险金请求权，保险金应当支付给出租人或出租人书面指定的第三人。

14.2 保险合同等相关文件应当由××［（1）或（2）］保管：

（1）出租人；

（2）承租人。

14.3 如租赁期限内发生保险事故，承租人应当立即（24h 内）通知出租人，并由双方指派人员共同办理保险理赔事宜。

14.4 如租赁期限内发生保险事故，则保险赔偿金的处置方式为：

（1）在承租人没有本合同项下违约情形的，保险金用以偿付本合同项下租赁物修理或更换的费用；

（2）在承租人存在本合同项下违约情形的，保险金应当优先用于支付本合同项下承租人欠付出租人的全部款项或违约责任的承担，剩余部分用以支付承租人修理或更换租赁物的费用；

（3）在本合同加速到期或解除的情形下，用于抵扣承租人尚未支付的租金、违约金、赔偿金、租赁物留购名义价款及本合同项下任何其他应付款项。

14.5 若承租人不履行或不完全履行本条款约定投保义务的，出租人有权自行投保或续保，费用由承租人承担。出租人有权根据自行判断选择要求承租人自收到保险费用明细之日起3个工作日内将保费及相应费用足额付至出租人账户，或者将保险费自实际支付日起计入租赁成本。出租人选择将保险费计入租赁成本的，出租人将及时向承租人发出《租金变更通知书》，承租人同意以该通知书中载明的日期、金额等向出租人支付租金及其他应付款项。承租人逾期不支付的，应当向出租人支付违约金。

14.6 如果发生保险公司赔付范围之外的损害，因此产生的责任和损失均由承租人承担，且不影响承租人在本合同项下租金支付义务和其他义务的履行。

第十五条 担保

就承租人在本合同项下义务的履行，双方按下列第 ××［(1)(2) 或 (3)］种方式确定担保事宜：

（1）保证担保。对于承租人在本合同项下的义务和责任，保证人 ×××××××××××× 自愿提供连带责任保证。保证人同出租人之间订立的保证合同是本合同的从合同。

（2）抵押担保，即由抵押人 ××××××××××××× 以 ×××××× 作为抵押担保，并与出租人签订抵押合同，以担保承租人履行本合同项下的全部义务以及根据本合同应承担的责任。该抵押合同作为本合同的从合同。

（3）质押担保：即由质押人 ××××××××××××× 以 ×××××× 作为质押担保，并与出租人签订质押合同，以担保承租人履行本合同项下的全部义务以及根据本合同应承担的责任。该质押合同作为本合同的从合同。

如果出现担保物价值下降、被查封、被强制执行、被留置、毁损或灭失等，或者出现担保人担保能力不足、信用度下降、债务违约、被申请破产、清算、被托管、歇业、解散、停业整顿、被吊销营业执照、被撤销或丧失经营资质等，或者承租人出现履约能力下降，无法按时足额偿付租金的情形等，出租人有权要求承租人在 ×× 个自然日内提供出租人认可的其他担保作为上述担保的补充或者替代上述担保，承租人及相关担保人应立即根据出租人的要求补充其他担保方式，否则出租人有权采取本合同第19.3条约定的救济措施。

第十六条 提前履行

16.1 租赁期限内，在承租人无违约的情形下，若承租人要求提前支付全部或部分租金，则应提前 ×× 个月书面通知出租人，并取得出租人书面同意。

16.2 提前支付的金额、方式及租赁物的处理由双方另行协商。

16.3 如承租人提前支付全部或部分租金，出租人已收取的租赁手续费不予退还，亦不免除提前履行前已经发生的应由承租人承担的任何义务或责任。

第十七条 陈述与保证、承诺

17.1 承租人认识到如下陈述及其真实、准确、完整是本合同赖以成立和存续的基础，任何不真实、虚假的陈述都有可能构成违约或违法的严重后果。承租人及其法定代表人、主要负责人对如下事项的陈述内容负有保证其真实、准确、完整的法律责任：

17.1.1　承租人是合法登记注册、依法有效存续和营运的独立法人机构，具有完善的公司治理、内部控制、业务操作及风险防范制度，连续生产经营三年以上，具有丰富的行业经验和项目运营经验。

17.1.2　承租人签订本合同没有违反任何法律、法规，而且已经得到其股东会 / 股东大会 / 股东或董事会的有效授权和许可，并已经得到其所需的登记、备案或其他程序。

17.1.3　承租人签订本合同没有违反其与任何第三方签订的任何合同和协议的约定。

17.1.4　承租人保证其所提供资料的真实性、准确性和完整性，包括身份资料、财务资料、担保资料等。

17.1.5　承租人保证其在租赁期限内持续有效存在。承租人承诺在实施承包、租赁经营、股份制改造、合并（兼并）、合资（合作）、分立、设立子公司、产权转让、减资、处分重大资产等事项时，应提前三十个工作日书面通知出租人，承租人的上述行为可能影响出租人权益的，须事先取得出租人的书面同意。

17.1.6　承租人保证无不良信用记录及任何未决的、可能发生的对承租人履行本合同项下义务的能力产生重大不利影响的诉讼、仲裁或行政程序及被执行案件。

17.1.7　承租人保证不存在财务舞弊行为，所有财务报表、文件、记录、报告等财务资料和数据均真实、准确和有效。承租人在近一年不存在大额亏损情况且经营利润持续向好，经营性现金流近三年不存在大额波动且最近一个年度为正，对外担保比率不超过 50%。

17.1.8　承租人的董事、监事和高级管理人员不存在因涉嫌犯罪、违法被司法机关立案侦查或者立案调查等情形。

17.1.9　承租人的股东资本实力丰厚、属于国家支持和鼓励类行业、经营定位清晰、主营业务突出，具有行业和区域竞争力、资产负债结构合理且盈利能力较强。

17.1.10　承租人 ××××××分布式光伏项目（“项目”）符合国家行业相关规定和政策要求，项目审批手续齐备、合法合规，包括但不限于征地手续、土地批复、建设工程规划许可证、开工许可证、发展改革委核准手续、接入电网许可证、电价保证函等，且审批手续的办理与项目进度一致，并在项目建成后发电前取得电力业务许可证。

17.1.11　租赁物的生产厂商为国内单项装备生产能力或品牌前十名的厂商或国际知名厂商，且该生产厂商具备持续经营能力，具备长期保修及维修能力。租赁物上不存在出租、抵押、质押、留置、所有权保留、优先权、融资租赁或任何第三方权利等情形，不存在被司法或行政机关采取查封、扣押、海关监管等强制措施（包括但不限于人民法院已对承租人作出财产保全裁定或采取执行措施等情形）或限制措施的情形。

17.1.12　承租人实缴的注册资本金必须与出租人已向供货人支付的租赁物购买价款同比例到位。资本金应先于租赁物购买价款到位并用于项目建设后出租人方应向供货人支付租赁物购买价款，在租赁期限内，承租人不得进行减资、抽逃注册资本等行为。

17.1.13 未经出租人事先书面同意，承租人不得产生、承担或允许存在任何融资性债务和担保义务。在租赁期内，承租人以资产对外担保、借贷及其他负债行为应取得出租人的书面同意；对租赁期内未向出租人披露，出租人不知情的其他债务，承租人不能以租赁资产偿还或在其上设置权利负担，否则构成本合同的根本违约，出租人有权采取本合同第19.3条约定的措施。

17.1.14 承租人应当具备经营和使用租赁物的资质，承租人使用租赁物未超出其公司章程及营业执照许可的经营范围，保证租赁物仅用于商业目的，不得被废弃或用于任何非法目的。承租人保证租赁物及其设置场所、所在项目已经取得相应的许可或备案手续并且在租赁期限内能够持续、合法经营。

17.1.15 承租人根据自己的需要选择和确定租赁物、供货人，而未依赖出租人的技能或根据出租人的任何指示，将自行承担租赁物风险及供货人不履行《租赁物买卖合同》约定（包括但不限于供货人不履约、履约不能或履约瑕疵等）的风险；承租人保证不会因租赁物未交付、迟延交付、交付不符合《租赁物买卖合同》约定、质量有瑕疵、租赁物全部或部分毁损灭失、不可抗力或任何其他原因致使承租人无法正常使用租赁物等，而影响其在本合同项下全部或部分义务的正常履行。

17.1.16 承租人应当保证供货人、租赁物以及租赁物买卖交易的真实性，保证不与供货人串通损害出租人的利益。

17.1.17 承租人确认已知悉并充分理解融资租赁交易的性质，不以租赁物未交付或交付不符合约定等主张本合同不构成融资租赁法律关系，不得以此为由主张不付或少付租金及其他款项，不得主张起租日确定或租金支付等以租赁物实际交付为前提条件。

17.2 承租人有义务在本合同有效期内维持上述陈述与保证持续有效。

第十八条 财务资料

18.1 出租人需了解承租人的经营情况时，须提前7个工作日通知承租人。承租人同意按照出租人要求定期或随时向出租人提供其审计报告、资产负债表、利润及利润分配表、现金流量表、项目进度监理报告、项目竣工决算报告或出租人合理要求的其他资料。

18.2 对于承租人提供的任何公司资料，未经承租人的同意，出租人不得披露给任何第三方（第21.1款所述的出租人向第三方进行披露的情形除外）。

第十九条 违约事项和补救措施

19.1 承租人未按照本合同约定向出租人按时、足额支付租金、首付款、保证金、手续费、租赁物留购名义价款及其他应付款项的，承租人应就全部未付租金按日万分之五（0.05%）的标准向出租人支付逾期期间的违约金。计算方法为：全部未付租金 ×0.05%× 逾期付款天数。逾期期间自本合同约定承租人应付租金及其他款项之日起，至承租人将应付款项实际汇入出租人账户之日止。

19.2 本合同期限内，有下列任一情形发生时，构成本合同项下承租人根本违约：

19.2.1　承租人未按时、足额支付任何一笔到期租金或其他应付款项，经出租人催告后在 ×× 个工作日内仍未支付的。

19.2.2　出租人支付第一笔租赁物购买价款后未取得租赁物所有权或在本合同期限内丧失租赁物所有权的。

19.2.3　未经出租人事先书面同意，承租人实施本合同第十一条约定的禁止行为的。

19.2.4　承租人怠于履行本合同约定的维修和保养义务，包括但不限于合理使用、维护、保养、保管租赁物，经出租人首次通知后 ×× 日内仍未完全纠正的。

19.2.5　承租人违反本合同第十三条约定的义务，包括但不限于按照出租人的要求及时修复、更换租赁物，经出租人首次通知后 ×× 日内仍未完全纠正的。

19.2.6　承租人未按照本合同的约定履行为租赁物投保、续保、理赔等与保险相关的义务，经出租人首次通知后 ×× 日内仍未履行投保等与保险相关义务的。

19.2.7　承租人未及时支付保证金和/或手续费，或未按照本合同约定补足保证金达 ×× 个工作日的。

19.2.8　承租人向出租人做出的陈述、保证或其他书面声明（包括财务报表），被证明是虚假、不真实或有重大误导性的，或者违反承租人所做出的陈述、保证或声明。

19.2.9　承租人有其他违反本合同、《租赁物买卖合同》或承租人与出租人签署的其他合同的行为，经出租人首次书面通知后 ×× 个工作日内仍未采取有效措施纠正或该等违约行为已无法纠正的。

19.2.10　承租人或其实际控制人在与出租人签订的其他合同项下发生违约。

19.2.11　承租人其实际控制人在与金融机构或其他融资机构签订的融资文件项下发生违约。

19.2.12　承租人其实际控制人关闭、停业、歇业、停产、重组、合并、分立、自行提出清算或破产申请、被申请进入破产程序、被接管或托管、整顿、吊销营业执照或类似情况。

19.2.13　承租人或其实际控制人涉入诉讼、仲裁、调查或其他程序，并可能对承租人经营和偿债能力产生重大不利影响。

19.2.14　承租人有其他严重损害租赁物和出租人合法权益的行为。

19.3　承租人出现本合同第 19.2 条约定的任一违约情形时，出租人有权采取下列一项或多项措施：

19.3.1　要求承租人及担保人根据出租人的要求补充出租人认可的其他担保。

19.3.2　宣布本合同项下全部租金及其他款项加速到期，要求承租人于加速到期之日一次性付清本合同项下应付的所有到期未付租金、全部未到期租金、违约金、手续费、租赁物留购名义价款及其他应付款项。

19.3.3　解除本合同，要求承租人立即返还全部租赁物或无须经司法程序收回租赁物，并要求承租人赔偿损失，损失赔偿的范围包括但不限于本合同项下全部到期未付租金、未到期租金、违约金、租赁物留购名义价款及其他应付款项与收回租赁物价值的差额。任何情形下，出租人主张解除本合同的，应当在［出租人请求承租人支付本合同约定的全部租金并经人民法院强制执行后承租人仍未足额支付之日起五年］之前行使解除权。

19.3.4　自行或申请人民法院将租赁物折价或者拍卖、变卖，并就所得款项优先受偿。

19.3.5　要求承租人承担出租人因采取任何救济措施而产生的费用，包括但不限于出租人采取相关措施而产生的诉讼费用、仲裁费用、律师费、申请财产保全提供担保而支付的费用（包括但不限于购买诉讼财产保全责任险所支付的费用、向担保公司支付的担保费等）、评估费、鉴定费、审计费、运输费、保管费、财产保全费、执行费等及因清收而发生的一切费用。

19.3.6　全额保证金作为违约金不予退还。

19.3.7　将租赁物的所有权及其相关权利一并转移给第三方受让人。

19.4　若出租人按照上述第 19.3.3 条或第 19.3.4 条的约定收回租赁物的或拍卖、变卖租赁物的，出租人有权自己或授权第三人自行进入租赁物所在地取回租赁物，或要求承租人将租赁物运输至出租人指定的地点。在出租人按照本条款约定收回租赁物后，出租人可根据自身的考量处分租赁物，处分方式包括但不限于向第三方出售、出租租赁物或拍卖租赁物等方式，该等情况下，出售、出租或拍卖实收金额即为收回租赁物的价值；若租赁物尚未收回或租赁物虽收回但尚未出售或以其他方式进行处分的，租赁物的价值按照下述第 × × ［（1）（2）（3）或（4）］种方式确定：

（1）以【出租人】委托的评估机构评估价的【 × ×%】作为租赁物价值，评估费用由承租人承担，评估基准日为确定评估机构并开始评估之日；

（2）由出租人向任意【1 家或 1 家以上】意向购买方或承租方询价，并由出租人根据询价报价情况确定租赁物处置价格；

（3）根据租赁物实际拍卖时的情况确定租赁物处置价格；

（4）双方认可的其他方式。

承租人在此不可撤销地授权并同意出租人在处分租赁物时，出租人可以根据届时租赁物的拍卖情况或者出租人向意向购买人询价情况等自行确定租赁物处分时的价格，承租人不得提出任何异议并无条件接受该价格；尽管出租人请求收回租赁物，如出租人在租赁物收回并进行处分的过程中发现处分租赁物在事实上或经济上已不可行，届时租赁物的价值应确定为零并无偿归出租人；任何情况下，承租人不得向出租人请求支付租赁物保管费、维修和保养费用、运输费及在收回并处分租赁物过程中所产生的其他费用，上述费用均应由承租人承担。承租人不得对出租人采取的上述确定租赁物价值的方式提出任何异议。

19.5　如承租人对出租人负担数个融资租赁合同、租约或其他种类相同的债务的，承租人的给付不足以清偿全部债务时，债务人、担保人清偿的款项以及担保物权处置所得款项应当优先清偿已到期的债务；均到期的，优先清偿对债权人缺乏担保或者担保较少的债务，均无担保或者担保相等的，由出租人指定优先清偿的债务。

第二十条　重大变故的处理

20.1　如承租人发生或可能发生：①关闭、停产、停业、合并、分立、重组、上市、经营恶化、涉及重大法律纠纷、任何其他方对承租人提起诉讼、仲裁或者以其他方式提出权利主张、投资失误、违规经营、破产、转让其重要资产或不履行与其他任何债权人之间的债务等；②承租人生产计划、销售计划等出现重大调整，足以影响正常生产，可能影响承租人履行本合同之能力；③政府政策调整足以影响承租人生产，可能影响承租人履行本合同之能力的情况时，承租人应事先及时通知出租人，出租人有权要求承租人采取必要措施（包括但不限于按照出租人的要求增加抵押、质押、保证或其他增信措施）并使出租人满意，同时出租人有权采取第 19.3 款约定的措施。

20.2　如本合同项下的担保发生了不利变化，包括但不限于担保合同或其他担保方式未生效、未设立、无效、被宣布撤销，或担保人出现部分或全部丧失担保能力或明确表示不履行担保义务，或担保人违反担保合同或其他承诺中约定的任一义务或承诺，或抵押财产、质押财产毁损、灭失、价值减少，或担保人发生第 20.1 款所述情形，承租人应及时通知出租人，并在 7 日内另行提供出租人认可的担保物或担保人，否则出租人有权采取 19.3 款约定的措施。在担保人分立、合并的情况下，经出租人同意后应当由变更后的机构承担担保责任。

20.3　在本合同有效期内，承租人的名称、法定地址、法定代表人等发生变化，不影响本合同的执行，承租人须立即书面通知出租人。

20.4　本合同期限内租赁物因国家政策变化被强制淘汰或贬值、被政府部门征用、被政府部门强制买进或被政府部门征收等，承租人应立即书面通知出租人，出租人有权选择要求承租人按照本合同第 13.2.2 条的约定更换租赁物，或选择要求立即终止本合同，并要求承租人立即支付下列各款项总额：

（1）截至本合同终止之日的全部已到期未付租金和违约金；

（2）截至本合同终止之日未到期租赁成本及按照未到期租赁成本的 ××% 计算的补偿金；

（3）本合同项下租赁物留购名义价款；

（4）其他所有应付款项。

在出租人收到承租人支付的上述所有款项后，租赁物所有权（如有）按照届时的“现时现状”自动转移给承租人，相关费用由承租人自行承担，出租人不承担任何责任和义务。

20.5　租赁期限内，如承租人破产，则租赁物不属于承租人破产财产。如果承租人在租赁期内出现债务纠纷或依法进入清算程序或破产，承租人应向法院、债权人或清算委员会声明其对租赁物不具有所有权，使租赁物免于法院或其他政府有关部门的任何扣押、查封等保全或执行措施，亦不得以租赁物充做承租人破产清算的财产或抵偿债务，同时承租人应在发生前述纠纷或破产事由之日起5日内报告出租人，以便出租人采取行动。

第二十一条 合同权利义务的转让及变更和解除

21.1 出租人有权将本合同项下的全部或部分权利和义务（包括但不限于应收租金债权、租赁物所有权及其附属担保权利等）转让给第三方，无须征得承租人的同意。出租人有权以行使上述权利为目的，审慎披露承租人所提供的信息给代理人、政府监管机构、潜在受让人、资金提供方、公开市场投资者、法律及财务顾问等。若出租人要求的，承租人应提供相关证明材料并积极配合出租人行使上述权利，包括但不限于配合出租人出具与本合同项下应收租赁款和/或转租赁物所有权转让、质押、抵押、保理、融资租赁或转让与担保等通知文件相关的书面确认文件等。

21.2 未经出租人书面同意，承租人不得转让本合同项下任何权利和义务。如出租人书面同意承租人转租的，承租人、次承租人应当配合出租人在中国人民银行征信中心动产融资统一登记公示系统办理变更登记手续（包括但不限于办理变更登记并将次承租人增加为承租人之一等）。在转租期限内，如承租人发生本合同项下违约行为的，出租人有权直接要求次承租人向其支付转租合同项下到期应付租金及其他应付款项，次承租人直接向出租人支付后，可以冲抵次承租人应当向承租人支付的租金，如次承租人支付的款项金额超出其在转租合同项下应付款项金额的，超出部分次承租人有权向承租人追偿。承租人对此不提出任何异议、抗辩或反请求。

21.3 本合同生效后，除出租人依据本合同的相关约定行使解约权外，承租人无权单方面解除合同。

第二十二条 争议解决与法律适用

22.1 凡因本合同引起的或与本合同有关的任何争议，由双方通过友好协商解决。协商不成，任何一方可以向出租人住所地有管辖权的人民法院提起诉讼。

22.2 因诉讼发生的相关费用（包括但不限于案件受理费、保全费、保全担保费、执行费、差旅费、律师费等）均由承租人承担。

22.3 在合同存在部分争议的情况下，解决争议期间，双方仍应继续执行与争议无关的合同条款。

22.4 本合同适用中华人民共和国法律，不包括香港特别行政区、澳门特别行政区及台湾地区法律。

22.5 双方约定本合同生效之日起××个工作日内，双方共同前往出租人指定的公证处办理强制执行公证手续。承租人承诺：如果承租人不履行或不完全履行其在本合同项下的义务时，出租人有权根据相关法律规定，向公证处申请出具执行证书，并有权向有管辖权的人民法院申请强制执行，而无需经过诉讼程序。对此，承租人自愿接受人民法院的强制执行，放弃抗辩权，且将完全配合出租人的申请行为，并愿意承担出租人上述申请行为所产生的律师费、公证费等费用。

22.6　公证费由承租人直接支付给出租人再由出租人支付给公证处，公证行为发生后，公证费不予退还。

22.7　双方确认公证处将对承租人是否履行本合同项下义务的核实方式为电话核实。承租人联系方式发生变更时，应当及时通知出租人及公证处公证员。如因承租人原因造成公证处无法进行电话核实或承租人不配合核实程序的，则视为承租人对出租人所主张的违约事实及欠款数额无异议，公证处有权按照出租人的主张签发执行证书。

承租人指定联系电话：××××××××××××

承租人指定通信地址：××××××××××××

如果本合同一旦办理强制执行公证的，则本条关于强制执行公证的约定优先于本合同第22.1条关于争议解决的约定适用。

第二十三条　合同生效

本合同须同时具备以下条件，方能正式生效：

23.1　本合同由双方法定代表人或授权代表签字/签章并加盖公司公章或合同章，由授权代表签署的须提供法定代表人出具的授权委托书原件。

23.2　本合同的附件2《租赁物买卖合同》已经由各方签署。

第二十四条　合同终止

24.1　本合同在如下情形下终止：

24.1.1　双方均履行完毕其在本合同项下之全部义务，本合同即终止。

24.1.2　出租人行使解除权时合同终止。

24.1.3　双方在此确认并同意，若本合同自签订之日起三个月内仍未按照约定起租，则本合同自三个月期满日次日起即终止。如双方协商一致继续履行本合同的，则另行签订补充协议。

24.1.4　法律规定的其他情形。

24.2　合同终止不影响合同中解决争议的条款的效力。

第二十五条　其他约定

25.1　租赁期内由于我国法律规定的变更或我国政府或租赁物出口国有关税项、税率变更等因素，使得以此合同为基础的交易所发生变化给出租人增加额外费用，包括各级相关管理机构由于承租人使用租赁物而对租赁物所有权人（出租人）征收相关费用的，则该费用由承租人承担。如由出租人垫付的，则出租人有权变更租金以保证本合同项下收益不受影响或发生损失。出租人应以书面形式通知承租人这种变更。

25.2　本合同签署之日起届满两个月，如本合同约定的生效条件没有全部满足或《租赁物买卖合同》约定的付款条件仍未全部成就的，则届时出租人有权决定本合同是否解除。如果出租人决定本合同解除的，出租人不因此对承租人、供货人承担任何责任和义务。

25.3　本合同要求的一切通知应采用书面形式，经专人递交或邮寄至本合同首页载明的对方地址，或以电讯形式即传真、电子邮件、短信发至本合同首页载明对方号码、地址，即为充分通知。出租人和承租人共同确认，本合同首页载明的地址作为人民法院、仲裁机构送达相关法律文件（包括但不限于诉讼文书、仲裁文书等，以下统称“诉讼法律文书”）的送达地址：

以专人递交的，于递交当日视为送达。以邮寄方式送达的，于交邮后48h或实际送达相关地址之日（以时间较早者为准）视为送达。电子送达的，该短信、电子邮件或传真进入受送达人特定系统的日期视为送达，未指定特定系统的，该短信、电子邮件或传真进入受送达人的任何系统的日期视为送达。若一方地址及/或号码发生变动，其应及时通知另一方，未及时通知而另一方仍以本合同首页载明地址、号码通知的视为送达。

人民法院、仲裁机构按照上述送达地址及方式送达的，视为受送达人已签收并知悉送达内容，受送达人拒收的，不影响送达的效力。本合同确定的送达地址、送达方式、送达事项在本合同履行期间以及本合同发生争议进入调解、仲裁、民事诉讼一审、二审、再审程序以及执行程序等程序中均为有效的送达地址和送达方式。出租人和承租人均已经认真阅读、知悉并准确理解了前述全部内容并充分理解该条款的法律后果，无条件同意并接受人民法院、仲裁机构按照本条款约定送达诉讼法律文书并自愿承受因此产生的所有法律后果，出租人和承租人均已提供明确、有效的送达地址，并保证提供的信息真实准确。送达地址如发生变化，承诺将按照本合同约定及时予以通知。

25.4　承租人承诺，为本合同涉及的有关商业内容，包括合同内容等给予保密，并保证不以任何形式（文章、讲演、报告或其他任何途径）公开有关内容。

25.5　本合同所规定的双方的权利，只能以书面形式明确地表示放弃或改变。出租人未能或延误行使本合同项下权利以及准许承租人延期付款均不构成出租人放弃或改变其权利，同时也不影响、减少、限制或损害出租人行使该权利。

25.6　本合同构成双方权利义务的全部，构成出租人与承租人之间与租赁有关的全部协议，并取代在此之前与本合同涉及交易有关的任何承诺、协议或陈述，无论是口头的还是书面的。

25.7　合同双方在此声明并保证各自所提供的全部资料及陈述均客观真实且无任何误导。

25.8　根据合同具体条款，若中国人民银行不再对外公布贷款基准利率或中国人民银行对外公布的贷款基准利率与市场利率有较大偏差时，合同双方应本着友好协商的原则对合同利率细则进行重新修订。

25.9　本合同一式【肆】份，出租人执贰份，承租人执贰份，其余留作公证、登记、备案之用（若需），各份具有同等法律效力。

第二十六条　附件及特别约定

26.1　下列附件为本合同不可分割的一部分，与本合同具有同等法律效力：

附件1租赁物清单

附件 2 租赁物买卖合同

附件 3 租金支付表（概算表）

附件 4 手续费合同

附件 5 租赁物接收确认单

26.2　若本合同双方之间或本合同双方与其他当事人已签署或将要签署的所有合同、协议（包括但不限于融资租赁合同、《租赁物买卖合同》、委托进口协议等）中的任一或任几个或所有合同、协议项下出现违约行为，则视同承租人在所有合同、协议项下违约，出租人有权行使任一或任几个或所有合同、协议约定的补救措施和法律规定的权利。

26.3　自本合同签署之日起至本合同项下承租人全部债务、义务履行完毕之日止，承租人在此同意并不可撤销地授权：出租人根据《征信业管理条例》等国家相关规定向金融信用信息基础数据库及中国人民银行等有关部门和机构建立或认可的征信机构查询承租人的信用记录，并同意出租人将涉及承租人的信贷融资信息提供给金融信用信息基础数据库及中国人民银行等有关部门和机构建立或认可的征信机构。

（以下无正文，签字页附后）

（本页无正文，为编号 ×××××× 《融资租赁合同》的各方当事人在本合同页首日期签署的签字页）

出租人：××××××

（公章或合同章）

法定代表人（或授权代表）签字：××××××

承租人：××××××

（公章或合同章）

法定代表人（或授权代表）签字：××××××

附件 1　租赁物清单

编号为【××××××××××××】

序号	设备名称	规格型号	出厂编号	单位	数量	单价（人民币/元）	金额（人民币/元）	生产厂家	拟安装位置（具体点位）
1	光伏组件								
2	支架								
3	基础								
4	汇流箱（如有）								
5	逆变器								
6	配电柜								
7	电缆								
8	箱式变压器（如有）								
9	电缆								
10	计量装置								
11	监控装置								
12	其他								

注　1. 本《租赁物清单》是编号××××××《×××分布式光伏电站项目融资租赁合同》不可分割的有效附件；

2. 租赁物所有权归出租人所有。自编号为××××××的《×××分布式光伏电站项目融资租赁合同》签署之日起，未经出租人另行书面同意，承租人不得转让、转租、抵押、质押租赁物或对租赁物作任何其他处分。

出租人：××××××××××

（公章或合同章）

法定代表人（或授权代表）签字或盖章：××××××××××

承租人：××××××××××
（公章或合同章）
法定代表人/授权代表（签字或盖章）：××××××××××
签约日期××××年××月××日

附件2　租赁物买卖合同

参见编号为【××××××】的《×××分布式光伏电站项目租赁物买卖合同》及其全部附件。

附件 3 租金支付表（概算表）

编号为【××××××××××××】

单位：人民币 / 元

租金期次	日期	租金	其中：利息	其中：本金	剩余本金

备注：所有租金及其他应付款项应当支付至出租人如下银行账号：

户名：××××××××××××××

开户行：××××××××××××××

人民币账号：××××××××××××

本《租金支付表》（概算表）是编号××××××《×××分布式光伏电站项目融资租赁合同》不可分割的有效组成部分，若《实际租金支付表》与本《租金支付表》（概算表）不一致，以《实际租金支付表》为准。

出租人：××××××××××××

（公章或合同章）

法定代表人（或授权代表）签字或盖章：

承租人：××××××××××××

（公章或合同章）

法定代表人（或授权代表）签字或盖章：

签约日期××××年××月××日

附件 4　手续费合同

编号：××××××××

出　租　人：×××××××××××××
住所（地址）：××××××××××
邮政编码：××××××××××××
法定代表人：×××××××××××
联　系　人：×××××××××××××
传　　　真：××××××××××××××
电　　　话：××××××××××××××

承　租　人：×××××××××××××
住所（地址）：××××××××××
联系地址：××××××××××××
邮政编码：××××××××××××
法定代表人：×××××××××××
联　系　人：×××××××××××××
传　　　真：××××××××××××××
电　　　话：××××××××××××××

鉴于：出租人与承租人已签署编号为××××××的《×××分布式光伏电站项目融资租赁合同》，现出租人、承租人本次租赁交易的手续费事项达成如下协议：

第一条　手续费费用与支付

1.1　承租人应在出租人支付租赁物购买价款的当日向出租人指定的以下账户支付合计人民币￥××××××元整（大写：×××××××××××××元整）（即租赁成本的××%）作为本租赁项目手续费。若出租人分次支付租赁物购买价款，则每次按照支付金额的××%收取手续费。

户名：××××××××××××××
开户行：×××××××××××××
人民币账号：×××××××××××

1.2　承租人向出租人支付手续费后，出租人应向承租人开具相等金额的［（2）］。

（1）增值税专用发票。

（2）增值税普通发票。

1.3　承租人未能按照本合同约定向出租人支付手续费的，承租人应就延迟支付款项按日万分之五（0.05%）的标准向出租人支付迟延期间的违约金。

1.4　手续费一经收取，无论任何原因，出租人均无义务予以退还，且出租人对手续费的收取不构成租赁成本或租金金额的减少。

第二条　法律适用与争议解决

2.1　本合同及本合同项下双方的权利和义务在任何方面均应适用中国法律，并按照中国法律解释。

2.2　因本合同产生的或者与本合同相关的任何争议应当提交出租人住所地有管辖权的人民法院解决。

第三条　生效及其他

3.1　本合同自各方法定代表人或授权代表签字或签章并加盖公章或合同章之日起生效。

3.2　本合同一式肆份，出租人执贰份，承租人执贰份，各份具有同等法律效力。

3.3　本合同未尽事宜，以《×××分布式光伏电站项目融资租赁合同》的规定为准，并按照《×××分布式光伏电站项目融资租赁合同》的内容和目的一致的原则解释。

出租人：××××××××××××

（公章或合同章）

法定代表人（或授权代表）签字或盖章：

承租人：××××××××××××

（公章或合同章）

法定代表人（或授权代表）签字或盖章：

附件 5　租赁物接收确认单

××××××××××××（出租人）：

根据××××年××月××日贵司作为出租人与承租人签订的编号为××××××的《×××分布式光伏电站项目融资租赁合同》以及贵司作为买方与承租人、供货人签订的编号为××××××的《×××分布式光伏电站项目租赁物买卖合同》（以下简称《租赁物买卖合同》）的约定，承租人确认如下：

承租人已经完好无损地收妥《×××分布式光伏电站项目融资租赁合同》附件 1《租赁物清单》项下贵司拥有完全所有权的全部租赁物，租赁物的数量、配置、外包装与《×××分布式光伏电站项目融资租赁合同》及《×××分布式光伏电站项目租赁物买卖合同》的约定相符，并能按照约定的用途使用。特此通知。

本《租赁物接收确认单》是《×××分布式光伏电站项目融资租赁合同》不可分割的有效附件。

确认人（承租人）：×××××××××××
（公章或合同章）

法定代表人（或授权代表）签字或盖章：×××

签订日期：××××年××月××日

附录 4-5　分布式光伏电站项目融资租赁协议（售后回租）

分布式光伏电站项目融资回租协议

出 租 人：____________

承 租 人：____________

签订日期：____年____月____日

签订地点：____________

出　租　人：××××××××××××
办公地址：××××××××××××
法定代表人：××××××××××××
电　　　话：××××××××××××
传　　　真：××××××××××××
邮政编码：××××××××××××

承　租　人：××××××××××××
住　所　地：××××××××××××
法定代表人：××××××××××××
电　　　话：××××××××××××
传　　　真：××××××××××××
邮政编码：××××××××××××

鉴于

（1）承租人拟通过×××××分布式光伏电站以售后回租的方式来融通资金。

（2）出租人系经国家商务部批准有权从事融资租赁业务的租赁公司，同意以融资租赁的方式向承租人提供财务支持。

出租人与承租人依据《中华人民共和国合同法》及有关法律、法规，经平等协商一致，订立本合同，以资共同遵守。

第一章　声明和保证

第一条　出租人在此声明和保证

1.1　出租人是依法成立且在租赁期内合法存续的企业法人，具有从事融资租赁业务的资质；

1.2　出租人签订本合同已得到相应权力机构的批准或同意：

1.3　本租赁业务项目未超出公司章程、营业执照许可的范围，符合国家相关政策和行业规定：

1.4　出租人进行承包经营、合并、分立、联营、歇业、解散等影响本合同的事宜，应事先书面通知承租人。

1.5　出租人有权通过中国人民银行征信中心动产融资统一登记公示系统等方式办理租赁物的融资租赁登记，并公示租赁物权利状况。承租人应当按照出租人的要求提供必要的协助并承担与登记相关的全部费用。

第二条　承租人在此声明和保证

2.1　承租人是依法成立且在租赁期内合法存续的企业法人，有权签订并履行本合同；

2.2　承租人签订本合同已得到公司有权机构及主管部门的批准，符合公司章程和相关规定；

2.3　承租人实行承包经营、合并、分立、联营、重组、歇业、解散等影响本合同的事宜，应事先书面通知出租人，承租人应避免上述事项对出租人造成不利影响；

2.4　承租人保证在本合同签订前向出租人提供真实、准确的财务报表，完整披露其对外提供的担保及负债。承租人承诺在本合同签订后，对外提供担保或产生其他负债超过××××元的，应当在提供担保或产生负债前十个工作日书面通知出租人，如涉及重大违约、重大诉讼、资产被查封、扣押的，承租人应在该等事件发生之日起三个工作日内书面通知出租人，并应采取相应措施避免该等事件对出租人的权益造成不良影响。

第三条　特别声明

3.1　本合同系双方协商一致的真实意思表示。有关限制权利、加重或免除责任的条款已由出租人和承租人向对方详细说明且为对方理解和接受，而非一方提供的格式合同。

第二章　租赁物

第四条　租赁物

4.1　本次融资租赁采用售后回租的方式，即租赁物由出租人从承租人处购买后，再将租赁物出租给承租人使用，承租人依约向出租人支付租金及相关费用。

4.2　租赁物同于本合同附件一《买卖合同》项下的标的物，具体的名称、商标、规格、型号，质量、数量、技术标准、技术保证及检验标准和方法等信息全部由承租人提供并认可，承租人对其真实性、完整性负责。《租赁物清单》由双方在租赁物交付时共同确认编制，并作为本合同的附件二。

第五条　租赁物的所有权

5.1　在租赁期间，租赁物的所有权（此所有权及于租赁物的从物、从权利、孳息以及针对租赁物所专有的程序、软件、授权许可、技术资料等）归属于出租人，承租人在租赁期间享有对租赁物的占有和使用权，未经出租人书面同意，承租人不得在租赁期内将租赁物销售、转让、转租、抵押、质押、投资入股、抵偿、设立诉讼担保，或以其他任何方式侵害出租人对租赁物的所有权。

5.2　在租赁期内，如承租人对租赁物进行升级改造，升级改造的费用由承租人自行承担，因升级改造所增加之与租赁物不可分割或如果分割会导致租赁物功能减损的部件及/或软件，亦自动无偿归出租人所有。

5.3　在租赁期内，如承租人出于维修或其使用之需要，以其他替换件替换租赁物部件的，因替换所产生的相关费用由承租人自行承担，替换件自作出替换之日起无偿归出租人所有。

5.4　出租人可根据需要将租赁物抵押给第三方，出租人应提前5个工作日通知承租人，承租人有义务协助出租人办理抵押等相关手续。出租人的抵押行为不得影响承租人对租赁物的占有和使用，并应在按本合同约定将租赁物所有权转移给承租人时解除该等抵押。

5.5　承租人应当依法处理租赁物上的担保物权，依法履行对担保物权人的义务。

（1）承租人未履行对担保物权人的义务，致使将被拍卖/变卖的，出租人有权以所有权人身份在支付了担保物权所担保的债务及相关费用之后。向承租人主张返还相当于出租人支付的金额的120%的钱款。该等返还并不减免承租人支付租金的义务，承租人应承担因此而给出租人带来的损失。

（2）承租人未履行对担保物权人的义务，致使被拍卖/变卖的，所得价款清偿法定担保债务后有剩余的，出租人有权主张返还剩余价款。该情形发生后，出租人有权解除合同，承租人应按（剩余租金总额—返还剩余价款＋名义价款）×120%向出租人作出赔偿。

第六条　租赁物的购买

6.1　详见本合同的附件一《买卖合同》。

第七条　租赁物的交付与验收

7.1　鉴于租赁物在出卖给出租人时已为承租人占有和使用，故在承租人（作为“卖方”）依据《买卖合同》向出租人（作为“买方”）交付分布式光伏电站（租赁物）的同时，应视为出租人亦向承租人交付了本合同项下的租赁物，两项交付同时完成。承租人应在租赁物交付之日起三个工作日内向出租人出具一份格式如本合同附件三《租赁物接收确认书》。

7.2　承租人在验收、接收分布式光伏电站（租赁物）项目时已履行了对分布式光伏电站（租赁物）的质量验收手续，在承租人将分布式光伏电站（租赁物）出卖给出租人且出租人又将分布式光伏电站（租赁物）回租给承租人使用的过程中，并未改变承租人对分布式光伏电站（租赁物）的占有状况，出租人也未对分布式光伏电站（租赁物）作任何变动和使用，因此，租赁物交付给承租人后即视为承租人对租赁物验收合格。

7.3　鉴于本合同项下的承租人与《买卖合同》项下的出卖人系同一人，承租人确认其出卖给出租人的租赁物及出租人回租给承租人的租赁物的名称、商标、规格、型号、质量、数量及技术标准，并确认其质量、工艺技术、性能等完全符合国家、行业在安全、环境保护、能耗、知识产权保护等方面的强制性规定，能够实现本合同的目的。如租赁物不符合上述要求的，由承租人自行承担责任，不影响本合同及《买卖合同》的效力。

第八条　租赁物的使用、保管、维修和税费

8.1　承租人应当妥善保管、使用租赁物。未经出租人书面同意，承租人不得改变租赁物的安装、使用地点：如承租人需要改动租赁物的外形、结构的，应当书面通知出租人，且不得影响原使用功能。承租人应负责租赁物的维修、保养，并承担由此产生的全部费用，出租人在遵守有关法律，且在不影响承租人正常使用租赁物的情况下，有权随时检查租赁物的使用和保养情况，承租人应提供检查所需便利条件。

8.2　在租赁期间，承租人不得以任何形式明示或暗示其对租赁物享有所有权及处分权。

8.3　承租人在占有、使用租赁物期间，如租赁物造成第三人的人身伤害或者财产损害，一切责任均由承租人承担，出租人不承担任何责任。若出租人因此遭受任何损失，则承租人应于接到出租人通知后 3 个工作日内予以全部赔偿，此损失包括损失本身及有关合理的直接费用，包括但不限于利息、滞纳金、诉讼费、保全费、审计费、评估费、鉴定费、政府规费、律师费等。

8.4　租赁物在安装、使用和保管等过程中发生的一切税款、费用，均由承租人负担。

第九条　租赁物毁损、灭失的风险承担

9.1　租赁物在交付给承租人后的毁损、灭失风险，由承租人承担，无论何种原因造成租赁物的毁损、灭失，承租人不得延迟或拒绝支付租金及本合同项下所有应付款项。

9.2　租赁物发生损坏时，承租人应及时通知出租人，并自费将租赁物修复至正常使用的状态，属于保险责任范围的，按本合同第十条相关约定处理。

9.3　如租赁物整体灭失或者毁损致无法恢复原使用功能的程度时，本合同提前终止，并执行本合同第二十条。

第十条　租赁物的保险

10.1　租赁期内，承租人应对租赁物投保财产一切险，并承担全部投保费用，投保金额不低于未还租赁本金的 110% 且保险合同的具体内容应征得出租人的书面同意。

如承租人未按时投保或续保，出租人有权代为投保或代为续保，费用由承租人承担，如出租人垫付费用的，出租人有权向承租人追偿，并就该费用自垫付之日起至承租人偿还之日止按日万分之五计收利息，如整体租赁物发生全损时、出租人有权宣布本合同提前终止，并按本合同第四章第二十条执行。

10.2　在光伏电站运营期间，承租人必须依法为电站员工投保法定的社会保险，并投保补充的商业保险，以确保电厂员工获得报酬、工伤、医疗等方面的保险保障，具体的险种和保险机构双方另行约定。

10.3　保险须以出租人为被保险人，以出租人或出租人指定的第三人为第一受益人，投保期间自租赁物起租之日起至租赁期满后三个月，保险费用和相关支出均由承租人承担，保险单和保险合同原件由承租人保管，承租人应将复印件经承租人盖章确认后交由出租人或出租人指定的第三人保管。

10.4　租赁期内发生保险事故，承租人应立即通知出租人和保险公司并办理索赔事宜，出租人应给予必要的协助。

10.5　单笔保险赔偿金在人民币 100 万元（合 100 万元）以下的，出租人授权承租人向保险公司领取并用于受损租赁物的新购、维修或更换；单笔保险赔偿金在人民币 100 万元以上的，由出租人收取，并按下列方式处理：

（1）如发生非全损保险事故，出租人应在承租人对租赁物进行修复后将保险赔偿金支付给承租人，或根据承租人的指示将保险赔偿金用于支付维修费用。

（2）如发生全损，出租人有权将保险赔偿金用于抵偿承租人在租赁合同项下的应付款项，或在承租人付清本合同项下所有应付款项后，将保险赔偿金支付给承租人。

鉴于租赁物交付后，租赁物的毁损、灭失风险由承租人承担，因此保险事故的发生及保险赔偿金是否赔付不能构成承租人迟延支付或减少支付本合同项下任何款项的理由，承租人更不得单方要求以保险赔偿金抵偿其应付出租人的任何款项，但是，在发生保险争议时，出租人应当及时根据承租人的要求出具授权委托书向保险人提出交涉或法律诉讼。因此，产生的费用由承租人自行承担；否则，承租人有权停付租金。

第十一条　索赔

11.1　由于租赁物系由承租人出卖给出租人，因此，出租人不对租赁物的质量、性能及售后服务承担责任，一旦租赁物因出现质量问题或技术服务缺陷而导致损失的，由承租人直接向租赁物的供应商等责任方索赔，并独立承担索赔后果。

11.2　双方约定，本合同及附件一《买卖合同》生效后且租赁物的所有权转移至出租人后，承租人仍享有独立地向租赁物的生产商就租赁物的维修、保养等事宜进行交涉及进行索赔的权利。

11.3　出租人作租赁物的所有权人，在必要时应协助承租人进行索赔，因索赔产生的费用由承租人承担或由承租人自行与租赁物的生产商协商解决，出租人对此无须承担任何责任。

11.4　承租人向租赁物的供应商索赔，并不影响本合同的效力和继续履行，不论索赔结果如何，承租人仍应按本合同约定向出租人支付租金。

11.5　如因上述索赔需要，出租人应当及时根据承租人的要求出具授权委托书。

第十二条　租赁期限及租赁期满后租赁物的处理

12.1　租赁期限为 ×× 年，自出租人向承租人支付租赁物购买价款之日起计算租期。

12.2　租赁期限届满后，由承租人回购租赁物，即承租人在付清全部租金及租赁合同项下应付的所有款项，并支付人民币××××××万元整（大写：××××××万元整）的名义价款后，出租人将租赁物以回购当时的状态出卖给承租人。名义价款应与最后一期租金一并支付。

12.3　承租人履行完毕本合同项下的全部付款义务后，即取得租赁物的所有权，在租赁物所有权转移给承租人时，出租人不对租赁物交付（指承租人回购租赁物的交付行为）时的状态承担任何责任；如租赁物已被出租人设立抵押的，出租人应办理解除抵押手续。

第三章　租金、租赁保证金、租赁手续费、担保

第十三条　租金

13.1　租金由租赁本金和租赁利息组成。

13.2　租赁本金即为《买卖合同》项下的船舶的买卖总价款，总额为人民币××××万元整（大写：×××××万元整）。

13.3　租赁利息按实际天数计算，计算方式为：租赁利息＝未还租赁本金×实际天数×租赁利率/360。

租赁利率为浮动利率，浮动周期为××个月：

从实际提款日（若为分笔提款，则为第一个实际提款日）起每××个月重新定价一次，重新定价日为实际提款日在重新定价当月的对应日，当月没有实际提款日对应日的，则当月最后一日为利率重新定价日。

（1）每笔提款的首期利率为实际提款日当日中国人民银行公布施行的五年期人民币贷款基准利率＋×.×%；

（2）每满一个浮动周期后，按重新定价日中国人民银行公布施行的同档次人民币贷款基准利率＋×.×%，作为下一个浮动周期的适用利率。

本合同订立时中国人民银行公布的五年期人民币贷款基准利率为＋×.×%，本合同项下的租赁利率为＋×.×%。

13.4　本合同项下的租金自起租日起，租赁期限为5年，自××××年××月××日起，××日内提清融资租赁款。

（1）租赁期内，××××年××月××日起至××××年××月××日，每季的18日偿付本金人民币××××万（大写：××××万元整）共××期。

租赁到期日偿付本金人民币××××万元整（大写：××××万元整），共×期。

（2）租赁期间内，××××年××月××日起至租赁到期日，承租人按季结息，每季的17日为结息日，18日为付息日，共20期。

若租赁本金的最后一期清偿日不在付息日，则该融资租赁款本金的最后一期清偿日为付

息日，承租人应付清全部应付利息。

租金的具体支付时间、金额详见本合同附件四《租金支付表》。

13.5 罚息

（1）若承租人未按约定期限还款，就逾期部分、从逾期之日起按照逾期融资租赁款罚息利率计收利息，直至清偿本息为止；

逾期融资租赁款罚息利率为本条第 3 款约定的租赁利率水平上加收 50%；

（2）若承租人未按约定用途使用融资租赁款，就挪用部分，从挪用之日起按照挪用融资租赁款罚息利率计收利息，直至清偿本息为止：

挪用融资租赁款罚息利率为本条第 3 款约定的租赁利率水平上加收 100%；

（3）对既逾期又挪用的融资租赁款，按照挪用融资租赁款罚息利率计收利息；

（4）对承租人不能按期支付的利息，以本条第 3 款约定的结息方式，融资租赁款期内按照本条第 3 款约定的租赁利率计收复利，融资租赁款逾期后改按本款约定的罚息利率计收复利。

（5）计收罚息和复利，按合同约定的租赁利率调整，自调整之日分段计罚息和复利。

13.6 如发生租金调整情形，出租人应当向承租人发出格式如本合同附件五《租金支付调整表》，通知承租人按照《租金支付调整表》支付租金。

第十四条 租赁保证金

14.1 承租人应当向出租人支付租赁保证金 ×××× 万元整（大写：×××× 万元整），且保证金支付进度与出租人支付分布式光伏电站购买款进度保持同比例到位，出租人将人民币 ×××× 万元整支付给承租人时，承租人应当向出租人支付保证金人民币 ×××× 万元整（大写：×××× 万元整）；作为履行本合同项下义务时的担保。

14.2 如承租人违反本合同约定，不履行或不完全履行本合同项下的义务，出租人有权从租赁保证金中扣划承租人应支付给出租人的款项。承租人应在收到出租人扣划保证金的通知之日起 3 个工作日内将保证金补足，否则，出租人有权按照本合同第 22.1 条、第 22.2 条的约定追究承租人的违约责任。

14.3 在本合同租赁期满时，出租人应将保证金返还给承租人，或者抵作最后一期或几期的部分租金。

第十五条 租赁手续费

由于出租人为承租人提供了一个有保障的资金平台及高效可靠的融资配套服务，承租人应当向出租人支付租赁手续费人民币 ××× 万元整（大写：××× 万元整），且租赁手续费支付进度与出租人支付光伏电站购买款进度保持同比例到位。

第十六条 担保

承租人应当向出租人提供如下担保，确保出租人实现本合同约定的全部债权和其他权利：

16.1 ×××先生（身份证号码：×××××××××××××××）个人承担连带责任保证。

16.2 ×××名下×××提供抵押保证，被保证方为出租人或出租人指定的第三方。

16.3 ×××以自身的整体信用来保障租金的偿付。

第十七条　支付租金、租赁保证金、租赁手续费不足时的处理

如承租人所支付的款项少于承租人按照本合同约定应付的款项，出租人有权将承租人已支付的款项按下列次序清偿承租人应付的款项：

（1）逾期付款违约金、损失赔偿金、实现债权的费用；

（2）租赁手续费；

（3）当期租金；

（4）按倒序方式清偿到期未付租金；

（5）租赁保证金及其他应付费用。

第四章　提前终止合同

第十八条　单方终止合同的禁止

在租赁期内，除出现本合同约定的终止事由或由出租人依据本合同第19.1条的约定终止合同外，任何一方不得无故提前终止本合同。若承租人根据经营需要要求提前终止本合同的，应由双方协商解决。

第十九条　出租人可以提前终止合同的情形

承租人或其保证人有下列情形之一的，出租人有权要求承租人提供适当的担保，承租人未能提供担保的，出租人有权宣布本合同提前终止，并按本合同第二十条执行：

（1）经营状况严重恶化；

（2）转移财产，抽逃资金，以逃避债务；

（3）损失商业信誉；

（4）有丧失或可能丧失履行债务能力的其他情形。

第二十条　提前终止合同的处理

20.1 如出租人依据本合同约定提前终止本合同的，承租人应在合同终止后三个工作日内向出租人付清以下全部款项：

（1）所有到期未付的租金及其他应付款项；

（2）截至终止日所有未到期的租赁本金；

（3）提前终止合同损失金。

提前终止合同损失金的计算方式为提前终止合同损失金＝提前终止日未还租赁本金总额 × 合同提前终止日至租赁期限届满日期间的天数 ×3%÷360。

20.2　在承租人付清 20.1 所述全部款项及名义价款后，租赁物的所有权归承租人所有（在租赁物毁损灭失的情况下、租赁物的残留物及相关权益归承租人所有）。

第五章　违约责任

第二十一条　出租人的违约责任

21.1　如出租人在租赁期内无正当理由妨碍承租人对租赁物的占有和使用而导致承租人无法正常占有、使用租赁物的，出租人构成违约，承租人有权要求出租人立即停止妨碍行为，并有权要求出租人赔偿损失。

21.2　如出租人违反诚实信用原则，所作的声明和保证不真实或不准确、或出租人不履行本合同项下的附随义务（如通知、保密、协助等）的，则承租人有权要求出租人继续履行、采取补救措施，并可要求出租人偿还损失，此损失包括损失本身及有关合理的费用，包括但不限于利息、滞纳金、诉讼费、保全费、审计费、评估费、鉴定费、政府规费、律师费等。

21.3　如出租人抵押租赁物导致承租人无法正常使用租赁物的，或者租赁物因抵押而导致承租人无法在租赁期满后通过回购取得租赁物所有权的，承租人有权要求出租人立即解除抵押，并有权要求出租人赔偿承租人因无法使用或无法回购租赁物而产生的损失。

第二十二条　承租人的违约责任

22.1　如承租人未能按本合同约定向出租人支付租金及所有其他应付款项，则自逾期之日起，每逾期一日，承租人应当就逾期金额按万分之五的比例向出租人支付违约金。

22.2　如承租人预期支付租金及其他应付款项总额达 200 万元，且经出租人催告后 30 个日历日内仍未付清租金及其他应付款项，或承租人有擅自将租赁物设置担保、转让、抵债、转租或投资入股等侵害出租人所有权的行为及其他严重违反合同的行为，均视作承租人在本合同项下的严重违约，出租人有权采取以下任何一种措施或同时采取以下多种措施：

（1）要求承租人立即停止侵害，恢复租赁物交付时的原状，并有权要求承租人按本合同项下未付租金总额的 20% 向出租人支付违约金；

（2）行使加速到期权，宣布本合同立即到期，要求承租人立即付清所有到期未付及未到期的租金及其他应付款项；

（3）要求承租人赔偿全部损失；

（4）将租赁物出售并将出售所得用以抵偿承租人应付的款项，不足部分再向承租人追索，若租赁物出售所得超过承租人应付的租金、违约金、赔偿金、其他应付款项及名义价款等款项总额，则出租人应将超出部分的款项退还给承租人。

出租人采取前款措施，并不免除承租人在本合同项下的其他义务。

22.3　如承租人违反诚实信用原则，所作的声明和保证是不真实或不准确的，或承租人不履行本合同项下的附随义务（如通知、保密、协助等）的，出租人有权要求承租人限期履行，采取补救措施，并要求承租人赔偿损失，此损失包括损失本身及有关合理的费用，包括但不限于利息、滞纳金、诉讼费、保全费、审计费、评估费、鉴定费、政府规费、律师费等。

第六章　其他

第二十三条　出租人权利的累加性

出租人在本合同项下的权利是累加的，出租人行使其中的部分权利，并不影响和排除出租人依据法律规定或本合同约定可以对承租人行使的其他任何权利。除非出租人书面表示不行使、部分不行使或延期行使其他权利，否则均不构成出租人对其所享有的权利的放弃，也不影响和妨碍出租人对该权利的继续行使。

第二十四条　财务状况调查

出租人有权向承租人调查了解承租人的经营和财务状况，承租人应予配合，并按出租人要求提供相应的经营和财务报告、报表等资料。但出租人应对了解到的承租人商业秘密予以保密，如承租人不予配合，出租人有权按本合同第 22.3 条的约定要求承租人承担违约责任。

第二十五条　争议处理

25.1　本合同在履行过程中，如发生争议，由双方协商解决：协商不成时，双方均同意将争议提交出租人所在地有管辖权的人民法院管辖。

25.2　双方同意以本合同的约定作为解决争议的依据，为此双方均自愿放弃对本合同全部或部分内容公平、效力及违约金比例过高过低的抗辩权。

25.3　本条款为独立条款，其效力不受本合同是否有效或者是否撤销、被解除的影响。

第二十六条　诉讼时效

本合同项下出租人主张租金的诉讼时效为最后一期租金支付日届满后二年，而非分段分期计算。

第二十七条　通知

27.1　本合同项下一方向对方发出的通知、信件、数据电文等，应发送至如下地址、联系人和通信终端：

出 租 人：××××××××××××××

地　　址：××××××××××××××

邮政编码：××××××××××××××

电　　话：××××××××××××××

传　　真：××××××××××××××

联 系 人：××××××××××××××

出 租 人：××××××××××××××

地　　址：××××××××××××××

邮政编码：××××××××××××××

电　　话：××××××××××××××

传　　真：××××××××××××××

联 系 人：××××××××××××××

一方当事人变更名称、地址、联系人或通信终端的，应当及时书面通知对方当事人。

27.2　一方当事人向对方所发出的信件，自交邮后的第 7 日视为送达；发出的传真，自传真内容进入对方数据电文接收系统之日视为送达，若送达日为非工作日，则视为在下一工作日送达。

第二十八条　附件

28.1　下列合同附件，为本合同的组成部分。

（1）附件一买卖合同；

（2）附件二租赁物清单（包括但不限于）；

（3）附件三租赁物接收确认书；

（4）附件四租金支付表；

（5）附件五租金调整支付表。

28.2　除非特别说明，本合同中所指“本合同”应包括本合同的附件及补充合同、补充协议。

第二十九条　合同效力

29.1　本合同经出租人、承租人双方的法定代表人或委托代理人签字并加盖公章后成立，下列条件全部成立后生效；

（1）《买卖合同》已经签署；

（2）承租人已经取得并向出租人提交了关于同意签署《买卖合同》及本合同的股东会决议。

29.2　如果本合同的某些条款在现在或将来成为无效或不可强制执行的条款，则该条款的无效或不可强制执行不影响本合同及本合同其他条款的有效性和可强制执行性。

第三十条　合同份数

30.1　本合同一式六份，出租人执四份，承租人执两份，均具有同等法律效力。

出租人（盖章）：

法定代表人或委托代理人（签字）：×××

承租人（盖章）：

法定代表人或委托代理人（签字）：×××

附件一　买卖合同

略。

附件二　租赁物清单（包括但不限于）

序号	设备名称	规格型号	出厂编号	单位	数量	单价（人民币/元）	金额（人民币/元）	生产厂家	拟安装位置（具体点位）
1	光伏组件								
2	支架								
3	基础								
4	汇流箱（如有）								
5	逆变器								
6	配电柜								
7	电缆								
8	箱式变压器（如有）								
9	电缆								
10	计量装置								
11	监控装置								
12	其他								

附件三　租赁物接收确认书

兹确认：

本公司现已收到根据《××××项目融资租赁合同》向我公司交付使用的租赁物（具体交付的租赁物见附件二《租赁物清单》），且所有租赁物能够完全满足我司承租使用的合同目的。

特此确认！

确认人：
（盖章）

××××年××月××日

附件四　租金支付表

单位：元

期数	支付时间	租金			未偿还租赁本金
		租赁本金	租赁利息	应付租金	
1	年 月 日	××××××			
2	年 月 日	××××××			
3	年 月 日	××××××			
4	年 月 日	××××××			
5	年 月 日	××××××			
6	年 月 日	××××××			
7	年 月 日	××××××			
8	年 月 日	××××××			
9	年 月 日	××××××			
10	年 月 日	××××××			
11	年 月 日	××××××			
12	年 月 日	××××××			
13	年 月 日	××××××			
14	年 月 日	××××××			
15	年 月 日	××××××			
16	年 月 日	××××××			
17	年 月 日	××××××			
18	年 月 日	××××××			
19	年 月 日	××××××			
20	年 月 日	××××××			

出租人（盖章）：　　　　　　　　承租人（盖章）：

附件五 租金调整支付表

由于国家有关部门已对＿＿＿＿＿＿＿＿进行了调整，从原有的＿＿＿调整到＿＿＿，根据原《融资租赁合同》第 13.6 条的约定，现将租金支付表进行相应的调整，自 ×××× 年 ×× 月起，将租赁利率从 ××% 调整为 ××%，租金按新的利率进行计算，承租人自 ×××× 年 ×× 月 ×× 日起按本次调整后的租金支付表支付租金。

单位：元

期数	支付时间	租金			未偿还租赁本金
		租赁本金	租赁利息	应付租金	
1	年 月 日	××××××			
2	年 月 日	××××××			
3	年 月 日	××××××			
4	年 月 日	××××××			
5	年 月 日	××××××			
6	年 月 日	××××××			
7	年 月 日	××××××			
8	年 月 日	××××××			
9	年 月 日	××××××			
10	年 月 日	××××××			
11	年 月 日	××××××			
12	年 月 日	××××××			
13	年 月 日	××××××			
14	年 月 日	××××××			
15	年 月 日	××××××			
16	年 月 日	××××××			
17	年 月 日	××××××			
18	年 月 日	××××××			
19	年 月 日	××××××			
20	年 月 日	××××××			

出租人（盖章）： 承租人（盖章）：

附录 4-6　分布式光伏电站项目能源管理（EMC）合同

分布式光伏电站项目能源管理（EMC）合同

合同编号：××××××××××××××××

甲方（能源使用方）：×××××××××××

乙方（开发运营方）：×××××××××××

签订时间：××××年××月××日

目　录

第 1 章　项目合作基础

1.1　本合同依照中华人民共和国 2010 年 8 月颁布的《合同能源管理技术通则》(GB/T 24915—2010)起草编制。

1.2　本合同根据《中华人民共和国合同法》及其他相关法律法规的规定起草。签署各方本着公平、平等、自愿、诚实信用的原则，按照“合同能源管理”模式，合作开发位于甲方厂区屋顶的分布式光伏电站项目(以下简称“本项目”或“项目”)。

1.3　本项目合作基础：甲方承诺对提供屋顶所在的基础建筑物拥有完整的、排他的所有权；乙方有偿租用甲方的房屋屋顶；甲方优先使用本项目产生的全部电力。乙方享有该电站的所有权并以该光伏电站产生的上网收益、政府补贴、甲方支付的节能效益作为投资建设的回报；甲方通过租赁房屋的屋顶，取得租金及电价优惠。

第 2 章　项目主要内容

2.1　项目概况

2.1.1　项目名称：××××分布式光伏电站项目。

2.1.2　所在地：位于××××省(区、市)××市(区、县)×××(镇、街道)×××。证明文件如下：

(1)房屋所有权证书登记人：××××××××××××××；

(2)房屋所有权证书编号：×××××××××××××××；

(3)土地使用权证书编号：×××××××××××××××；

(4)其他证明文件(若无前述证明信息，建设工程规划许可证、建设用地规划许可证、建筑工程施工许可证、消防验收意见书应同时具备)。

2.1.3　项目设计容量：××××kW(电站容量以建成运营的实际容量为准)。

2.1.4　并网模式：自发自用、余电上网。

2.1.5　项目运营期限：自电站并网发电日开始计算 25 年。

2.1.6　合作模式：双方共建，效益分享。

2.1.7　工程建设规模及合同总价

本工程建设屋顶分布式光伏电站，暂定装机容量为××××kW，合同总价暂定为××××元(大写：××××元整)。

2.2　项目建设投入与回报

2.2.1　甲方的投入与回报

2.2.1.1　甲方的投入包括：

(1)将本项目建设所用的房屋屋顶和配套设施所占地面(统称为“租赁物”)出租给乙

方，作为本项目的所在地（租期25年，自××××年××月××日至××××年××月××日；租赁期限届满前3个月，甲乙双方续签本合同，续签的合同与本合同所约定的条款和条件相同，期限为租赁期限届满之日起××年）；

（2）提供以下现有的、不影响甲方经营和生产的、本项目建设所必要的帮助：建筑结构图、配电间的电气系统图、电费清单等涉及报审备案、施工设计的相关资料（纸质图纸至少一份），甲方保证资料内容真实，且与现场实际相符；电气设备的安装空间（室内和室外）；电缆的敷设路径（电缆沟、管道、电缆井等）；施工场地；临时的道路和物料存放场所等。

2.2.1.2 甲方的回报包括：

（1）享有优先使用本项目所生产绿色电力的权利；

（2）电价打折；电网峰平时段均价××%；

（3）租金收益：××万元人民币/年。

2.2.2 乙方的投入与回报

2.2.2.1 乙方的投入：

投资承建本项目，包括电站设计、设备材料采购、施工、运营、管理、维护等。

2.2.2.2 乙方的回报包括：

（1）分布式光伏电站资产的所有权；

（2）甲方支付的节能效益，以3.2.2款表述内容为准；

（3）国家电网支付的余电上网电费收益。

2.3 工程期限

2.3.1 工程计划总工期为××天，开工日期以项目具备开工条件之日（即项目获得项目当地发改委备案和电力接入方案批复后），竣工日期以项目地供电公司并网验收合格之日为准。

2.3.2 乙方应在本合同生效后的××日内提供整个光伏发电系统的排布设计方案供甲方确认，排布设计方案应满足施工的需要。

2.3.3 工程安装调试完毕，乙方将甲方基础配电装置建设完毕后，配合甲方与电网公司办理并网验收、并网调试申请、购售电和并网调度协议。

第3章 项目效益分享方式

3.1 租金的支付

3.1.1 支付节点：年租金××万元整，乙方分××次支付，每××个月支付一次（只要乙方使用甲方屋顶就应按时缴纳租金，不受其他影响）。乙方第一次支付应于项目确定后安装设备前一次性向甲方支付××个月租金费用，共计人民币××××元整（大写：

××万元）。

3.1.2　租金收据：甲方应当在收到租金之日起××日内向乙方开具税率××的增值税专用发票并交付乙方：

（1）收据内容为房屋租赁费；

（2）应在收据备注栏注明出租不动产的详细地址。

3.2　节能量

3.2.1　节能量的来源。节能量的实际数据均以分布式光伏项目出口电能计量表的计量数据为准。

3.2.2　节能量的计算公式：

节能量（kWh）=光伏电站出口送电电能计量表的电量（kWh）—光伏电站反送上公共电网的电量（kWh）（即甲方实际上从乙方光伏电站上获取和使用的量）。节能量须对应K（K为电网公司对甲方在光伏发电及工厂日常工作时间段收取的标准实时电价，不包括直购电价格、优惠价格等）的分时收费区间计取数值。

3.3　节能效益的计算公式

节能效益（元）= $K\times$ 节能量（kWh）

式中　K——电网公司对甲方在光伏发电及工厂日常工作时间段收取的标准实时电价，不包括直购电价格、优惠价格等。

3.4　节能效益的支付

在项目运营期内，乙方应得的节能效益由甲方定期按以下方式支付给乙方：

3.4.1　每月××日前甲乙双方共同对3.2.1款表述所涉及的计量表上显示的上月电量进行抄录，并由双方工作人员签署节能量确认单。

3.4.2　在节能量确认后，乙方应当根据确认的节能量向甲方发出书面的付款通知单，叙明付款的金额，并向甲方开具相应发票。

3.4.3　甲方自上述付款通知单及发票送达并签收之日起××个工作日内（如遇节假日，顺延至下一个工作日），须将相应款项支付给乙方。

第4章　甲方的权利和义务

4.1　甲方协助乙方办理本项目实施所必需的政府许可文件和电网接入批复等项目所需的外部手续。

4.2　甲方确认对其向乙方提供屋顶所在的基础建筑物屋顶及配套设施（合称“租赁物”）拥有完整的所有权（证明文件见13.2条），无第三方权利负担。如基础建筑物设定了抵押、质押或第三方权利负担，甲方应当告知乙方并协助乙方取得权利人的同意，确保不影响乙方在本合同项下的权利。若在本合同有效期内，甲方将租赁建筑物出租给第三方使用或以任何形式变更所有权人，应提前 ×× 个工作日书面通知乙方。甲方应确保乙方在本合同的权利不因租赁建筑物的出租或新所有权人的变更而受任何影响，并确保租赁建筑物的承租人认可本合同并同意继续履行本合同。

4.3　甲方指派人员，将其与项目有关的内部规章制度和特殊安全规定要求提前对乙方工作人员（含第三人）进行讲解和指导。

4.4　施工和运营期间，在不影响甲方的正常生产经营的前提下，甲方保证乙方和其聘请的第三方全部人员和车辆在厂内安全免费地进出及从事本合同约定下的一切正常的活动。

4.5　甲方指派专人配合乙方对节能量进行抄录和验证等工作。

4.6　在节能效益分享期间，甲方协助乙方顺利地进行相关维护工作以保证电站安全运行，如设备发生故障、损坏或丢失，甲方应在得知此情况后及时通知乙方，配合乙方对设备进行维修和监管。

4.7　甲方应当按照本合同的规定，及时向乙方支付节能效益。

4.8　如因甲方生产需要对建筑物屋顶上的生产设备进行增加、修改、修缮、更换或者技术检修等原因可能影响本项目的正常运行及造成设备损坏等，甲方应当在进行此项工作前 ×× 个工作日书面通知乙方，双方协商组件拆装事宜，如产生设备及安装等费用，由甲方全额承担。甲方有责任确保合同项下的发电设备在建设、运行期间不能遭受乙方以外的任何一方原因损坏（自然灾害、战争等不可抗力原因除外）。如因上述甲方原因或乙方以外的原因造成设备损坏或设备停止发电超过 × 个自然日，乙方有权利要求甲方赔偿设备、发电量损失。

4.9　乙方施工前已有漏水的区域，甲方应在乙方进场前自行承担防水维修工作。若非因乙方原因（如在彩钢瓦未达到设计使用寿命年限的前提下屋顶自身质量原因，或因屋顶排水沟、采光带、屋脊、天窗和风机设备口等甲方屋顶设备原因）导致屋顶漏水的，甲方应当自行及时进行维修处理，确保不影响乙方电站的正常运营。施工前双方对屋顶现状进行确认，并签署确认函。

第 5 章　乙方的权利和义务

5.1　乙方保证与项目相关的设备的安装和调试符合国家、行业或企业有关施工管理条例和与项目相对应的技术标准规范要求，并保证其连续稳定运行且运行状况良好。

5.2　系统的接入性能应满足国家电网公司 2014 年 1 月下发的《分布式光伏发电系统接入电网技术规范》和《光伏发电站接入电网技术规范》的要求，保证甲方用户侧电气设备的安全运行；设置防雷设施，防止雷电感应及雷电波侵入对用户侧电气设备造成危害。

5.3　乙方确保其工作人员（包括其聘请的第三方）严格遵守甲方有关施工场地安全和卫生等方面的规定，并听从甲方合理的现场指挥，未经甲方允许，不得进入甲方厂房，更不得进入非乙方系统和生产设备所在的厂区。乙方在施工期间，如发生安全事故，由乙方自行负责，与甲方无关。

5.4 项目建成后，在本合同约定的项目运营期内，乙方应建立健全项目运行维护管理制度，并严格执行。电站所涉及的检修维护和故障处理工作全部由乙方负责，发生的维护费用由乙方承担。

5.5 施工期间若乙方对甲方屋面、设备等造成损坏，应及时修复。

5.6 项目执行期间，若甲方发现厂房内有漏水现象应第一时间通知乙方，乙方应在24h内进行维修处理，确保漏水处得到有效处理。

如光伏电站所用厂房屋顶达到设计寿命，维修无果经双方确认需要更换时，更换费用由乙方承担，按现有厂房屋顶标准更换（采用双层复合瓦，内衬8cm岩棉，顶板厚0.6mm）。

5.7 项目施工和运行期间，因乙方原因造成房屋漏水导致甲方货物遭受损失的，应按货物的市场价赔偿给甲方。

5.8 如甲方工厂扩建或新建，甲方计划在新工厂屋顶建设或者引进光伏发电项目时，在同等条件下，乙方有优先参与权。

第6章　特殊约定

6.1 如甲方出现以下情况，应当在第一时间通知乙方，并向第三人披露本项目有关事宜（非保密内容），保证不影响乙方在本合同项下的权利，确保权利义务继受方以及基础建筑物的使用方继续履行本合同项下的义务，否则甲方应当承担赔偿责任，包括但不限于光伏电站净值及预期收益：

（1）第三人提出对甲方或甲方位于项目所在地的公司进行兼并或收购方案；

（2）甲方拟向第三人出让或出租项目所在建筑或土地；

（3）甲方对本项目的不动产设置任何抵押、担保或权利限制；

（4）第三人自行或通过仲裁委员会、法院对项目所在土地或建筑进行拍卖、变卖；

（5）因甲方自身，甲方不愿或无法继续经营，包括但不限于查封、吊销营业执照等。

6.2 如甲方决定重建或搬迁建筑物，甲方应当提前一个月告知乙方。甲方知悉可能将产生以下后果：

（1）乙方有权单方中止合同；

（2）乙方有权继续按照本合同约定承租重建或搬迁后的建筑物，并在之上安装本项目电站，同时根据乙方实际停产期间相应延长租赁期限；

（3）乙方有权单方解除合同，并要求甲方承担违约责任或赔偿相关损失，且不需要对甲方承担任何违约责任或做出赔偿。

6.3 如甲方发生停产、破产等可能导致乙方无法正常经营维护本项目的情况，甲方应当采取一切必要措施维持本项目的运行，包括但不限于允许乙方人员的进出、控制无关人员进出、允许乙方因正常运行或维修所需要的设备设施的无偿使用等。

6.4 甲方基础建筑物或所在土地被国家征收、征用或被要求拆迁，甲方应提前通知乙方，以确保乙方参与赔偿谈判，与本项目有关的补偿由乙方享有，甲方应协助乙方获得有关本项目的相关补偿。

6.5 在节能效益分享期间，甲乙双方同意按照以下标准执行：

甲方保证在项目回收成本周期内，其发电量自身消纳比例不低于95%。

6.6 如甲方在过年放假等期间报停变压器的，甲方应当与电网公司做好沟通，保障本项目正常运行。如甲方未做好沟通导致本项目停运的，当年停运累计不得超过××日。如当年停运累计超过××日以上、不足××日的，自本项目恢复正常运行之日（如多次停运，以最后恢复运行之日为计算标准）起1年内，甲方向乙方支付的电费单价上调××元/kWh；当年停运累计30日以上的，自本项目恢复正常运行之日起1年内，甲方向乙方支付的电费单价上调××元/kWh。如甲方未与乙方做好沟通且未按照本条款约定执行的，视为甲方单方解除本合同，乙方有权要求甲方按照本合同8.6款进行赔偿。

第7章 不可抗力

7.1 本合同下的不可抗力是指超出了相关方合理控制范围的任何行为、事件或原因，包括但不限于：

（1）雷电、洪水、风暴、地震、滑坡、暴雨等自然灾害、海上危险、航行事故、战争、骚乱、暴动、全国紧急状态（无论是实际情况或法律规定的情况）、戒严令、疫情防控或劳工纠纷（无论是否涉及相关方的雇员）、流行病、隔离、辐射或放射性污染。

（2）任何政府单位或非政府单位或其他主管部门（包括任何有管辖权的法院或仲裁庭以及国际机构）的行动，包括但不限于法律、法规、规章或其他有法律强制约束力的法案所规定的没收、约束、禁止、干预、征用、要求、指示或禁运。

7.2 如果一方（“受影响方”）由于不可抗力事件的发生，无法履行本合同下的义务，受影响方必须在知晓不可抗力的有关事件的××日内向另一方（“非影响方”）提交书面通知，提供不可抗力事件的细节。受影响方必须采取一切合理的措施，以消除或减轻不可抗力事件有关的影响。

7.3 在不可抗力事件持续期间受影响方的履行义务暂时中止，相应的义务履行期限相应顺延，受影响方不应承担相应责任。在不可抗力事件结束后，受影响方应该尽快恢复履行本合同下的义务。

7.4 如果因为不可抗力事件的影响，非影响方在收到不可抗力通知后××个自然日内，受影响方仍不能履行本合同项下的任何义务，且在此期间，双方没有能够谈判达成一项彼此可以接受的替代方式来执行本合同下的项目，任何一方可向另一方提供书面通知，解除本合同，而不承担任何责任。

第 8 章　违约责任

8.1　在项目建设期间，因一方原因，给另一方人员、设备或者第三方造成损失的，由责任方承担赔偿责任。

8.2　一方违约后，另一方应采取适当措施，防止损失的扩大，否则不能就扩大部分的损失要求赔偿。非违约方因防止损失扩大而支出的合理费用，由违约方承担，包括预期电费收入损失。

8.3　在项目运营期内，甲方应按照本合同的规定用电并及时足额向乙方支付电费。在未征得乙方书面同意的前提下，如果甲方逾期支付电费，每逾期一日应向乙方缴纳违约部分千分之一的违约金；如果甲方逾期 ×× 天不支付，乙方有权拆除电站，并有权要求甲方根据本项目实际并网容量 ×× 年收益的金额为标准，向乙方支付投资损失赔偿。

8.4　在本合同履行期间，甲方无故拒绝接受本项目运转所供电能的，以事件发生前 ×× 个月（不足 ×× 个月的，按实际发电天数计）的乙方平均日节能效益、平均上网电量收益及政府补贴等数据，作为甲方赔偿乙方损失的计算标准，即（乙方平均日节能效益＋平均日上网电量收益＋平均日政府补贴）×（拒绝接受本项目运转的天数）。

8.5　甲方阻碍乙方安装、修缮、使用项目资产或将建筑物屋顶挪作他用，或安装了影响乙方本项目电站运行的附着物等未按本合同约定将建筑物屋顶提供给乙方使用的，甲方应在乙方书面提出整改期限内进行整改，若给乙方造成损失应承担赔偿责任。

8.6　本合同期限内，甲方擅自解除合同，提前收回建筑物屋顶的，甲方须赔偿乙方剩余使用年限设备净值及预期收益。

8.7　在项目运营期内，若甲方因面临政府部门主导的搬迁、拆迁等情况而导致停产、停业情形出现时，甲方应在第一时间或上述情况实施前提前 30 日（以先到时间为准）以书面形式邮寄送达乙方（邮寄地址为：×× 省 ×× 市 ×× 区 ×× 路 ×× 号 ×× 办公楼 ×× 室），乙方有权参与光伏电站的拆迁赔偿，否则，甲方应承担赔偿乙方剩余使用年限设备净值及预期收益的责任。

第 9 章　合同解除

9.1　本合同可经由甲乙双方协商一致后书面解除。

9.2　本合同可依照 6.2 条和第 7 章的规定解除。

9.3　本项目正式运营前，当本合同的一方发生以下任一情况时，另一方可书面通知对方解除本合同：

（1）一方进入破产程序；

（2）实施本项目所必需的国家电网接入手续无法批复；

（3）本项目相关的国家（含省、市、区）的法律法规、政策规章等进行了调整；

（4）因甲方原因，如提供图纸不真实、所有权证明资料不齐全、隐瞒真实情况等，乙方不承担任何解约责任；

（5）因本项目消纳比不符合国家电网或者国家政策等的规定，致使项目无法开展，甲方不承担任何违约责任。

9.4　本合同解除后，本项目应当终止实施。

9.5　本合同的解除不影响任意一方根据本合同或者相关的法律法规向对方寻求赔偿的权利，也不影响一方在合同解除前到期的付款义务的履行。

第 10 章　争议的解决

10.1　因本合同的履行、解释、违约、终止、中止、效力等引起的任何争议、纠纷，本合同各方应友好协商解决。

10.2　如不能协商解决，可向甲方所在地法院提起诉讼。

第 11 章　保密条款

甲乙双方及其工作人员，在未经对方许可的情况下，不得向任何第三人披露对方的商议秘密和本合同内容。保密义务在知悉披露方商业秘密后的 ×× 年内持续有效，并且在此期间其效力不受合作关系终止及其他任何限期的届满或终结的影响。

第 12 章　合同的生效及其他

12.1　甲方委派 ××× 为本项目联系人，联系方式：××××××；

乙方委派 ××× 为本项目联系人，联系方式：××××××。

12.2　项目联系人职责如下：双方均需设定指定项目联系人负责项目实施的具体工作。

12.3　一方变更项目联系人的，应在 × 日内以书面形式通知另一方。因未及时通知而影响本合同履行或造成损失的，应承担相应的责任。

12.4　双方各自保证，在签订本合同时已经取得各自的权利单位的审批和授权，不存在越权行为。未来如因此而产生纠纷，并不免除本合同的法律效力。

12.5　本合同自双方的法定代表人或授权代表签字并加盖公章且项目取得发改委备案之日起生效。本合同文本一式四份，双方各执二份，具有同等法律效力。

第 13 章　合同的附件

13.1　航拍地理位置示意图。

13.2　甲方对租赁物享有所有权的证明材料及抵押材料。

本协议由甲乙双方于 ××××年 ××月 ××日在 ×××市签署。

甲　方（盖章）：

法定代表人或授权代表人（签字）：

地　址：×××××××××××××××

传　真：×××××××××××××××

电　话：×××××××××××××××

开户行：×××××××××××××××

账　号：×××××××××××××××

乙　方（盖章）：

法定代表人或授权代表人（签字）：

地　址：×××××××××××××××

传　真：×××××××××××××××

电　话：×××××××××××××××

开户行：×××××××××××××××

账　号：×××××××××××××××

第五章

分布式光伏电站的设备构成及选型

分布式光伏发电快速发展，装机总规模不断扩大。目前已经出现了一些分布式光伏电站项目由于勘察、设计、施工、安装、调试、监理、验收、运行管理和维护、设备制造供应等不规范、不合格引起的一些安全问题，随着“双碳”行动方案的实施和“整县开发试点”工作的推进，分布式光伏发电还将进一步快速发展。

分布式光伏电站项目数量众多、区域分散、周边环境复杂，安全生产管理难度较大，给人民群众生命财产安全及电力系统运行安全带来了新的风险和挑战。为加强分布式光伏发电安全工作，促进产业健康可持续发展，国家能源局 2021 年 11 月 26 日发布了《关于加强分布式光伏发电安全工作的通知（征求意见稿）》（详见附录 5-1），明确从组件、支架及配件、零部件、紧固件等主要设备源头控制质量，才能保证分布式光伏电站项目的质量，而且分布式光伏发电项目采用的光伏组件、逆变器等设备应通过符合国家规定的认证认可机构的检测认证，符合相关接入电网的技术要求。

第一节　光伏组件与支架

太阳能光伏组件是光伏发电系统中最重要的组成部分，其在整个光伏发电系统中的成本占到光伏发电系统建设总成本的 40% 以上，光伏组件的质量好坏，直接关系到整个分布式光伏发电系统的质量、发电效率、发电量、使用寿命和收益率等，因此有必要对光伏组件的组成及工作原理加以详细分析，熟悉分布式光伏电站项目开发中这一最重要的设备。

太阳能光伏发电的基本原理是利用太阳能电池片的光生伏打效应直接把太阳的辐射能转变为电能的一种发电方式，太阳能光伏发电的能量转换器就是太阳能电池，也叫光伏电池，光伏电池是一种具有光、电转换特性的半导体器件，它直接将太阳辐射能转换成直流电，是光伏发电系统的最基本单元。

根据太阳能电池片种类的不同，光伏组件分为晶体硅组件和薄膜组件，其中晶体硅组件凭借单块组件发电功率高等特性占据光伏组件总量 90% ～ 95% 份额，薄膜组件仅占 5% ～ 10%。因此本节主要介绍晶体硅光伏组件的原理、组成、分类、构造、性能参数等，以及分布式项目组件选型等内容。

晶体硅光伏组件主要由太阳能电池片、钢化玻璃、EVA 胶膜、光伏背板、铝合金边框、接线盒等组成，了解其组成构成以及性能特点，有利于从根本上把握分布式光伏电站这一核心设备。

一、太阳能电池片

（一）工业级晶体硅片

晶体硅片是生产太阳能电池片的基础，同时也是晶体硅光伏组件的核心构成单元，硅是自然界中分布最广的元素之一，地壳中约含 26.3%，仅次于氧元素，是介于金属和非金属之间的半导体金属。硅晶体结构决定了硅的物理化学性质，硅具有与金刚石相似的正四面体稳定结构，硅原子之间通过共价键连接，因此硅具有硬度大、熔沸点高等性质，也意味着其提纯的难度较大。

硅类矿物质经过冶炼、提纯等步骤形成金属硅或冶金硅，又可称为粗硅或工业硅，含有过多杂质，采用三氯氢硅西门子法和硅烷流化床法，生产出多晶硅料，多晶硅料经过铸造形成多晶硅锭，用于生产多晶硅电池片。

将多晶硅料置于坩埚中经加热熔化，待温度合适后，经过将籽晶浸入、熔接、引晶、放肩、转肩（扩肩）、等径、收尾等步骤，完成一根单晶硅棒的拉制，用于生产单晶硅电池片。多晶硅锭或单晶硅棒再经过专用切割设备切割成厚度为 150 ～ 220 μm 的硅片，用于太阳能电池片的制作与生产准备。

（二）太阳能电池片

在切割好的质量合格硅片上掺杂（一般掺杂物为微量的硼、磷等）和扩散后可在硅片上形成 PN 结。然后采用丝网印刷法，将配好的银浆印在硅片上做成栅线，经过烧结，同时制成背电极，并在有栅线的面涂覆减反射膜，以防大量的光子被光滑的硅片表面所反射，经过筛选后形成划分为不同等级的太阳能电池片。硅太阳能电池片生产的工艺过程详见表 5-1。

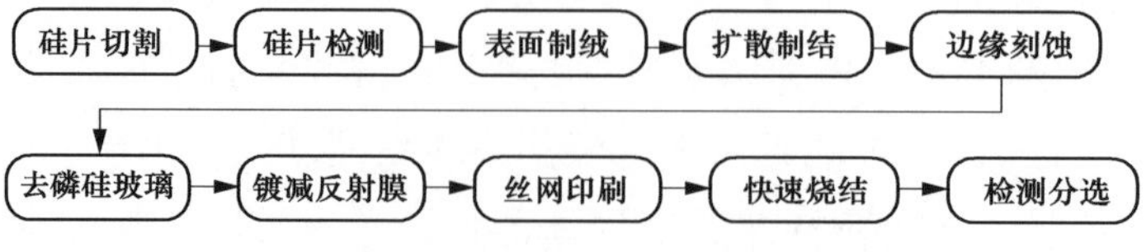

图 5-1　硅太阳能电池片生产的工艺流程

按照电池片的材质，太阳能电池片大致可以分为两类：一类是晶体硅太阳能电池片，包括单晶硅太阳能电池片、多晶硅太阳能电池片；另一类是薄膜太阳能电池，主要包括非晶硅太阳能电池片、碲化镉（CdTe）太阳能电池片以及铜铟镓硒（CIGS）太阳能电池片、砷化镓（GaAs）太阳能电池片等。

光伏电池的常见分类见图 5-2，单晶硅、多晶硅和非晶硅太阳能电池片的比较见表 5-1，电池片如图 5-3 所示。

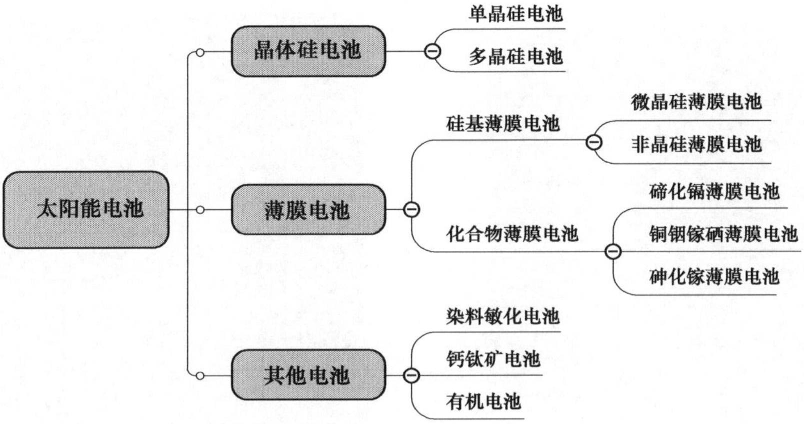

图 5-2　光伏电池的常见分类

表 5-1　单晶硅、多晶硅和非晶硅太阳能电池片的比较

电池种类	晶硅类		薄膜类		
	单晶硅	多晶硅	非晶硅	碲化镉	铜铟硒
量产效率	16% ～ 23.1%	15% ～ 19.5%	15% ～ 18%	15% ～ 18%	15% ～ 17%
实验室效率	24%	21%	19.3%	19.5%	19.64%
使用寿命	25 年	25 年	25 年	25 年	25 年
组件层厚度	厚层	厚层	薄层	薄层	薄层
规模生产	已形成	已形成	已形成	已形成	已证明可行
环境问题	中性	中性	中性	有（使用镉）	除使用镉外为中性
能量偿还时	2 ～ 3 年	2 ～ 3 年	1 ～ 2 年	1 ～ 2 年	1 ～ 2 年
主要原材料	中	中	丰富	镉和碲化物都是稀有金属	铟是昂贵的稀有金属
生产成本	高	较高	较低	相对较低	相对较低

续表

电池种类	晶硅类		薄膜类		
	单晶硅	多晶硅	非晶硅	碲化镉	铜铟硒
主要优点	效率高	效率较高	弱光效应好	弱光效应好	弱光效应好

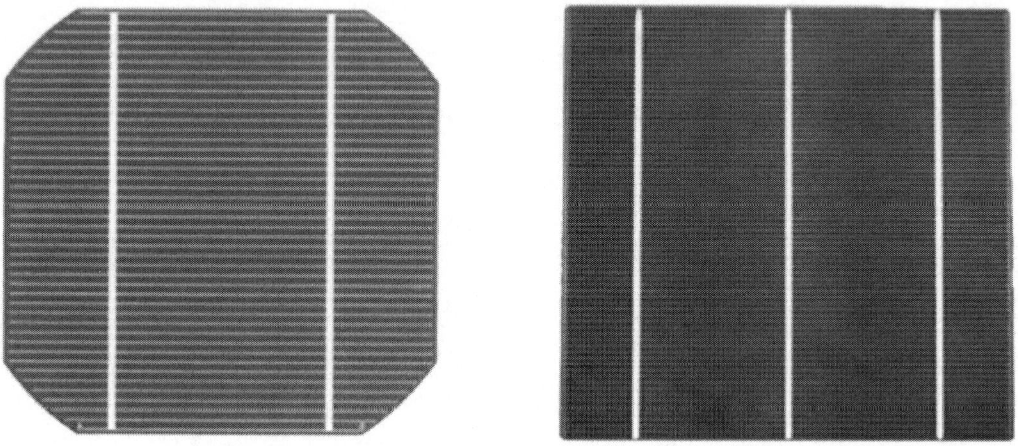

（a）单晶硅电池片　　（b）多晶硅电池片

图 5-3　电池片

晶硅类电池中单晶硅电池片的光电转换效率略高于多晶硅电池片，也就是相同功率的电池组件，单晶硅电池组件的面积小于多晶硅电池组件的面积。两种电池组件的电性能、寿命等重要指标相差不大，且价格也相当，在工程实际应用过程中，目前市面上采用单晶硅电池的光伏组件进行光伏电站建设居于多数。非晶硅薄膜太阳电池的光电转换效率相对较低，但由于弱光效应好、温度系数低等优势，在建筑光伏一体化（BIPV）等场景有较为广泛的应用。

1. 晶体硅太阳能电池片技术发展

晶体硅太阳能电池由于技术起步早、制造技术成熟、产品性能稳定、使用寿命长、光电转换效率相对较高的特点，被广泛应用于大型并网光伏电站和分布式光伏电站项目。2021年市场上太阳能电池片尺寸种类多样，按照电池片的规格，各占有一定的市场份额。其中，158.75mm 和 166mm 尺寸占比合计达到 50%，156.75mm 尺寸占比下降为 5%，未来占比将持续降低；166mm 是现有太阳能电池生产线可升级的最大尺寸方案，因此将是近两年的过渡尺寸，因为电池片的面积大小与输出电流和发电功率成正比，面积越大，输出电流和发电功率越大，2021 年 182mm 和 210mm 尺寸合计占比由 2020 年的 4.5% 迅速增长至 45%，未来其占比仍将快速扩大，单片太阳能电池片的尺寸越大，意味着可以生产出单个容量更大的光伏组件。

晶体硅电池片表面有一层蓝色的减反射膜，还有银白色的电极栅线，其中很多条细的栅线，是电池片表面电极向主栅线汇总的引单晶硅线，两条宽一点的银白线就是主栅线，也叫电极线或上电极。电池片的背面也有两条银白色的主栅线，叫下电极或背电极。电池片与电池片之间的连接用互连条焊到主栅线上实现的，一般正面的电极线是电池片的负极线，背面的电极线是电池片的正极线。

我国晶体硅太阳能电池片产品质量逐年提升，尤其是在转换效率方面，骨干企业产品性能增长较快，目前单晶硅太阳能电池片转换效率达到 16% ～ 24.4%，多晶硅太阳能电池片转换效率为 15% ～ 21%。为提升太阳能电池片转换效率，晶体硅太阳能电池片工艺不断更新。按照工艺类型，晶体硅太阳能电池又可分为同质结太阳能电池片、异质结太阳能电池片、叠层太阳能电池片等，电池片中硅片掺杂磷元素、砷元素的是 N 型硅片，掺杂硼元素、镓元素的是 P 型硅片。P 型 PERC 组件为当前市场主流产品，但转换效率提升空间非常有限；N 型组件为新型产品，转换效率提升空间较大。晶体硅太阳能电池片新技术分类见表 5-2。

表 5-2　　晶体硅太阳能电池片新技术分类

掺杂元素分类	工艺类型	具体技术工艺英文简称	具体工艺技术中、英文对照
P 型电池	同质结	Al-BSF	铝背场电池 aluminum back surface field
		PERC	钝化发射极和背面电池 passivated emitter and rear cell
		MWT	金属环绕贯穿太阳能电池 metal wrap through
N 型电池		PERL	钝化发射极背面定域扩散电池 passivated emitter，rear locally-diffused
		EWT	发射区环绕贯穿电池 emitter wrap through
		TOPCon	钝化接触电池 tunnel oxide passivated contact
		IBC	叉指形背接触太阳能电池 interdigitated back contact solar cells
		HIT	晶体硅异质结太阳能电池 heterojunction with intrinsic thin
		HBC	全背电极背接触异质结太阳能电池 heterojunction back contact

续表

参杂元素分类	工艺类型	具体技术工艺英文简称	具体工艺技术中、英文对照
N 型电池	异质结（HJT）	HIT	本征非晶硅薄层 / 晶体硅异质结太阳能电池 interdigitzted back contact solar cels
		HBC	全背电极背接触异质结太阳能电池 heterojunction back contact
叠层太阳能电池		GaAs/Si	砷化镓 / 硅叠层电池
		Perovskite/Si	钙钛矿 / 硅叠层电池

一般根据不同类型晶体硅太阳能电池片生产技术，划分不同类型的光伏组件类型。2021年，常规多晶黑硅组件功率约为 345W，PERC 多晶黑硅组件功率约为 420W。采用 166mm、182mm 尺寸 PERC 单晶电池的组件功率已分别达到 455W、545W；采用 210mm 尺寸 55 片、66 片的 PERC 单晶电池的组件功率分别 550W 和 660W。采用 166mm、182mm 尺寸 TOPCon 单晶电池组件功率分别达到 465W、570W。采用 166mm 尺寸异质结电池组件功率达到 470W。采用 166mm 尺寸 MWT 单晶组件 72 片、89.5 片组件功率分别为 465W 和 575W。采用 210mm 尺寸叠瓦 TOPCon 单晶组件功率为 645W。

2. 薄膜太阳能电池技术发展

薄膜太阳能电池是指用硅、硫化镉、砷化镓等制备成的厚度在微米量级的薄膜为基体材料，通过光电物理效应或者光电化学效应直接把光能转化成电能的器件。太阳能薄膜电池的光吸收层非常薄（介于几百纳米至几微米之间）。

薄膜电池除制作在刚性玻璃衬底上外，也可在柔性衬底上制备，具有可卷曲折叠、不怕摔碰、质量轻、弱光性好等优势，被广泛应用于光伏建筑一体化、户用发电、汽车应用、电子产品及商用无人机等领域。薄膜类太阳能电池由沉积在玻璃、不锈钢、塑料、陶瓷衬底或薄膜上的几微米或几十微米厚的半导体膜构成，太阳能转换效率为 15% ～ 19.64%。薄膜电池存在效率相对较低、占地面积较大、部分生产原料对环境有一定影响、稳定性不佳等缺点；随着技术和市场的发展，由于制造工艺相对简单、成本低、不需要高温过程、在弱光条件下性能好于晶硅类太阳电池、适用于建筑光伏一体化（BIPV）等突出的优点，非晶硅薄膜电池也占据了一定的市场份额。

其主要优点有：

（1）薄膜电池属于直接间隙材料，对全光谱吸收都较好，因此，在清晨、傍晚等弱光条件发光效果明显优于间接带隙材料的晶硅电池，即薄膜电池弱光效应好。

（2）子电池单元间并联，即使其中一个子电池单元受损产生热斑也不影响其他子单元，有利于减少热斑效应，对提高发电能力、保证产品寿命和使用安全有很大优势。

（3）薄膜电池适用高温环境，其温度系数在 –0.21%/℃左右，而晶硅电池的温度系数在 –0.45%/℃左右。

薄膜电池的缺点是薄膜类太阳能电池中碲化镉、铜铟镓硒电池则由于原材料剧毒或原材料稀缺性，对环境有一定影响，其规模化生产受到限制，目前仍在进一步研究中。

二、光伏组件的组成及分类

（一）光伏组件的组成和生产

光伏组件也叫太阳能电池组件，晶硅光伏组件（简称光伏组件）是把多个单体的晶体硅太阳能电池片根据需要串、并联起来，进行内部连接及封装的、能单独提供直流电输出的最小不可分割的太阳能电池片组合装置，光伏组件需要使用专用材料通过专门生产工艺进行制造。

由于单个太阳能电池片脆而薄，极容易破碎；电池片电极在空气容易被腐蚀；电池片发电需导线导出；单体电池片电压较低（约为 0.5V）、功率较小（为 4 ～ 8W）等，面对上述太阳能电池片的不利优势，往往需要对太阳能电池片进行封装形成光伏组件，才能克服上述不利因素的影响。常见光伏组件的结构对比见图 5–4，晶体硅组件的组成分类见表 5–3。

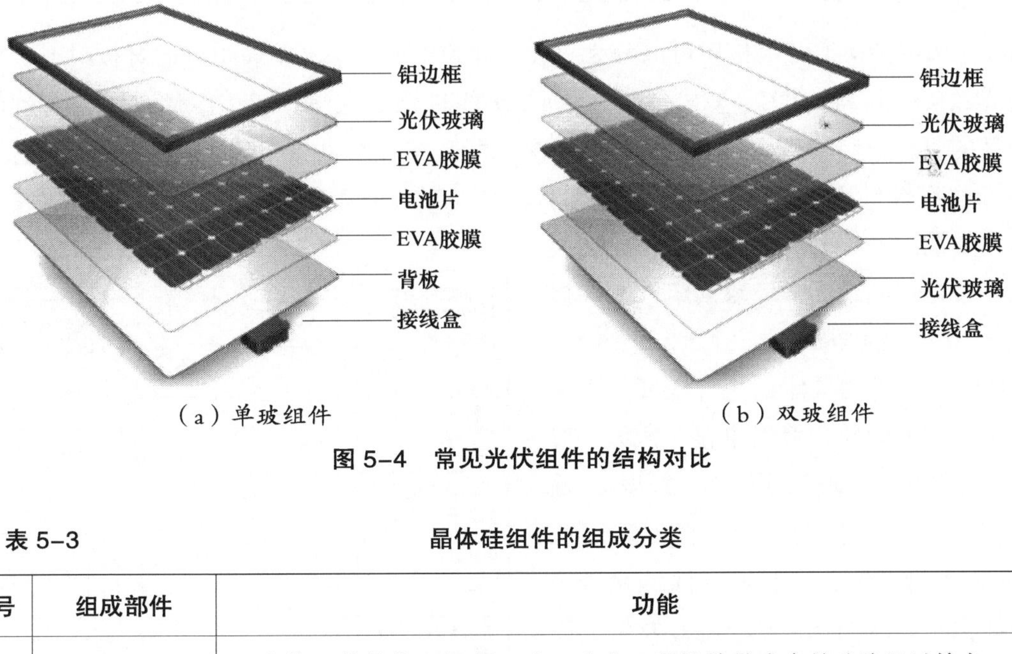

（a）单玻组件　　（b）双玻组件

图 5–4　常见光伏组件的结构对比

表 5–3　晶体硅组件的组成分类

序号	组成部件	功能
1	太阳能电池片	光伏组件的核心组成，对 P 型或 N 型的单晶或多晶硅片经过掺杂、扩散、烧制而成的半导体电池片，组件封装时应根据电池片性能进行分类、组合
2	EVA 胶膜或 POE 胶膜	EVA 胶膜在熔融状态发生黏结与交联固化，两层 EVA 胶膜夹在组件面板玻璃、电池片和背板之间黏接在一起，除提高玻璃的透光率起到增透作用，还可对电池组件功率输出有增益作用

续表

序号	组成部件	功能
3	焊带	用于电池组件内电池的电气连接，以纯铜铜带为基础，在铜带表面均匀地涂镀了一层焊锡，焊锡涂层成分分为含铅焊锡和无铅焊锡两种
4	面板玻璃	面板玻璃主要材质是低铁超白绒面钢化玻璃，主要起到支撑作用，为电池组件提供足够的机械强度和安全，钢化处理增加了玻璃的强度，抵御风沙冰雹的冲击，起到长期保护太阳能电池的作用，无外物遮挡时组件透光率始终保持在90%以上
5	铝合金边框	主要是为了保护层压后的组件玻璃边缘，结合硅胶打边加强了组件的密封性能；大大提高了光伏组件整体的机械强度；方便光伏组件的运输、安装
6	有机硅胶	有机硅胶是一种具有特殊结构的密封胶材料，主要用于光伏组件边框的密封、接线盒与光伏组件的粘接密封、接线盒的浇注与灌封等
7	背板	背板材料有TPT（聚氟乙烯复合膜）、KPK（双面氟膜复合背板）、TPE（单面氟膜复合背板）类复合胶膜和钢化玻璃，其中用钢化玻璃作为背板主要是制作双面发电或双面透光建材型光伏组件，对电池片起保护和支撑作用，具有可靠的绝缘性、阻水性和耐老化性
8	接线盒	组件的正负极在接线盒内与设计好的电缆相连接，接线盒对接线起到保护作用

晶硅光伏组件根据背板材质可以分为双玻组件和单玻组件，单玻组件的背板材料大部分为不透光的复合材料（TPT、TPE等），目前单玻组件仍是主流，双玻组件采用玻璃替代了单玻组件的复合材料背板，双面采用玻璃封装。相比单玻组件，双玻组件的生命周期更长，耐候性和耐腐蚀性更强，衰减低于普通组件；发电效率更高，正面、背面均有发电能力，背面可接受周围环境的反射光、散射光转换为电能，根据不同地面环境双面组件能够提高10%～30%的发电量。

光伏组件制备的具体工艺流程可分为电池片检测、正面焊接、背面串接、敷设（玻璃清洗、材料切割、玻璃预处理、敷设）、叠层、层压、去毛边（去边、清洗）、装边框（涂胶、装角键、冲孔、装框、擦洗余胶）、焊接接线盒、高压测试、EL（电致发电）测试、Ⅳ（电流－电压）测试、成品检验、外观检验、包装入库等，其中技术和价值量最高的环节为焊接和层压。光伏组件主要工艺流程如图5–5所示。

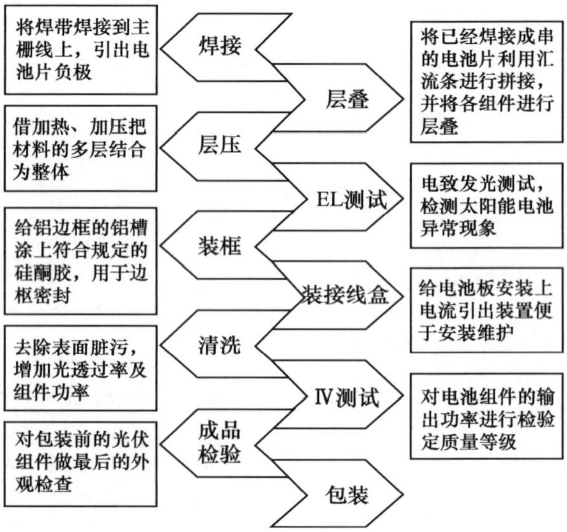

图5–5　光伏组件主要工艺流程

（二）目前及未来的主流光伏组件类型

1. 半片光伏组件

一般来说，封装损失主要来源于光学损失和电学损失，光学损失包括焊带遮光、玻璃和EVA等封装材料引起的反射和吸收损失，电学损失主要是电池之间的失配、焊带电阻、汇流带电阻、焊接不良引起的接触电阻、接线盒电阻等引起的功率损失，电流在流经组件内部的焊带时会产生功率损耗，这部分损耗主要转化为焦耳热（$P_{loss}=I^2R$）存在于组件内部，因此随着电流的增大，这部分的损失也就越大。

为解决此问题，半片组件应运而生，半片光伏组件是使用最新激光切割法沿着垂直于电池主栅线的方向将标准规格的电池片（如182mm×182mm）切成尺寸相同的两个半片电池片（如尺寸182mm×91mm），由于电池片的电流和电池片面积有关，切割成半片后即可把通过主栅线的电流降低到整片的1/2，当半片电池串联以后，正负回路上电阻不变，这样功率损耗就降低为原来的1/4（$P_{loss}=1/4\times I^2R$），降低了组件的功率损失，提高了封装效率和填充因子，半片电池组件比同型号的全片组件提升2%～4%，甚至更高。

由于减少了内部电路和内耗，封装效率提高；组件工作温度降低，热斑概率大大降低，提高了组件的可靠性和安全性。在阴影遮挡方面，由于独特的设计，比常规组件表现出优秀的抗遮挡性能，与其他太阳能电池片生产新技术相比，半片技术最成熟、最容易实现快速规模化量产，已被绝大多数光伏组件生产厂家所接受。

2. 叠瓦光伏组件

叠瓦即是利用激光切片技术将整片电池切割成数个电池小条，并用导电胶将电池小条叠层柔性连接。这样的操作能够优化组件结构，实现电池片零片间距，相同版型可较其他类型组件多放置5%的电池片，有效提高组件受光面积，在组件正面上看不到主栅线，也不需要焊带，组件电池片受光面没有焊带遮挡，提高了组件的发电效率。

叠瓦光伏组件的技术优势：

（1）转换效率更高。一般电池片之间有2mm的片间距，造成组件大量空白面积。叠瓦组件中电池片与电池片叠片0间距，在相同的面积下可以封装更多的电池片，从而提高了光伏组件的转换效率。

（2）抗热斑性能更强。叠瓦组件由于内部每路电池串内工作电流为整片组件串内工作电流的1/6，低电流下可以减低反向电流对组件产生的热斑效应的影响，从而大大提高组件的抗热斑能力。

（3）抗隐裂能力更强。采用叠瓦技术的组件，电池片通过导电胶柔性连接，应力分布均匀，不仅可以适应更薄的硅片，叠瓦组件可以有效将隐裂影响限制在更小的区域，即使出现隐裂，组件的功率损失也会更少，使隐裂风险更低。

（4）遮挡能力影响更小。组件在竖装时遮挡最下面一串，常规整片组件功率衰减100%，常规半片组件功率衰减 50%，叠瓦组件仅单列电池失效功率衰减 33%；组件在横装时遮挡最下面一串，常规整片、半片组件功率均衰减 33%，叠瓦组件仅单列电池失效功率衰减 17%。

组件遮挡如图 5-6 所示。

（a）常规整片组件　（b）常规半片组件　（c）叠瓦组件横装时遮挡

图 5-6　组件遮挡

（5）降低组件内部电阻。在内部电池片连接上，传统组件内部使用涂锡铜带进行互联，焊带电阻易致使功率发热流失，叠瓦组件则使用低电阻导电胶进行连接，两片电池片直接衔接，电子间运动距离缩短，电阻降低将有助于功率提升。

目前叠瓦技术正在快速发展，成本已逐渐接近常规组件，在国内主要应用在领跑者项目和特高压示范等大型项目中。叠瓦光伏组件目前有一定的量产和应用，在出口组件中，叠瓦组件的占比也已经开始逐步增加，国内部分企业也开始加入叠瓦技术的研发队伍，通过不断的产能扩张，实现高效叠瓦组件供应能力的提升。

3. 双面发电光伏组件

双面组件最直观的理解就是除了光伏组件证明能发电外，把组件背面也制成电池片，吸收到被周围环境反射的光发电，双面组件显著降低光学损失，产生了更多电能，提高光伏组件转换效率，双面组件一般采用双玻形式，也有使用透明背板进行封装。

与常规组件相比，在相同的安装环境下，双面发电组件的背面发电量增益可提高 5% ～ 30% 不等，双面发电光伏组件背面发电主要利用的是被周围环境反射到组件背面的地面反射光和空间散射光，由于双面发电光伏组件正面和背面都可以发电，所以安装方向可以任意朝向，安装倾角也可以任意设置，尤其适用于如农光互补电站、水面电站、光伏大棚、光伏车棚及 BIPV 等场合。

（1）双面组件在材料上的特点。双面组件的背面通常也是玻璃，具有更好的耐候性，可耐紫外、沙尘、烟雾等，避免自身老化带来的组件衰减与失效；具有更好的阻隔性能，避免水汽、空气等透过玻璃进入组件内部导致衰减；具有更好的阻燃性能，玻璃不可燃、熔点高。

双面组件通常采用 POE 胶膜，POE 胶膜具有低水汽透过率和高体积电阻率的特性，能够帮助双面电池片对抗 PID 衰减，保证组件在高温高湿环境下运行的安全性及长久的耐老化性，使组件能够长期使用，提高了组件可靠性。同时，新一代 POE 材料的应用，可以提升双面组件的生产效率。

（2）双面组件在结构上的特点。双面组件采用了 2mm + 2mm 两面玻璃的对称结构设计，具有更好的机械强度，经研究表明，其电池片内应力仅为单玻组件的 13%，大大降低了隐裂发生的概率。采用双玻结构，经研究表明，其结构刚度是单玻的 2 倍，结构刚度大幅提升，在户外如大风等环境中，组件抵抗振动的能力更为优异。

双面组件设计使用中的注意事项：

1）应用双面光伏组件时应按最佳倾角布置。

2）组件的安装高度越高，增发电量越多，但是安装高度不宜超过 1.5m；并且随着倾角的增大，组件背面接收的反射辐射减弱。

3）双面光伏组件的容配比必须综合考虑组件背面的增发电量，以及组件安装的地理位置、场地背景反射条件等多种因素。

4）应避免双面光伏组件的支架对组件背面造成遮挡，支架檩条必须位于组件边缘，使系统达到最优配置和最大发电量增益。

5）双面发电光伏组件在倾斜安装时，与普通光伏组件相比，由于组件背面环境场景的差异，会造成组件背面受光强度的不同，使组件背面发电功率也会随之变化。通过实验发现当地面为白颜色背景（白色漆或涂料涂刷）时，反射效果最好，背面发电增益最高。

三、光伏组件主要技术参数和选型

（一）光伏组件的主要性能参数和影响因素

1. 光伏组件的主要性能参数

光伏组件把接受的太阳能转化为直流电能，对其输出的电流 – 电压曲线称为 I–U 曲线。光伏组件主要的性能参数有峰值功率、峰值功率电压、峰值功率电流、开路电压、短路电流、最大系统工作电压、组件串联后熔丝的额定电流值、运行温度范围、组件效率、填充因子、光伏组件质量等级、开路电压（U_{oc}）温度系数、短路电流（I_{sc}）温度系数和功率（P_{mp}）温度系数等。

光伏组件铭牌上标注的组件功率一般是指峰值功率，也叫最大输出功率或最佳输出功率，单位为 W，光伏组件的峰值功率取决于太阳辐照度、太阳光谱分布和组件的工作温度，因此光伏组件铭牌上数据的测量均应在标准测试条件下进行，标准测试条件（Standard Test Condition，STC）为辐照度为 1000W/m^2、光谱为 AM1.5、测试温度为 25℃，三个条件必须同时满足。

（1）峰值功率（Rated Maximum Power）：最大输出工作电压（U_{mp}）× 最大输出工作电流（I_{mp}），简称符号 P_{mp}。I_{mp} 和 U_{mp} 是有异于短路电流（I_{sc}）、开路电压（U_{oc}）的，代表太阳能电池在实际工作中能达到的最大值（短路电流与开路电压的乘积被称为最大理论功率，

简称符号为 P_{max})。

光伏组件 I–U 特性曲线见图 5-7。

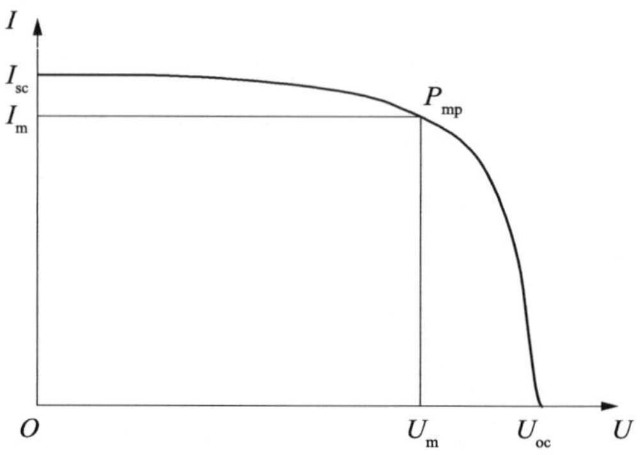

图 5-7　光伏组件 I–U 特性曲线

(2)峰值功率电压(Uoltage at Pmp):最大输出功率(P_{mp})时对应的电压,简称符号 U_{mp}。

(3)峰值功率电流(Current at Pmp):最大输出功率(P_{mp})时对应的电流,简称符号 I_{mp}。

(4)开路电压(Open-Circuit Voltage):正负极间为开路状态时的电压,简称符号 U_{oc},在这一特征点上,对应的负载电阻为无穷大,光照产生的电流正好与相反的暗电流平衡,也就是说该点处的净太阳能电池电流为 0。

(5)短路电流(Short-Circuit Current):正负极间为短路状态时流过的电流,简称符号 I_{sc},这是太阳能电池所能通过的最大电流,对应的负载电阻为零,在该点处无暗电流产生,净太阳能电池电流全部由光生电流 I_L 构成。

(6)最大系统工作电压(Maximum System Voltage):组件串、并联后的单个组件的最大电压承受能力。

(7)串联后熔丝的额定电流值(Maximum Seres Fuse Rating):组件串联时最大可使用的熔芯规格。

(8)运行温度(Operating Temperature):光伏组件正常运行时的温度范围。

(9)光伏组件转换效率(Conversion efficiency,简写为"η"):光伏组件受光照时的最大输出功率与照射到组件上的太阳能量功率的比值。即

$$\eta = P_{mp} / A \times P_{in}$$

式中　P_{mp}——光伏组件的峰值功率;

A——光伏组件的有效面积;

P_{in}——单位面积的入射光功率。

其中,$P_{in} = 1000\text{W/m}^2 = 100\text{mW/cm}^2$。

（10）填充因子（Fill Factor，FF）：填充因子也叫曲线因子，是指光伏组件的最大功率与开路电压和短路电流乘积的比值，即

$$FF = P_{mp} / U_{oc} \times I_{sc} = \frac{P_{mp}}{P_{max}} （典型值：60\% \sim 85\%）$$

式中　P_{mp}——最大实际功率；

P_{max}——最大理论功率。

填充因子是评价光伏组件所用电池片输出特性好坏的重要参数，其值越高，表明所用电池片的光电转换效率越高。

（11）光伏组件质量等级（Application Class）：国内组件厂家一般将组件按照性能和外观分为 A、B、C 三个等级，其中 A 级组件是性能最优，转换效率高、电性能一致性最好的光伏组件，分布式光伏电站项目组件选型应该优选此类组件。

（12）开路电压（U_{oc}）温度系数：随着光伏电池温度的升高，开路电压和填充因子开始减小，在 20 ～ 100℃范围内，每升高 1℃，开路电压减小 2mV。

（13）短路电流（I_{sc}）温度系数：太阳能电池片的短路电流并不强烈依赖温度，随着温度上升，光电流随温度的升高略有增加，因为半导体材料的禁带宽度通常随温度的上升而减小，使得光吸收随之增加，大约每升高 1℃光电流增加千分之一或 0.03mA/（℃·cm^2）。

（14）功率（P_{mp}）温度系数：U_{oc} 的显著变化导致输出功率和效率随温度升高而下降，总的来说，温度升高太阳能电池片的功率下降，每升高 1℃，功率减少 0.35%，对于不同的光伏电池片来说，温度系数也不一致，温度系数是评价光伏组件质量性能的重要评判标准之一。

2. 影响光伏组件输出功率的主要因素

排除逆变器等设备因素，除光伏组件输出随温度升高而下降，下述相关因素将会影响光伏组件的输出功率。

（1）辐照强度。光伏组件的输出功率与太阳辐射强度成正比，日照增强时组件输出功率也随之增大，当环境温度相同时，随着日照强度的变化，光伏组件的输出电流始终随着日照强度的增长而呈线性增长，同时最大功率点也随同上升；而光伏组件的输出电压变化不大，说明日照强度对光伏组件的输出电压影响很小。

影响辐照强度的因素如下：

1）太阳高度角或纬度：太阳高度角越大，穿越大气的路径就越短，大气对太阳辐射削弱作用越小，太阳辐射越强，例如不考虑限电因素影响时，中午时分光伏电站的输出功率比早、晚大；考虑其他条件相同，同等时刻越靠近赤道的光伏电站总功率大于其他中、高纬度地区的总功率。

2）海拔：海拔越高，空气越稀薄，大气对太阳辐射的削弱作用越小，则到达地面的太

阳辐射越强，青藏高原是我国太阳辐射最强的地区，考虑自然禀赋和建设条件，未来青海省是我国最适于大规模开发光伏的地区。

3）天气状况：晴天少云对太阳辐射到达地面的削弱作用小，则到达地面的太阳辐射强度增加，除去靠近青藏高原的其他四川地区和贵州省总体多云雾、阴雨天气，太阳辐射削弱，为太阳辐射我国最低值地区之一，不适于大规模开展光伏的利用。

4）大气透明度：大气透明度高则对太阳辐射的削弱作用小，到达地面的太阳辐射强。

5）空气污染的程度：空气污染重则对太阳辐射削弱强，到达地面的太阳辐射少，尤其是雾霾天气和沙尘暴对光伏组件的输出影响非常大。

（2）阴影遮挡。相关试验数据表明：当采用单晶硅组件的遮挡面积达到50%时，整个光伏组件的输出功率将减少75%；当光伏组件或光伏方阵中存在阴影（例如树叶、鸟粪、污物等）长期遮挡了光伏组件的某一部分或一些组串，或光伏组件内部某一电池片损坏时，局部被遮挡或损坏的电池片将反变成负载，消耗其他正常工作的电池片或光伏组件所产生的能量，还产生高温发热，这种现象就叫热斑效应。热斑效应可严重破坏光伏组件，尤其是在高电压、大电流的光伏方阵中，热斑效应会造成电池片碎裂、焊带脱落、封装材料烧毁，甚至引起火灾。

为了防止太阳能电池片由于热斑效应而遭受破坏，通常在太阳能电池组件的正负极间并联一个旁路二极管，以避免光照组件所产生的能量被受遮蔽的组件所消耗，但当热斑效应严重时，旁路二极管可能会被击穿，使得组件烧毁，因此光伏电站并网运行后，当发现组件表面的遮挡物时须及时清理。

（3）组件自身PID效应。电势诱导衰减（Potential Induced Degradation，PID）是电池组件长期在高电压作用下，使玻璃、封装材料之间存在漏电流，大量电荷聚集在电池片表面，造成电池片表面钝化效果恶化，使得组件功率衰减，发电量减少，光伏发电站的电站收益降低。PID象严重时，会引起一块组件功率衰减50%以上，PID效应最容易出现在潮湿的环境条件下，且该现象活跃程度与潮湿程度正相关；同时衰减现象与组件表面被导电性、酸性、碱性以及带有离子的物体污染有关。

目前防范PID衰减的方法有采用质量更好的组件封装材料，提高EVA胶膜的可靠性；升级光伏组件的生产制造工艺；在光伏发电系统设计施工中使光伏组件负极接地或者给光伏组件施加正向偏压。

（二）分布式光伏电站项目光伏组件选型要点

1. 考虑因素

分布式光伏电站进行光伏组件设计选型，确定光伏组件型号，参考《光伏行业制造规范条件（2021年本）》总体上须考虑下列因素：

（1）光伏组件应满足《地面用光伏组件－设计资格和型式认证 第1部分：测试要求》

（IEC 61215-1-1）、《地面用光伏组件 - 设计鉴定和型式认证 第2部分：测试程序》（IEC 61215-1-2）、《地面用光伏组件 - 设计鉴定和型式认证 第3部分：薄膜非晶硅基光伏组件试验的特殊要求》（IEC 61215-1-3）、《地面用光伏组件 - 设计鉴定和型式认证 第4部分：薄膜 Cu（In Ga）（S Se）2 基光伏（PV）组件试验的特殊要求》（IEC 61215-1-4）、《光伏（PV）组件安全鉴定． 第1部分：结构要求》（GB/T 20047.1）、《光伏（PV）组件安全性鉴定 第1部分：构造要求》（IEC 61730-1）、《光电（PV）组件安全性鉴定 第2部分：试验要求》（IEC 61730-2）的要求，并应通过国家认监委或国际的认证机构认可。

（2）光伏组件的防 PID 标准应满足《光伏模块、检测电位衰减的试验方法　第1部分：晶体硅》（IEC/TS 62804-1）的要求。

（3）光组组件的设计使用寿命应大于25年，根据建设项目地域情况，充分考虑可靠性。选择供应商口碑良好、产品成熟稳定、产量大、投产业绩优的组件类型。

（4）认真核算分布式项目的总体经济性，结合项目特点、建设环境，从组件规格、尺寸、单双面、转换效率等方面入手，分析发电量提升与成本增加之间的关系，选择经济性较好的光伏组件，光伏组件产品质量应符合国家相关标准，通过国家批准相关认证机构的认证。

（5）重视光伏组件现场监造，加强现场光伏组件的抽查检测工作，光伏组件转换效率应满足合同要求，相同条件下宜选用转换效率较高的产品；如合同另有要求，按合同确定光伏组件型号。

（6）光伏组件衰减率、晶硅光伏组件衰减率首年不高于2.5%，25年总衰减率不高于20%；薄膜光伏组件衰减率首年不高于5%，25年内总衰减率不高于20%；经济合理，度电成本最优。

（7）多晶硅组件和单晶硅组件（双面组件按正面效率计算）的平均光电转换效率分别不低于17%和19.6%。

（8）硅基、铜铟镓硒（CIGS）、碲化镉（CdTe）及其他薄膜组件的平均光电转换效率分别不低于12%、15%、14%、14%。

（9）光伏组件出厂前，按照《地面用晶体硅光伏组件 设计鉴定和定型》（GB/T 9535—1998）中规定的方法，应分批次进行各项性能测试，包括但不限于电性能测试、电绝缘性能测试、热循环试验、热 - 湿冷试验、机械载荷实验、冰雹实验和老化实验等。

（10）其他选型要点。光伏组件逐渐向大尺寸化方向发展，但并不意味着组件尺寸就是越大越好。从电站的投资收益角度来说，可靠稳健的价值增益才是组件选型的第一标准。当前市场普遍认可单块功率500～590W组件，主要是因为该区间功率组件工艺技术成熟、产能充足、同等安装面积情况下组件的安装容量更大，收益率更好。单块功率大于600W组件市场应用较少，主要是新工艺技术适用阶段，产能不足，产品稳定性还需要大量实证。

2. 不同区域的适用性

光伏组件对不同区域的适用性，与当地辐照资源关系不大，而与当地的建设条件、气候条件有一定关系，以下分别进行分析阐述。

（1）建设条件对组件规格尺寸选型的影响。

在实际项目设计中，针对不同的建设条件，须根据光伏项目的类型、组件的具体安装位置来确定光伏组件的类型及尺寸，分布式光伏电站进行设计时，组件价格均以每瓦价格进行计列，对于转换效率相近的组件，选择大容量组件，尺寸虽有增加，但其每串容量也相应增加，其安装费用、电缆数量、支架成本相较小组件有所降低，经济性有一定优势。

采用大尺寸硅片的组件功率提升意味着电压或者电流的提升。现阶段，大尺寸组件主要分为低电压与超大电流，以及中等电压与高电流两种。低电压的优势在于可以增加组串容量，降低方阵的组串数量，但同时需重视超大电流对系统及组件本身的影响。

在地形起伏不大的地区，可以通过调节支架形式，更换组件横、竖安装等方式来实现较大尺寸组件应用。如果组件尺寸过大、质量过重，搬运、安装困难，会造成施工效率的降低、工程建设难度和成本大幅提升。根据实际电站项目的调研，选用更大尺寸的组件，组件安装效率将降低 20%，在组件搬运和安装两方面，人工成本将提升 15% 左右。而在地形更为复杂、坡度较大的地区，超大尺寸组件不仅会增加人工成本，还可能带来安全风险，需谨慎选用。对于高处不便安装的地形，选择组件质量轻或尺寸尽可能大的组件，可减少施工的风险，间接地减少了组件踩踏、磨损等其他因素的损坏。

对于建筑屋顶分布式光伏电站项目，因屋顶形式、形状多样，且存在一定量的障碍物影响，大容量组件的布置也受到限制。

（2）组件单、双面选择。对于组件单、双面的选择，主要从建设环境和经济性两个方面阐述：

1）建设环境。依据《光伏发电站晶体硅光伏组件选型技术规范》（T/CEC 1111—2020），把电站应用场景分为地面、水面、山地丘陵、工商业、户用 5 种类型。按区域典型气候环境分为干热、干冷、湿热、湿冷、腐蚀性、沙尘、紫外、强风、大雪等几种类型。从组件适用性上看，组件单、双面的选择应充分考虑环境因素，如水汽、盐雾、紫外线等对组件寿命的影响。当建设环境有特殊气候条件时，双玻双面组件的适用性将优于单玻单面组件，具体适用情况根据现场调研和设计情况综合确定。

2）经济性。单面组件价格通常比双面组件价格略低，而双面光伏组件依靠背面发电增益提高光伏电站发电量，且双面光伏组件逐年衰减率比单面光伏组件逐年衰减率低，可有效提高光伏电站年平均等效利用小时数。因此，对于组件单、双面的选择还应综合对比成本增加与发电量提升之间的关系，选择经济性较好的组件。

（3）当地温度条件对组件选型的影响。光伏组件的温度越高，工作效率越低。随着组件温度上升，工作电压将下降，最大功率点也随着下降。环境温度每升高 1℃，光伏组件中每片电池片的输出电压将下降5mV左右。在相同条件下，组件开路电压越低，组件串联数量越大。目前，市面上大容量光伏组件，如210mm规格、600＋W组件，均采用低电压、大电流的设计，目的是在相同系统电压（1500V）的基础上，增加组件串联数量，提高单串容量。

四、支架及基座的选型

在光伏支架的设计、选型、计算中须综合计算光伏支架的固定载荷、风载荷和雪载荷。固定载荷主要承受光伏组件及支架等的自身重量。风载荷主要承受从光伏支架及组件前面或后面所受的风压力影响，保证光伏支架不会因风力太大而弯曲、变形、倾倒，光伏组件不被刮跑。雪载荷主要承受积雪重量对光伏支架及组件或其他构筑物的压力。

光伏支架一般分为固定式、倾角可调式和跟踪式三类，应根据太阳辐射资源、气候条件、使用环境、安装容量、安装场地面积和特点、负荷特性和运行管理方式等，经技术经济比较后进行选择。

（1）固定式支架主要应用于山地、丘陵及地形起伏较大地区，便于通过调节支架立柱来克服地形起伏导致的局部遮挡问题。

（2）倾角可调式支架主要应用于地势平坦且纬度较高的地区，对电量提升比较明显，但调节需要人工干预，工作量较大。

（3）平单轴跟踪支架主要应用于地势平坦且纬度较低的地区，对电量提升比较明显，但故障率具有不确定性，在阵风情况下，震动较明显，需定期维护。

（4）斜单轴跟踪支架主要应用于地势平坦且纬度较高的地区，对电量提升明显，但故障率具有不确定性，造价高，占地大，需定期维护。

（5）光伏方阵基座、支架、各类管线、电气等部件安装的防水和密封性，在系统的使用寿命周期内，应满足所在建筑的防水功能要求。

分布式光伏电站主要采用固定式支架，各种不同地形条件下，推荐采用的支架形式见表5–4。

表5–4　　不同应用场景下光伏支架形式选型参考

序号	应用场景	支架选型	备注
1	荒漠、戈壁地面光伏	倾角可调式、跟踪式、固定式	视情况选用
2	山地、丘陵光伏	固定式	双立柱
3	水上光伏及渔光（滩涂）互补	漂浮式、固定式、倾角可调式	视情况选用
4	农光互补	固定式为主	单立柱、双立柱
5	工、商业屋顶光伏	固定式为主	夹具固定、配重、锚固
6	户用光伏	固定式为主	夹具固定、配重、锚固

（一）光伏组件支架的选型

支架结构选型时可参考《光伏发电站支架技术要求》（NB/T 10642—2021），其中其形式和材料选型应考虑以下因素：

（1）技术可行性：合理设计支架结构的形式，材料方便加工，易于采购；支架结构的防腐应满足系统25年使用寿命要求，包括但不限于：①合理选用材料，如钢材、铝材、不锈钢、合金钢等，光伏支架材料宜采用铝合金或防腐性能符合国家标准要求的钢材；②采取相应防腐措施，如电镀、热镀、涂防腐漆等，碳钢支架应在支架表面热浸锌、热镀锌、连续热镀锌铝镁合金镀层，铝合金支架应进行表面氧化等防腐处理，碳钢支架防腐处理应符合《金属覆盖层　钢铁制件热浸镀锌层　技术要求及试验方法》（GB/T 13912）的要求，铝合金支架表面镀膜处理应符合《铝合金建筑型材　第2部分：阳极氧化型材》（GB 5237.2）的要求。

（2）经济合理性：按性价比选材；

（3）施工便利性：支架结构形式方便现场施工；

（4）安全性：防风、防震、防雷、防火等对人身安全、财产、环境的影响。支架结构经计算应满足刚度、强度和稳定性要求，需考虑因素如下：

1）项目所在地25年一遇最大风压、雪压、温度等荷载［风荷载、雪荷载25年的取值参照《建筑结构荷载规范》（GB 50009）］；

2）在抗震区域还应计入地震作用效应；

3）大跨度支架钢结构的结构设计使用年限应与所在建筑设计年限相同；

4）与建筑结构同时施工的预埋件设计使用年限宜与所在建筑设计年限相同；

5）光伏支架使用不同导电性能的材料时，连接处应设计绝缘隔离措施并分别接地。

（5）支架的强度和刚度在最不利荷载效应组合下进行验算，最不利荷载效应组合可从下列荷载效应组合中比较取得：①可变荷载效应控制组合；②永久荷载效应控制组合；③标准组合。

（6）支架结构的使用寿命应大于等于25年，且应满足下列要求：

1）结构抗震设防应满足项目所在地区抗震设防烈度的要求：在多遇地震作用下应能正常使用；在设防烈度地震作用下经修理后仍可使用；在罕遇地震作用下支架系统不得倒塌、脱落。

2）在25年一遇最不利荷载组合工况作用下不应倒塌、脱落，支架在经修理后仍可使用。

（二）光伏组件支架基座的选型

1. 建筑物屋顶分布式光伏电站项目支架基座

（1）混凝土屋顶基座的选型，应考虑下列因素：

1）根据所在建筑屋顶的结构形式和光伏支架结构形式，合理设计选型基座的形式，如条形、墩形；

2）基座的安全性和稳定性设计选型应满足 25 年使用寿命周期要求；

3）根据现场施工条件和项目规模，合理设计选型基座的施工工艺，如现浇、预制；

4）埋件设计选型，应考虑下列因素：基座的预埋件及连接件按照《混凝土结构设计规范（2015 年版）》（GB 50010—2010）中的 9.7 提供的方法进行设计选型及计算；地脚螺栓按照《混凝土结构设计规范（2015 年版）》（GB 50010—2010）中的 8.3 提供的方法进行设计及计算。

（2）金属屋面基座设计选型，应考虑下列因素：

1）根据所在建筑屋面的结构形式、金属屋面板形式和光伏支架结构形式，通过拉拔试验确定基座的合理形式和数量，拉拔试验的数据取值应：①取项目所在地 25 年一遇最大风压验算基座的承载力；②考虑地震烈度因素。

2）根据所在建筑屋面的结构形式、金属屋面板形式和项目规模，合理设计选型基座的施工工艺。

2. 地面分布式光伏电站项目支架基础的选型

（1）一般规定。支架基础应按下列规定进行承载力计算和稳定性验算：

1）各类型基础均应进行竖向承载力计算；

2）桩基础还应进行水平承载力计算；

3）扩展式基础应进行抗滑移、抗倾覆验算；

4）对单立柱单桩基础应进行抗弯承载力验算；

5）承受荷载较大的支架基础应对基础结构承载力和裂缝宽度进行验算。

（2）基础分类与选型。

支架基础可根据承载性状分为桩基础、扩展式基础和锚杆基础。

1）桩基础可分为预制桩基础和灌注桩基础。预制桩可分为钢桩、混凝土预制桩和预应力混凝土桩。钢桩按施工方式可分为螺旋桩和锤击（静压）型钢桩。

2）扩展式基础宜采用混凝土独立基础和条形基础，当采用条形基础时应采用配筋扩展式基础。

3）锚杆基础是由设置在岩土中的锚杆和混凝土承台或型钢承压板组成的基础。

（3）支架基础选型应根据下列因素综合确定：

1）支架结构形式和所承受荷载的特征；

2）土的性状及地下水条件；

3）施工工艺的可行性；

4）施工场地条件及施工季节；

5）尽量减少土方挖填，减少对自然地貌和植被的破坏；

6）场地地层分布及各层土的物理力学指标；

7）地基土和水对钢筋混凝土结构和钢结构的腐蚀性；

8）地基土的冻土深度、冻胀级别和冻胀类别；

9）经济指标、环保性能和施工工期。

第二节　逆变器

将直流电能变换成交流电能的过程称为逆变，而实现逆变过程的装置或设备称为逆变器或逆变设备。在光伏发电系统中，太阳能光伏组件在阳光照射下产生直流电，在日常生产、生活中，绝大多数用电设备或设施只有采取交流供电才能使用，而采用直流电形式供电的系统及设备有限。因此除特殊用途外，在光伏发电系统中都需要配置逆变器，同时逆变器一般还具备自动稳频、稳压功能，保障光伏发电的发电供电质量。

2021 年，集中式逆变器单机功率为 3125kW/ 台，集中式电站用组串式逆变器单机功率为 250kW/ 台，集散式逆变器单机功率为 3150kW/ 台，户用光伏逆变器单机功率，在 220V 电压下为 8kW/ 台，在 380V 电压下为 20 ～ 30kW/ 台，但受不同地区单体建筑面积的影响，逆变器功率也可能有所变化。随着未来分布式光伏应用场景多样化，所涉及屋顶类型较多，使用的逆变器功率等级差别也将较大。

一、逆变器的分类和主要功能

（一）逆变器的分类

逆变器的种类繁多，可以按照不同的方式进行分类，逆变器按照交流电输出相数、主电路结构形式、主开关器件的类型、输出交流电能的频率、输出电能的去向、输出电压或电流的波形、开关电路工作方式、换流功率大小、开关电路工作方式、换流方式、电气结构、使用环境、接入电压的等级等可以划分为不同种类的逆变器，见表 5-5。

表 5-5　　逆变器的分类

分类依据	逆变器类型
逆变器的交流输出相数	单项逆变器
	三项逆变器
	多项逆变器
逆变器的主电路结构形式	单端式逆变器
	推挽式逆变器
	半桥式逆变器

续表

分类依据	逆变器类型
逆变器的主电路结构形式	全桥式逆变器
	多电平逆变器
	正激逆变器
	反激逆变器
逆变器主开关器件的类型	晶闸管逆变器
	晶体管逆变器
	场效应逆变器
	绝缘栅双极晶体管（IGBT）逆变器
逆变器输出交流电能的频率	工频逆变器
	中频逆变器
	高频逆变器
逆变器输出电能的去向	有源逆变器
	无源逆变器
逆变器输出电压或电流的波形	正弦波输出逆变器
	阶梯波输出逆变器
	方波输出逆变器
逆变器开关电路工作方式	谐振式逆变器
	定频硬开关式逆变器
	定频软开关式逆变器
逆变器换流方式	负载换流式逆变器
	自换流式逆变器
逆变器的电气结构	隔离型逆变器
	非隔离型逆变器
逆变器的使用环境	户外逆变器：完全或部分暴露在室外的逆变器
	户内Ⅰ型逆变器：指安装于建筑或防护罩内，带空气调节装置的逆变器
	户内Ⅱ型逆变器：指安装于建筑或防护罩内，不带空气调节装置的逆变器

续表

分类依据	逆变器类型
逆变器的接入电压等级	A 类逆变器，即通过 35kV 及以上电压等级并网，以及通过 10kV 电压等级与公共电网连接
	B 类逆变器，通过 380V 电压等级接入电网，以及通过 10（6）kV 电压等级接入用户

对于分布式光伏电站的设计与实际使用用途来说，按照光伏发电系统是否并网，逆变器一般分为并网逆变器、离网逆变器、储能逆变器三大类，并网逆变器按照不同功率等级，又可划分为微型逆变器、组串逆变器、集中式逆变器三大类。本节重点介绍并网型微型逆变器、组串式逆变器和集中式逆变器的主要功能、重点技术参数和设计选型。

（二）并网逆变器的主要功能

逆变器除具有将直流电逆变为交流电外，同时应具备最大限度地发挥光伏发电系统的性能及系统故障保护功能。

1. 自动并网运行和电网检测

根据每日太阳辐照度的变化，清晨阳光照射在光伏组件阵列上，当光伏阵列的输出功率达到逆变器能够对外输出功率时，逆变器即自动开始并网运行，同时逆变器也在时时刻刻监视光伏阵列的输出，只要光伏阵列的输出功率大于逆变器工作所需的输入功率，逆变器就持续运行，直到日落停机。

并网逆变器在并网发电之前，需要从接入电网上取电维持自身正常运行，同时检测电网的电压、频率、相序等参数，通过调整自身发电的参数，与电网相关参数同步、一致后才能并网发电。

2. 直流输入电压监测和自动电压调整

当方阵侧直流输入电压过高或过低时逆变器停止工作。因为当直流输入电压过高时，可能对逆变器本身造成损坏，形成安全隐患，停机切断电源供给有利于供电安全。当直流输入电压过低时，逆变器停止工作。

3. 最大功率跟踪控制（MPPT）

在环境温度和辐照强度一定的情况下，同一块组件只有唯一的最大功率输出点，那么由同一类型光伏组件组成的光伏方阵受环境温度、辐照强度等因素的影响，光伏方阵对逆变器的输入功率也是非线性变化的，最大功率跟踪控制就是在一定的控制策略下，逆变器通过调整组件方阵直流电压和输出电流，使光伏阵列始终工作在最大功率点，输出当前温度和辐照强度下的最大功率，尽可能提高其能量转化效率。如光伏方阵工作负载长期偏离最大功率点，将显著降低光伏阵列的转化效率，进而影响光伏电站发电量。

4. 孤岛检测

当电网供电因事故或停电维修时，正常工作的光伏并网发电系统未能及时检测出电网停电或失电状态，光伏并网发电系统可能还在持续工作，光伏发电系统和本地负载可能仍处于独立运行工作状态，形成自给供电孤岛，这种现象被称为孤岛效应。

孤岛效应可能对整个配电系统涉及的人身安全、电网运行、逆变器自身造成不利影响，比如：危害输电线路维修人员的安全；影响配电系统的保护开关动作程序；电力孤岛区域所发生的供电电压与频率会出现不稳定现象；当供电恢复时造成相位不同步；光伏供电系统因单相供电而造成系统三相负载的缺相运行，因此光伏并网逆变器应按照标准规定配备具有检测出孤岛状态且立即断开与电网连接的能力。

5. 各种保护功能

逆变器应具有保护自身安全运行的功能，同时能够保证并网光伏发电系统的安全运行。逆变器的各种保护功能见表 5–6。

表 5–6　逆变器的各种保护功能

序号	名称	内容
1	直流输入欠、过电压保护	当输入电压低于规定的欠电压断开（LVD）值时，或当输入电压高于规定的过电压断开（HVD）值时，逆变器应能自动关机保护和作出相应的显示
2	直流过电流保护	如果逆变器因为内部器件的损坏而导致直流侧短路或电流超过允许值时，为了保证逆变器的安全运行能够及时动作，免受浪涌电流的伤害
3	直流电源反接保护	当光伏方阵输入侧正、负极接线错误时，逆变器自动保护停止工作
4	交流输出过载保护	逆变器输出电流超过额定值，且持续流通超过规定时间，为防止逆变器器件、电线等损坏，设备停止运转
5	交流输出短路保护	当电网短路时，逆变器的过电流应不大于额定电流的 150%，在 0.1s 以内将光伏系统与电网断开
6	其他保护	逆变器应该具有过热、雷击、输出异常、内部故障等保护或报警功能
7	保护自动恢复	逆变器在发生各种异常状态保护性停机时，在故障消除后可以自动恢复运行

二、逆变器的主要性能参数

对于分布式光伏电站，并网逆变器除要求具有高可靠性、高逆变效率、较高的电能输出质量外，其中某些性能指标必须满足，才能被允许安全接入大电网。

（一）直流输入侧技术参数

1. 最大直流输入电压和直流电压输入范围

最大直流输入电压是指光伏发电系统中逆变器能承受的最大直流电压输入；并网逆变器的直流电压输入范围都比较宽，一般最高不超出最大直流输入电压值，最低不低于逆变器的启动电压，并网逆变器的 MPPT 工作电压范围，小于最大直流电压输入范围。

2. 最大直流（各组串）输入电流

组串最大直流输入电流是指逆变器能承受的光伏组串输入的直流工作电流。光伏方阵设计选型时须保证每路光伏组串的工作电流小于逆变器的最大直流输入电流。

3. 最大直流输入功率

最大直流输入功率是指允许逆变器接入的所有光伏组串的最大总功率。

4. 直流输入路数和 MPPT 路数

直流输入路数是指逆变器有几路直流输入端口，可以接几路光伏组串；MPPT 路数是指逆变器内部具有几路最大功率点跟踪处理电路，一般而言，逆变器的输入路数大于或等于 MPPT 路数。

（二）交流侧主要性能参数

1. 额定输出电压

逆变器应能在出厂规定的直流输入电压允许波动范围内输出额定电压。根据《光伏并网技术要求》（GB/T 19939），为了使当地交流负载正常工作，光伏系统中逆变器的输出电压应与电网相匹配，正常运行时，光伏系统和电网接口处的电压允许偏差应符合《电能质量　供电电压偏差》（GB/T 12325）的规定，三相电压的允许偏差为额定电压的 ±7%，单相电压的允许偏差为额定电压的+7%、–10%。

2. 输出电压不平衡度

光伏系统并网运行（仅对三相输出）时，电网接口处的三相电压不平衡度不应超过《电能质量　三相电压不平衡》（GB/T 15543）规定的数值，允许值为 2%，短时不得超过 4%。

3. 额定输出频率

逆变器输出电压的频率应与电网保持同步，光伏系统并网时应与电网同步运行。电网额定频率为 50Hz，光伏系统并网后的频率允许偏差应符合《光伏并网技术要求》（GB/T 19939）的规定，即偏差值允许 ±0.5Hz。

4. 功率因数

功率因数表征逆变器带感性负载或容性负载的能力。根据《光伏并网技术要求》（GB/T 19939）要求，当光伏系统中逆变器的输出大于其额定输出的 50% 时，平均功率因数应不小于 0.9（超前或滞后）。

5. 额定输出电流和额定输出功率

额定输出电流是指在规定的负载功率因数范围内逆变器的额定输出电流，单位为 A；额定输出容量是指当输出功率因数为 1（即纯电阻性负载）时，逆变器额定输出电压和额定输出电流的乘积，单位是 kV · A 或 kW。

6. 额定输出效率和逆变器效率

逆变器的额定输出效率是指在规定的工作条件下，其输出功率对输入功率之比，以百分数表示。逆变器在额定输出容量下的效率为满负荷效率，在 10% 额定输出容量的效率为低负荷效率。

逆变器效率是指在规定的工作条件下，其输出功率与输入功率之比，以百分数表示，一般情况下，光伏逆变器的标称效率是指纯阻负载 80% 负载情况下的效率。

7. 直流分量

光伏系统并网运行时，逆变器向电网馈送的直流电流分量不应超过其交流额定值的 1%（逆变电源系统和电网宜通过专用变压器隔离连接）。

8. 谐波和波形畸变

并网光伏系统的输出应有较低的电流畸变，以确保对连接到电网的其他设备不造成不利影响。总谐波电流应小于逆变器额定输出的 5%。

9. 故障穿越

当电力系统事故或扰动，引起光伏系统逆变器交流出口侧电压超过正常运行范围时，在规定的变化范围和时间间隔内，逆变器能够保证不脱网连续运行，其中故障穿越包括低电压穿越和高电压穿越。

三、逆变器的选型和安装布置

1. 并网逆变器的选型

对于分布式光伏电站来说，并网逆变器选型时须确定考虑下列因素：

（1）并网逆变器应满足《光伏发电并网逆变器技术要求》（GB/T 37408）或《光伏并网逆变器技术规范》（NB/T 32004）的要求，并通过认证机构的产品认证。

（2）宜选用转换效率较高的产品。

（3）宜优先选用组串式逆变器。

（4）宜优先选用具备灭弧功能的逆变器。

（5）系统接入电压为低压时，额定输出电压应与并网接入电压一致；系统接入电压为高压时，优先选择额定输出电压 480V 及以上逆变器。

（6）额定容量应与接入该逆变器的光伏组件容量相匹配，并网逆变器的最大允许接入直流功率不宜小于发电系统光伏组件的总额定功率。

（7）最大功率跟踪工作电压应与接入该逆变器的光伏组串设计相匹配。

（8）谐波含量不超过 5%。

（9）具有通信功能，且通信接口协议可开放，并网逆变器的监控系统宜具备如下功能：

1）移动客户端；

2）无线通信网络传输功能；

3）监控系统客户端至少能显示光伏组串的电压和电流、交流输出的电压和电流、日发电量、累计发电量、日期时间、实时功率等参数；

4）监控系统应具备运行数据的监测功能（包括不限于各直流组串电压、直流组串电流、交流电压、交流电流、日发电量、月发电量、年发电量、总发电量、实时发电功率、系统日期时间、系统运行状态、系统故障信息等）。具备下载发电量数据报表和系统故障报表的功能。

（10）当系统接入电压等级为 35kV 及以上时，根据电力部门的要求，宜具备低电压穿越、高电压穿越或零电压穿越功能。

（11）室外并网逆变器防护等级不应低于《外壳防护等级（IP 代码）》（GB/T 4208）中 IP65 的要求，室内并网逆变器防护等级不应低于 IP20 的要求。

（12）并网逆变器应具备最大功率跟踪（MPPT）控制功能和防孤岛效应功能；并网逆变器应具有并网保护装置，应与电力系统的电压等级、相数、相位、频率及接线方式一致，并与电网的保护相协调；并网逆变器宣称的最高工作海拔，应高于使用地区的海拔。

2. 并网逆变器的安装布置

并网逆变器的安装布置应满足：

（1）紧凑合理，有利于电缆布线最少；

（2）有利于设备的操作、搬运、检修、调试和巡视；

（3）确保在 09:00—15:00（当地真太阳时）时段内对光伏组件无遮挡；

（4）采取通风隔热措施，确保逆变器运行安全、可靠；

（5）布置位置应选择附近无发热源、不潮湿、不易燃易爆的环境；

（6）逆变器安装过程中的安全措施应符合《低压配电设计规范》（GB 50054—2011）中 4.2 节的相关规定。

第三节 汇流箱与配电柜

汇流箱的主要功能是汇聚电流，节省电缆，使得直流电缆接线井然有序，而且便于后期运维时分组检查、维护。

一、直流汇流箱与直流配电柜

（一）直流汇流箱

直流汇流箱一般用在中、大型平坦地形光伏发电系统中，用于把组件方阵的多路输出电缆集中输入、分组连接，当某一路光伏组串（光伏组件串联组成）发生故障时，可以分离检修，不影响其他组串的正常运行，因此汇流箱应具备汇流、保护的基本功能，宜具备智能监测功能。

直流汇流箱一般需要与直流配电柜搭配使用，直流汇流箱主要由直流接线端子、直流熔断器、直流断路器、直流防反二极管、数据采集模块、智能监测模块等组成。一般只有在单台逆变器直流输入回路数不足以接入光伏组串回路数或逆变器直流侧不具备过流保护或防雷功能时才会选配直流汇流箱，又由于一般分布式光伏电站的装机容量较小，外加组串逆变器的技术优势，所以直流汇流箱在分布式光伏电站中的应用将会越来较少。

直流汇流箱技术要求和选型可参考《光伏发电站汇流箱技术要求》（GB/T 34936），其主要技术参数和性能要求涵盖：

（1）直流汇流箱具有一定防水、防灰、防锈、防晒、防雷等性能，满足户外安装使用要求；汇流箱能在环境温度为 –25 ～ 50℃（无阳光直射）、相对湿度为 5% ～ 95%；海拔高度小于或等于 2000m 时正常运行，当海拔大于 2000m 时，应按《低压系统内设备的绝缘配合　第 1 部分：原理、要求和试验》（GB/T 16935.1）的规定校验。

（2）光伏组件串进出线端均应加装直流熔断器，并在显著位置标明禁止带负载操作，当光伏组串出现故障时进行保护，熔断器配有安装底座，在方便运维人员检修的同时保证其人身安全。

（3）对于装有光伏组件串过流保护的汇流箱，光伏组件串的过流保护能力不小于 1.25 倍的光伏组件短路电流；对装有防反二极管的汇流箱，防反二极管的反向电压应不低于开路电压 U_{oc}（STC）的 2 倍。

（4）应首选智能型直流汇流箱，内部装有模块，能监测每路光伏组串输入的电流、电压、箱体内温度等。

（二）直流配电柜

当接入单台逆变器的直流汇流箱数量超出逆变器的直流输入回路数时，才需增加设置直流配电柜，直流配电柜主要用来连接直流汇流箱与光伏逆变器，将直流汇流箱输出的直流电流进行二次汇流并输入到光伏逆变器，并提供防雷及过电流保护，监测光伏方阵的电流、电压及防雷器状态等，具有 RS–485 等通信接口。直流配电柜与直流汇流箱一样，配备分路断路器、主断路器、避雷防雷器件、接线端子、直流熔断器等。

二、交流汇流箱与交流配电柜

交流汇流设计应根据布线需求及线损要求确定，可选用下列方式：

（1）交流汇流箱汇流；

（2）交流汇流柜汇流；

（3）交流汇流箱和交流汇流柜两级汇流；

（4）其他交流汇流装置汇流。

分布式光伏电站常见的交流汇流一般采用交流汇流箱形式，因此本小节以交流汇流箱为例进行阐述。

（一）交流汇流箱

交流汇流箱一般用于组串式逆变器的光伏发电系统中，连接组串逆变器输出侧与交流配电柜或升压变压器输入侧，把多个组串逆变器的输出交流电汇集后再输出，大大简化了组串式逆变器与交流配电柜或升压变压器之间的连接线。同时交流汇流箱的接入，作为组串逆变器的输出断开点，可以避免其接受来自电网的危害，提高光伏发电系统的安全性，交流汇流箱一般由输入断路器、汇流输出断路器、熔断器、浪涌保护器、汇流排、监测装置等组成。

（二）交流配电柜

交流配电柜是光伏发电系统中连接在逆变器与非直流负载或升压变压器之间的接受、调度和分配电能的电力设备，交流配电柜一般由开关类电器（如断路器、交流接触器等）、保护类电器（如熔断器、防雷器、漏电保护器等）、测量类电器（如电压表、电流表、电能表、交流互感器等）以及指示灯、母线排等组成，交流配电柜按照电压等级不同，分为低压配电柜和高压配电柜，分布式光伏发电系统通常为中小型光伏发电系统，一般选用低压配电柜就可以满足输送和电力分配的需要。

三、汇流箱和配电柜的选型

（一）直流汇流箱和配电柜的选型

直流汇流箱和直流配电柜一般都由专业厂家生产并提供成型产品，选型时主要考虑根据光伏方阵的输出路数、最大工作电流和最大输出功率等参数以及所需要的配置，直流汇流箱的主要技术参数和性能要求如下。

1. 直流汇流箱的选型

直流汇流箱选型时应满足下列条件：

（1）输入回路均应具备过流保护和监测功能；汇流箱采集光伏组件串电流和电压，采集误差不大于 1%；

（2）汇流箱应具有通信功能和宜具有显示功能，可显示通道电流、母线电压、防雷器当前工作状态等；

（3）输出回路应具备过流保护及防雷功能；

（4）室内布置时防护等级应至少达到 IP20，室外布置时防护等级应至少达到 IP54；在风沙、腐蚀等特殊环境下，室外型汇流箱防护等级不低于 IP65。

2. 直流配电柜的选型

直流配电柜选型时应满足以下要求：

（1）输入回路均应具备过流保护功能；

（2）输出回路应具备防雷功能；

（3）直流配电装置与逆变器非相邻布置时，输出回路应具备过流保护功能；

（4）室内布置时防护等级应至少达到 IP20，户外布置时防护等级应至少达到 IP54。

（二）交流汇流箱和交流配电柜的选型

1. 交流汇流箱的选型

（1）交流汇流箱输出电压等级应与并网接入电压等级相匹配；

（2）输入回路均应具备过流保护功能；

（3）输出回路应具备过流保护和防雷功能；

（4）室内布置时防护等级应至少达到 IP20，户外布置时防护等级应至少达到 IP54。

2. 交流配电柜的选型

（1）交流配电柜的选型和制造都要符合国家标准要求，配电和控制回路都要采用成熟可靠的电子线路和电力电子器件；

（2）交流配电柜操作方便、运行可靠、双路输入时切换动作准确；

（3）交流配电柜发生故障时能够准确、迅速切断事故电流，防止故障扩大；

（4）在满足需要、保证安全性能的前提下，尽量做到体积小、质量轻、工艺好、制造成本低；

（5）交流配电柜的结构应为单面或双面门开启结构，以方便维护、检修及更换电气元器件；

（6）交流配电柜应有良好的保护接地系统，主接地点一般焊接在机柜下方的箱体骨架上，前后柜门和仪表盘等都应有接地点与柜体相连，以构成完整的接地保护，保证操作及维护检修人员的安全；

（7）交流配电柜还要具有过载或短路的保护功能。当电路有短路或过载等故障发生时，相关的断路器应能自动跳闸或熔断器熔断，断开输出。

第四节　变压器

光伏发电系统要根据其容量以及并网电压等级要求，选择合适的变压器。一般而言，对于小容量的分布式光伏发电系统，多采用单点或多点接入 380V 公共电网的直接并网方式，无需对原有供电回路进行改造，只在原有线路基础上增加一套供电回路，将分布式光伏发电系统与低压配电网的并网点设在低压配电柜，光伏发电系统直流输入逆变器，逆变后的交流输出经配电柜接至电网，实现并网发电功能，无需增加变压器。

容量几百千瓦以上的并网分布式光伏发电系统往往需要并入中、高压电网，光伏逆变器输出的电压必须升高到与所并电网的电压一致，才能实现并网和电能的远距离传输。实现这一功能的升压设备主要是升压变压器以及由升压变压器和高低压配电系统组合而成的箱式变压器。

一、箱式变压器

箱式变压器外观图如图 5–8 所示，具有低压配电、变压器升压、高压输出的功能，一般可安装 2000kVA 及以下容量的变压器。箱式变压器有无焊接拼装式、集装箱式结构、框架焊接式结构等，具有占地面积小、选址灵活、施工周期短、能深入场站中心等优点，主要适用于集中式光伏项目和大型分布式光伏电站项目。

图 5–8　箱式变压器外观图

二、升压变压器

电力变压器是一种静止的电气设备，利用电磁感应原理，用来将某一数值的交流电压（电流）变成频率相同的另一种或几种数值不同的电压（电流）的设备。变压器的主要组成部件如表 5–7 所示。

表 5-7　　变压器的主要组成部件

组成部件	原理及作用
铁芯	构成变压器磁路通道，通常由表面涂有绝缘漆的硅钢片叠装而成
绕组	构成变压器的电路通道，由绝缘扁线或漆包圆线绕成，作用是产生磁通和感应电动势
外壳	主要分成吊罩式结构和全焊接式结构，铁芯和绕组放置在外壳之内
变压器油	变压器油主要作用为绝缘、散热冷却以及延缓氧气对绝缘材料的侵蚀，保护铁芯和线圈组件
储油柜	一般分成波纹式、胶囊式、隔膜式三种。主要作用是储油和补油，同时可以保护油品，减少变压器油受潮和氧化
套管	作用是将线圈引线端头从油箱内部引出，并使引线与油箱绝缘，一般 1kV 以下采用瓷质套管，10 ～ 35kV 采用充气或充油套管，110kV 以上采用电容式套管
冷却装置	分为油浸自冷、油浸风冷、强迫油循环风冷等
气体继电器	变压器保护装置，装在变压器的储油柜和油箱的管道内，当变压器内部故障时，油分解产生气体或造成油流涌动时，使气体继电器动作，告警信号一般分成轻瓦斯告警和重瓦斯告警
调压装置	通过改变高压绕组抽头，增加或减少绕组匝数来改变电压比，一般分为无励磁调压和有载调压
温度计与油位计	温度计一般测量上层油温、下层油温和绕组温度；油位计一般安装在储油柜处，监视变压器油位位置

光伏电站使用的升压变压器从相数上可分为单相和三相变压器；从结构上可分为双绕组、三绕组和多绕组变压器；从容量大小上可分为小型（630kVA 及以下）、中型（800 ～ 6300kVA）、大型（8000 ～ 63000kVA）和特大型（90000kVA 及以上）变压器；从冷却方式上可分为干式和油浸式变压器，也就是说两者的冷却介质不同，油浸式变压器是以变压器油作为冷却及绝缘介质，干式变压器是以空气作为冷却介质。油浸式变压器是把由铁芯及绕组组成的器身置于一个盛满变压器油的油箱中。

干式变压器是把铁芯和绕组用环氧树脂浇注包封起来，现在用的多的是非包封式的，绕组用特殊的绝缘纸再浸渍专用绝缘漆等，起到防止绕组或铁芯受潮的作用。

干式变压器因为没有变压器油，大多应用在需要防火防爆的场所，如大型建筑、高层建筑等场所，可安装在负荷中心区，以减少电压损失和电能损耗。但干式变压器价格高、体积大，防潮防尘性差，而且噪声大。而油浸式变压器造价低、维护方便，但是可燃、可爆，万一发生事故会造成变压器油泄漏、着火等，大多应用在室外场合。干式变压器具有轻便、易搬运的特点，油浸式变压器具有容量大、负载能力强和输出稳定的优势。

油浸式升压变压器一般为整体密封结构，没有储油柜。变压器在封装时采用真空注油工艺，完全去除了变压器中的潮气，运行时变压器油不与大气接触，有效地防止空气和水分浸入变压器而使变压器绝缘性能下降或变压器油老化，变压器箱体具有良好的防腐能力，能有效地防止风沙和沿海盐雾的侵蚀。

变压器器身与冷却油箱紧密配合，并有固定装置。高低压引线全部采用软连接，分接引线与无载分接开关之间采用软连接，分接引线与无载分接开关之间采用冷压焊接并用螺栓紧固，其他所有连接都采用冷压焊接，紧固部分带有自锁放松措施，变压器能够承受长途运输的震动和颠簸，到用户安装现场后无需进行常规的吊芯检查。升压变压器低压侧一般采用断路器自带保护，高压侧一般采用负荷开关加熔断器，作为过载及短路保护。

在并网光伏发电工程中，往往采用低压侧双分裂或双绕组升压变压器来实现两台光伏逆变器的并联运行，这两个低压绕组具有相同容量、联结组级别和电压等级，在电路上不相连而在磁路上有耦合关系，分裂绕组的每一支路可以单独运行，也可以在额外电压相同时并联运行，每个绕组可以接一台逆变器。双分裂变压器虽然成本较高，但由于结构优势，实现了两台逆变器之间的电气隔离，减少了两支路间的电磁干扰和环境影响，解决了两台并网逆变器直接并联升压而带来的寄生环流现象。逆变器的交流输出分别经变压器滤波，输出电流谐波小，提高了输出的电能质量。

选择使用双分裂变压器还是双绕组变压器，主要看前级所连接的光伏逆变器输出滤波电路设计方案。一般来说，使用 LC 滤波电路方案的逆变器，如果是两台并联，推荐使用双分裂变压器，因为是电容并联，容易在两个支路间产生较大的环流，影响逆变器的正常输出；如果使用 LCL 滤波电路方案的逆变器，为了降低成本，可以考虑使用双绕组变压器。

三、逆变升压一体式变压器

逆变升压一体式变压器相较于箱式变压器，增加了逆变装置，实现集中逆变＋升压的功能。其优点是结构紧凑，占地面积小，便于运输；便于安装，施工周期短；可以降低投资成本，近年来被广泛采用在大型平地光伏系统。逆变升压一体式变压器原理图如图 5-9 所示。

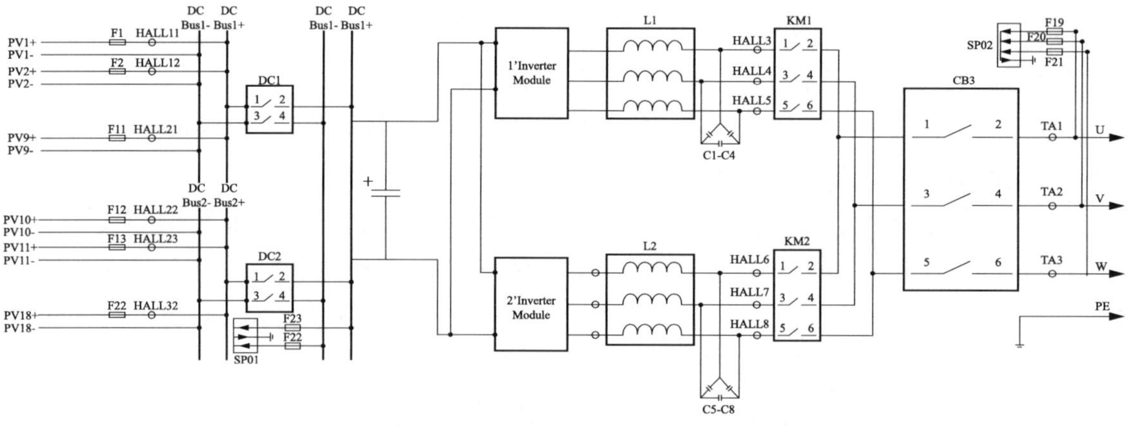

图 5-9　逆变升压一体式变压器原理图

四、并网变压器的容量确定

分布式光伏电站项目并网，有通过现有公共变压器并网和使用专用变压器并网两种方案。如果通过现有的公共降压变压器并网，根据国家电网公司《光伏电站接入电网技术规定》（Q/GDW 617—2011）中相关要求，光伏电站总容量不宜超过上一级变压器供电区域内的最大负荷容量的 25%，这主要是从电网安全角度考虑的。

因为光伏发电受天气和环境影响，输出功率不稳定，需要电网提供强大的平衡能量，而这些能量需要变压器高低压绕组的电磁交换来提供，25% 这个比例是一个比较保守的安全值。《户用分布式光伏发电并网接口技术规范》（GB/T 33342—2016）中，取消了不高于接入变压器容量 25% 的规定。

GB/T 33342—2016 虽然放宽了对接入变压器容量的限制，但不等于可以无限制地接入，为保证电网安全稳定运行，建议不超过变压器容量的 70%。另外在农村地区，单相并网比较多，须尽量均衡每一相的并网功率容量，保持三相平衡。

如果通过光伏专用变压器并网，变压器没有别的负载，主要考虑的因素应是逆变器的最大输出功率不能超过变压器的容量。而逆变器最大输出功率又与光伏方阵的容量、安装倾角和方位角、天气条件、逆变器安装场所等多种因素有关，光伏逆变器最大输出功率一般是光伏方阵容量的 90% 左右，变压器的功率因数一般在 0.9 左右，所以确定变压器容量时，一般要求变压器容量与相对应的光伏方阵交流侧容量按 1∶1 配置，或者变压器容量稍大于光伏方阵容量。

五、变压器的选型

（1）变压器高低压侧额定电压分别与并网电压和逆变器额定交流输出电压一致；

（2）如当地电力部门无要求，变压器额定容量应大于接入此变压器的逆变器额定容量之和；

（3）室内安装时宜选用干式变压器 SCB10 以上等级；

（4）室外安装时应选用箱式变压器，宜选用干式变压器；

（5）根据逆变器性能要求，设计双分裂变压器、双绕组变压器或其他满足要求的变压器；

（6）联结组别可选用：

1）低压并网时，Ynd11 型；

2）高压并网时，Dy11 型。

第五节　分布式光伏电站的其他组成设备

一、光伏电缆和防雷接地材料的选型

（一）光伏电缆选型要求

在分布式光伏发电系统中，需要大量的电缆对设备，如组件、逆变器、升压变压器等进

行连接，光伏电缆对光伏发电系统的安全性、高效性及单位造价，起着重要的作用。

电缆选型时，应综合考虑下列因素：

（1）逆变器、箱式变压器、变压器和汇流箱（如有）等设备额定电流、电压。

（2）电缆选型应符合《电力工程电缆设计标准》（GB 50217—2018）第3章电缆型式与截面选择的相关规定。

（3）光伏直流平均线损：远、中、近平均值小于或等于1.5%，光伏交流平均线损：逆变器—变压器小于或等于1.5%，变压器—并网点小于或等于1.5%。

（4）光伏组件或方阵连接电缆及输出总电缆应通过国内外通用安全认证。

（5）直流电缆耐压等级应高于系统电压。

（6）直流电缆额定载流量应高于短路保护电器整定值，短路保护电器的整定值应高于光伏方阵标称短路电流的1.25倍。

（7）在系统额定功率状态下，光伏阵列至逆变器输入侧线缆长度不宜超过20m，线路功率损失直流不高于2%，并网箱出线端至并网点线缆长度不宜超过150m，交流不高于2%。

（二）防雷接地材料选型要求

（1）组件边框之间的跨接线宜选用不小于铜芯聚氯乙烯绝缘软电线（BVR）$1\times4mm^2$的黄绿线，组件边框直接与光伏支架接地连接宜选用符合设计要求的不锈钢刺破导电片。

（2）支架至地面的引下导体宜选用直径不小于$10mm^2$的热镀锌圆钢、截面不小于$80mm^2$的热镀锌扁钢或截面积$16mm^2$以上的铜导线或其他等效的导体。

（3）接地极宜选用镀锌角钢、钢管、圆钢或其他导电性能良好的金属或合金材料，接地极选用材料的规格应根据现场接地点位的土壤腐蚀性确定。

二、计量装置

并网计量装置设计、选型应根据并网接入的容量和接入方式确定。并网计量装置设计、选型应满足以下要求：

（1）并网回路应设置可视断点的电气元件，并网回路应具备防雷功能。

（2）计量装置应满足当地电力部门的要求，应包括以下内容：

1）光伏发电电能计量点（关口）应设在光伏发电与电网的产权分界处，产权分界处按国家有关规定确定。

2）产权分界点处不适宜安装电能计量装置的，关口计量点由光伏发电业主与电网企业协商确定。

3）计量装置配置和技术要求应符合《电能计量装置技术管理规程》（DL/T 448—2016）的相关规定。

4）通过10kV及以上电压等级接入的光伏发电，同一计量点应安装同型号、同规格、准确度相同的主、副电能表各一套，主、副表应有明确标志。

5）计量装置应设置独立计量室，并应铅封处理。

6）应满足当地电力部门的其他要求，包括但不限于以下要求：

a. 光伏发电站应配置电能质量实时监测设备，所装设的电能质量监测设备应满足《电能质量监测设备通用要求》（GB/T 19862—2016）的要求。当光伏发电站电能质量指标不满足要求时，光伏发电站应安装电能质量治理设备，确保光伏发电站电能质量合格。

b. 光伏发电站应具备电能质量监测数据存储功能，对于 10MW 及以上容量的光伏发电站，应具备实时监测数据远程传输功能。

c. 通过 10kV 及以上电压等级接入的光伏发电的公共连接点应装设满足《电能质量监测设备通用要求》（GB/T 19862—2016）要求的电能质量在线监测装置。电能质量监测历史数据应至少保存一年，必要时可供电网企业调用。

7）宜邻近并网点室内布置，当室内空间无法满足要求时，可在并网点邻近设置光伏配电室或箱式配电装置。

（3）并网箱选型要求。

1）并网箱中部件应符合相应国家标准或行业标准的规定。

2）并网箱应具有电量计量功能，电量计量装置应经过国家权威机构校准认可，电能计量装置应符合《电能计量装置技术管理规程》（DL/T 448）规定。

3）并网箱内应具有明显断开点的主开关。

4）并网箱内应设置浪涌保护器。

5）并网箱内应具备电网过欠压断开系统、有压自动接通系统的功能。

6）并网箱应具有防水、防腐功能，其防护等级应不低于 GB/T 4208 中 IP44 等级，防腐等级应满足 C3 及以上交变盐雾试验要求。

7）并网箱外壳应设置专用的安全警示性标识。

三、安全防护设计及设备选型

建筑物屋顶分布式并网光伏发电系统的电气设备布置，应满足带电设备的安全防护距离要求，并应有必要的隔离防护措施和防止误操作措施。

应在建筑物屋顶分布式并网光伏发电系统安装范围内与安全有关的醒目地方设置相关安全标志，符合下列规定：

（1）满足《安全标志及其使用导则》（GB 2894—2008）及《风电场安全标识设置设计规范》（NB/T 31088—2016）的要求。

（2）常设的安全标志与带电部分的安全距离应符合有关规定，并不影响运维人员对设备的巡视检查和检修。

（3）高压室应注明电压等级。

（4）设置安全标志时应兼顾建筑的美观，且不影响所在建筑的安全和使用。

（5）根据项目现场情况，宜合理设置防滑格栅、围挡。

附录 5-1　关于加强分布式光伏发电安全工作的通知（征求意见稿）

国家能源局官网发布关于公开征求对《关于加强分布式光伏发电安全工作的通知（征求意见稿）》意见的公告。

近年来，以“就地开发、就近利用”为主要特征的分布式光伏发电快速发展，装机总规模不断扩大。随着“双碳”行动方案的实施和“整县开发试点”工作的推进，分布式光伏发电还将进一步快速发展。分布式光伏发电项目数量众多、区域分散、周边环境复杂，安全生产管理难度较大，给人民群众生命财产安全及电力系统运行安全带来了新的风险和挑战。为加强分布式光伏发电安全工作，促进产业健康可持续发展，现就有关事项通知如下。

一、严格落实主体责任

（一）投资建设分布式光伏发电项目的企业或自然人（以下统称建设单位）是项目的安全生产责任主体。其中，项目由建设单位利用自有建筑物或场地投资建设的，建筑物或场地的所有权人是项目安全生产责任主体；建设单位利用他人的建筑物或场地建设的，建设单位是项目的安全生产责任主体，建筑物或场地所有权人按照相关法律法规规定和建筑物、场地租用合同（合作协议）约定，对项目承担相应的安全生产责任。

（二）分布式光伏发电项目的勘察、设计、施工、安装、调试、监理、验收、运行管理和维护、设备制造供应等单位，依法依规对项目承担相应的安全生产责任和网络安全主体责任。

（三）电网企业在为分布式光伏发电项目提供接入服务时，要落实电网安全生产责任，加强网络安全技术监督，保障电网运行安全。

二、加强规划选址管理

（四）地方各级政府发展改革、电力管理等部门要加强分布式光伏发电产业发展规划，综合分析本地区电网的承载能力、消纳情况、潮流电压分布等，科学确定分布式光伏发电装机规模；按照“就近接入、就地消纳”原则，优先在用电负荷高、电网承载能力强的区域布局新建项目，降低大规模接入对电网运行安全的影响。各地区要建立分布式光伏发电可接入容量和限制接入区域清单发布机制，由电网企业测算可接入容量、划定限制接入区域，经本级政府电力管理部门审核后公开发布。

（五）分布式光伏发电项目建设单位在开展项目选址时，要综合分析区域内气象地质条件及所利用建筑物的建成年限、结构类型、承重荷载、风荷载、雪荷载、使用功能、周边环境、安全距离、消防救援能力等因素，有效规避自然灾害、火灾、爆炸、坍塌等安全风险。严禁利用危险性鉴定等级为C级、D级的建筑物建设分布式光伏发电项目；利用B级建筑物建设分布式光伏发电项目的，要经过严格论证评估，并避让处于危险状态的结构构件。严禁利用火灾危险性类别为甲类、乙类的建筑物建设分布式光伏发电项目，利用此类建筑物附近的其他建筑物或场地建设分布式光伏发电项目的，要严格执行《建筑设计防火规范（2018年版）》（GB 50016），保证防火间距不小于30m，必要时加大防火间距。要充分考虑工商业建筑物生产形式、经营业务变化，以及业主、使用方变更等因素对分布式光伏发电项目安全的影响。

三、加强项目设计管理

（六）分布式光伏发电项目建设单位要严格设计流程，确保各阶段设计方案满足相关标准规范明确的设计深度；设计方案发生重大变更时，要进行充分论证评估，必要时重新开展勘察设计审查。项目所利用的建筑物或场地的所有权人要为建设单位组织开展勘察设计工作提供相关资料和必要的协助。

（七）分布式光伏发电项目设计单位要严格按照相关标准规范要求，制定有效可行的设计方案。设计方案应至少明确以下事项：安装电弧故障断路器或采用具有相应功能的组件，实现电弧智能检测和快速切断功能；安装“反孤岛装置”或采用具有相应功能的组件，且装置应符合《光伏发电系统接入配电网技术规定》（GB/T 29319），具备快速准确监测孤岛并将发电设施断开与电网连接的能力；反孤岛逻辑判据及保护定值应设置合理，不应影响分布式光伏的频率电压耐受能力和低电压、高电压穿越能力，并与电网安全稳定控制要求配合；串联回路布置的项目，在组件方阵输出端安装总断路器；安装或利用建筑已有防雷装置，防范雷击造成设备损坏；根据项目周边人口分布、屋顶材质等情况，安装火灾智能报警系统，按照《建筑灭火器配置设计规范》（GB 50140）规定配备消防器材和设施；防火阻断和隔离措施，必要的消防通道；便于使用的检修通道及必要的安全绳挂点；基础安装维护的防风防坠措施；应对大风、暴雨等极端天气的措施。

（八）分布式发电项目的光伏组件、逆变器、并网开关（断路器）、汇流箱、连接线、接插件等电气部件应通过国家相关认证机构的认证，其中光伏组件技术指标应满足《光伏制造行业规范条件（2021年本）》相关规定。鼓励采用温度系数高、技术先进高效的光伏组件。

（九）并网逆变器应具备《光伏发电并网逆变器技术要求》（GB/T 37408）规定的电网异常频率电压耐受能力和低电压、高电压穿越能力，并与电网安全稳定控制要求配合。通过380V电压等级并网，以及通过10（6）kV电压等级接入用户侧的分布式光伏应在电网电压波动期间尽量保持连续运行，其电压保护动作时间定值宜按照《分布式电源并网技术要求》（GB/T 33593）规定的分闸时间上限执行；应具有控制开关，可在电网失压时快速断开与电网的连接。光伏组件应具有安全关断保护功能，保证逆变器关机，交流断电后，系统子阵外直流电压低于安全电压。

（十）相关电气部件应采用阻燃材料。组件、支架及配件、零部件、紧固件要根据当地环境选择具有防腐性能的材料或做好防腐处理。

四、加强施工安全管理

（十一）分布式光伏发电项目的设计、施工、安装、调试和监理等参建单位，要具有国家规定的相应资质。其中承揽设计业务的，要具备电力行业（新能源发电）专业的工程设计资质；承揽施工业务的，要具备电力工程施工总承包、机电工程施工总承包、建筑机电安装工程专业承包、输变工程电专业承包等资质（具备其中之一即可）以及安全生产许可证；承揽升压站、送出线路等涉网工程电气设备安装调试业务的，应当具备承装（修、试）电力设施许可证；承揽监理业务的，要具备电力工程监理、机电安装工程监理等资质（具备其中之一即可）。各参建单位应在资质许可范围内承揽业务。

（十二）各参建单位要严格执行建设工程施工安全规章制度，加强高处作业、动火作业、带电作业、起重吊装等高风险作业管理。屋顶分布式光伏发电项目施工过程中，要合理安排单一作业面上的作业人数和设备材料堆放数量，防范人员设备局部过度集中造成坍塌事故；施工现场要加强安全防护，在临边临空区域、屋顶采光带等部位设置永久护栏，在屋顶周边加装防护网；及时清理施工场地及其周边易燃易爆物品，采取设置隔离区、配备消防器材等措施防范动火作业引发的火灾风险；厂房屋顶项目施工中，要检测厂房可燃废气排放情况，严禁动火作业期间排放可燃废气；加强安装调试质量管理，保证汇流箱、逆变器、线缆接头等连接牢固，避免虚接引发直流拉弧；加强建设进度管理，严禁赶工期抢进度，严禁在大风、雨雪、雷电等恶劣天气下冒险施工作业。

（十三）建设单位要采取有效措施，杜绝低价中标造成的设备质量、工程质量和施工安全问题发生。

（十四）建设施工和安装调试全部完成后，建设单位要及时组织项目竣工验收，各参建单位要积极配合做好验收相关工作。勘察、设计、施工、安装、调试等单位要将完整的技术资料移交给建设单位。

五、加强并网安全管理

（十五）拟并网运行的分布式光伏发电项目的建设单位，要确保涉网一、二次设备（装置）满足电力系统安全稳定运行及有关标准规范的要求。在项目通过竣工验收后，建设单位要向电网企业提出并网申请，并提交并网必要的文件资料。未经电网企业同意，项目不得擅自并网。电网企业负责分布式光伏发电项目的并网技术监督，根据分布式光伏规模和相关监控系统装置的接入方式不同，分类制定安全管理要求，合理划分接入边界，督促落实相关安全控制措施。

（十六）拟并网的分布式光伏发电项目，其建设单位和设计、施工、运行管理和维护单位，均不得擅自改变项目的接入方式、装机容量和设备（装置）相关参数。

（十七）电网企业要按照“公开、公平、公正”的原则，根据国家有关规定和标准规范，及时对建设单位提交的文件资料开展审查，对项目涉网设备（装置）、逆变器的参数相关值、保护连接片等开展检验测试，提出电网安全稳定控制要求，组织认定并网安全条件。不满足并网安全条件的，电网企业要向建设单位一次性提出整改意见。建设单位未按照要求完成整改的，项目不得并网。

（十八）电网企业同意项目并网的，项目建设单位和电网企业要签订并网协议或发用电合同，并在协议或合同中明确双方的安全生产责任。

（十九）电网企业应统筹考虑经营范围内的电网结构、负荷特点、台区容量、接入规模等因素，确定项目接入的最优位置。对于分布式光伏发电渗透率较高的地区，电网企业要通过优化接入方式、加强运行监控等措施，保障电网安全稳定运行。

（二十）电网企业要充分发挥调度专网、配电云系统、用电信息采集系统等的作用，及时汇总经营范围内各项目接入信息，并对数据进行分析，掌握各项目安全运行状况，动态安排电网运行方式，实现项目安全接入与可观可测可控。

六、加强运维安全管理

（二十一）建设单位要加强设备运维管理，保障机组安全稳定运行；鼓励建设单位建立专业化团队或者委托专业化公司承担项目的运维管理职责。建设单位或其委托的运行管理和维护单位要加强事故防范，禁止在大风雷电、雨雪冰冻等极端条件下开展运维检修作业；要关注当地气象预警预报信息，妥善应对不利天气；要定期清理、清洗光伏组件及相关设备；要根据安全生产需要，在项目范围及周边醒目位置悬挂张贴警示标识，在项目的出入口设置门禁系统或其他隔离设施，在关键区域加装视频监控设备，在触电烫伤、高处坠落等风险区域设置隔离围栏等防护装置。鼓励安装有红外感应功能的监控设备防范初期火灾。

（二十二）建设单位或其委托的运行管理单位要熟悉电力系统调度管理规程和相关规定，严格遵守调度纪律，及时准确向地方政府电力管理部门和电网调度机构报告安全事故和设备重大故障情况，并记录、保存故障期间的有关运行信息，配合开展调查分析。因继电保护或安全自动装置动作导致脱网的，要及时报告电网调度机构，未经调度机构同意，不得重新并网运行。

（二十三）建设单位或其委托的运行管理和维护单位要定期检查设备设施的完好程度、性能和工况，及时发现并排除组件热斑、接点松脱、接触不良、螺栓松动、支架锈蚀、电线受潮、绝缘破裂等故障，维修或更换老化的线缆设备，强化直流拉弧检测，消除各类安全隐患。

（二十四）建设单位或其委托的运行管理单位要加强电力二次系统管理，规范继电保护定值计算、审核、批准制度，建立和完善继电保护运行管理规程；相关涉网二次系统及设备定值应报电力调度机构审核和备案；每年要根据系统参数变化等情况复核继电保护定值，保证电力二次设备安全运行。

（二十五）电网企业要加强输配电设备和线路的运行维护，提升电网安全运行水平；要定期配合地方政府对已并网的分布式光伏发电项目开展抽查，重点检查反孤岛装置、逆变器、断路器等重要设备工况及其相关参数设置情况，发现不符合安全运行标准规范要求的，及时向建设单位下发整改通知单，对未按期完成整改或整改不合格的，可停运处理，直至整改合格并验收通过后方可并网；要深入研究分析大量分布式光伏发电接入可能对电力系统造成的安全风险，制定落实反事故措施和专项应急预案。

七、加强电网建设改造

（二十六）电网企业要主动适应分布式电源大规模接入等发展变化，加强有源配电网的建设规划设计运行方法研究，加大输配电网，特别是消纳能力较低的农村电网建设改造力度，消除薄弱环节，为分布式光伏发电项目接入创造条件。光伏资源丰富的地区，要适当加大电网投资力度，支持发展分布式光伏。

八、加强安全应急管理

（二十七）建设单位、各参建单位、运行管理和维护单位和电网企业要加强分布式光伏发电项目的应急管理，在建设和运行期间，制定有效措施妥善应对各类自然灾害和事故险情，其中工商业分布式光伏发电项目还要制定专项应急预案和现场处置方案，定期开展演练，储备必要抢险救援物资；强化应急协调联动，建立健全与项目所在地政府有关部门及周边单位的联络沟通机制，及时获取灾害信息，共享应急资源。

九、健全安全制度体系

（二十八）各有关单位要抓紧梳理分布式光伏发电安全生产政策文件和标准体系，坚持问题导向和目标导向，针对性开展相关政策文件和标准的制修订工作，健全完善分布式光伏发电的勘察设计、建设施工、安装调试、工程质量、并网接入、运行维护、输配电网建设改造等安全监管规定和标准体系，为分布式光伏发电安全生产工作提供制度依据。

十、加强安全教育培训

（二十九）建设单位、各参建单位、运维管理单位要加强对施工作业人员及周边可能受影响人群的常态化安全教育，定期开展事故警示，强化安全意识，提升防范能力，遏制坍塌、火灾、触电、高处坠落、物体打击等事故发生。

（三十）电网企业要切实发挥并网安全技术指导和管理作用，加强对分布式光伏发电项目，特别是自然人分布式光伏发电项目并网安全规章制度和标准规范的宣传教育，指导建设单位做好并网运行安全管理工作。

十一、加强安全监督管理

（三十一）地方各级政府发展改革、电力管理等部门要根据职责分工并按照“三个必须”和“谁审批（备案）、谁监管”的原则，切实做好分布式光伏发电的发展规划、行业监测、备案管理、监督检查等工作，督促指导项目相关单位落实安全生产主体责任。

第六章

分布式光伏电站的设计与施工

分布式光伏电站的设计与施工不同于大型集中式光伏电站，存在屋顶等可安装资源的特殊性与电网接入系统的多样性等特殊性，体量小、施工快速、边界条件多样，投资风险较大，需要丰富的设计与施工经验。分布式光伏电站的设计须遵循相关规程标准，严格设计条件论证，主要包括基础（配重块）与支架型式的选择、光伏阵列倾角优化、阴影遮挡分析、辐照量与电量计算、支架设计与强度验算、屋顶承载复核、接入系统设计、电气一次与二次设计、主要设备与辅材选型、防雷接地与消防设计等。施工过程中须强化全过程管理，严格施工节点控制，落实质量验收各项标准，辨识施工建设中易发生的风险点，排查隐患，杜绝带病运行，加强投资成本费用管控。

第一节　分布式光伏组件的安装形式

分布式光伏电站主要安装于公共建筑、工商业厂房、城镇与农村的屋顶闲置土地等，依据相关规程要求，分布式光伏电站应整体满足 25 年设计寿命，组件、支架与基础应满足 25 年设计使用寿命。涉及的屋顶形式主要有混凝土平屋顶、彩钢瓦人字形屋顶以及瓦房屋顶等，建筑形式与结构各有特点，分布式光伏的阵列基础、支架型式、平面排布以及倾角朝向等设计与建设要点须依据附着屋顶进行针对性论证。

支架结构设计时，其形式和材料应考虑以下因素：

（1）技术可行性——合理设计支架结构的形式，材料方便加工，易于采购；

（2）经济合理性——性价比选材；

（3）施工便利性——支架结构方便现场施工；

（4）安全性——防风、抗震、防雷、防火等。

一、公共建筑混凝土平屋顶

常见的政府办公楼、居民楼、医院等公共建筑屋面活荷载一般不小于 $2.0kN/m^2$（≥ 200kg），对于不上人的屋顶活荷载不小于 $0.5kN/m^2$（≥ 50kg），针对具体建筑，须按照原设计说明进行屋面荷载的校核，依据可承载能力进行光伏支架基础与支架型式的选择。

可上人屋面承载能力一般可进行分布式光伏组件的安装，考虑到光伏组件一定的抗风能力以及小倾角电量提升效益，常采用混凝土配重块作为基础，配重块底部垫防水层并用水泥砂浆稍作固定与找平后放置于屋面，主要利用配重自身重量稳固上部光伏组件与支架，不对屋顶钻孔与开凿，对原屋顶结构无不利影响。在实际设计中，配重块形式的基础有多种类型，如条形基础、方形基础、钢筋混凝土配重块＋特种工程塑料支架（适宜于承重小荷载屋面）等。常见基础形式如图 6-1 所示。

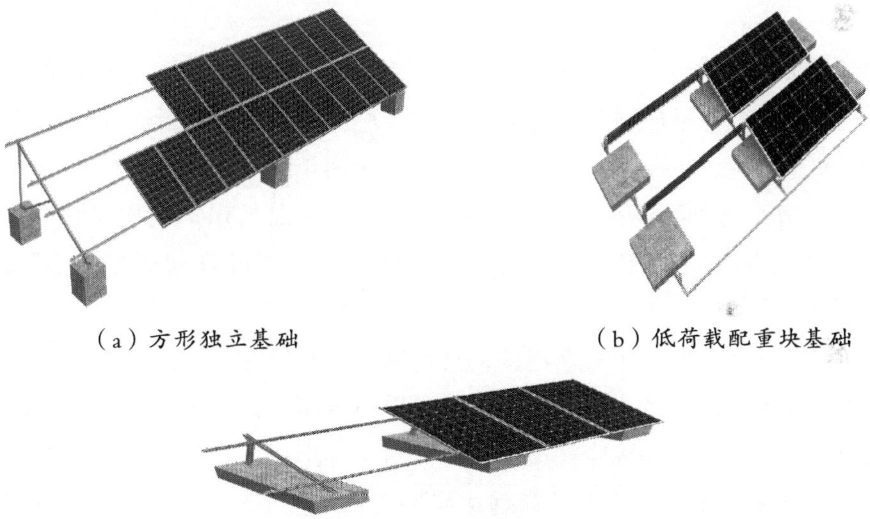

（a）方形独立基础　　（b）低荷载配重块基础

（c）条形基础

图 6-1　常见平屋顶光伏支架基础

采用固定式基础的光伏阵列承受的不利荷载主要为风压，按照《太阳能发电站支架基础技术规范》（GB 51101—2016），须按照二十五年一遇标准进行风压设计值计算，全国各地风压标准值取值可查询《建筑结构荷载规范》（GB 50009—2012），为提高风压设计值取值精度，建议收集项目地气象站三十年长期实测数据或自主测风进行风压频遇值计算。对于无女儿墙等防风扰流结构的屋顶，建议提高设计风压取值标准，宜按照五十年一遇进行载荷校核与结构设计，以提高光伏支架整体抵抗极端大风的能力。

配重式混凝土光伏支架基础一般可采用当地纬度下的最佳倾角，尽量朝正南方向，以提高发电量。提高组件倾角的同时，受制于组件阴影遮挡、大倾角整体结构稳定性以及面积受限下保证安装容量等的限制，倾角一般可适当降低，倾角设置区间为 15°～ 20° ，以获得成本与效益的最佳平衡。对于不上人屋面，为适应屋顶较小荷载要求，一般要求组件倾角为5° 或者10° ，进一步降低风载的不利影响。

混凝土建筑屋面分布式光伏的安装与设置不应影响所在建筑的结构完整和结构安全，对于设置有变形缝的屋面，不应跨越进行光伏基础布置，光伏阵列整体抗震设防应满足当地抗震设防烈度的要求。光伏方阵的基础设置在确保自身使用寿命与结构安全的前提下，应重点关注对原屋面的挤压破坏与防水措施不到位造成的屋面渗漏等问题，降低建筑防水功能。

二、钢结构彩钢瓦人字形屋顶

工商业建筑中70%左右的屋顶为钢结构彩钢瓦形式，相对混凝土建筑结构具有成本低、施工周期短等优点，适合于大型工业厂房，通常为人字形，屋顶坡度为5°～10° ，承载能力较钢筋混凝土结构屋顶小，须采用新型支架形式，以减少光伏阵列自重，提高整体结构安全稳定性。

对拟进行光伏组件安装的彩钢瓦结构屋顶，需进行以下资料与情况的了解与掌握：

（1）原设计图纸，包括屋面彩钢瓦规格尺寸、厂房框架结构设计、设计承载能力等；

（2）实际使用情况，主要有厂房使用用途、已使用年限、屋顶破损以及锈蚀情况等；

（3）屋顶新增光伏阵列需要有具备资质的专业机构出具建筑结构承载能力校核报告，若承载能力不能满足建设要求，需要进行结构加固或者组件阵列型式调整，以满足安全要求。

光伏阵列与彩钢瓦一般采用夹具连接，夹具固定在彩钢板棱上，彩钢板的棱通常分为角驰、直立锁边和梯形，前两者为常见类型，均可以直接将夹具固定在愣上不破坏原有屋顶结构，梯形板通过螺栓将固定件固定在屋面板上。对于异形屋面板，可进行现场测量以确定夹具规格，并进行现场锁紧测试，常见彩钢瓦屋顶夹具结构形式与安装示意如图6–2、图6–3所示。

（a）直立锁边1　（b）直立锁边2　（c）角驰夹具1　（d）角驰夹具2

图6–2　彩钢板屋顶常见夹具形式（1）

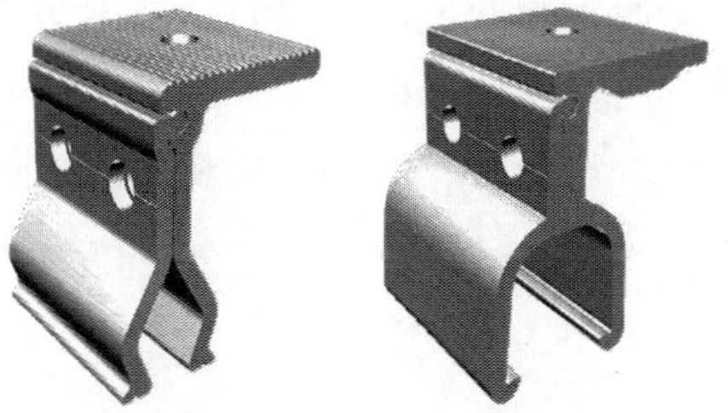

（e）梯形夹具 1　　（f）梯形夹具 2

图 6–2　彩钢板屋顶常见夹具形式（2）

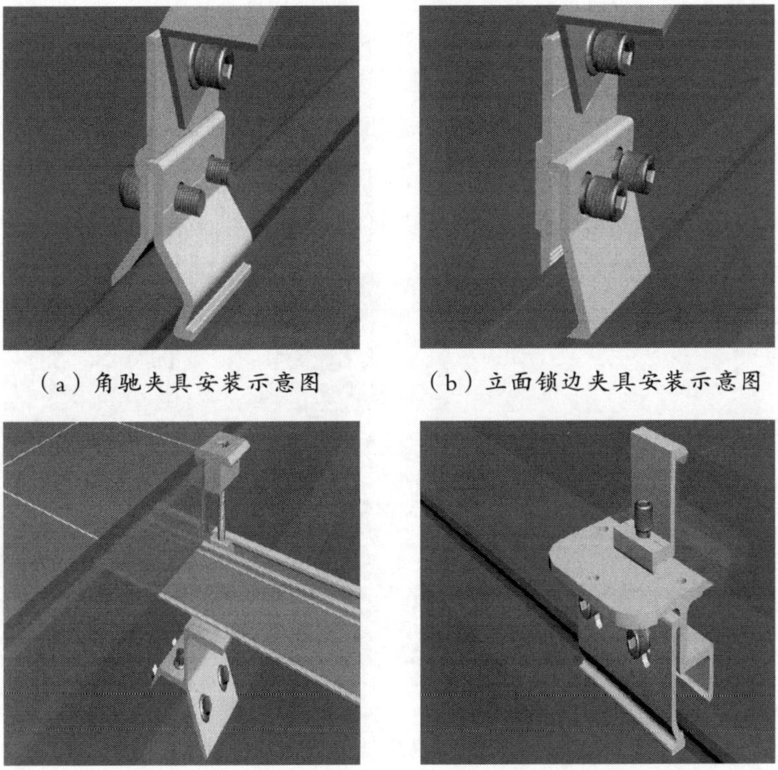

（a）角驰夹具安装示意图　　（b）立面锁边夹具安装示意图

（c）梯形夹具安装示意图　　（d）直立锁边夹具安装示意图

图 6–3　常见彩钢瓦结构与夹具安装示意图

为减轻光伏阵列的自重，通常采用铝合金材质支架，组件的安装一般与屋顶倾角与朝向保持一致，以最大化降低风载的不利影响，如需进一步提高发电量，可朝南向利用螺杆等调整形成组件前后沿一定的高差，高于屋顶的倾角，需注意的是较大的倾角在风载的作用下，将产生压力或者拉力，需进行专项论证。同时，在选定合适的夹具与支架形式下，应进行夹具装配与拉力测试，在不同区域，如彩钢瓦檩条处、边缘、中间等具有代表性的部位分别进行测试，单点承拉能力须达到 60kg 以上，若不能满足，应进行强度校核，根据校核结果决定是否增加额外固定点。

此外，考虑到彩钢瓦屋面金属材料热胀冷缩特性，夹具在与彩钢瓦牢固结合之后一定程度上改变了彩钢瓦的应力应变分布，遇大风易造成屋顶板材撕裂，进而产生漏水、锈蚀等问题，同时对屋顶分布式光伏的安全、可靠运行产生不利影响。针对夹具与彩钢瓦结合问题，须在设计阶段选择适合夹具与安装方式，降低隐患的发生。

三、城乡瓦屋顶

户用分布式光伏主要集中在城乡地区，多为瓦屋顶结构，安装难度较大，存在的问题主要有承载能力差，屋顶梁、檩条多为木质结构，较工商业厂房屋顶坡度大，加固困难，成本较高。对于屋顶结构形式较好、承载能力强的屋顶可通过挂钩与屋顶内部结构进行连接，并从瓦片的上下接缝处伸出，与支架阵列进行连接，不破坏屋顶的防水结构。若屋顶结构为木质檩条形式，挂钩固定可采用木螺钉，若屋顶结构为混凝土，则采用化学螺栓进行固定，以增强可靠性。挂钩按照材质分为不锈钢 SUS304 和热镀锌普通碳钢两种，檩条材质一般为热镀锌碳钢和铝合金两种。常见瓦屋顶夹具结构与安装示意图如图 6-4 所示。

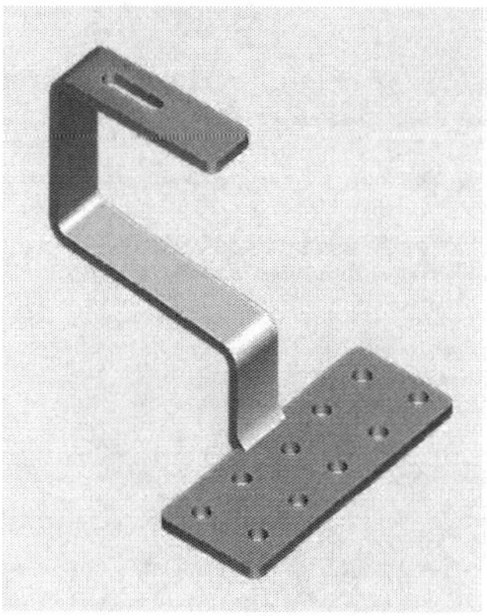

（a）瓦屋顶夹具

（b）瓦屋顶夹具安装示意图

图 6-4　瓦屋顶夹具结构与安装示意图

对于屋顶结构较差，采用挂钩等方式无法进行光伏组件固定时，可采用搭建钢结构框架的方式，整体放置于原屋顶的上方，保留一定的间距，避免破坏原屋顶结构，钢结构框架的立柱采用混凝土基础形式。此种方式成本较高，需进行专项设计。

第二节　光伏阵列最优倾角及发电量计算

在光伏电站设计中，一般随着纬度的增加，最优倾角也逐渐增加，随着太阳高度角与方位角的变化，使光伏组件尽可能垂直于太阳入射光线，以获得最大的太阳辐照量。分布式光伏电站中较多采用固定式支架，即光伏阵列的倾角为全年固定值，依据安装屋顶的朝向与坡度，在光伏阵列方位角为正南向时发电量最高，较大坡度的北向屋顶不适宜进行安装。

一、最优倾角

对于混凝土平屋顶，光伏阵列倾角调节范围较大，一般考虑以下几方面因素综合确定：

（1）太阳能资源评估结果（倾斜面太阳幅照量、直射比、稳定度等指标）；

（2）屋顶承载能力与选定光伏阵列支架基础形式；

（3）当地的气象环境，尤其是极端风况。

对于固定式基础的支架，可采用最佳倾角进行安装，可采用查表法选择适合当地纬度的最优倾角值，或者采用 Pvsyst、Metenonrm、Sloargis 等软件进行不同倾角下倾斜面太阳辐照量计算，选择最大倾斜面辐照量对应的倾角值；对于配重式基础受制于屋顶承载能力限制，选择较大的倾角将显著放大风载的负面影响，倾角一般设置为 15°～20° ，需结合整体设计进行综合论证比选；对于工商业彩钢瓦厂房与城乡瓦屋顶，通常与屋顶平行进行安装，倾角一般为 5°～15° ，可适当增加倾角以提高发电量。

二、方位角

光伏阵列方位角确定需结合建筑屋顶形式与朝向分类确定，钢筋混凝土结构平屋顶，由于屋顶坡度为零，对于规整的屋顶，通常采用正南朝向，以使获得的全年倾斜面太阳辐照量最大，屋顶存在斜边、障碍物时尽可能朝南向布置，偏离正南角度越小越好。对于工商业人字形厂房屋顶与城乡瓦屋顶，受坡度与布置基础形式的限制，一般与屋顶朝向保持一致，若北向屋顶坡度超过 20°～25° ，不宜安装光伏组件。

在同一倾角下，光伏阵列方位角的选择与纬度存在相关关系，在同一地点，方位角朝东、西变化时，对发电量的影响相同，以太阳时 12 点为分界点，东、西朝向光伏阵列接收的辐照量基本相同。在高纬度地区，太阳全年高度角较高，东、西朝向的组件受遮挡接收到的太阳辐照量进一步减少，高纬度地区的项目，组件朝正东、朝正西安装时，发电量损失高达 20% 以上；而在低纬度地区，发电量损失仅为 4%。纬度越高，损失越大；纬度越低，损失越少。

三、太阳能资源评估

（一）全国太阳能资源分区

在进行分布式光伏电站选址以及发电量评估中，水平面年总辐照量是关键的参考数据，依据《太阳能资源等级 总辐射》（GB/T 31156—2014），将年总辐照量划分为四个等级，分别为最丰富、很丰富、丰富与一般，具体见表 6–1 所示。

表 6–1　太阳总辐射年辐照量等级

等级名称	等级符号	年总辐照量	年总辐照量	平均日辐照量	年峰值日照小时
		MJ/m^2	kWh/m^2	kWh/m^2	h
最丰富	A	≥ 6300	≥ 1750	≥ 4.8	≥ 1750
很丰富	B	5040 ～ 6300	1400 ～ 1750	3.8 ～ 4.8	1400 ～ 1750
丰富	C	3780 ～ 5040	1050 ～ 1400	2.9 ～ 3.8	1050 ～ 1400
一般	D	＜ 3780	＜ 1050	＜ 2.9	＜ 1050

注　总辐射年辐照量采用多年平均值（一般为 30 年平均）。

峰值日照时数是指一段时间内的辐照度积分总量相当于辐照度为 $1kW/m^2$ 的光源所持续照射的时间，单位为小时（h）。针对年峰值日照小时计算，即为年总辐照量（kWh/m^2）除以标准辐照度（$1kW/m^2$）。

在光伏电站设计中，通常以水平面年总辐照量为判定当地太阳能资源等级的指标，具体数据可从当地具有太阳辐照观测条件的气象站以及太阳能资源数据库中获取，常用的太阳能资源数据库主要有 Metenonrm、NASA、Solargis 以及 Retscreen 等，具体项目设计时，应采用长系列数据（一般为 30 年）进行典型代表年订正，若观测数据时序较短，也可采用数据库查询方法，采用多源数据对比分析综合判定，以减少因资源评估不准确造成的项目收益偏差。

（二）直射比评判

直射比指水平面直接辐射辐照量在总辐射辐照量中所占的比例，用百分比或者小数表示，实际大气中，其数值在［0，1）之间变化，越接近 1，水平面直接辐射所占比例越高。具体评判标准见表 6–2 所示。

表 6–2　直射比等级

等级名称	分级阈值	等级符号	等级说明
很高	$R_D \geq 0.6$	A	直接辐射主导
高	$0.5 \leq R_D < 0.6$	B	直接辐射较多
中	$0.35 \leq R_D < 0.5$	C	散射辐射较多
低	$R_D < 0.35$	D	散射辐射主导

注　R_D 表示直射比，水平面直接辐射辐照量与总辐射年总辐照量为多年平均值（一般为 30 年平均）。

光伏组件发电中直接辐射为最佳可利用辐射资源，直射比越高，对发电越有利；相反，直射比较低，表明年辐射总辐照量中散射辐射辐照量占比较高，此时，在光伏组件选型时应优先考虑对散射光利用效率较高的组件，如 N 型组件等，以挖掘潜在发电收益。

（三）稳定度评判

太阳能资源稳定度表示太阳能资源年内变化的状态与幅度，计算时，用全年各月日平均辐照量的最小值与最大值相比，其数值在［0，1）之间变化，越接近于 1 表示越稳定。稳定度等级见表 6-3。

表 6-3　　稳定度等级

等级名称	分级阈值	等级符号
很稳定	$R_W \geqslant 0.47$	A
稳定	$0.36 \leqslant R_W < 0.47$	B
一般	$0.28 \leqslant R_W < 0.36$	C
欠稳定	$R_W < 0.28$	D

注　R_W 表示稳定度，计算时，应首先计算总辐射各月平均日辐照量的多年平均值（一般为 30 年平均），再求最小值与最大值的比值。

太阳能资源稳定度实质是太阳能辐照量在一年四季中的变化情况，稳定度越小，则一般冬季太阳能资源与夏季相比偏差较大，可能造成光伏电站出力年内不均衡偏大。

四、发电量计算

（一）发电量模拟计算

对分布式光伏电站项目发电量进行计算是衡量电站设计水平与投资收益的关键指标，发电量估算应根据项目所在地太阳能资源情况，并综合考虑光伏电站系统设计、阵列布置与环境条件等因素后计算确定。计算公式为

$$E_P = H_A \times \frac{P_{AZ}}{E_S} \times K \tag{6-1}$$

式中　E_P——理论上网电量，kWh；

H_A——倾斜面总辐照量，kWh/m^2；

P_{AZ}——光伏电站组件直流侧安装容量，kW；

E_S——标准条件下的辐照度，1kW/m^2；

K——系统综合效率。

对于分布式光伏电站，受安装屋顶等条件限制，并不是所有光伏组件的方位角与倾角保持一致，因此在实际计算中，需根据光伏系统方位角与倾角差异进行阵列划分，分别计算各自的倾斜面总辐照量，进而计算峰值利用小时以及进行发电量估算。

（二）光伏系统效率与组件衰减

需要注意的是，发电量估算受到光伏发电系统综合效率 K 的影响，系统综合效率 K 主要包括光伏阵列、低压系统、子阵升压系统以及并网系统效率四大部分，实际设计中屋面光伏发电系统效率首年不应低于 80%，典型分布式光伏电站系统效率见表 6–4。

系统综合效率 K 的计算中涉及到低压系统以及升压系统等影响因素可以根据拟选电气设备的参数进行准确取值，其效率损失较小，对发电量准确估算影响较小。光伏阵列效率估算中较多涉及难以准确定量的因素，如灰尘遮挡、云层鸟粪遮挡等，对系统整体效率影响权重较大，涉及到电站的设计以及运行等阶段。根据经验，对于集中式并网光伏电站，K 值一般取 80% ～ 88%；对于分布式并网光伏电站，取 80% ～ 85%。

表 6–4　典型分布式光伏电站系统效率

子单元效率	类别	组串式逆变器（%）
光伏阵列效率	温度影响	98
	灰尘遮挡	97
	组件一致性失配	99.2
	阴影遮挡	98
	云层鸟粪等遮挡	97
	直流压降失配	99.9
	合计	89.6
低压系统效率	直流线损	98.87
	低压交流线损	100
	组串及直流配电故障损失	99.7
	逆变器效率	98.5
	MPPT 追踪效率	99
	逆变器及辅助设备故障损失	99.4
	配电开关损耗	99.9
	系统自耗电	99.9
	合计	95
子阵升压系统效率	子阵升压变压器损耗	99
	高压交流线损	99.9
	合计	99
并网系统效率	并网系统损耗	98

续表

子单元效率	类别	组串式逆变器（%）
系统总效率	合计	82.58

除此以外，在分布式光伏发电系统 25 年寿命周期内，发电量还受到光伏组件自身首年效率衰减以及第 2 ～ 25 年线性效率衰减的影响，导致发电量逐年递减。某品牌 410W 单晶半片 PERC 组件光电转化效率为 20.38%，首年效率损失不大于 2.5%，第 2 ～ 25 年，每年线性衰减不超过 0.6%。光伏组件效率衰减见图 6–5 所示，逐年发电量计算公式为

$$E_n=E_p\times\eta_n(n=1,2,\cdots,25) \tag{6-2}$$

式中　E_n——第 n 年上网电量，kWh；

η_n——第 n 年光伏组件转化效率，当 n=1 时，η_1= 1–2.5％ = 97.5％；当 n=2 时，η_1=（1–2.5％）–（2–1）×0.6％ = 96.9％，以此类推。

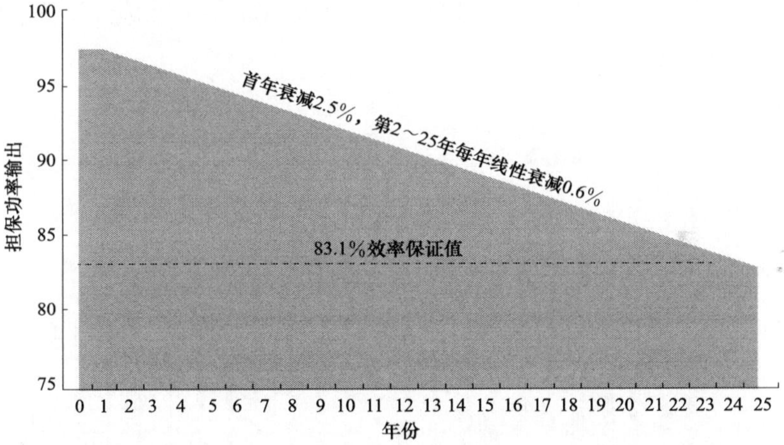

图 6–5　某 410W 单晶 PERC 半片光伏组件效率衰减过程

以全国高、中、低纬度地区四个典型代表地区为例，进行太阳能资源评估与固定最佳倾角下首年等效利用小时计算，具体结果如表 6–5 所示。

表 6–5　　全国不同纬度典型代表地区太阳能资源与发电量计算

项目	单位	三亚	拉萨	共和	大庆
年水平面总辐照量	kWh/m^2	1694	1983	1635	1362
资源丰富等级	—	很丰富	最丰富	很丰富	丰富
直射比	—	0.71	0.79	0.74	0.73
稳定度	—	0.65	0.54	0.44	0.24

续表

项目	单位	三亚	拉萨	共和	大庆
最佳倾角	°	19	33	36	43
年倾斜面太阳总辐照量	kWh/m^2	1743	2275	1901	1727
首年等效利用小时	h	1559	2040	1728	1572

注 采用固定最佳倾角支架，系统效率为 85.71%，首年组件衰减 2.5%。

以山西朔州某工厂人字形彩钢瓦结构屋顶分布式光伏电站发电量计算为例，分析南北向屋顶朝向下光伏发电系统全年太阳辐照量与发电量计算情况，具体结果见图 6–6。查询工厂场址多年平均水平面太阳总辐照量为 $1537kWh/m^2$，属于“资源很丰富”等级；稳定度 R_W 为 0.36，属于“稳定”等级；直射比 0.55，为“高”等级。

南北向屋顶光伏组件倾角与屋顶保持一致，为 10°，南向屋顶方位角为 0°，北向屋顶方位角为 180°，计算南北向相同倾角下倾斜面的年总辐照量分别为 $1701kWh/m^2$、$1406kWh/m^2$，首年等效利用小时分别为 1431h、1185h，25 年平均值分别为 1347h 和 1112h，南向发电量较北向增加 21.13%。

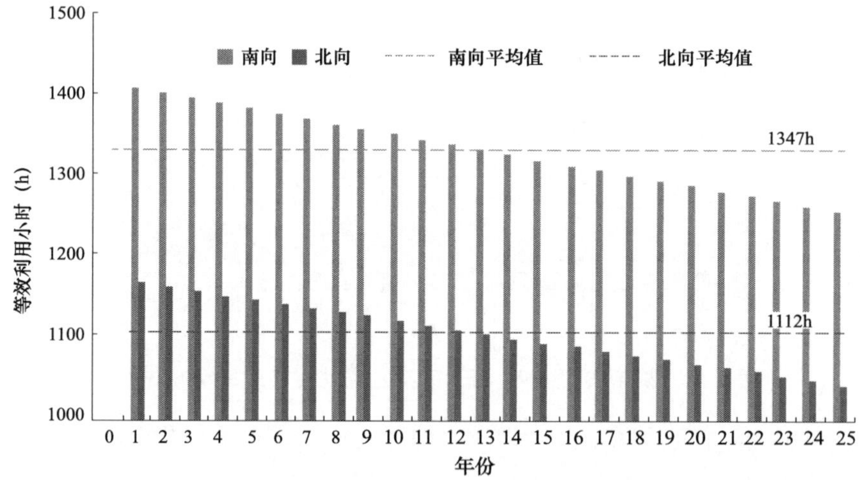

图 6–6 山西朔州某工厂屋顶分布式南北向发电利用小时对比

（三）系统性能评估

在光伏电站实际运行中，性能比（Performance Ratio，PR）是衡量发电能力的综合指标之一，定义为光伏发电量与接收到的太阳能辐照量资源的比值。计算公式为

$$PR = \frac{E_{AC}}{H_A} \tag{6–3}$$

式中 E_{AC}——一段时间内光伏电站并网电量，kWh；

H_A——对应时段内接受到的太阳总辐照量，kWh/m^2。

影响 *PR* 指标的主要因素包括太阳能资源的接收、光电转化、直流汇流、交直流逆变以及集电线路汇流升压、并网送出等环节的能量损耗，对照式（6–1）与式（6–3），实质上 *PR* 指标为系统效率 K 与光伏组件效率 η_n 的综合值，区别在于，K 为实际运行测量值，η_n 为设计预估值。

以陕西渭南某集中式光伏电站为例，装机容量为 132.288MW，采用固定式支架，540W 双面 PERC 电池组件，3125kW 集中式逆变器，2022 年 5 月 7—14 日进行光伏电站 *PR* 测试，现场测试辐照度计及温度传感器安装于 8 号子阵，电量数据来自电站并网点监控值，且与辐照度采集系统时间周期一致，依据《并网光伏电站性能检测与质量评估技术规范》（CNCA/CTS 0016—2015），将实测周期内的组件功率修正至 25℃标准工况下，计算得到 STC 标准条件下电站的性能比，具体结果如表 6–6 所示。

表 6–6　某光伏电站性能比测试结果

测试日期	电站额定容量（MW）	总累积辐照量（MJ/m²）	电站上网电量（MWh）	标准工况条件下电站性能比 PR_{STC} 值（%）
5 月 7—14 日	132.288	128.0321	4281.376	92.62

注　1. 本次辐照度测试以测试点作为整个场站组件接收的辐照度，主要受到各组件倾角差异影响；
2. 本次的温度计量以被监测组件的温度作为整个场站组件的工作温度。

第三节　光伏阵列设计与排布优化

一、光伏阵列的串、并联组合设计

（一）串联设计

当单个光伏组件发电性能一致时，采用多个组件串联的方式，可以在不改变输出直流电流大小的情况下，使整个方阵输出电压成比例地增加。依据《光伏发电站设计规范》（GB 50797—2012），在光伏方阵中，同一光伏组串中各光伏组件的电性能参数宜保持一致，光伏组件的串联数量应按照下式进行计算，即

$$N \leqslant \frac{U_{dcmax}}{U_{oc} \times [1+(t-25)\times K_v]} \tag{6–4}$$

$$\frac{U_{MPPTmin}}{U_{pm} \times [1+(t'-25)\times K'_v]} \leqslant N \leqslant \frac{U_{MPPTmax}}{U_{pm} \times [1+(t-25)\times K'_v]} \tag{6–5}$$

式中 N——光伏组件串联数量，取整数；

U_{dcmax}——逆变器允许的最大直流输入电压，V；

U_{oc}——光伏组件的开路电压，V；

K_v——光伏组件的开路电压温度系数；

$U_{MPPTmax}$——逆变器 MPPT 电压最大值，V；

U_{pm}——光伏组件的工作电压，V；

t'——光伏组件工作条件下的极限高温，℃；

K'_v——光伏组件的工作电压温度系数；

t——光伏组件工作条件下的极限低温，℃。

以山西省某硅铝厂厂房屋顶分布式光伏系统设计为例，屋顶为人字形，南北向坡度均为 15°，以 540W 单晶单面 PERC 光伏组件与 136kW 组串式逆变器进行直流系统光伏组串设计，设备具体参数见表 6-7 与表 6-8。

表 6-7　540W 单晶电池组件参数

序号	项目	单位	参数
1	开路电压	V	49.5
2	短路电流	A	13.85
3	峰值功率电压	V	41.65
4	峰值功率电流	A	12.97
5	组件效率	%	21.1
6	工作温度	℃	−40 ～ +85
7	标称工作温度	℃	45±2
8	尺寸	mm	2256×1133×35
9	短路电流温度系数	%/℃	+0.048
10	开路电压温度系数	%/℃	−0.27
11	峰值功率温度系数	%/℃	−0.35

表 6-8　136kW 组串式逆变器参数

序号	项目	单位	参数
1	最大输入电压	V	1100

续表

序号	项目	单位	参数
2	每路 MPPT 最大输入电流	A	30
3	每路 MPPT 最大短路电流	A	45
4	MPPT 电压范围	V	180 ～ 1000
5	额定输入电压	V	750
6	输入路数		24
7	MPPT 数量		12
8	额定输出功率	W	136000
9	最大输出有功功率	W	150000
10	最大视在功率	VA	150000
11	额定输出电压	V	500
12	最大输出电流	A	173.2
13	最大效率	%	99.00
14	中国效率	%	98.30

以 DC 1000V 为系统电压进行光伏组件串联数量计算，每个组串串联组件数 N 为

$$N \leqslant \frac{1100}{49.5\times[1+(-40-25)\times(-0.27\%)]} \tag{6-6}$$

$$\frac{180}{49.5\times[1+(85-25)\times(-0.27\%)]} \leqslant N \leqslant \frac{1000}{49.5\times[1+(-40-25)\times(-0.27\%)]} \tag{6-7}$$

上式 N 值取交集，为 $4.34 \leqslant N \leqslant 17.19$，$N$ 取整并按照最大值取为 17，即单个组串的组件数为 17 个。

（二）并联设计

分布式光伏电站一般采用小型组串式逆变器，在光伏组件串联设计基础上，结合组串式逆变器的 MPPT 数量以及各支路可并联的光伏组串数量，进行并联设计，以前述案例进行分析，在满配情况下，136kW 逆变器 12 路 MPPT 可接入 24 个组串，合计容量为 220.32kW，系统容配比为 1：1.62。

在工程实际中，由于光伏组件安装场地限制，如存在东西以及北向屋顶、屋顶不规则，有女儿墙、通风井阴影遮挡影响，造成分布式光伏不同于大型集中式地面光伏电站，可进行规整的光伏子阵排布设计。此时，为最大化提高光伏发电系统整体效率，减少不必要的

失配损失，在进行 MPPT 支路接入时，应按照方位角、倾角、设备性能参数等设计条件，尽可能保证接入同一 MPPT 支路的组串各项参数条件保持一致，具体原则如下：

（1）不同倾角或方位角的组串，不宜串并联到一起或接入同一个 MPPT 回路中，例如，屋顶不同朝向的光伏组串应分别接入到不同逆变器或同一逆变器不同 MPPT 支路。

（2）各不同输出电压或电流的组串，不宜串并联到一起或接入同一个 MPPT 回路中。

（3）不同阴影遮挡情况的组串，不宜串并联到一起或接入同一个 MPPT 回路中。

（三）容配比优化设计

容配比表征光伏发电系统直流侧组件安装容量与交流侧容量的比值，在实际工程中，可适当提高容配比以使光伏发电系统在较多的时段处于满载工作状态，通过主动延长逆变器满载工作时间，在增加组件设备投入成本与系统发电收益增长之间寻找最佳容配比平衡点，实现平准化度电成本（levelized cost of energy，LCOE）最小。

光伏发电系统容配比优化计算宜综合考虑项目的地理位置、地形条件、太阳能资源条件、组件选型、安装类型、布置方式、逆变器性能、建设成本、光伏方阵至逆变器或并网点的各项损耗、电网需求等因素，经过技术性和经济性比选后确定。容配比优化分析宜使用试算法进行计算，从低到高选取容配比分别进行度电成本计算，以度电成本最低得出最优容配比。以合肥某分布式光伏电站项目为例，采用固定最佳倾角＋单晶单面组件＋集中式逆变器的系统方案，进行最优容配比计算，参考《光伏发电系统效能规范》（NB/T 10394—2020），结果如图 6-7 与表 6-9 所示。

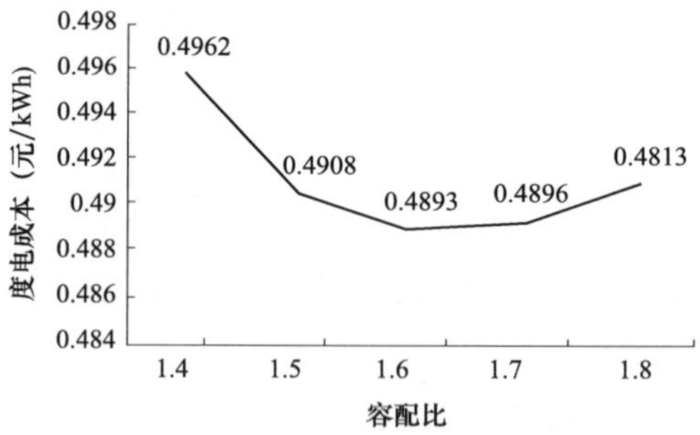

图 6-7 不同容配比度电成本计算对比

表 6-9 单面组件不同辐照度下最优容配比

序号	水平面年总辐照量（kWh/m²）	平铺	固定式
1	1000	1.7 ～ 1.8	1.7 ～ 1.8
2	1200	1.7	1.6 ～ 1.7
3	1400	1.6	1.6 ～ 1.6

续表

序号	水平面年总辐照量（kWh/m²）	平铺	固定式
4	1600	1.4	1.4
5	1800	1.3 ～ 1.4	1.3
6	2000	1.2	1.1 ～ 1.2

在进行超配设计时，须重点关注逆变器的过载能力，在正午时刻，由于太阳辐照度较高，直流侧超配光伏组件出力增长，若发电功率超过逆变器最大输出有功功率，将造成限功率，即以逆变器最大输出功率为上限，最终系统的发电量曲线出现“削顶”现象。

对于不同朝向的屋顶，例如，东向与西向的光伏组件发电能力较南向偏小，根据容配比优化思路，可适当增加东西向屋顶的组件串联数，提高容配比，同时，针对不同组件倾角，可适当增大小倾角光伏组串串联数。

二、光伏阵列排布设计

光伏阵列的排布首先要根据建筑屋顶类型确定安装形式，划定可安装区域，兼顾整体安装容量，平衡发电效益与投资成本，考虑施工安装难易程度、线路走向及连接、光伏组件维护与清洗的便利性等因素综合确定。

（一）安装区域选择

选择可安装区域需考虑以下几点：

（1）通气孔、女儿墙、天井等屋顶障碍物以及建筑周围高耸物体（树、邻近建筑或者烟囱等）对光伏阵列产生的遮阴区域要排除；

（2）结合建筑用途，如冶炼、热加工等工业厂房，高温以及废气排放等区域慎重选择，以免对光伏组件的耐久性造成不利影响；

（3）对结构设计偏弱、承载能力不足区域应避开或者进行专项论证，限于容量限制可优化光伏阵列安装形式，以降低承载力要求；

（4）避免跨越伸缩缝、沉降缝、抗震缝等易发生相对位移的变形缝，光伏组件跨越变形缝易造成漏电、脱落等危险。

除以上区域需要避让以及专项论证外，在光伏阵列的排布中需重点考虑风载的不利影响，若建筑物四周没有挡风结构，在极端风况下，边缘迎风区域在较大风压下容易产生光伏组件撕裂、支架倾倒等问题，需要多预留合理距离或边沿区域的固定结构进行加强处理，例如，针对彩钢屋顶，在屋顶四周可预留不少于 2m 的距离，将在边沿区域的支架夹具间距由 1.2m 缩小至 0.8m。

（二）光伏阵列排布方式

整体上，光伏阵列的排布有竖向排布与横向排布两种方式，根据现场安装环境的不同以及光伏组件尺寸，竖向排布一般每列设置 2 ～ 4 块光伏组件，横向排布一般每列设置 3 ～ 5 块光伏组件，大跨度工业厂房屋顶，也可采用横向、竖向单排甚至双排布置，以提高屋顶面积的可利用率。通常较多采用竖向排布方式，其相对横向布置在支架用量、施工便利以及施工进度等方面有着优势。横向与竖向安装示意如图 6-8 所示。

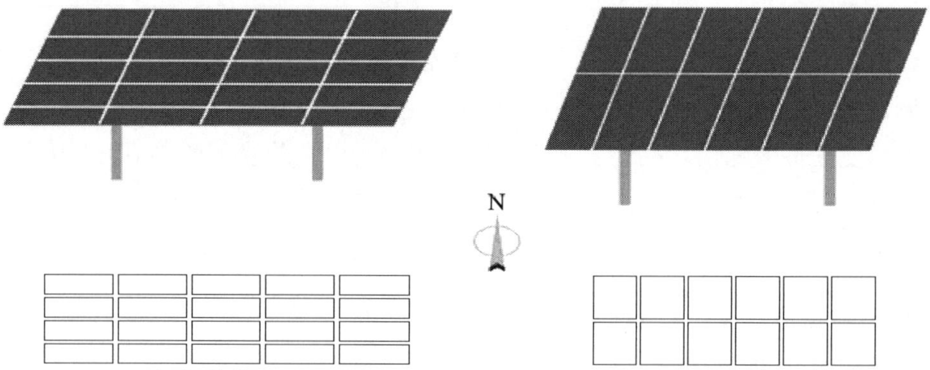

（a）横排　　（b）竖排

图 6-8　光伏组件横向与竖向安装示意图

在阴影遮挡下不同排布方式对光伏组件的发电量影响较显著，其内在机理为阴影遮挡下为避免组件产生热斑效应以致降低电池功率甚至导致报废，并联在电池串中的旁路二极管在某些组串中的电池片受到阴影遮挡时部分导通，防止未照射到光照的电池片成为负载以消耗电能使自身发热严重。横排和竖排时，光伏组件中电池片受阴影遮挡的位置不同，旁路二极管导通数量存在差异，表现在光伏组件输出功率不一致。

以某 60 片电池 345W 半片 PERC 组件进行分析，采用 6×20 方式进行电池片排列，每两列进行串联，共 3 串电池片并联安装，每串并联设置一个旁路二极管，分别采用竖向与横向排布，具体如图 6-9 所示。

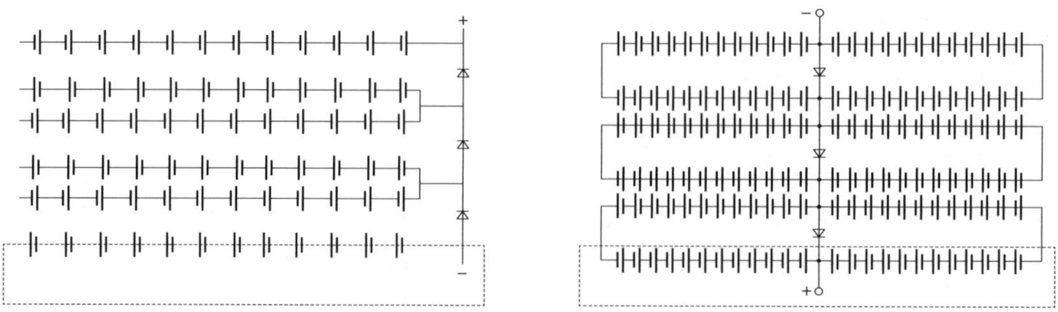

（a）全片组件横向布置　　（b）半片组全片组件横向布置

图 6-9　全片与半片电池组件横向与竖向遮挡（虚线框）示意图（一）

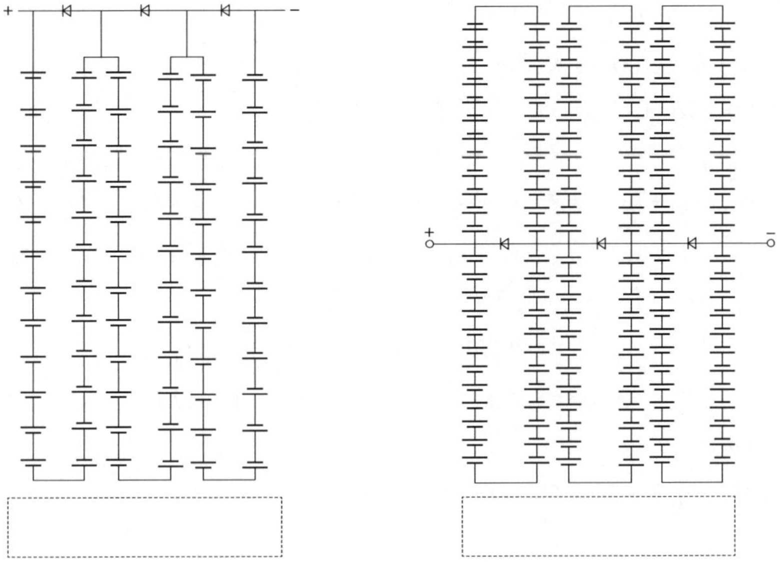

（c）全片组件竖向布置　　（d）半片组件竖向布置

图 6-9　全片与半片电池组件横向与竖向遮挡（虚线框）示意图（二）

当组件竖向排布时，阴影会同时遮挡 3 个电池片组串，组件的 3 个旁路二极管全部正向导通将电池组串短路，使被遮挡组件不能发电。若无旁路二极管，其余电池片产生的能量将以发热的形式消耗在被遮挡电池上，造成热斑效应。当横向排布时，阴影仅能遮挡一个电池片组串，该组串对应的旁路二极管被正向导通短路，上部其余两个电池片组串仍可以正常输出功率，若阴影遮挡较小，此时光伏组件的输出功率约为正常输出功率的 2/3，旁路二极管的导通对受遮挡电池片起到保护作用。随着阴影面积的不断增大，组件的输出功率不断降低。同一时刻，竖向布置的光伏组件阴影遮挡时最大功率点小于横向布置，功率损失大于横向布置。某 245W 光伏组件在冬至日不同时刻横向与竖向遮挡测试结果见表 6-10。

表 6-10　某 245W 光伏组件在冬至日不同时刻横向与竖向遮挡测试结果

时刻	无阴影最大功率（W）		有阴影时最大功率（W）		功率损失（%）	
	竖向	横向	竖向	横向	竖向	横向
15:30	37.9	37.9	9.6	24.3	74.7	35.9
16:00	25.6	25.6	2.7	16.4	89.4	35.9
16:30	11.7	11.7	1.3	3.7	88.9	68.4

三、光伏阵列阴影分析

在光伏阵列的排布中，阴影分析是重要的环节。需要对产生阴影的区域进行分析和合理避让，依据《光伏发电站设计规范》(GB 50797—2012)，光伏方阵各列、排的布置间距应保证每天 09:00—15:00（当地真太阳时）时段内前、后、左、右互不遮挡。在实际设计中，一般以冬至日 09:00—15:00 不受遮挡为原则计算阵列间距。

光伏组件的阴影遮挡归结于太阳与地球的相对运动关系以及光学特性，某一地的太阳光入射主要衡量参数有高度角、方位角、赤纬角、时角以及当地的纬度等，在进行光伏组件阴影分析时，需要对所有高出光伏组件最低点的物体分别进行阴影计算，如女儿墙、电梯井、通风井、通气孔等，任意时刻太阳高度角的计算公式为

$$\beta = \arcsin(\sin\phi\sin\delta+\cos\phi\cos\delta\cos t) \quad (6\text{–}8)$$

式中 β——太阳高度角，指太阳光入射方向与地平面之间的夹角；

ϕ——当地纬度；

δ——赤纬角，介于 $-23°26'$ ～ $+23°26'$；

t——太阳时角。

赤纬角日变化很小，一年内任一天的赤纬角计算公式为

$$\delta = \arcsin\{0.39795\times\cos[0.98563\times(N-173)]\} \quad (6\text{–}9)$$

式中 N——日数，自每年 1 月 1 日开始计算；冬至日时，太阳赤纬角为 $-23°26'$，北半球阴影长度最长。

时角计算公式为

$$t = 15°\times(ST-12) \quad (6\text{–}10)$$

式中 ST——真太阳时，$ST = 12$ 时，时角 t 为 0，上午为负值，下午为正值。

太阳方位角指太阳光线在地平面上的投影与当地子午线的夹角，计算公式为

$$a = \arccos\left(\frac{\sin\phi\sin\beta-\sin\delta}{\cos\beta\cos\phi}\right) \quad (6\text{–}11)$$

光伏阵列南北向间距计算公式为

$$D=(L\times\cos Z)+(L\times\sin Z)\times(0.707\tan\phi+0.4338)/(0.707-0.4338\tan\phi) \quad (6\text{–}12)$$

式中 L——光伏方阵纵向宽度；

Z——光伏组件倾角；

ϕ——当地纬度。

组件南北向间距计算示意如图 6–10 所示。

与光伏组件最低点高差为 h 的物体任意时刻的阴影长度 L_s 计算公式为

$$L_s = \frac{h}{\tan\beta} \quad (6\text{–}13)$$

在实际设计中，分别计算冬至日上午 9 时、正午时刻与下午 3 时的阴影长度，连线形成阴影范围，即为光伏阵列排布时应当避开的区域。同样，对影响光伏阵列排布的所有障碍物按照上述指导进行阴影范围的绘制，按照最大范围进行包络线确定，指导光伏阵列排布，遮挡物阴影长度计算示意如图 6–11 所示。

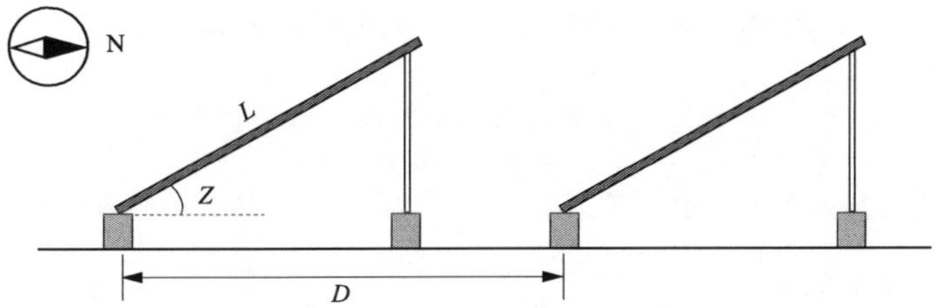

图 6-10　组件南北向间距计算示意图

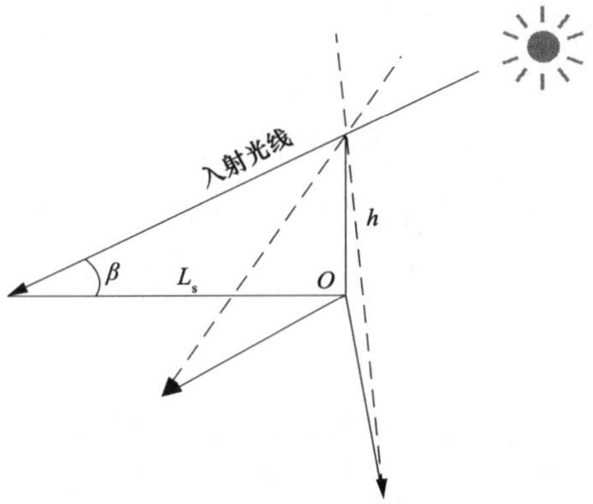

图 6-11　遮挡物阴影长度计算示意图

第四节　电气系统设计要点

分布式光伏发电系统的电气总体设计要求包括分布式并网光伏发电系统的接入容量和电压等级与原配电网相匹配，分布式并网光伏发电系统设计容量不应超出原配电网线路开关、电缆等承载能力，应保证上级电网保护装置正常工作；接入电压等级与原配电网相匹配。

分布式并网光伏发电系统的电能质量达到原配电网要求；分布式并网光伏发电系统接入应确保用户用电功率因数在电网要求范围内；电气设备应综合所在建筑条件合理布置，电气布线应合理利用所在建筑电缆井和电缆沟；分布式并网光伏发电系统根据装机规模和并网电压等级设置监控系统。

一、分布式光伏发电系统接入方式

分布式光伏电站项目多以用户侧自发自用为主、多余电量进行消纳且在配电网系统平衡调节为特征，采用“自发自用、余电上网”的并网（消纳）模式，原则上不应向 110kV 及以上电网反送电。

应根据分布式光伏装机容量和配电网承载能力，合理选择分布式光伏接入电压等级和接入方案，10kV 并网分布式光伏单点接入容量不宜超过 6MW，380V 并网分布式光伏单点接入容量不宜超过 400kW。具体接入容量和电压等级范围见表 6–11。

表 6–11　　分布式光伏电站接入电网电压等级参考表

分布式光伏电站接入电网容量范围	接入电网电压等级（V）
8kW 及以下	220
8 ～ 400kW	380
400kW ～ 6MW	10k

国家电网有限公司针对 10kV 及以下电压等级接入电网，且单个并网点总装机容量小于 6MW 的分布式光伏发电系统，推出了《分布式光伏发电接入系统典型设计方案》。其中，分布式光伏发电单点接入系统典型设计共 8 个方案，见表 6–12。分布式光伏发电多点接入系统典型设计共 5 个方案，见表 6–13。

表 6–12　　分布式光伏发电单点接入系统典型设计方案

方案编号	接入电压	运营模式	接入点	送出回路数	单个并网点参考容量
XGF10–T–1	10kV	接入公共电网	接入公共电网变电站 10kV 母线	1 回	1 ～ 6MW
XGF10–T–2			接入公共电网 10kV 开关站、配电室或箱式变压器	1 回	30kW ～ 6MW
XGF10–T–3			T 接公共电网 10kV 线路	1 回	30kW ～ 6MW
XGF10–Z–1		自发自用、余量上网（接入用户电网）	接入用户 10kV 母线	1 回	30kW ～ 6MW
XGF380–T–1	380V	接入公共电网	公共电网配电箱 / 线路	1 回	≤ 100kW，8kW 及以下可单相接入
XGF380–T–2			公共电网配电箱或箱式变压器低压母线	1 回	20 ～ 300kW
XGF380–Z–1		自发自用、余量上网（接入用户电网）	公共电网配电箱 / 线路	1 回	≤ 300kW，8kW 及以下可单相接入
XGF380–Z–2			公共电网配电箱或箱式变压器低压母线	1 回	20 ～ 300kW

表 6–13　　分布式光伏发电多点接入系统典型设计方案

方案编号	接入电压	运营模式	接入点
XGF380–Z–Z1	380V/220V	自发自用、余量上网	多点接入用户配电箱 / 线路配电箱或箱式变压器低压母线
XGF10–Z–Z1	10kV		多点接入用户 10kV 开关站、配电室或箱式变压器
XGF380/10–Z–Z1	10kV/380V		以 380V 一点或多点接入用户配电箱 / 线路、配电室或箱式变压器低压母线，以 10kV 一点或多点接入用户 10kV 开关站、配电室或箱式变压器
XGF380–T–Z1	380V/220V	接入公共电网	多点接入公共电网配电箱 / 线路、箱式变压器或配电室低压母线
XGF380/10–T–Z1	10kV/380V		以 380V 一点或多点接入用户配电箱 / 线路、配电室或箱式变压器低压母线； 以 10kV 一点或多点接入公共电网变电站 10kV 母线、10kV 开关站、配电室、箱式变压器或 T 接公共电网 10kV 线路

一次系统接线示意见图 6–12、图 6–13。

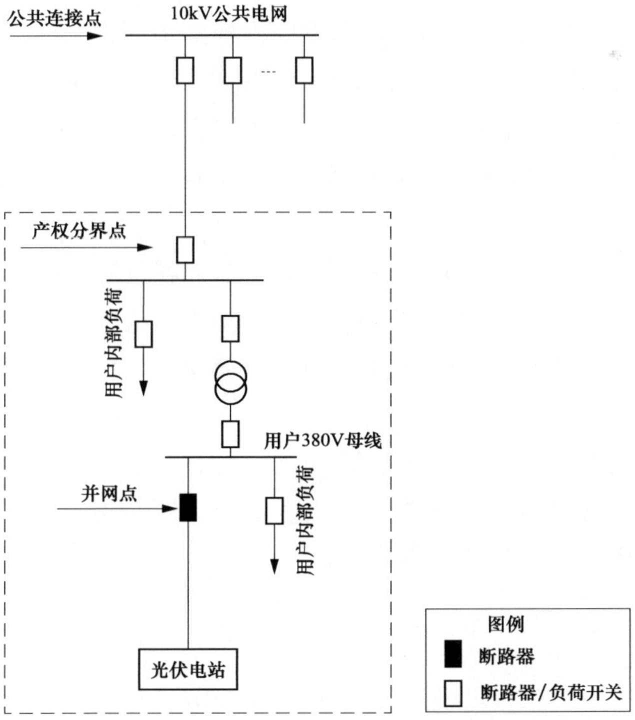

图 6–12　XGF380–Z–2 方案一次系统接线示意图

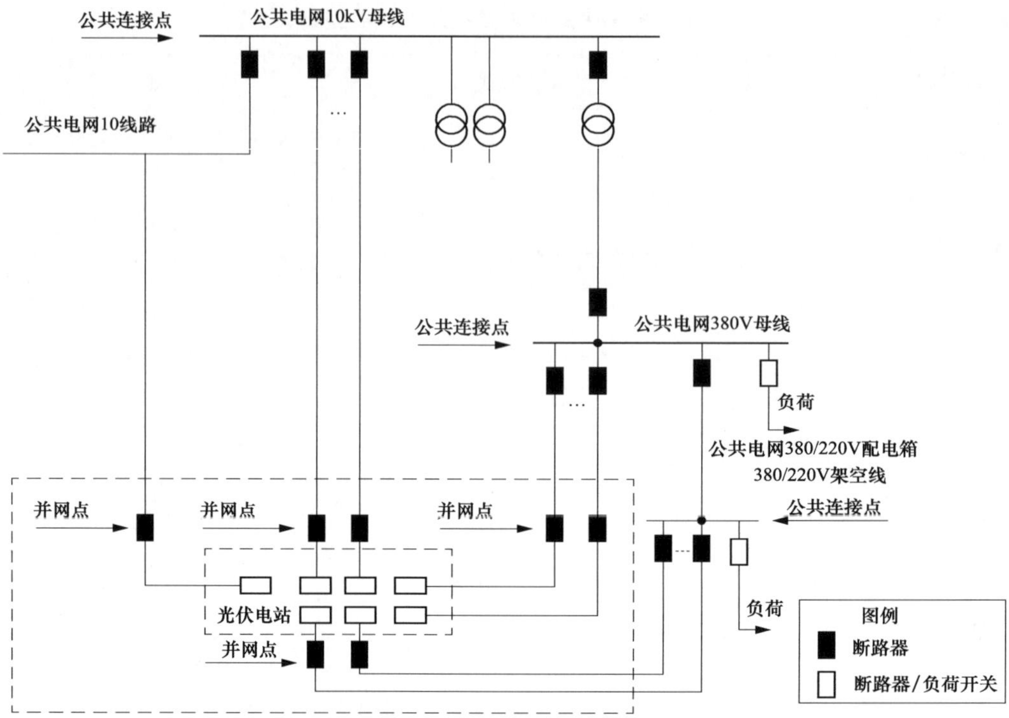

图 6-13　XGF380/10-T-Z1 方案一次系统接线示意图

在分布式光伏发电系统整体设计之前，应明确该项目的发电（消纳）模式，即自发自用、自发自用和余电上网、全部上网。根据发电模式的不同，选择不同的电气设计类型。对于建筑屋顶分布式光伏电站项目接入系统设计应满足：

（1）符合当地电力部门对屋顶分布式并网光伏发电系统接入电网的要求；

（2）建筑屋顶分布式并网光伏发电系统接入容量不超过接入点的总进线电缆及成套电气设备的承载能力；

（3）低压并网时，并网接入容量不宜超出上级变压器容量的 85%；

（4）根据所在建筑配电系统低压侧配电情况设置接入点数量及各接入点容量；

（5）根据建筑物顶并网光伏发电系统各屋面安装容量及总容量设置接入点，接入点宜就近设置；

（6）根据所在建筑用电负荷功率因数进行测算，建筑屋顶分布式并网光伏发电系统接入电网后的功率因数，根据测算结果改造无功补偿装置，确保建筑屋顶分布式并网光伏发电系统接入电网后功率因数满足电网公司的要求。

二、电缆设计

电缆敷设计符合《电力工程电缆设计标准》（GB 50217—2018）中第 5 章、第 6 章、第 7 章的相关规定；建筑屋顶分布式并网光伏发电系统布线应综合考虑光伏组件平面布置，逆变器、汇流箱等电气设备布置，所在建筑配电电缆线槽、电缆沟等配电设施；光伏电缆应采取防晒措施；电缆敷设不应影响检修通道；户外敷设的电缆线槽应具备抗腐蚀、抗老化性能，寿命应大于或等于 25 年。

根据逆变器的最大输出电流，进行交流侧电缆的选择。在进行电缆的选择时要符合下列要求：电缆载流量大小确定要通过实际环境条件和敷设方法，且大小应大于回路电流；选定的电缆同时应满足线路保护的需要；动、热稳定性要求需要同时满足；线路的电压损耗应满足电气设备正常运行和启动时端电压的要求，导体的选择应遵循以下公式，即

$$\begin{gathered} I_{\mathrm{f}} < I \\ L_{\mathrm{ass}} < L_{\mathrm{osst}} \end{gathered} \tag{6-14}$$

式中 I_{f}——回路电流；

I——导体载流量；

L_{ass}——导体损耗值；

L_{osst}——导体损耗允许值。

导体的选择类型除了需要满足上述几点要求外还应按照环境条件和敷设方式进行选择，并且要符合工作电压。电缆敷设典型设计分为直埋、排管、电缆沟、电缆隧道、桥梁（桥架）敷设及电缆工作井六种。

常用电缆型号、名称及其适用范围见表 6-14。

表 6-14　　常用电缆型号表、名称及其适用范围

型号		名称	适用范围
铜芯	铝芯		
YJV	YJLV	交联聚乙烯绝缘聚氯乙烯护套电力电缆	敷设在室内外，隧道内须固定在托架上，排管中或电缆沟中以及松散土中直埋，不能承受拉力与压力
YJY	YJLY	交联聚乙烯绝缘聚乙烯护套电力电缆	同 YJV、YJLV 型
YJV22	YJLV22	交联聚乙烯绝缘钢带铠装聚氯乙烯护套电力电缆	可用于土壤直埋敷设，能承受机械外力作用，但不能承受大的拉力
YJV23	YJLV23	交联聚乙烯绝缘钢带铠装聚乙烯护套电力电缆	同 YJV22、YJLV22 型
YJV32	YJLV32	交联聚乙烯绝缘细钢丝铠装聚氯乙烯护套电力电缆	敷设于水中或是高落差土壤中，电缆能承受相当的拉力
YJV33	YJLV33	交联聚乙烯绝缘细钢丝铠装聚乙烯护套电力电缆	同 YJV32、YJLV32 型

续表

型号		名称	适用范围
铜芯	铝芯		
YJV42	YJLV42	交联聚乙烯绝缘粗钢丝铠装聚氯乙烯护套电力电缆	敷设于水中或是高落差较大的隧道或竖井中，电缆能承受较大的拉力
YJV43	YJLV43	交联聚乙烯绝缘粗钢丝铠装聚乙烯护套电力电缆	同 YJV42、YJLV42 型
YJLW02	YJLLW02	交联聚乙烯绝缘皱纹铝包聚氯乙烯外护套电力电缆	可在潮湿环境及地下水位较高的地方使用，并能承受一定的压力
YJLW03	YJLLW03	交联聚乙烯绝缘皱纹铝包聚乙烯外护套电力电缆	同 YJLW02、YJLLW02 型
YJQ02	YJLQ02	交联聚乙烯绝缘皱纹铅包聚氯乙烯外护套电力电缆	同 YJLW02、YJLLW02 型，但不能承受压力

（1）地面分布式光伏的电缆铺设要求。电缆敷设前要清除沟内杂物，铺完底沙或细土。电缆敷设可用人力拉引或机械牵引。采用机械牵引可用电动绞磨或托撬。电缆敷设时，应注意电缆弯曲半径应符合规范要求。电缆埋置深度应符合下列要求：

1）电缆表面距地面距离不应小于 0.7m，穿越农田时不应小于 1m。在引入建筑物、与地下建筑物交叉及绕过地下建筑物处，可浅埋，但应采取保护措施。

2）电缆应埋设于冻土层以下，当受条件限制时，应采取防冻措施。电缆之间，电缆与其他管道、道路、建筑物等之间平行和交叉时最小净距应符合表 6–15 规定。严禁将电缆平行敷设于管道的上方或下方。

表 6–15　　电缆敷设距离要求

项目		最小净距	
		平行	交叉
电缆间及其与控制电缆间	10kV 以下	0.10	0.50
	10kV 以上	0.25	0.50
控制电缆间		—	0.50
不同部门使用的电缆间		0.50	0.50
热管道（管沟）及热力设备		2.00	0.50
油管道（管沟）		1.00	0.50
可燃气体及易燃液体管道		1.00	0.50

续表

项目		最小净距	
		平行	交叉
其他管道管沟		0.50	0.50
铁路轨迹		3.00	1.00
电气化铁路	交流	3.00	1.00
	直流	10.0	1.00
公路		1.50	1.00
城市街道路面		1.00	0.70
杆基础（边线）		1.00	—
建筑物基础（边线）		0.60	—
排水沟		1.00	0.50

3）直埋电缆的上、下部应铺以不小于 100mm 厚的软土或沙层，并加盖保护板，其覆盖宽度应超过电缆两侧各 50mm，保护板可采用混凝土盖板或砖块。

4）软土或沙子中不应有石块或其他硬质杂物。

5）直埋电缆在直线段每隔 50 ～ 100m 处、电缆接头处、转弯处、进入建筑物等处，应设置明显的方位标志或标桩。

6）直埋电缆回填土之前，应经隐蔽工程验收合格，回填土应分层夯实。

（2）电缆敷设应注意电缆弯曲半径符合规范要求，多芯电缆的弯曲半径不应小于其外径的 6 倍并留有适当余量。电缆的两端均应留有适当余度；电缆敷设时不应损坏电缆沟。电缆表面距地面的距离不小于 0.6m。穿越农田时应不小于 1m。在引入建筑物、与地下建筑物交叉及绕过地下建筑物处，可浅埋，但应采取保护措施。

（3）电缆在沟内敷设应有适量的蛇形弯，电缆的两端、中间接头、电缆井内、垂直位差处均应留有适当的余度。

三、监控系统设计

（1）分布式并网光伏发电系统的监控系统应满足无人值班的要求。

（2）220V、380V 电压等级接入的建筑屋顶分布式光伏发电系统宜采用远程监控的方式设计，主要功能应满足：

1）可实现并网逆变器的远程监控；

2）可实现逆变器的故障报警；

3）可实时显示电站的当前发电功率、日总发电量、累计总发电量以及每天的发电功率曲线图。

（3）10kV及以上电压等级接入的分布式并网光伏发电系统应采用计算机本地监控系统设计，主要功能应满足以下要求，包括但不限于满足以下要求：

1）实时数据采集和处理（汇流箱、逆变器、变压器、环境检测仪的输出参数）；

2）报警处理、事件顺序记录和事故追忆功能、控制功能、管理功能、在线统计计算、画面显示和制表打印、人机接口、远动功能、与继电保护装置的通信、系统的自诊断和自恢复、维护功能、网络通信功能；

3）监控系统信号传输设计应符合《安全防范工程技术标准》（GB 50348）的相关规定；

4）10kV及以上电压等级接入的屋顶分布式并网光伏发电系统宜配置一套交流不间断电源系统，交流不间断电源系统持续供电时间按不小于1h考虑；

5）10kV及以上电压等级接入的建筑屋顶分布式并网光伏发电系统宜配置一套直流电源系统，直流系统的选择可按照《电力工程直流电源系统设计技术规程》（DL/T 5044）的规定执行。

（4）宜设置环境监测系统采集方阵周围的环境参数，包括气温、风速、风向、太阳辐射强度等。

（5）宜设置视频监控系统，对光伏方阵、逆变器室、变压器室、控制室等设备的运行状态及安全进行实时监视。

第五节　防雷接地设计要点

一、光伏发电系统的防雷措施和设计要求

分布式并网光伏发电系统的防雷设计应符合《光伏发电站防雷技术要求》（GB/T 32512）中的相关规定。

（一）防雷类别确定

光伏电站的光伏方阵处于露天场所，一般分布于相对空旷开阔的场地，而且分布面积较大，遭受直击雷击的概率自然会相对应地增加。防雷类别参考《建筑物防雷设计规范》（GB 50057—2010）对粮、棉及易燃物大量集中的露天堆场的三类防雷建筑物的判定，虽然光伏方阵不属于易燃物，但是投资巨大，如果因雷击造成人员伤害或设备损害，其损失也是巨大的。光伏方阵虽存在较低火灾危险，但从减少经济损失的角度出发，对光伏方阵进行防雷设计是非常必要的。综合各方面因素，一般屋顶、地面光伏电站应按照三类防雷建筑物考虑。

（二）直击雷防护

直击雷防护主要分为 2 个部分：设备机房与光伏方阵。

1. 设备机房直击雷防护措施

设备机房直击雷防护应按照三类防雷建筑物来考虑设计，采用 ϕ 12mm 镀锌圆钢作为接闪器，敷设在屋角、屋檐和檐角等易受雷击部位，并在整个屋面组成不大于 20m × 20m 的接闪网。利用建筑物混凝土柱内 2 根 $\phi \geq$ 16mm 主筋作为引下线，其间距不大于 25m，引下线上端与接闪带连接，下端与基础接地网连接。

2. 光伏方阵直击雷防护措施

光伏方阵的光伏组件可利用其金属边框作接闪器、金属支架作接地线，场站内应采用由垂直接地极和水平接地极共同组成的人工接地网，利用 50mm × 50mm × 5mm 角钢作为垂直接地极，在土壤中的埋设深度不应小于 0.5m，采用 40mm × 4mm 扁钢作为水平接地极，挖沟埋设，垂直接地体的间距应大于埋深的两倍并均匀布置。

固定在同一金属框架上的光伏组件，其金属框架接地点应大于 2 点，且每个接地点间隔距离不大于 25m。光伏方阵的防雷接地应与其保护接地、系统接地以及设备机房的接地系统共用同一接地装置；共用接地装置的接地电阻应符合各接地系统最小值的要求，一般不大于 1Ω。

（三）防闪电电涌侵入的要求

防闪电电涌侵入主要针对出、入户金属管线的防护，包括直流输入电缆、金属管道、汇流箱、送出线路的防护。

1. 直流输电线路及金属管道防闪电电涌侵入措施

为减少雷电流或电涌电流通过直流输入电缆进入机房，直流输入电缆应采用屏蔽电缆，其屏蔽层应至少在两端做等电位连接；若为非屏蔽电缆，应穿金属敷设。金属管道至少在始、末端，分支处，进入防雷区交界处做等电位连接，从而避免雷电流或电涌电流通过直流输电线进入机房，使设备机柜遭受损害。

2. 汇流箱防闪电电涌侵入措施

应在汇流箱内装设直流电涌保护器，即分别在汇流箱输出端在正极对地、负极对地、正极对负极之间安装，直流电涌保护器的主要技术参数应满足额定冲击电流 $I_{imp} \geq 12.5$kA（10/350μs）。

当场站内的光伏方阵或附近地面遭受雷击时，输电线路中形成的雷电流或电涌电流会通过汇流箱中的电涌保护器进行泄流。另外，根据实际直流输电线路数量，若需要进一步减小电涌电流，可在多级汇流箱中增设能量相匹配的电涌保护器以达到目的。

值得注意的是安装在汇流箱处的直流电源电涌保护器应满足光伏系统的应用特性要求，且最大持续工作电压应大于或等于光伏组件的最高开路电压，综合采用以上措施，尽可能地降低闪电电涌电流。

3. 送出线路防闪电电涌侵入措施

送出线路的防闪电电涌侵入措施，主要是在变压器高压侧装设氧化锌避雷器，利用氧化锌避雷器良好的非线性伏安特性的特点，将线路上电涌电流导入大地。

（四）防闪电电涌侵入的要求

雷击电磁脉冲的防护主要针对机房内设备，分为屏蔽、等电位及综合布线：应在线路出、入户处设置等电位连接端，机房中所有的进出金属管道或线路屏蔽层均应在防雷区交界处做等电位连接。

同时，机房内设备机柜、金属桥架、金属管、屏蔽线缆金属外层、设备安全保护接地、电涌保护器接地端等均应以最短的路径与 S 型结构的接地基准点或 M 型结构的网格连接。机房等电位连接网络与光伏方阵的接地体应保持同一电位，以防止电位差产生的反击。

直流配电柜内根据工作电压要求，应装设适配的直流电涌保护器，逆变器每路直流的输入端可根据实际情况选择是否装设电涌保护器，以达到降低雷电流产生的残压，使其小于设备耐受电压的目的。升压变压器的低压侧应安装 I 级试验（额定放电冲击电流 $I_{imp} \geqslant 12.5kA$）的电涌保护器，高压侧安装氧化锌避雷器。

另外，机房内布置信号线缆的走向时，应尽量减小由线缆自身形成的感应环路面积。信号线路电涌保护器的选择，应根据线路的工作频率、特性阻抗、传输介质、工作电压、接口形式等参数，选用电压插入损耗小、分布电容小，并与纵向平衡、近端串扰指标适配的电涌保护器，设置在防雷区界面处。

二、接地系统的材料选用

我国接地网材料多为钢材及铜材两类。光伏电站的接地网比一般交流电站更容易发生电化学腐蚀，工频交流的杂散腐蚀只为直流电的 1%，为此，分布式光伏电站更要注意防腐蚀。

当土壤电阻率大于 50Ω · m 时，土壤腐蚀率较弱，光伏电站接地网通常使用热镀锌钢材作为接地网材料。当土壤电阻率小于 20Ω · m 时，土壤腐蚀率较强，镀铜钢绞线比钢材防腐性能好，又比纯铜绞线便宜，光伏电站区域考虑使用镀铜钢绞线。镀铜厚度超过 0.254mm 的镀铜钢绞线能确保 40 年以上寿命，防腐性能是钢材的 10 倍以上。

镀铜钢绞线导电性能好，导电率分别为 30% ～ 40%，是镀锌钢绞线的 4 ～ 4.7 倍。镀铜钢绞线热稳定性能好，依据中国电力科学研究院镀铜钢热稳定性技术研究报告，30% 导电率的镀铜钢绞线热稳定系数为 165；40% 导电率的镀铜钢绞线热稳定系数为 190，是镀锌钢绞线的 2.5 倍和 2.8 倍以上，因而所需截面积小。

综合考虑材料的防腐、导电性能、集肤效应、热稳定性能后，30% 导电率镀铜钢绞线所需面积只需扁钢的 1/5，40% 导电率镀铜钢绞线所需面积只需扁钢的 2/11。30% 导电率镀铜钢线相当于纯铜的 84%，但节省了 30% 以上的费用，因此分布式光伏电站在腐蚀率强的地区选用镀铜钢绞线接地网最经济适用。

三、防雷器的选择

光伏发电系统在直流侧和交流侧防雷主要的设备是防雷器，也叫作浪涌保护器（surge protection device，PSD），主要安装在汇流箱和配电柜以及电子间的盘柜内。

SPD 种类基本上分三大类型：

（1）电源避雷器（安装时主要是并联方式，也有串联方式），按电压的不同，分 220V 的单相电源避雷器和 380V 的三相电源避雷器。

（2）信号型避雷器，多数用于计算机网络、通信系统上，安装的方式是串联。

（3）天馈线避雷器，它适用于有发射机天线系统和接收无线电信号设备系统，连接方式也是串联。

防雷器选择的特征，是以最大放电电流和最大持续耐压。最大放电电流是防雷器能安全泄放的 8/20μs 波形的涌流峰值。该值是根据建筑物地理位置及年平均雷暴日计算确定的。电源部分 B、C 级防雷装置一般选用 40kA，D 级终端易选用插座型防雷器，信号线路部分一般选用不小于 5kA 的防雷器。

最大持续耐压 U_c 是指能长久地加在防雷器的指定端，而不引起防雷器特性变化和激活保护元件的最大电压有效值；U_c 值必须与被保护系统的标称电压相符，以及在系统安装说明书的规范限制内。B 级防雷器的 $U_c > 385V$，C 级防雷器的 $U_c > 320V$。

第六节　消防系统设计要点

分布式光伏电站项目应采取必要的消防措施，具备预防火灾、火灾报警和灭火功能。不应因建筑屋顶并网光伏发电系统的建设降低所在建筑的消防等级。

其中建筑屋顶分布式并网光伏发电系统应设置合理的消防通道，新增配电房应设置消防疏散通道；分布式并网光伏发电系统的主控室、配电装置室、电缆夹层均应配置合理的疏散出口；建筑屋顶分布式并网光伏发电系统的防火阻隔：①当控制电缆或通信电缆与电力电缆敷设在同一电缆沟内时，宜采用防火槽盒或防火隔板进行分隔；②在金属屋面上安装汇流装置时，应在汇流装置与金属屋面之间采用防火板进行阻隔。

一、地面分布式光伏主要建筑物火灾危险性分类及耐火等级

地面分布式光伏电站主要的建筑物分为管理生活区和升压变电区两部分，主要建（构）筑物包括生产综合楼、综合配电室等，站内所有建（构）筑物火灾危险性分类及耐火等级应符合表 6–16 的规定。

表 6-16　建（构）筑物火灾危险性分类及其耐火等级

建（构）筑物名称		火灾危险性分类	耐火等级
控制室		丁	二级
继电器室		丁	二级
逆变器室		戊	二级
配电室	单台设备油量 60kg 以上	丙	二级
	单台设备油量 60kg 及以下	丁	二级
	无含油电气设备	戊	二级
屋外配电装置	单台设备油量 60kg 以上	丙	二级
	单台设备油量 60kg 及以下	丁	二级
	无含油电气设备	戊	二级
油浸变压器室		丙	一级
干式变压器室		丁	二级
电容器室（有可燃介质）		丙	二级
干式电容器室		丁	二级
油浸电抗器室		丙	二级
事故贮油池		丙	一级
柴油发电机室		丙	二级
生活、消防水泵房		戊	二级
雨淋阀室		戊	二级
污水、雨水泵房		戊	二级
铅酸蓄电池室		戊	二级
检修备品仓库（有含油设备）		丁	二级
检修备品仓库（无含油设备）		戊	二级
警卫室		戊	三级
汽车库		丁	二级

注　1. 当控制室未采取防止电缆着火后延伸的措施时，火灾危险性应为丙类。
2. 当将不同使用用途的变配电部分布置在一幢建筑物或联合建筑物内时，除另有防火隔离措施的，其建筑物火灾危险性分类及耐火等级应按火灾危险性类别高的确定。

二、主要设备的消防设计

分布式光伏电站的消防设计主要根据《建筑灭火器配置设计规范》(GB 50140)及《电力工程电缆设计标准》(GB 50217)等要求。

灭火器设计参照《建筑灭火器配置设计规范》(GB 50140)的相关规定，在各建筑物内配置干粉灭火器，在主变压器处配置磷酸铵盐灭火器。重要回路如逆变器室内部连接电缆选用阻燃型电缆。电缆设施考虑防火设施，电缆敷设完后对进出配电室等屋内电缆沟进行封堵，采用防火墙或防火隔板。光伏组件接线盒和出线电缆插头均采用防火材质，建筑屋顶分布式并网光伏发电系统灭火方式采用灭火器，灭火器应选择磷酸铵盐干粉灭火器、碳酸氢钠干粉灭火器、卤代烷灭火器或二氧化碳灭火器，不得选用装有金属喇叭喷筒的二氧化碳灭火器。

根据《电力设备典型消防规程》(DL 5017—2015)的要求，在主变压器底部设有贮油坑，容积为主变压器油量的20%，贮油坑的四周设挡油坎，应大于设备外廓每边各1m。坑内铺设厚度不应小于250mm的卵石，卵石粒径为50～80mm，坑底设有排油管，能将事故油及消防废水排至事故油池中，事故油池有效容积能满足排放要求。

主变压器应设有防直击雷保护及完善的继电保护装置。变压器本体设有安全保护装置，装有气体继电器，并装有压力释放装置，当内部表压力达到标准大气压时，能可靠释放压力。

其他电气设备需配置相关的消防设施，例如：

(1)屋内单台总油量为100kg以上的电气设备，应设置贮油或挡油设施；

(2)变压器室、电缆夹层、配电装置室的门应向疏散方向开启；当门外为公共走道或其他房间时，该门应采用甲级防火门。配电装置室的中间隔墙上的门应采用不燃材料制作的双向弹簧门。

三、消防给水

地面分布式光伏电站的建(构)筑物耐火等级一般不低于二级，生产办公楼体积一般不超过3000m^3，火灾危险性类别属于丁类，综合配电室体积一般不超过5000m^3，根据《建筑设计防火规范(2018年版)》(GB 50016)和《火力发电厂和变电站设计防火规范》(GB 50229)的相关规定，站区内设室外消火栓系统，建筑物内均不设室内消火栓。光伏电站消防设计按照同一时间内的火灾次数按一次考虑，根据室外消火栓用水量以及火灾延续时间计算消防用水量。

电站建筑物室外消火栓设计流量不应小于表6-17的规定。

表 6–17　　建筑物室外消火栓设计流量　　（L/s）

<table>
<tr><th rowspan="2">建筑物耐火等级</th><th rowspan="2">建筑物火灾危险性类别</th><th colspan="4">建筑物体积（m^3）</th></tr>
<tr><th>≤ 1500</th><th>1501 ~ 3000</th><th>3001 ~ 5000</th><th>5001 ~ 20000</th></tr>
<tr><td rowspan="3">一、二级</td><td>丙类厂房</td><td colspan="2">15</td><td>20</td><td>25</td></tr>
<tr><td>丁、戊类厂房</td><td colspan="4">15</td></tr>
<tr><td>办公、生活建筑</td><td colspan="3">15</td><td>25</td></tr>
</table>

注　1. 室外消火栓设计流量应按消防用水量最大的一座建筑物计算；
　　2. 当变压器采用水喷雾灭火系统时，变压器室外消火栓设计流量不应小于 15L/s。

分布式光伏电站建筑物室内消火栓设计流量不应小于表 6–18 的规定。

表 6–18　　建筑物室内消火栓设计流量

<table>
<tr><th>建筑物名称</th><th colspan="3">高度 H（m）、体积 V（m^3）、火灾危险性</th><th>消火栓设计流量（L/s）</th><th>同时使用消防水枪数（支）</th><th>每根竖管最小流量（L/s）</th></tr>
<tr><td rowspan="5">综合控制楼、配电装置楼及其他生产类建筑</td><td rowspan="3">$H \leq 24$</td><td colspan="2">丁、戊类</td><td>10</td><td>2</td><td>10</td></tr>
<tr><td rowspan="2">丙类</td><td>$V \leq 5000$</td><td>10</td><td>2</td><td>10</td></tr>
<tr><td>$V > 5000$</td><td>20</td><td>4</td><td>15</td></tr>
<tr><td rowspan="2">$24 < H \leq 50$</td><td colspan="2">丁、戊</td><td>25</td><td>5</td><td>15</td></tr>
<tr><td colspan="2">丙</td><td>30</td><td>6</td><td>15</td></tr>
<tr><td rowspan="2">检修备品仓库</td><td rowspan="2">$H \leq 24$</td><td colspan="2">丁、戊</td><td>10</td><td>2</td><td>10</td></tr>
<tr><td colspan="2">丙（$V \leq 5000$）</td><td>15</td><td>3</td><td>15</td></tr>
<tr><td>办公、生活建筑</td><td colspan="3">$H > 15$ 或 $V > 10000$</td><td>15</td><td>3</td><td>10</td></tr>
</table>

地面分布式光伏电站消防给水采用临时高压供水方式。一般在综合楼室外设消防蓄水池及给水泵房（生活泵房与消防泵房合建），泵房内设置消防泵、消防稳压机组、不锈钢生活水箱、生活变频供水机组及二氧化氯高效净水消毒器等。消防与生活、生产用水管网合并使用。

根据《建筑灭火器配置设计规范》（GB 50140—2014）的相关规定，分布式光伏电站各建筑物室内均配置手提式磷酸铵盐干粉灭火器。建（构）筑物与设备火灾种类及危险等级见表 6–19。

表 6-19　　建（构）筑物与设备火灾种类及危险等级

建（构）筑物名称	火灾危险类别	危险等级
控制室	E	严重
配电室（有含油电气设备）	E	中
配电室（无含油电气设备）	E	轻
预装式变电站（有含油电气设备）	E	中
预装式变电站（无含油电气设备）	E	轻
逆变器室	E	中
继电器室	E	中
油浸变压器室	B、E	中
气体或干式变压器室	E	轻
油浸电抗器室	B、E	中
干式电抗器室	E	轻
电容器室（有可燃介质）	B、E	中
干式电容器室	E	轻
蓄电池室	C	中
柴油发电机室及油箱	B	中
检修备品仓库（有含油设备）	B	中
检修备品仓库（无含油设备）	A	轻
生活、消防水泵房（有柴油发动机）	B	中
生活、消防水泵房（无柴油发动机）	A	轻
雨淋阀室设备室	A	轻
污水、雨水泵房	A	轻
警卫室	A	轻
汽车库	B	中

四、火灾自动报警

分布式光伏电站主要建（构）筑物和设备火灾探测报警系统应符合表 6-20 的规定，有新增主控室、无功补偿室、配电装置室，应安装感烟类型的火灾探测器消防报警系统；如有新增主控室、无功补偿室和配电装置室，应安装应急照明和疏散指示标志，符合《建筑设计防火规范（2018 年版）》（GB 50016—2014）中 10.3 的相关规定；火灾探测报警、火灾应急照明应按一级负荷供电，可采用蓄电池作备用电源，其连续供电时间不应小于 30min。

表 6-20　　主要建（构）筑物和设备火灾探测报警系统

建筑物和设备	火灾探测器类型	备注
控制室	点型感烟 / 吸气式	—
配电室	点型感烟 / 吸气式	—
继电器室	点型感烟 / 吸气式	—
电抗器室	点型感烟	—
可燃介质电容器室	点型感烟	—
室外变压器	缆式线型感温	不包括设置在光伏组件区的变压器
室内变压器	缆式线型感温 / 吸气式	不包括设置在光伏组件区的变压器

火灾自动报警系统的设计应符合《火灾自动报警系统设计规范》（GB 50116）的规定。有人值班的光伏电站的火灾报警控制器应设置在电站控制室；无人值守分布式光伏电站的火灾报警控制器宜设置在综合楼门厅，并将火警信号传至集控中心。

第七节　施工与安装调试

一、施工前现场确认

光伏电站安装工程施工前，施工单位需要对光伏发电系统设计方案进行深入研究，了解系统的设计容量、排布及各类设备的选型参数。对结构和电气部分进行深入的了解识图，确保后期施工进场后能够顺利地开展工作。

在施工监理方的主导下，召开技术交底会，确保项目各方完全理解项目的设计方案。

技术交底会后需要到现场进行实地确认，确认系统的排布是否可行，现场是否和原有设计图纸一致，如有差异需要及时对系统排布进行修改完善。各类设备的设计安装位置是否满足安装要求，有无后增设备、建筑物等影响设备安装施工。如业主方对设计在现场确认过程中存在异议，设计方有义务对图纸进行设计答疑。同时，还需要确认系统线缆的走线是否有现成的管道或桥架满足电缆布线，配电房是否满足大型光伏设备的进入尺寸及安装尺寸要求。最后需要确认监控及中控房的确定及电站接地位置。以上内容完成后，设计方对设计图纸进行修订，以满足施工要求。

项目施工方根据已经收集到的项目资料，在项目系统设计方设计图纸的基础上完善项目施工图纸。施工方根据施工图、技术协议编制《项目施工技术交底书》，根据《施工进度计划表》制定《项目材料进场计划表》。

二、分布式光伏电站项目施工一般要求

（1）分布式光伏电站项目施工应符合《光伏发电站施工规范》（GB 50794—2012）的相关规定，屋顶分布式光伏可参考《建筑光伏系统应用技术标准》（GB/T 51368—2019），同时符合光伏电站所在地能源局和光伏协会等有关规范的要求［如《附加型工商业屋顶光伏发电系统安装规范》（T/HZPVA 003—2020）、《屋面并网光伏发电系统 施工规范》（T/GESA 003—2020）和河北省能源局《屋顶分布式光伏建设指导规范（试行）》］。

（2）分布式光伏电站项目施工应充分考虑消防、结构安全、综合管线、维修、排水、防雷接地等方面的技术要求，不得与相关技术规范要求相违背，严格按照设计方案要求。

（3）分布式光伏电站项目施工前应具备下列条件：

1）建设单位应取得相关的施工许可文件；

2）施工现场施工通道应符合材料、设备运输的要求；

3）施工单位的资质、特种作业人员资格、施工机械、施工材料、计量器具等应报监理单位或建设单位审查完毕；

4）施工图应通过会审，设计交底已完成，并已制定专项应急预案，施工组织设计和施工方案应已编审完毕；

5）安装光伏系统的建筑主体结构应完成验收；

6）工程定位测量基准应确立。

（4）施工现场的设备宜存放在室内或能避雨、雪的干燥场所，并应做好防护措施，在保管期间应定期检查，做好防护工作。设备到场后应做下列检查：

1）包装及密封应良好；

2）开箱检查，型号、规格应符合设计要求，附件、备件应齐全；

3）产品的技术文件应齐全；

4）外观检查应完好、无损。

（5）施工中所使用的设备与原材料应做好进场检验记录，确保与合同所附的设备材料清单一致。材料发生变更的，应由项目业主签字确认。

（6）严格按照合同约定的期限做好项目现场的施工组织和管理，主要内容包括现场施工的人员配置、材料准备及施工质量、成本、进度、安全与环境的管理。

（7）应做好现场施工各阶段的安全防护措施，保持施工现场的清洁和道路畅通，确保消防措施落实，满足区域工程施工管理相关规定。

（8）分布式光伏发电施工人员应经相关施工培训并考核合格，持证上岗，企业应为施工

人员购买保险。

（9）为保障现场施工过程中施工人员的安全，项目施工过程中应符合如下要求：

1）施工人员应佩戴保险绳、防滑鞋和安全帽。

2）施工人员严禁在雨雪、六级及以上大风等恶劣天气进行施工作业。

3）施工人员在酷暑天气施工应做好防暑措施。

4）施工人员应携带安装图纸，并严格按照设计方案进行施工。

5）施工区域应设立安全警戒，吊装区域应有专人警戒。

6）施工人员应对光伏组件轻拿轻放，施工过程中严禁在组件上踩踏，严禁野蛮施工。

7）施工人员应使用专业安装工具，其中对于光伏连接器应用专业工具进行安装。

8）施工人员施工时应小心保护屋面，宜在彩钢瓦、混凝土瓦等屋顶铺设一定宽度的平板，防止屋面破坏。施工结束后，施工人员应检查瓦片是否有破损等情况，并对瓦片和挂片连接的稳固性进行检查。

9）施工人员应文明施工，施工结束后应清理场地垃圾。

10）项目应预留维修通道，确保光伏组件清洗、系统运维和检修的通畅。

三、分布式光伏电站项目的安装、调试和验收

光伏发电设备是光伏电站的核心设备，其安装应按照《光伏发电站施工规范》（GB 50794—2012）执行，目前分布式光伏电站的安装已经相对成熟，本节仅列出了光伏组件与光伏方阵、光伏支架、逆变器、汇流箱、配电箱和电缆的安装。

（一）分布式光伏电站安装

1. 光伏组件与光伏方阵

（1）施工过程中，光伏组件的接线应符合下列要求：

1）组织安装和移动的过程中，不应拉扯连接线；

2）施工时，所有设备、装置的正负极严禁短接；

3）不应组件安装时造成玻璃和背板的划伤或破损；

4）组件之间的连接线不应承受外力，应绑扎整齐；

5）组件在运输和安装过程中，施工人员不得踩踏、坐卧、撞击组件或在组件上放置物品；

6）进行组件连线施工时，施工人员应配备安全防护用品，不得触摸金属带电部位；

7）对已经完成组串但不具备接引条件的部分，应用绝缘胶布包扎好并放置警示标识；

8）严禁在雨雪天进行组件的连线工作；

9）安装位置上空有架空线路时，应采取必要的保护和隔离措施。

（2）光伏组件接地施工应符合下列要求：

1）带边框的光伏组件应用截面不小于 $4mm^2$ 的导线将边框可靠接地；

2）不带边框的组件，其接地应符合设计要求；

3）组件接地电阻应符合设计要求；

4）盘柜、汇流箱及逆变器等电气设备的接地应牢固可靠、导通良好，接地线的截面应符合设计要求。

（3）光伏方阵接线施工应符合以下要求：

1）组件间连接件应连接牢固；

2）组串连接后应检测组串的开路电压和短路电流；

3）方阵间的跨接线缆应穿管进行保护。

（4）光伏组件安装过程应符合以下要求：

1）光伏组件吊装至安装平台后，应采取固定和防坠落保护措施。光伏组件下方应衬垫木，光伏组件不得承受碰撞或重压。

2）光伏组件转运前应采取防碰措施，转运方式不应对光伏组件造成损坏，转运时应走专用通道并按照光伏组件安装顺序有序转运。

3）对于平铺式光伏组件安装工程，安装前应考虑光伏组件接线的可操作性，受接线操作空间限制时，宜采用先接线后安装光伏组件的方式进行。

4）安装过程中应使用不透明材料覆盖光伏组件表面，所使用材料不得损坏光伏组件表面。同方阵内光伏组件间距应保持一致。固定光伏组件时如需穿透屋面，应对屋面做防水处理。

5）在施工中，汇流箱直流断路器应处于断开状态，每个组串应留一块光伏组件暂不接入组串，待组串全部接入汇流箱后再将其接入。

（5）含逆变器室、就地升压变压器的光伏方阵区应配备消防沙箱和干粉灭火器。

2. 光伏支架

（1）光伏支架应按设计要求采用从钢筋混凝土基座中伸出的钢制热镀锌等防腐连接件或不锈钢地脚螺栓等方法固定在基座上，位置准确，与基座固定牢靠。

（2）光伏方阵的支架连接件与主体机构的锚固承载力应大于连接件本身的承载力。当光伏方阵的支架不能与主体结构锚固时，应设置支架基座。光伏支架基座应进行抗滑移和抗倾覆验算。

（3）支架与基础之间的预埋件应在支架基础施工时按要求设计埋设。平板型预埋件和后置锚固连接件锚板在安装时，标高允许偏差不应大于 ±10mm，平面位置允许偏差不应大于 ±20mm；槽型预埋件在安装时，标高允许偏差不应大于 ±5mm，平面位置允许偏差不应大于 ±10mm。设计无要求时，按照上述要求；设计有更高要求时，应根据设计要求。

（4）光伏支架的桩基础施工完成后，必须进行混凝土强度、桩身完整性抽样检测并应进行承载力静载荷试验检验。光伏支架的桩基础应以受力点开展竖向抗压、抗拔抽检，抽检数量不应少于总桩数的1‰，且不应少于6根。

（5）光伏支架堆存、转运、安装过程中不应破坏支架防腐层。支架安装前应检查支架的防腐措施是否符合要求。钢支架防腐宜采用热浸镀锌，镀锌层平均厚度不应小于55μm；铝合金支架和材料应进行表面防腐处理，氧化层平均厚度不应小于15μm。

3. 逆变器

（1）逆变器安装时室内环境应满足下列要求：

1）室内通风良好，环境温度适宜；

2）相对湿度应符合设计要求，且无凝露；

3）应无水蒸气及腐蚀性气体；

4）附近应无易燃易爆品；

5）应配备符合安全规定的电源。

（2）逆变器的安装位置应满足下列要求：

1）逆变器安装位置应符合设计规定，其偏差应不大于10mm；

2）安装在室外的逆变器，应牢靠固定在机架或平台上；

3）逆变器安装在振动场所时，应按设计要求采取防振措施；

4）逆变器背部及侧面离墙壁或其他物体距离应符合设计要求，顶部不可放置任何重型物件，正前方必须有足够的操作空间。

（3）逆变器连接导线前，应确保整个光伏方阵总短路电流不能超过逆变器最大允许电流。

（4）逆变器直流侧电缆接线前应确认汇流箱侧有明显断点。逆变器交流侧和直流侧电缆接线前应检查电缆绝缘，校对电缆相序和极性。

（5）连接导线时应确保所有开关处于关闭状态，正确连接主机直流输入连接线的正负极、交流输出连接线、主机接地线，做到接线紧固可靠，接地良好。

（6）逆变器与系统的直流侧和交流侧应有绝缘隔离的装置。直流侧应有必要的触电警示和防止触电安全措施，交流侧输出电缆和负荷设备应接有自动切断保护装置。

4. 汇流箱

（1）汇流箱安装前应检测汇流箱进线端及出线端与汇流箱接地端绝缘电阻，该值不应小于2MΩ。

（2）汇流箱组串电缆接引前必须确认光伏组件侧和逆变器侧均有明显断开点。

（3）汇流箱安装应符合下列要求：

1）汇流箱不应遮挡光伏组件；

2）汇流箱安装前，应对汇流箱内各元件进行绝缘测试；

3）在雨雪天时不得对汇流箱进行开箱操作；

4）对于倾角式支架，汇流箱宜采用挂墙式和抱柱式安装；

5）对于平铺式支架，汇流箱宜采用卧式安装，且不应破坏屋面的防水层；

6）采用自然冷却方式的汇流箱不宜安装在阳光直射区域，且安装环境温度应符合设备手册或设计规定；

7）对外接线时，螺栓应紧固，防水端子应拧紧。

5. 配电箱

（1）配电箱的布置必须遵循安全、可靠、适用和经济等原则，并应便于安装、操作、搬运、检修、试验和检测。

（2）配电箱外露可导电部分，必须与接地装置有可靠的电气连接。成排的配电装置两端均应与接地线相连。

6. 电缆

（1）电缆敷设前应满足以下要求：

1）电缆通道畅通，排水良好。金属部分的防腐层完整。隧道内照明、通风符合要求。

2）电缆型号、电压、规格应符合设计。

3）电缆外观应无损伤，绝缘良好，当对电缆的密封有怀疑时，应进行潮湿判断；直埋电缆与水底电缆应经试验合格。

4）电缆放线架应放置稳妥，钢轴的强度和长度应与电缆盘重量和宽度相配合。

5）敷设前应按设计和实际路径计算每根电缆的长度，合理安排每盘电缆，减少电缆接头。

6）在带电区域内敷设电缆，应有可靠的安全措施。

7）采用机械敷设电缆时，牵引机和导向机构应调试完好。

（2）电缆敷设应采用电缆桥架或穿管保护。

（3）电缆敷设宜采用穿线管或金属槽盒，不少于两点可靠接地，且不应损坏建（构）筑物的防水层。

（4）电缆在终端头与接头附近宜留有备用长度，并联使用的电缆其长度、型号、规格宜相同。

（二）系统调试

光伏发电系统主体工程完成后，需要查看处理所有光伏阵列的阴影遮挡缺陷，检查各箱体内部和阵列出线的连接可靠性。光伏阵列结构部分及主要电气设备的安装完成后，需逐一对各光伏阵列进行电气连接，测量组串的电压，核验组串电压是否在合理范围内，并对系统的绝缘电阻和接地电阻进行测量，所有不同用途和不同电压的电气设备应使用一个总的接地体。在完成以上测试且结果满足设计要求后，系统开始并网运行，观察设备的运行正常与否，测量逆变器的输出电流和电压，确认逆变器显示数据的准确性，由设备厂家对监控系统进行调试。各电气设备和控制设备都应进行功能调试，以确保系统正常运行。

分布式光伏发电系统调试运行前，应编制调试运行大纲，调试时应提供所有相关的设备及线路的安装记录，安装记录应包括但不限于安装时间、测试记录及设备更换记录。分布式光伏发电系统调试过程中如发生不合格项，在对系统进行局部调整后，需对电气设备和系统逐项重新调试并记录，调试记录应齐全、准确。

分布式光伏发电系统应在调试、检测、验收合格后方可进行试运行。

（三）工程验收

（1）分布式光伏工程应履行工程验收程序，未经验收或验收不合格的工程不得并网。验收应依据国家、行业及地方标准进行，所有验收应做好记录及归档。

（2）光伏电站竣工验收时，以下相关项目单位应参加：

1）对于装机容量 50kW 及以上的非户用项目，应由项目投资方、设计方、施工方、监理方、运维方和业主单位派代表或委托人参加。

2）对于户用项目和装置容量 50kW 以下的非户用项目，应由项目投资方、施工方和业主派代表或委托人参加。

（3）光伏电站整体验收前，应在安装施工中完成下列隐蔽项目的现场验收：

1）预埋件、后置锚固件；

2）支架、光伏组件四周与主体结构的连接节点；

3）系统防雷与接地保护的连接节点；

4）隐蔽安装的电气管线工程；

5）光伏组件安装节点。

（4）隐蔽项目验收不仅应有详细的文字记录，还应有必要的影像资料支撑。

（5）对影响工程安全和系统性能的工序，必须在本工序验收合格后才能进行下一道工序的施工。主要工序应包括以下内容：

1）在屋顶分布式光伏工程施工前，应进行屋面防水工程的验收；

2）在光伏组件或方阵支架就位前，应进行支架基础、支架的验收；

3）在建筑管道井封口前，应进行相关预留管线的验收；

4）光伏发电系统电气预留管线的验收；

5）在隐蔽工程隐蔽前，应进行施工质量验收；

6）既有建筑的屋顶分布式光伏工程施工前，应进行建筑结构和建筑电气安全检查。

（6）在屋顶分布式光伏工程施工完成后，应按相关规定对屋顶防水性能进行复验。

（7）工程验收应包括资料审查和现场验收：

1）资料审查应包括施工单位承装（修、试）电力设施许可证、人员资质证书、主要设备技术参数、型式认证报告或质检证书（包括逆变器、断路器、隔离开关等设备）、单位工程验收报告（记录）、单位工程调试报告（记录）、电气试验记录、继电保护整定、通信联调、电能量信息采集调试记录等。

2）现场验收应包括现场检查设备外观及安全标识、明显断开点、现场测试并网开关失压脱口功能、逆变器防孤岛功能，以及现场查验一次系统、二次系统、防雷接地、通用技术条件等。

（8）工程验收应核实并现场确认光伏组件装机容量，确保与并网申请、备案容量一致。工程验收通过后，应编制验收报告，做出验收结论，验收人员和光伏业主应共同签字确认。工程验收过程中所发现的问题及其整改落实情况应有专门记录，并及时归档。工程验收若存在不合格项时应由相关责任部门组织调查，分析原因，提出整改措施，落实责任单位，形成整改闭环。

第七章

分布式光伏电站的运营和维护

相比于建设期，分布式光伏电站后期运维期的收益决定整个项目的收益。运维质量的好坏将直接影响发电系统能否长期安全稳定运行、发电效率、最大发电电量及成本回收期的时间。

第一节　分布式光伏电站的运维模式及存在的问题

分布式光伏电站运维是对光伏发电系统及辅助设备进行监控，并结合设备运行状态进行检修维护，保障光伏电站安全稳定运行，稳定光伏电站转换效率，提升发电量，降低运营成本，增加光伏电站的投资收益。

一、几种常见光伏电站运维模式

我国常见的分布式光伏电站运维模式主要有业主运维、外委运维和合作运维等 3 种。

（一）业主运维

分布式光伏电站业主自己负责整个分布式光伏电站的运维工作，独自享受电站收益，同时承担运维风险。业主需要成立光伏运维的管理机构，组建运维团队，配齐相应的仪器设备及安全工器具，负责设备运行监护、巡检、维护及应急处置，同时需要协调沟通解决政府部门、设备供应商、用户、电网等其他和运维相关的一切问题。

业主自己运维时可以实时掌握发电系统的运行状态，对于异常现象可以及时决策处置。随着时间的推移在运维过程中可以积累运维经验，不断优化管理模式，提高管理效率。业主自己运维，各岗位权利和义务明确，不易出现责任划分不清导致的纠纷。但业主自己运维，前期购买运维设备投入较多，人员管理流程烦琐，配套的办公、住宿等运维成本增加。

（二）外委运维

外委分为EPC包含运维模式和移交生产后招标外委两种形式。业主将运维委托给专业的运维公司，支付相应的外委费用。运维公司作为运维的第一责任人，同时承担运维可能发生的风险，运维的最终效益归业主所有。

分布式光伏电站建设和运维的分离，使光伏电站的全寿命周期更加专业化。专业运维公司通过专业化管理平台和各区域运维周期特点，使运维人员、备品备件、运维工器具等在各运维场站之间流动，减少人员和物资管理成本。但业主除支付的外委费用影响业主收益，也无法实时掌握发电系统的运行状态。

（三）合作运维

业主与专业运维单位签署运维协议，专业运维单位或厂家提供专业的运维人员辅助业主完成运维能力之外的运维工作。光伏电站的责任、风险、收益、日常运维工作和检修维护工作根据合同约定划分。这是市面上分布式光伏电站运维采用的最为广泛的形式。

业主和专业运维公司或厂家在整个运维过程中协调合作，可以使共同收益达到最高，同时降低设备故障率，缩短故障时间，提高发电量。业主在电站的运维和人员方面的投入降低，专业运维公司或厂家根据区域运维周期和特点，制定相适应的工作安排，提高了运维效率。但业主和专业运维公司或厂家共同参与运维工作，运维管理审批和人员交接增加了更多流程，业主支付合同费用减少了电站发电收益。

二、分布式光伏运维存在的问题

分布式光伏电站投资者往往比较重视前期的开发、建设成本和建设速度等，忽略了光伏后期的运维。近些年大规模的分布式光伏电站建成后，光伏电站的运维问题也逐渐突出。

（1）分布式光伏电站分散且缺乏统筹管理，巡检费时费力；

（2）设备数量多，相对故障（缺陷）多，维护工作量大，出现故障处理不及时；

（3）设计不合理、运输不规范、施工不专业，设备质量缺乏有效保障，安全事故发生率高；

（4）运维资金投入有限，现场检测工具不足，提前预判故障能力缺乏；

（5）运行人员多负责监视运行数据，对数据分析较少，数据挖掘不足，提升发电量有限；

（6）屋顶光伏巡检需业主配合，出现故障易产生纠纷；

（7）专业运维人员紧缺，人员流动性大。

第二节　分布式光伏电站运维及常见故障

一、分布式光伏基本规定

光伏电站在运维前应根据分布式发电系统的特点配置运维人员和运维设备，制定相关的管理程序，满足运维的需要，同时需要在运维过程中做好相应的记录。

（一）人员资质及要求

运维人员应具备相应的资格证书，接受相应的培训和安全教育，并掌握一定的安全急救知识。

1. 资格证书

运维人员应熟悉分布式光伏发电系统设备状况及接入电网运行技术要求，并具备登高证、低压电工证书、高压电工证、运维工程师证书等资质证书。运行监视人员应经过培训熟悉调度业务及术语，持有调度机构颁发的上网资格证书。

2. 培训与安全教育

运维人员至少每两年体检一次，不得有影响工作的疾病；运维人员应经过安全培训且考试合格方可上岗，熟悉电站设备的基本工作原理和使用方法，学习必要的机械、电气、调度等知识，掌握常见故障的处理方法。

3. 急救知识

运维人员应熟悉烫伤、中暑、触电、窒息等急救知识，会正确使用安全工器具和消防设施，掌握人工呼吸、心肺复苏等急救方法。

（二）常用运维工具

运维工具包括检测仪器、安全工器具、其他工器具、备品备件等。

（1）检测仪器：镀锌层测厚仪、万用表、红外成像仪（根据现场实际可搭载无人机）、（鸟嘴）钳形电流表、*I*—*U* 曲线测试仪、EL 测试仪、接地电阻测试仪、绝缘电阻测试仪、电能质量测试仪等。

（2）安全工器具：安全帽、安全带、安全绳、绝缘杆、接地线、标识牌、临时安全围栏或警戒绳、人字梯、灭火器、绝缘手套（分电压等级）、绝缘靴（分电压等级）等。

（3）其他工器具：压线钳、螺钉旋具、扳手、压线器、电缆盘、尖嘴钳、网线钳、热风枪、卷尺等。

（4）备品备件：组件、压块、接线盒、连接器、交直流断路器、接线端子、防雷模块、逆变器风扇、汇流箱整机、电源模块、IGBT 模块、浪涌保护器、通信板、通信线缆、固定螺栓等。

（5）其他：可携带设备、工具的运维车辆。

（三）运维相关的资料

分布式光伏电站正式投运前应收集光伏电站相关的国家、行业标准，国家、电网公司及地方政府关于光伏电站运维的文件，并结合电站的生产运行实际，编制本电站的运行、巡检、维护、安全生产等规章制度，并根据安全规定制定应急预案和反事故措施。当标准和政策发生变化或者现场实际运行方式发生变化时应及时修订各规章制度。

光伏电站应保存电站建设前后的全套图纸，主要设备使用说明书、图纸、操作手册、维护手册、出厂检验记录等，物资采购需要的相关招投标文件、询价文件、合同文件，技改中的各类图纸和资料。

光伏电站运维人员在工作中应做好下列资料的记录和保存：

（1）运行日志、日运行统计表、调度日志、值班日志、工作票、操作票、发电量、运行分析等。

（2）组件基础部分沉降观测、气象数据信息采集、光功率监测数据，系统运行监测数据。

（3）设备台账、设备缺陷及处理、试验检测、设备异动报告、设备定期维护试验切换。

（4）光伏方阵的维护、检修，系统故障处理，紧急关机 / 隔离程序，设备巡检，设备定期维护检修。

（5）光伏发电单元、绝缘、电能质量、继电保护等技术监督文件，校验及试验报表。

二、光伏电站日常运维

光伏电站的日常运维包括每日早会、运行值班、交接班制度、光伏组件的清洗、设备巡检、缺陷处理、培训等。

（一）每日早会

每日上午上班后由现场最高管理者主持，所有站内人员参加。主要内容：前一日工作汇报、前一日发电量、上级工作任务传达、今日工作分配。

（二）运行值班

运行值班人员主要工作包括光伏电站监视、控制与故障分析处理、运维人员协调、电网调度协调、填写报表和做好相关记录等。

分布式发电监控应包含光伏发电区设备、周边环境、一二次设备室及电站周边活动的人和动物。光伏发电系统的监视应包含对并网点、逆变器、汇流箱及环境的模拟量和断路器与隔离开关位置，保护动作和报警信号、逆变器运行状态与报警信号等状态量监视。

运行值班人员值班期间每隔一段时间，应调用操作员工作站画面巡屏检查；检查各状态变量是否符合当前现场设备运行状态，数据和信息量的采集是否符合要求，各报表是否完整、有无报警等，发现异常应分析可能发生的原因并汇报有关领导，电话通知维护人员前往确认、检查处理。

运行值班人员在值班过程中应根据电网调度指令执行涉网设备操作，根据电站和电网的要求，完成发电量等各种报表的填报发送至相关负责人，并根据当天的工作内容填写运行记录、安全记录、巡检记录等，并做好归档。

（三）交接班制度

为了保障安全生产的连续性，实行运维人员的交接班制度。现场交接班应做到“三接五不接”：

（1）三接：书面接、现场接、口头接。

（2）五不接：未做好交接班准备工作不接；在事故和重要操作中不接；工具资料不全不接；清洁卫生未做好不接；上级指示和命令不明确不接。

（四）光伏组件的清洗

光伏电站在建成移交生产后，设备和线缆等已经固定，发电量的提升主要依靠光伏组件的转换效率和消除缺陷，而光伏组件的及时清洗可以显著地提升发电量。因此光伏组件的清洗是运维人员的重点工作之一。

光伏组件作为主要的发电设备，其表面的灰尘阻碍太阳能的吸收，影响组件的散热，降低发电效率和发电量。特殊区域灰尘中的酸碱性成分，会腐蚀组件表面，组件表面的鸟粪、树叶、泥点会造成组件局部发热，严重者会引起火灾。

运维人员宜每月或根据当地实际天气情况对组件进行清洗。运行人员发现组件发电效率与上次清洁后相比下降 15% 时应现场确认是否应清洗，排除通信故障。

光伏组件的清洗根据现场实际可选择人工擦拭、机器清洗或自动清洗机器人自动清洗。

光伏组件的清洗应在辐照度小于 200W/m^2 的清晨或傍晚进行，应先除尘再用清水冲洗，水温不宜和组件表面温度相差超过 20℃，水压不超过清洗组件规定的水压，冬季清洗应防止组件结冰，组件清洗后应保持干燥。对于顽固不易清洗的组件表面可先用组件清洗剂清洗再用清水冲洗，严禁使用腐蚀性溶液或硬物工具，防止划伤组件表面。

组件的清洗过程中严禁在组件上站卧、行走，避免造成组件隐裂或破裂，以及存在人员安全风险。

为保证清洗人员人身安全，严禁在风力大于 4 级、大雨或大雪等天气清洗组件，严禁清洗表面玻璃破损或线路破损组件，防止触电。

由于每日清洗时间有限，大型光伏电站不具备自动清洗的场站可根据实际外委专业清洗团队进行清洗。

（五）设备巡检

光伏电站的巡检是为了及时发现监控不到、监控不清或通信故障监视显示正常的设备缺陷，掌握真实的设备运行状况，及时消除缺陷、隐患。

巡检人员必须严格遵守《电业安全工作规程　第 1 部分：热力和机械》（GB 26164.1），并经考试合格。巡检人员必须按照巡检日志的内容进行巡检，不减少检查项目，不随意更改巡检线路。

巡视设备时，运行人员发现设备缺陷、异常应汇报当值值长，并将缺陷、异常记入设备缺陷记录本内，按值移交。对危及安全运行的缺陷应立即汇报有关领导，并迅速处置。

在巡检前，应查看缺陷记录本和值班记录本，以便对有缺陷和进行过检修、操作的设备加强检查。

（六）缺陷处理

光伏电站在运行过程中发现有直接威胁发电系统安全，可能造成局部电网冲击、人员伤亡、火灾等事故的缺陷时应采取紧急处理措施立即处理，并将缺陷情况及时通知业主、调度和相关方。

光伏电站在运行过程中发现对设备有严重威胁、对光伏发电系统能力有较大影响、可能造成重大设备损害的缺陷时应采取应急处理措施分析判断缺陷原因，编制处置方案并实施，并将缺陷情况及时通知业主、调度和相关方。

光伏电站在运行过程中发现对系统影响不大的缺陷时应分析判断缺陷原因，编制处置方案并实施。

（七）培训

光伏电站的培训主要分为技能培训和安全培训。

光伏电站应组织运维人员在单位内外接受专业技能方面的培训，提升运维水平。有条件的电站宜在非生产时间组织技能大比武，互相学习，共同提高运维能力。

光伏电站应定期组织安全学习大讨论，每年至少进行一次安规考试，运维人员必须考试合格。运维人员应定期接受触电、烧伤、中暑等应急处置措施培训，消防器材、安全工器具、心肺复苏等培训必须有实际操作流程。光伏电站应定期进行应急预案的演练。

三、光伏电站巡检与维护

（一）分布式光伏电站巡检要求

（1）为了保护光伏发电系统的安全稳定运行，需要定期对运行设备进行巡检，发现问题及时消缺，当光伏电站各系统运行不正常或遇自然灾害后宜立即巡检。

（2）光伏电站的现场巡检应两人一组，一人巡检，一人监护，同时运行监视也应留守一人，发现问题做好相应巡检记录，发现设备缺陷及时上报处理。当运行发现异常需要紧急处理时，应及时通知现场巡检人员及时前往处理。

（3）光伏方阵的巡检应在光照较弱的清晨或傍晚时段进行，避免人员行走时遮挡组件影响发电量，同时防止巡检人员在高温下作业时中暑。

（4）雷雨、高温、五级以上大风等恶劣天气不宜进行室外设备巡检和作业，应加强运行监视。在恶劣天气结束后应及时巡检，处理恶劣天气造成的缺陷，特别是暴雪后应及时除冰除雪，防止积雪对组件甚至支架造成损伤。

（5）运维人员在巡检过程中应全程正确佩戴安全帽，携带合格的工器具，巡检高压设备时应与带电设备保持足够的安全距离，不得移动或越过隔离栅栏。

（6）光伏电站的巡检和维护应执行两票作业流程，现场维护检修带电设备时应先断电，放电结束后验电，确认无电方可进行工作，并有专人监护。

（7）光伏电站的巡检频次应根据电厂的实际运行情况进行，巡检周期不得超过相关国家标准和行业标准的要求。

（二）基础和支架

（1）屋顶排水系统正常，不发生因排水管堵塞、线缆沟积水、屋顶渗水造成的安全事故，否则及时通知业主方并协助业主修缮。

（2）屋顶爬梯等登高设备和屋顶防护设施安全可靠。

（3）彩钢瓦屋顶不应出现裂纹、修饰等威胁组件安全性的现象。

（4）光伏电站不应存在基础沉降、移位，造成光伏方阵变形、错位、松动。

（5）固定光伏组件的地脚螺栓和配筋不应松动，采用预制基座的光伏方阵，预制基座应平稳、整齐，位置不得移动。

（6）安装有跟踪式支架的场站，应定期检查跟踪系统的机械和电气性能，跟踪系统不得出现裂纹、故障，组件倾角无异常。

（7）光伏系统与建筑物主体结构连接应牢固，在台风、暴雨等恶劣天气后应检查光伏方阵的方位角及倾角是否符合设计要求，不一致时应及时调整。

（8）光伏方阵的受力构件、连接构件、连接螺栓、组件压块等不应出现松动或损坏，否则应及时紧固或更换。

（9）检查固定支架的防腐处理符合设计要求。锌层表面应均匀，无毛刺、过烧、挂灰、伤痕、局部未镀锌（2mm 以上）等缺陷，不得有影响安装的锌瘤。当防锈涂层出现剥落和锈蚀时且镀层厚度不小于 120 μm 时人工打磨除锈，补刷环氧富锌漆或者用热镀锌修复剂修复，否则更换光伏支架。

（10）光伏电站避雷针完好，接地系统与建筑物防雷接地应可靠连接，两者共用接地线时接地电阻应小于 4Ω。

（11）屋顶光伏的光伏组件、支架、配电箱等应与屋顶金属接地网可靠连接，一次设备接地电阻应小于 4Ω，二次设备接地电阻应小于 0.1Ω。

（三）光伏组件

（1）光伏组件安全标示牌应完好。

（2）光伏组件的边框应整洁、平整、无腐蚀斑点。

（3）光伏组件表面无裂痕、碰伤、破裂等现象，表面无树叶、杂草、灰尘、泥土等遮挡物。

（4）光伏组件之间连接插头无脱落、破损、烧毁等，接地线完好。

（5）组件周边植被、建筑物等不得对组件产生遮挡，组件下面及周边的杂草和灌木应定期及时清理。

（6）对光伏组件进行目视外观检查，当组件出现以下现象时应及时更换组件：

1）组件表面玻璃破碎、背板灼焦、明显的颜色变化。

2）组件边缘或任何电路之间形成连通通道的气泡。

3）接线盒变形、扭曲、开裂或烧毁，接线端子无法良好连接。

（7）组件的更换：应提前开好第二种工作票，运维人员戴绝缘手套首先断开需要更换组件对应汇流箱直流断路器并悬挂“禁止合闸，有人工作”安全标示牌；然后断开汇流箱对应的熔断器；最后断开故障组件相邻组件连接插头。组件更换后用万用笔测量组件开路电压，核对正负端子，做好记录；然后依次连接相邻组件，合上之路保险、汇流箱，待汇流箱正常运行后方可结束。

（8）热斑检测：在太阳辐照度大于 500W/m^2，风速不大于 2m/s 时用红外热成像仪测量组件温度。组件工作温度不超过 85℃，同一光伏组件不同区域外表而正上方温度差超过 20℃的区域，应视为发生热斑。

（9）组件一致性测试：提前开好第二种工作票，在太阳辐照度不低于 400W/m^2，各光伏组串处于并联，且系统正常工作条件下开展测试，用钳形电流表测量每一串接入此汇流箱的电流、电压值，电流、电压值偏差应不大于 5%。

（四）汇流箱

（1）汇流箱箱体应牢固，表面光滑、平整，无变形、掉漆、锈蚀及裂纹等现象，安全警示标识应完整、无破损，防水锁启闭应灵活。

（2）汇流箱运行过程中柜门必须紧闭，密封良好，柜内无灰尘、积水、锈蚀现象。

（3）汇流箱内各个接线端子不应出现松动、锈蚀、异常发热现象。

（4）汇流箱柜体、电缆屏蔽线必须接地良好。

（5）汇流箱内的直流熔丝的规格应符合设计规定，如出现烧焦、断裂、脱落等现象应切断对应汇流箱直流开关后进行处理。

（6）绝缘电阻测试：绝缘电阻测试仪测试电压为1kV时，直流输出母线的正极与负极短路时对地、正极对地、负极对地的绝缘电阻应大于1MΩ。

（7）直流输出母线端配备的直流断路器，其分断功能应灵活、可靠。

（8）直流汇流箱内防雷器应有效，雷雨季节应加强巡检次数。

（五）直流配电柜

（1）直流配电柜柜体应牢固，表面光滑、平整，无变形、掉漆、锈蚀及裂纹等现象，表面安全警示标识应完整、无破损，防水锁启闭应灵活。

（2）直流配电柜柜门必须紧闭，密封良好，柜内无灰尘、积水、锈蚀现象。

（3）直流配电柜内指示灯显示正常，排气扇运行正常无杂声，接线端子不应出现松动、锈蚀、异常发热现象。

（4）绝缘电阻测试：直流输出母线的正极对地、负极对地的绝缘电阻应大于2MΩ。

（5）直流配电柜的直流输入接口与汇流箱的连接应稳定、可靠，直流输出与逆变器或控制器直流输入处连接牢靠。

（6）直流配电柜内的直流断路器动作应灵活，性能应稳定、可靠。

（7）直流母线输出侧配置的浪涌保护器应有效，雷雨季节应加强巡视。

（8）接地连续性测试：用绝缘电阻表或者接地电阻测试仪测量直流配电柜相邻设备接地线之间的电气导通，直流电阻值不大于0.2Ω。

（六）逆变器

（1）逆变器运行过程中柜门必须紧闭、门锁正常，表面光滑、平整，无变形、掉漆、锈蚀及裂纹等现象，表面安全警示标识应完整、无破损，防水锁启闭应灵活。

（2）逆变器运行过程中无异常振动、噪声、气味、发热现象，有异常现象应断电检查。

（3）逆变器运行指示灯显示正常，排气扇运行正常无杂声，接线端子不应出现松动、锈蚀、异常发热现象。

（4）逆变器中模块、电抗器、变压器的散热器风扇根据温度自行启动和停止的功能应正常，散热风扇运行时不应有较大振动及异常噪声，如有异常情况应断电检查。

（5）定期对逆变器装置进行清洁，逆变器进风口和排风口不应被物体遮挡。

（6）逆变器内部防雷模块安全、可靠，雷雨季节应加强巡视，发现防雷模块失效应及时更换。

（七）交流配电柜

（1）运行中交流配电柜闭锁，柜体表面光滑、平整，无变形、掉漆、锈蚀及裂纹等现象，安全警示标识应完整、无破损。

（2）低压电器发热物件散热应良好，切换压板应接触良好，信号回路的信号灯、按钮、光字牌、电铃、电筒、事故电钟等动作和信号显示应准确。

（3）配电柜标明被控设备编号、名称或操作位置的标识器件应完整，编号应清晰、工整。

（4）配电柜中开关，主触点不应有烧熔痕迹，灭弧罩不应烧黑和损坏，紧固各接线螺栓，清洁柜内灰尘。

（5）核对保护装置保护定值数值与电站保护定值单数值一致，不一致时应重新输入电站审核定制单定值数据并确认。

（6）断路器操作正常，操作断路器时应穿绝缘靴、戴绝缘手套，并且在专人监护下操作。

（7）防雷装置应有效，雷雨季节加强巡检。

（8）交流配电柜内各装置接地良好，接地装置无损坏。

（八）干式变压器

（1）干式变压器箱体密闭，表面无灰尘堆积、无变形、掉漆、锈蚀及裂纹等现象，表面安全警示标识完整、无破损，外壳及中性点接线良好。

（2）各控制箱及二次端子箱密闭，电缆穿孔封堵严密，无受潮。

（3）检查变压器异振和异声，应注意在固定的位置听声测振，必要时可采用短时停冷却装置的方法，以判断异振、异声在本体或冷却器。

（4）观察支持绝缘子应无放电或其他异常现象，否则应将负荷切换至备用变压器上运行，对异常变压器进行停电开票处理，如无备用变压器应及时停电开票处理。

（5）用红外热成像仪观察变压器本体、母线、电缆、引线接头等处有无异常发热现象，如有应停电开票检查处理，在大负荷、高温天气应加强巡检。

（6）现场观察温控器显示温度并与运行值班人员联系，比对现场与监控系统数据是否一致，不一致应联系专业维护人员查看处理。现场或运行值班人员发现三相温度不一致或温度高报警宜降负荷运行，如异常数据未恢复或温度持续升高应立即停止运行，开票检查处理。

（7）变压器温度和温度监视装置及风机是否运行正常。

（8）干式变压器在停运期间应防止受潮，变压器停用一周及以上者，投入运行前应测量绝缘电阻，测量结果和以往记录作综合比较分析，如有明显降低现象，应分析查明原因，并汇报值长暂缓投运。

（九）油式变压器

（1）变压器油温、油位正常，无漏油、渗油现象，油位表、油温表表面无破损、无积污，呼吸器无堵塞，硅胶无变色。

（2）变压器本体无异常振动和异声。

（3）变压器及套管油位正常，各部均无渗油、漏油、严重破损或放电等异常现象。

（4）外壳清洁完好，油标内油位、油色正常。表面安全警示标识完整无破损，散热器无脏污。

（5）气体继电器内无滞留气体，观察窗清洁完好。

（6）用红外热成像仪检测变压器引线接头、电缆、母线温度无异常发热现象。

（7）变压器各控制箱、二次端子箱和机构箱箱门应关严，电缆穿孔应封堵严密、无受潮，加热器、温控装置工作无异常。

（8）变压器各种保护装置应齐全、良好。

（十）交直流电缆

（1）电缆线路的标志、符号应完整，电缆的铅包不应出现膨胀、龟裂现象。

（2）电缆在进出设备处的部位应封堵完好，不应存在直径大于10mm的孔洞，否则用防火堵泥封堵。

（3）电缆的固定支撑点应完好。

（4）应及时清理室外电缆井内的堆积物、垃圾；如电缆外皮损坏，应进行处理。

（5）检查室内电缆明沟时，要防止损坏电缆；确保支架接地与沟内散热良好。

（6）直埋电缆线路沿线的标桩应完好、无缺；路径附近地面无挖掘；确保沿路径地面上无堆放重物、建材及临时设施，无腐蚀性物质排泄。

（7）电缆沟或电缆井的盖板完好无缺；沟道中不应有积水或杂物；确保沟内支架应牢固，无锈蚀、松动现象；铠装电缆外皮及铠装不应有严重锈蚀。

（8）电缆正常运行时，相间及相间对地绝缘应完好，无裂纹、放电痕迹，电缆的运行温度不得超过现场运行的规定温度，电缆接头温度超过线缆温度10℃或局部温差超过15%宜断电检修。

（十一）数据采集及监控装置

（1）数据采集及监控装置的外观应完好，固定和密封应齐全，操作功能齐全，数据显示清晰、无闪烁。

（2）监控主机数字量、模拟量、开关量、指示灯等显示正常，数据显示无中断或传输变慢等现象，否则应及时检查传感器、传输数据、接口连接和主机有无异常，对异常部位及时进行修复。

（3）对监控、传输、终端服务器数据应定期进行备份、病毒查杀，并应定期升级杀毒软件、清理磁盘，以免影响运行速度。

（4）气象装置各传感器应定期清理，如监控界面的气象数据出现异常或与实际气象不符时应用手持式设备比对，发现异常应及时拆卸维修。

（十二）控制器（如有）

（1）控制器的过充电电压、过放电电压的设置应满足设计要求。

（2）控制器上的警示标识应完整、清晰。

（3）控制器各接线端子不得出现松动、锈蚀现象。

（4）控制器内的直流熔丝的规格应符合设计规定。

（十三）蓄电池（如有）

（1）蓄电池室温度宜控制在 5 ～ 25℃之间，通风措施应运行良好；在气温较低时，应对蓄电池采取适当的保温措施。

（2）在维护或更换蓄电池时，所用工具（如扳手等）必须有防护绝缘套。

（3）蓄电池在使用过程中应避免过充电和过放电。

（4）蓄电池的上方和周围不得堆放杂物。

（5）蓄电池表面应保持清洁，如出现腐蚀漏液、凹瘪或鼓胀现象，应及时处理，并查找原因。

（6）蓄电池单体间连接螺栓应保持紧固。

（7）若遇连续多日阴雨天，造成蓄电池充电不足，应停止或缩短对负载的供电时间。

（8）应定期对蓄电池进行均衡充电，一般每季度要进行 2 ～ 3 次。若蓄电池组中单体电池的电压异常，应及时处理。

（9）对停用时间超过 3 个月以上的蓄电池，应补充充电后再投入运行。

（10）更换电池时，最好采用同品牌、同型号的电池，以保证其电压、容量、充放电特性、外形尺寸的一致性。

四、光伏电站运维故障及处理

（一）安全事故及处理

由于分布式光伏关键设备（组件、逆变器）暂时无相应的国家和行业标准规范强制要求，光伏组件产品质量参差不齐、运输安装中的二次损伤以及安全防护措施缺失，并网运行的分布式光伏已造成多起安全事故，因此在分布式光伏电站运维过程中发现安全性故障应及时处置，避免故障扩大成事故。

事故处理要坚持保人身、保设备、保电网的原则。应迅速限制事故的发展，解除对人身和设备的威胁，并尽快恢复对已停电用户的供电。将事故处理的全过程做好记录，并详细向调度汇报保护及自动装置的动作情况，电压及负荷变化情况，设备异常情况，运行方式、天气情况等。

（1）光伏组件发生热斑效应时应及时处理并加强监视，有引发着火的风险时应及时更换，如发生火灾应将该组串立即与电网或用电负荷处断开。

（2）光伏组件及连接电缆着火时应立即切断对应汇流箱开关，同时断开组件对应直流熔断器，迅速灭火，必要时联系当地消防部门协助灭火。

（3）汇流箱着火时应立即切断对应开关柜内的进线开关，迅速灭火。

（4）逆变器发生火灾应立即断开汇流箱开关及就地升压变压器侧开关，迅速灭火。

（5）运行监视或巡检过程中发现变压器有以下现象之一应立即断开电源，停止其运行，并汇报上级领导。

1）变压器声响明显增大，内部有爆裂声；

2）在正常负荷和冷却条件下，变压器上层油温升高超过最高允许值，且不断上升；

3）储油柜或压力释放阀动作喷油；

4）油质劣化严重，油内出现碳质等；

5）套管有严重的破损或放电现象；

6）严重喷油或漏油，使油面下降到低于油位表（计）的指示限度；

7）变压器冒烟着火；

8）运行过程中绝缘不合格。

（6）运行监视或巡检过程中发现电压互感器发生下列现象之一时，应立即将电压互感器停运，并汇报上级领导：

1）高压熔断器熔丝熔断；

2）在正常负荷运行下，内部发热，温度超过保护定值；

3）本体出现声音异常、焦味、冒烟等异常情况；

4）有严重漏油、喷油现象；

5）套管、引线与外壳之间放电；

6）二次回路短路。

（7）运行监视或巡检过程中发现电流互感器发生下列现象之一时，应立即将电流互感器停运，并汇报上级领导：

1）在正常负荷运行下，温度超过保护定值；

2）本体有异常声音、异味或冒烟等异常情况；

3）导线与外壳之间有放电现象；

4）充油式电流互感器严重漏油；

5）外绝缘破裂放电；

6）二次回路开路。

（二）分布式光伏电站常见故障及处理

1. 屋顶光伏电站屋顶防水层破损或彩钢瓦出现裂纹

解决方案：应及时通知业主，并协助业主维修处理。

2. 支撑立柱存在缺陷

解决方案：及时加固，必要时更换。

3. 光伏组串输出功率降低解决方案

（1）提前开好第二种工作票，断开汇流箱，现地用钳形电流表测输出偏低的汇流箱和各支路电流，同时电话联系运行监盘人员，与监控系统显示数据作比较时，排除由于通信故障造成的数据不准确。

（2）对于支路电流为零的支路应检查支路熔断器是否熔断，再检查组串插头或接线盒是否烧损，若是熔断的熔断器、组串接头和接线盒烧损等问题，则及时更换。

（3）用热成像仪检查该组串中电池组件有无热斑或损坏，对明显有热斑或损坏的组件应当更换。

4. 汇流箱数据异常解决方案

（1）第一时间观察直流开关是否在合闸位置，若不在合闸位置，则检查出线电缆有无异常、各支路电压是否异常、如未发现异常，对直流开关进行分合操作一次。

（2）直流开关在合闸位置，无脱口，用万用表测量出线开关直流电压是否正常，用钳形电流表测量总输出电流是否正常，否则，检查出线开关进出线两端电压是否一致，以判断出线开关闭合情况，若出线开关进出线两端电压正常而电流不正常，则应检查电缆引出线两端接线端子是否松动、电缆是否有断线现象，办理工作票进行处理。

（3）检查采集板运行显示是否正常，若无显示，检查采集板电源模块运行指示灯是否正常，若不正常，检查电源模块熔断器是否熔断、电源模块是否烧损，若发现熔断器熔断、电源模块或采集板烧损，办理工作票进行更换处理。

（4）若电源模块、采集板工作正常，则应检查通信电缆是否正常，应检查通信线接头是否松动。如发现直流防雷汇流箱内数据采集器故障，应在停电状态下进行更换或处理。

（5）如发现直流防雷汇流箱内部接线头发热、变形、融化等现象时，应拉开直流输入开关，再取下直流防雷汇流箱内熔断器，断开光伏组件输入该汇流箱的串并接电缆接头后，方可开始处理工作。

（6）当出现直流防雷配电柜有冒烟、短路等异常情况或者发生火警等时，值班人员有权立即进行全部或部分停电操作，根据现场情况立即断开配电柜上电源开关，进行处理。

5. 直流过压故障解决方案

检查各直流断路器输出电压是否异常，检查支路所对应的汇流箱电压是否异常，查找各组串电压是否异常，排除异常后电压正常，手动投入变压器。

6. 逆变器模块故障解决方案

关闭逆变器重新启动，若故障仍在，更换故障逆变器。

7. 油式变压器上层油温或温升超过允许值解决方案

（1）查看三相负荷是否平衡、是否过负荷运行，若负荷过重应增加散热器的投入或降负荷运行。

（2）根据当时负荷、周围气温，核对油温是否超标。

（3）检查油循环是否正常，如系统不正常应降低负荷，使油温下降或手动开启风扇。

（4）在正常负载和冷却条件下，变压器温度超标且不断上升应立即停止运行。

8. 直流系统接地故障解决方案

（1）直流系统报接地故障时应查看监测装置，确认接地分路。

（2）将接地故障分路停电，根据运行方式、操作情况、天气影响等判断可能接地的位置，按照先信号和照明、后操作，先室外、再室内，先负荷、后电源的原则对绝缘水平低、存在缺陷及正在检修的电气设备和线路进行排查，寻找接地点。

（3）查出接地点后通知检修人员处理。

（4）当直流发生接地时禁止在二次回路工作，寻找和处理接地故障时必须两人，一人操作，一人监护。

9. 监控主机异常解决方案

（1）检查主机本身有无异常，对异常部分进行维修或更换。

（2）检查传感器有无异常，对异常传感器进行维修或更换。

10. 监控系统传输中断或传输变慢解决方案

（1）检查传输线路和传输接口，出现异常应维修处理。

（2）检查传输设备配置是否正确，不正确重新配置。

（3）检查传输设备本身是否正常，否则应进行维修或更换。

（4）检查网络设备有无病毒感染，出现病毒时应查杀病毒。

第三节　分布式光伏电站运维展望

除传统发电企业外，大多数分布式光伏电站的业主并不具备自己运维的能力，且业主自己运维需要投入的前期固定资产和人员与分布式光伏电站的容量相比会降低电站投资回报率。人员和巡检设备等配置齐全会增加运维成本且利用率不高，缺乏则会影响电站的正常运维。因此，将同一区域的分布式光伏电站集中在一起统一监控、运维，将是分布式光伏运维发展的趋势。

随着互联网＋、大数据、物联网、人工智能等技术在光伏领域的应用，智慧化运维将成为分布式光伏电站运维的新方向。

智慧化运维包括智能设备诊断预警、智能清扫、智能决策与管理。智慧化运维通过监控系统实时监测发电系统的运行数据，自动完成运行数据分析、统计发电量、预测未来发电量。对于灰尘遮挡引发的发电效率降低及时启动智能清扫机器人清扫组件表面灰尘。对于可能发展成故障的设备状态提前预警，提前介入处置。发现异常状况时，能自动识别分析故障点位置、故障类型和故障等级，并安排无人机前往确认故障，确认无误后再安排运维人员消缺。

随着越来越多的分布式光伏接入电网，分布式光伏在电网的比例将不断提升，为保障电网电能质量、运行稳定安全，智慧化运维利用集控平台参与电网智能化调度也将是光伏运维的新方向。

第八章

分布式光伏电站与碳交易

实现“双碳”目标，努力构建清洁低碳、安全高效的现代能源体系，是以习近平同志为核心的党中央作出的重大战略决策，大力推动光伏等可再生能源开发建设，是推动实现我国能源领域“双碳”目标的重要途径。发挥碳排放权交易市场机制手段，有助于推动平价上网电价政策下光伏产业更有质量、更有效益地发展。分布式光伏因其体量小、点多面广，参与碳减排核查费用高，综合经济效益欠佳，推动碳资产聚合交易模式创新，实现分布式光伏打捆参与碳排放权核查与交易，将有利于盘活存量资产，优化增量投资收益，减少政策性补贴，进一步推动分布式光伏的建设步伐。

第一节　碳交易的基本概念

一、碳排放与碳交易

碳排放是人类生产经营活动过程中向外界排放温室气体（二氧化碳、甲烷、氧化亚氮、氢氟碳化物、全氟碳化物和六氟化硫等）的过程，被认为是导致全球变暖的主要原因之一。碳排放权交易，简称碳交易，是以“碳排放权”及其衍生产品为主体的交易投资活动。自 2005 年欧盟碳交易市场建成以来，碳交易机制已在全球 29 个国家和地区实行，业已成为控制区域温室气体排放、降低碳减排成本的重要政策工具。

碳交易机制在碳排放权总量核定与分配设计的基础上，允许交易主体在一定范围内以货币形式相互调剂碳排放权，通过成本倒逼区域内实现一定目标的宏观碳减排目标。政府根据碳减排覆盖行业内企业的减排承诺，向企业分配碳排放配额，如果企业排放的二氧化碳低于配额，剩余的配额可在碳交易市场出售；而超过碳配额的企业须购买额外配额或缴纳罚款，以成本增加的方式推动传统碳排放较高行业，如冶金、煤炭等行业的企业通过技术革新减少碳排放总量。

二、碳交易市场

碳交易市场也称为碳市场，是进行金融交易（碳排放权及其衍生品）的场所。碳市场的供给方包括项目开发商、减排成本较低的排放实体、国际金融组织、碳基金、各大银行等金融机构、咨询机构、技术开发转让商等。碳市场将二氧化碳排放转化为商品，通过供需关系调整交易价格，从而将二氧化碳排放的外部成本内在化，并促进碳排放权交易中供需双方独立减排。理论上，风电、光伏作为碳排放权的提供方，可以一定程度上提高发电利润，增加项目投资效益。

我国于 2011 年 11 月，国家发改委批准湖北、广东、北京、上海、深圳、重庆、天津七省市启动碳排放权交易试点建设。2013 年 6 月，我国首个碳交易市场在深圳正式运行。继首批七个试点省市后，福建和四川于 2016 年加入试点行列。各试点省市的碳交易为我国建设全国统一市场积累了宝贵的经验。2021 年 7 月 16 日 9 时 15 分，全国碳市场启动仪式于北京、上海、武汉三地同时举办，全国碳市场正式开始上线交易，覆盖行业已囊括电力、热力、水泥、交通运输、钢铁等多个行业，覆盖责任企业 3000 余家，截至 2021 年 12 月 22 日，全国碳市场第一个履约周期运行平稳，碳排放配额累计成交量 1.4 亿 t，累计成交额 58.02 亿元。

三、碳交易价格

碳交易价格也称为碳价格（碳价），是指碳排放权及其衍生品作为交易商品时的市场均衡价格，其波动主要受到碳市场供需变化影响，同时也受到其他外部因素的影响。根据价格理论，碳价格应该等于完全竞争市场中的边际减排成本。现实中，碳价往往偏离边际减排成本，是市场上碳限额的实际交易价格。

当企业的碳限额价格低于边际减排成本时，企业更倾向于购买碳限额而非减排，导致实际减排低于预期。当碳限额价格不等于边际减排成本时，如果分配的碳限额与减排目标相匹配，那么在市场机制的作用下，碳限额价格将调整到边际减排成本。目前，在我国碳交易市场中，主要的交易商品是碳配额和核证自愿减排量，且均是现货交易。全国碳市场以 48.00 元 /t 的价格开盘，挂牌协议交易单笔成交价在 38.50 ～ 62.29 元 /t 之间，每日收盘价在 41.46 ～ 61.38 元 /t 之间。2022 年 7 月 15 日收盘价 58.24 元 /t，较启动首日开盘价上涨 21.33%。

第二节　CCRE 的开发流程

国家核证自愿减排量（China Certified Emission Reduction，CCER）是指对我国境内特定

项目的温室气体减排效果进行量化核证，并在国家温室气体自愿减排交易注册登记系统中登记的温室气体减排量。CCER 以更灵活经济的方式构建了抵消重点排放单位碳排放的通道，是碳市场的重要组成部分。每一个合格的 CCER 项目的产生，首先必须建立科学、准确的计量标准，该标准称为“CCER 方法学”；在以方法学为核心的技术体系建立后，每个 CCER 的产生，均经历了严格的项目前期评估、项目备案和减排量备案流程。

一、项目前期评估

CCER 项目前期评估的主要内容是通过专业第三方咨询机构对项目进行适用性判断，主要依据是评估该项目是否符合国家主管部门备案的 CCER 方法学的适用条件以及是否满足额外性论证的要求。

方法学是指用于确定项目基准线、论证额外性、计算减排量、制定监测计划等的方法指南。截止到目前，国家发改委已在信息平台分四批公布了 178 个备案的 CCER 方法学，其中由联合国清洁发展机制（CDM）方法学转化 173 个，新开发 5 个；含常规项目方法学 96 个，小型项目方法学 78 个，林业草原项目方法学 4 个。这些方法学已基本涵盖了国内 CCER 项目开发的适用领域，为国内的业主企业开发自愿减排项目提供了广阔的选择空间。

额外性是指项目活动所带来的减排量相对于基准线是额外的，即这种项目及其减排量在没有外来的 CCER 项目支持情况下，存在财务效益指标、融资渠道、技术风险、市场普及和资源条件方面的障碍因素，依靠项目现有条件业主难以实现。目前备案或申请备案的项目一般是通过财务收益障碍论述额外性，额外性论述过程中，需要关注财务收益障碍不仅仅是项目收益率，还需要进行敏感性分析和普遍性分析。额外性是制约项目获得备案的重要因素，关系到项目备案能否通过。

若项目评估满足各项要求，即可开展项目备案申报前的准备工作，咨询机构将依照方法学计算项目活动产生的减排量并参考碳交易市场的 CCER 价格，进一步估算项目开发的减排收益。CCER 项目的开发成本，主要包括编制项目文件与监测计划的咨询费用以及出具审定报告与核证报告的第三方费用等。业主以此分析项目开发的成本及收益，综合衡量是否进行项目申报，并确定碳减排量核证的间隔周期。

二、项目开发流程

CCER 项目的开发主要包括项目文件设计、项目审定、项目备案、项目实施与监测、减排量核查与核证、减排量签发以及后续的碳市场碳排放量交易等环节。CCER 项目开发流程如图 8–1 所示。

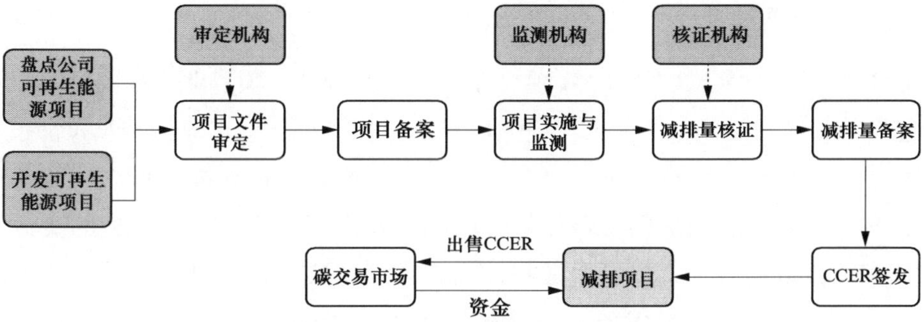

图 8-1　CCER 项目开发流程图

（一）项目设计文件

项目设计文件（PDD）是申请 CCER 项目的必要依据，是体现项目合格性并进一步计算与核证碳减排量的重要参考。项目设计文件的编写需要依据从国家发改委网站上获取的最新格式和填写指南，审定机构同时对提交的项目设计文件的完整性进行审定。2014 年 2 月底，国家发改委根据国内开发 CCER 项目的具体要求设计了项目设计文件模板（第 1.1 版）并在信息平台公布。项目文件可以由项目业主自行撰写，也可由咨询机构协助项目业主完成。

（二）项目审定程序

项目业主提交 CCER 项目的备案申请材料后，需经过审定程序才能够在国家主管部门进行备案。审定程序主要包括准备、实施、报告三个阶段，主要步骤包括合同签订、审定准备、项目设计文件公示、文件评审、现场访问、审定报告的编写及内部评审、审定报告的支付 7 个步骤。另外，项目业主申请 CCER 项目备案须准备并提交的材料包括：

（1）项目备案申请函和申请表；

（2）项目概况说明；

（3）企业的营业执照；

（4）项目可研报告审批文件、项目核准文件或项目备案文件；

（5）项目环评审批文件；

（6）项目节能评估和审查意见；

（7）项目开工时间证明文件；

（8）采用经国家主管部门备案的方法学编制的项目设计文件；

（9）项目审定报告。

在审定完成之后，项目首先提交项目所在地主管部门对申请材料真实性和完整性提出意见后转交国家发展改革委，由相关领域专家和七部委组成审核会对减排项目进行审查和备案。对符合条件的项目进行备案并在国家登记簿进行登记。

（三）减排量核证程序

碳减排量核证程序经备案的CCER项目在产生减排量后，项目业主在向国家主管部门申请减排量签发前，应由经国家主管部门备案的核证机构核证，并出具减排量核证报告。

核证程序包括准备、实施、报告三个阶段，主要步骤包括合同签订、核证准备、监测报告公示、文件评审、现场访问、核证报告的编写及内部评审、核证报告的交付。监测报告是记录减排项目数据管理、质量保证和控制程序的重要依据，是项目活动产生的减排量在事后可报告、可核证的重要保证。国家发改委已于2014年4月16日在信息平台公布了CCER项目监测报告（MR）模版（第1.0版）。监测报告可由项目业主编制或由项目业主委托的咨询机构编制。

（1）项目业主申请减排量备案须提交以下材料：

1）减排量备案申请函；

2）监测报告；

3）减排量核证报告。

（2）核证的基本要求：

1）减排项目减排量的唯一性；

2）项目实施和项目设计文件的符合性；

3）监测计划与方法学的符合性；

4）监测与监测计划的符合性；

5）校准频次的符合性；

6）减排量计算结果的合理性。

在核证报告完成之后，业主或业主委托专业机构提交项目减排量备案申请，国家发展改革委在接收到申请材料后，首先委托专家进行技术评估，然后由主管部门对减排量备案申请进行审查，备案成功即在国家登记簿进行登记，并可以用于市场交易。

第三节　可再生能源项目碳排放量与收益计算

一、某分布式光伏电站项目方法学适用

（一）项目边界条件

某分布式光伏电站项目位于山西省朔州市，为某工厂屋顶分布式光伏电站项目，可用屋顶面积为27433m^2，总计可安装光伏组件4299.48kW，组件数量为7962块，按照典型设计方案进行计算，需要175kW组串式逆变器18台。按照不同屋顶朝向，南向、北向屋顶安装

组件容量均为 2067.93kW，平面屋顶可安装容量为 163.62kW。

本项目采用的方法学为《可再生能源并网发电方法学（第二版）》（CM-001-V02），其减排原理为通过新建可再生能源并网发电项目来替代由化石能源占主导的电网产生的同等电量，实现温室气体的减排。

依据生态环境部《企业温室气体排放核算方法与报告指南发电设施》（2022 年修订版），采用全国统一新修订的电网排放因子，即本项目边界的空间范围包括项目发电厂以及全国电网中的所有电厂，温室气体主要为二氧化碳。

（二）基准线识别

基准线情景即若不建设现有项目、但产生相同结果（例如产生相同发电量）或延续历史情形持续发展的情景，减排量就是基于基准线情景进行计算的。基准线情景主要包括三种：①项目活动为建设新的可再生并网发电厂 / 发电机组；②项目活动为对现有的可再生并网发电厂 / 发电机组进行扩容；③在项目活动地点已有可再生能源并网发电厂 / 发电机组，并且项目活动是对该可再生能源并网发电厂 / 发电机组进行改造或者替代。

本项目为新建可再生能源发电厂，属于第一种基准线情景，其具体内容为项目活动所产生的上网电量可由并网发电厂及新增发电源替代生产。

（三）额外性论证

额外性是指项目活动所带来的减排量相对于基准线是额外的，即这种项目及其减排量在没有外来支持情况下，存在具体财务效益指标、融资渠道、技术风险、市场普及和资源条件方面的障碍因素。在论证额外性的过程中，较为重要的是投资分析，即确定项目活动是否最具有经济吸引力，以及在没有碳减排收益的情况下不具备经济可行性。

光伏发电、光热发电、海上风电等项目采用《可再生能源并网发电方法学（第二版）》（CM-001-V02）进行项目活动额外性论证时，可采用简化流程。采用以上技术的拟议项目，在提交备案申请时，如果满足以下任一条件，则拟议项目自动具备额外性：

条件 1: 拟议项目所在省份采用该技术装机容量占并网发电总装机容量的比例小于或等于 2%；

条件 2: 拟议项目所在省份采用该技术装机容量小于或等于 50MW。

使用上述额外性论证简化程序的项目参与方应该在项目第一次核查时提供项目实际资本成本的相关信息。

二、发电量与减排量计算

（一）发电量计算

按照系统效率 85.17%，以及光伏组件首年衰减 2%，第 2 ～ 25 年线性衰减 0.45% 分别进行南向、北向以及平面屋顶的装机发电量计算，综合计算本项目逐年发电量与等效利用小时，具体见表 8-1。

表 8-1　　某分布式光伏电站项目发电量计算

年份	发电量（万 kWh）	等效利用小时数（h）
第 1 年	563.85	1311.43
第 2 年	561.26	1305.41
第 3 年	558.67	1299.39
第 4 年	556.08	1293.37
第 5 年	553.49	1287.35
第 6 年	550.90	1281.32
第 7 年	548.31	1275.30
第 8 年	545.73	1269.28
第 9 年	543.14	1263.26
第 10 年	540.55	1257.24
第 11 年	537.96	1251.22
第 12 年	535.37	1245.19
第 13 年	532.78	1239.17
第 14 年	530.19	1233.15
第 15 年	527.60	1227.13
第 16 年	525.01	1221.10
第 17 年	522.42	1215.09
第 18 年	519.83	1209.06
第 19 年	517.24	1203.04
第 20 年	514.66	1197.02

续表

年份	发电量（万 kWh）	等效利用小时数（h）
第 21 年	512.07	1191.00
第 22 年	509.48	1184.97
第 23 年	506.89	1178.96
第 24 年	504.30	1172.93
第 25 年	501.71	1166.91
合计	13319.48	—
25 年平均	532.78	1239.17

（二）减排量计算

依据《可再生能源并网发电方法学（第二版）》（CM-001-V02），新建可再生能源项目活动大多数不产生碳排放，本例中针对分布式光伏电站项目活动暂定为零碳排放。基准线排放仅包括由项目活动提到的化石燃料火电厂发电所产生的 CO_2 排放。本方法学假设所有超过基准线水平的项目发电量可由现有的并网发电厂和新建并网发电厂替代生产，即第一类基准线情景。基准线排放的计算公式为

$$BE_y = EG_{PJ,y} \times EF_{grid,CM,y} \tag{8-1}$$

式中　BE_y——在第 y 年的基准线排放量，t；

$EG_{PJ,y}$——在第 y 年由于自愿减排项目活动的实施所产生的净上网电量，MWh；

$EF_{grid,CM,y}$——在第 y 年电网排放因子，t/MWh。

采用全国统一新修订的电网排放因子为 0.5810 t/MWh，则本分布式光伏电站项目 25 年平均基准线排放量为 5327.8 × 0.5810 = 3095.45（t）CO_2（假定排放因子 25 年不变，下同），项目活动周期内累计基准线排放量为 133194.8 × 0.5810 = 77386.18（t）CO_2，随着清洁能源装机比例的不断提高，电网排放因子也有逐年降低的趋势，因此，实际核准的总碳减排量可能会比本文计算结果偏低。

三、碳交易收益测算

本工程采用 30% 资本金，70% 贷款融资方式，长期贷款利息为 4%，项目静态投资为 1602 万元，建设期 3 个月，建设期利息为 6.51 万元，总投资为 1608.51 万元（不含流动资金）。工程造价具体见表 8-2。

表 8-2 某分布式光伏电站项目分类工程造价

序号	项目名称	单位	参数
1	设备购置费	元 /kW	2526
1.1	组件	元 /kW	1850
1.2	组串式逆变器	元 /kW	150
		万元 / 台	2.63
1.3	光伏专用电缆	万元 /km	0.65
		元 /kW	10
1.4	箱式变压器	万元 / 台	25
		元 /kW	116
1.5	支架与紧固件	元 /kW	150
1.6	其他	元 /kW	250
2	安装工程费	元 /kW	450
3	建筑工程费	元 /kW	300
4	其他费用	元 /kW	350
5	基本预备费	元 /kW	100
6	静态投资	元 /kW	3726

项目财务评价计算期采用 21 年，其中建设期 1 年，生产经营期 20 年。财务评价参数具体如下。

（1）固定资产采用直线法折旧，期限为 15 年，残值率取 5%。

（2）维修费以转资后固定资产原值为基数，经营期第 1 ～ 10 年取 0.1%、11 ～ 20 年取 0.2%。

（3）材料费取 3 元 /kW。

（4）保险费按固定资产净值 0.25% 计算。营业税附加税综合税率为 10%，所得税税率为 25%，实行“减三免三”优惠政策。

（5）项目定员 2 人，人均工资 6 万 / 年，福利费及其他 60%。

（6）其他费定额 12 元 /kW。

按照山西省火电基准电价 0.332 元 /kWh 进行测算，项目投资收益率（所得税前）为

5.76%，资本金财务内部收益率为 6.14%，总投资收益率为 3.35%。项目财务测算结果见表 8–3。

表 8–3 项目财务测算结果

序号	项目	单位	数值
1	光伏装机容量	MW	4.3
2	风电装机容量	MW	0
3	储能装机容量	万 kWh	0
4	年上网电量	万 kWh	10786
5	项目总投资	万元	1624.93
6	建设期利息	万元	22.75
7	流动资金	万元	0
8	销售收入总额（不含增值税）	万元	3169.1
9	总成本费用	万元	2449.5
10	销售税金附加总额	万元	23.7
11	发电利润总额	万元	519.3
12	经营期平均电价（不含增值税）		0.2938
13	经营期平均电价（含增值税）		0.332
14	项目投资财务内部收益率（所得税前）		5.76%
15	项目投资财务内部收益率（所得税后）		4.93%
16	资本金财务内部收益率		6.14%
17	项目资本金净利润率（ROE）		5.40%
18	项目投资财务净现值（所得税前）		–224.18
19	项目投资财务净现值（所得税后）		–290.33
20	总投资收益率（ROI）		3.35%

以全国碳交易市场 2022 年 7 月平均收盘价 57.83 元 /t 为参考，分别进行不同电网排放因子、CCER 交易价格下项目投资收益敏感性分析，具体结果见表 8–4。

表 8-4　　含 CCER 碳交易收益的项目投资敏感性分析

项目		CCER 碳交易价格（元/t）		
		30	57.83	70
电网排放因子（t/MWh）	0.5810	6.65%	7.44%	7.78%
	0.4	6.37%	6.93%	7.17%
	0.3	6.22%	6.64%	6.82%

在当前 57.83 元 /tCO_2 碳交易价格下，项目整体投资收益率（所得税前）由 5.76% 提升至 7.44%，在电网排放因子逐渐下降的趋势下，项目投资收益逐渐下降，最低降至 6.22% ～ 6.82%。

参考文献

［1］田聿申．全球典型国家碳中和目标实现路径对我国的启示［J］．中国能源，2021，43（09）:80–88.

［2］胡鞍钢．中国实现 2030 年前碳达峰目标及主要途径［J］．北京工业大学学报（社会科学版），2021，21（03）:1–15.

［3］王金南，严刚．加快实现碳排放达峰 推动经济高质量发展［N］．经济日报，2021-01-04（01）.

［4］张运洲，鲁刚，王芃，等．能源安全新战略下能源清洁化率和终端电气化率提升路径分析［J］．中国电力，2020，53（2）:1–8.

［5］舒印彪，张丽英，张运洲，等．我国电力碳达峰、碳中和路径研究［J］．中国工程科学，2021，23（06）:1–14.

［6］刘吉臻．国家 973 项目《智能电网中大规模新能源电力安全高效利用基础研究》项目计划任务书［R］．北京：华北电力大学，2011.

［7］习近平．继往开来，开启全球应对气候变化新征程——在气候雄心峰会上的讲话［N］．人民日报，2020-12-13（01）.

［8］我国太阳能资源是如何分布的 国家能源局网站 http://www.nea.gov.cn/2014-08/03/c_133617073.htm.

［9］2022 年上半年光伏发电建设运行情况 国家能源局网站 http://www.nea.gov.cn/2022-07/29/c_1310647830.htm.

［10］王东，张增辉，江祥华．分布式光伏电站设计、建设与运维［M］．北京：化学工业出版社，2018.

［11］刘继茂，丁永强．分布式光伏发电系统的设计安装与维护［M］．北京：中国电力出版社，2019.

［12］李钟实，等．太阳能分布式光伏发电系统设计施工与运维手册［M］．北京：机械工业出版社，2019.

［13］彭建宇，李春来，刘皓明，等．分布式发电运维模式分析［J］．电力需求侧管理，2016，18（02）:21–25.

［14］国家能源局．光伏发电建设项目文件归档与档案整理规范：NB/T 32037—2017［S］．北京：中国电力出版社，2017.

［15］国家市场监督管理总局 国家标准化管理委员会．分布式光伏发电系统集中运维技术规范：GB/T 38946—2020．北京：中国标准出版社，2020.

[16] 上海市市场监督管理局．分布式光伏发电系统运行维护管理规范：DB31/ 1238—2020．北京：中国标准出版社，2020.

[17] 中华人民共和国国家质量监督检验检疫总局．中国国家标准化管理委员会 . 光伏发电站安全规程：GB/T 35694—2017 ．北京：中国标准出版社，2017.

[18] 关子儒 . 重视新能源系统安全 引领行业高质量发展 [N] . 上海证券报，2022-03-11（010）.DOI:10.28719/n.cnki.nshzj.2022.001190.

[19] 夏永洪，李梦茹，辛建波，等 . 阴影遮挡下光伏组件横竖向放置对发电量的影响 [J] . 水电能源科学，2018，36（08）:205-208.

[20] Tang, B., Ji, C., Hu, Y., Tan, J., Wang, X., "Optimal Carbon Allowance Price in China'S Carbon Emission Trading System: Perspective From the Multi—Sectoral Marginal Abatement Cost", Journal of Cleaner Production, Vo1.2_53, 11994_5.,2020. China.